中国矿产地质志

四川卷

黑色金属矿产

徐　韬　宋元宝　张兴润　金文举　赵松龄
王保坤　张　伟　秦宇龙　黄　凡　王　岩
刘　佳　杨雨涵　胡朝云　张建东　张文宽
王　丹　杨志军　牟昀屹　王显锋　阚泽忠　编著
王小刚　孙明全　曹　群　何显刚　孙国花
邹　俊　高亚红　李淑会　罗　改　徐小勤
贾西平　王　静　杨怀超　窦　伟

地质出版社

·北　京·

内 容 提 要

本着“立足写实，有叙有论，论而不泛，力求精准”的准则，本书全面收集、整理了四川省黑色金属（铁、锰、钒、钛、铬）矿产的各种地质勘查、调查、科研等成果，理清了四川省黑色金属矿产资源的基本情况。对省内近500处黑色金属矿产，按矿种总结了其调查历史、分布概况、主要矿床类型等并进行了分析；对典型矿床从区域地质背景、矿区地质、剖面特征及成矿模型等进行了综合分析，在此基础上，对省内成矿规律进行了总结，对资源前景进行了评价，为今后勘查规划和资源开发利用提供了科学依据。

本书资料收集齐全详实、内容丰富，可供从事地质矿产勘查、地质调查、成矿理论研究的专业技术人员、管理人员及地质矿产专业的广大师生阅读参考。

图书在版编目（CIP）数据

中国矿产地质志·四川卷·黑色金属矿产／徐韬等编著. —北京：地质出版社，2019. 9
ISBN 978-7-116-11504-0

Ⅰ. ①中… Ⅱ. ①徐… Ⅲ. ①矿产地质—概况—中国②黑色金属—概况—四川 Ⅳ. ①P62

中国版本图书馆CIP数据核字（2019）第128375号

Zhongguo Kuangchan Dizhizhi · Sichuanjuan · Heisejinshu Kuangchan

责任编辑：吕　静　白　铁
责任校对：王　瑛
出版发行：地质出版社
社址邮编：北京海淀区学院路31号，100083
咨询电话：（010）66554528（邮购部）；（010）66554625（编辑室）
网　　址：http：//www. gph. com. cn
传　　真：（010）66554686
印　　刷：北京地大彩印有限公司
开　　本：889 mm×1194 mm 1/16
印　　张：13
字　　数：500千字
版　　次：2019年9月北京第1版
印　　次：2019年9月北京第1次印刷
审 图 号：图川审（2019）135号
定　　价：100. 00元
书　　号：ISBN 978-7-116-11504-0

《中国矿产地质志》编委会

（第一届）

一、领导小组

二、专家委员会

张忠伟　张金带　张翼飞　陆瑞宝　陈一笠　陈　平
陈尔臻　陈华山　陈建平　邵和明　周　详　周特先
於崇文　郑大瑜　郑绵平　赵一鸣　赵文津　赵鹏大
胡瑞忠　侯增谦　施中爽　姜树叶　袁忠信　莫宣学
钱大都　倪　斌　徐水师　徐志刚　陶维屏　黄香定
黄崇轲　黄懋鸿　梅友松　盛继福　章少华　阎凤增
琚宜太　韩振新　裴荣富　潘行适

三、《中国矿产地质志》

总主编： 陈毓川　王登红

四、承担单位

中国地质科学院矿产资源研究所

五、项目办公室

主　任： 邢树文
副主任： 李　剑　龙宝林　傅旭杰
成　员： 朱明玉　黄　凡

责任编辑组： 白　铁　韩　博　吕　静　李　佳　刘云龙　潘　懋
代世锋　邢瑞玲　郝梓国　章雨旭　沈　镭　佘宏全
于春林　李进文　戚学祥　李　华

《中国矿产地质志》编委会
（第二届）

邵和明　陈尔臻　刘德权　任家琪　宋小文　张翼飞
王砚耕　付德明　李均权　黄懋鸿　伍广宇　张忠伟
黄香定　卢欣祥　艾宪森　李宏骥　周特先　杨明桂
陆　彦　任丰寿　张永山　石礼炎　陆瑞宝　韩振新
施中爽　王增护　陈一笠

三、《中国矿产地质志》

总主编： 陈毓川　王登红

四、承担单位

中国地质科学院矿产资源研究所

五、项目办公室

主　任： 邢树文　中国地质调查局资源评价部副主任
副主任： 黄　凡　中国地质科学院矿产资源研究所
王　岩　中国地质科学院矿产资源研究所
成　员： 蔺志永　中国地质调查局资源评价部矿产地质处处长
朱明玉　中国地质科学院
王成辉　中国地质科学院矿产资源研究所
孙　艳　中国地质科学院矿产资源研究所稀有稀土贵金属研究室副主任
曹瑞欣　中国地质科学院矿产资源研究所办公室副主任

责任编辑组： 白　铁　韩　博　吕　静　李　佳　刘云龙　潘　懋
代世锋　邢瑞玲　郝梓国　章雨旭　沈　镭　佘宏全
于春林　李进文　戚学祥　李　华

《中国矿产地质志》编委会

（第三届）

一、领导小组

二、专家委员会

陈仁义　薛迎喜　龙宝林　谢国刚　邢树文　李子颖
蔡煜琦　刘家军　邓颂平　任天祥　马振东　陈郑辉
许建祥　梁　婷　闫升好　丁　俊　蔡克勤　华仁民
李文昌　唐菊兴　董连慧　陈华山　陈　平　邵和明
陈尔臻　刘德权　任家琪　宋小文　张翼飞　王砚耕
付德明　李均权　黄懋鸿　伍广宇　张忠伟　黄香定
卢欣祥　艾宪森　李宏骥　周特先　杨明桂　陆　彦
任丰寿　张永山　石礼炎　陆瑞宝　徐衍强　胡世华
施中爽　王增护　陈一笠

三、《中国矿产地质志》

总　主　编： 陈毓川　王登红

四、承担单位

中国地质科学院矿产资源研究所

五、项目办公室

主　　　任： 张作衡　中国地质调查局资源评价部主任
常务副主任： 黄　凡　中国地质科学院矿产资源研究所
副　主　任： 王　岩　中国地质科学院矿产资源研究所
蔺志永　中国地质调查局资源评价部矿产地质处处长
成　　　员： 朱明玉　中国地质科学院
王成辉　中国地质科学院矿产资源研究所
孙　艳　中国地质科学院矿产资源研究所
张照志　中国地质科学院矿产资源研究所
杨雨涵　中国地质科学院矿产资源研究所
刘　佳　中国地质科学院矿产资源研究所

责任编辑组： 白　铁　韩　博　吕　静　刘云龙　肖竣文　谢玉淳
潘　懋　代世锋　邢瑞玲　郝梓国　章雨旭　沈　镭
佘宏全　于春林　李进文　戚学祥　李　华

《中国矿产地质志·四川卷·黑色金属矿产》

编 写 单 位： 四川省地质调查院

项目负责人： 徐　韬　宋元宝

技 术 指 导： 付德明　胡世华

编　写　人： 徐　韬　宋元宝　张兴润　金文举　赵松龄
王保坤　张　伟　秦宇龙　黄　凡　王　岩
刘　佳　杨雨涵　胡朝云　张建东　张文宽
王　丹　杨志军　牟昀屹　王显锋　阚泽忠
王小刚　孙明全　曹　群　何显刚　孙国花
邹　俊　高亚红　李淑会　罗　改　徐小勤
贾西平　王　静　杨怀超　窦　伟

单位负责人： 赵　春

总 工 程 师： 秦宇龙

提 交 单 位： 四川省地质调查院

提 交 时 间： 2019 年 4 月

总　序

矿产资源是国家经济社会发展的物质基础，我国处于工业化中后期发展阶段，矿产资源需求量处于增长时期，需求的量大、矿种多。掌握全国的所有矿产的家底，是国家与人民十分需要的大事。新中国成立后60多年的历程中，地质工作者已为国家发现了172种矿产，其中159种矿产已获得资源储量，矿床、矿点等各类矿产地已达20多万处，积累了丰富的矿产地质资料，广大的矿产地质工作者为国家所需，迫切真诚地期望早日进行覆盖全国全部矿产信息的汇总，研编中国矿产地质志。今日终于得到国家的支持，得以实施，并且经过江西省的试点，在该省以杨明桂先生为首的研编组的共同努力下，中国矿产地质志省级第一卷《中国矿产地质志·江西卷》率先正式出版，供全国使用，这是中国矿产地质志研编工作史上的新起点。

新中国第一部《中国矿产地质志》，汇总广大地质矿产工作者为国为民找矿的成果，汇集全国查获的全部矿产资源及其开采利用的状况，分析资源前景，并对找矿过程中获得的丰富的找矿经验和成矿规律认识进行阶段性的总结。这将是我国迄今为止矿产资源文集大全，将为全国及各省、自治区、直辖市政府矿产资源规划、部署、决策提供重要依据，为全国人民提供祖国矿产资源的现有家底及开发前景，为矿产资源勘查、开发、科学研究及地矿教育提供丰富的资料。

100多年前，1906年清光绪年间，顾琅、周树人（鲁迅）先生合著《中国矿产志》出版，附中国矿产简表、地质时代简表和中国矿产全国图。清政府甚为重视，列为国民必读。这是我国第一本《中国矿产志》，由于历史条件所限，该书共列出10个金属矿产（金、银、铜、铁、锡、铅、水银、辰砂、锑、锰矿），20个非金属矿产，全国共列出1203个矿产地。当时著名的地理学家马良先生为之作序，序言中说："顾、周两君学矿多年，颇有心得。慨祖国地大物博之无稽，爰著《中国矿产志》一册，罗列全国之所在，注之以图，陈之以说，使我国民深悉国产之所自有，以为后日开采之计，致富之源，强国之本，不致家藏货宝为他人所攘夺"。当时该志书是为国民知道国家的矿产，去开采致富，达到强国的目标。弹指一挥间，100多年过去，天翻地覆，时代变了，祖国的盛世来临，现代化、和平民主的强大祖国就在面前。新中国第一部中国矿产地质志亦将面目一新，但研编的目标是一致的，都是为民、为国，为民所知，为民致富，为国所知，为国强大。我们将继承前人事业、继续往前走！

本次研编处于天时、地利、人和的大好时机，国家经济社会发展与日俱增，欣欣向荣，需要矿产资源，需要全国摸清矿产资源家底。新中国成立以来60多年矿产勘查与开发得到大发展，取得了丰硕的找矿成果和海量的矿产地质勘查、开发和科研资料。国土资源部近8年来组织完成了三大全国性矿情调查工作：矿业权核实、28个矿种资源现状利用调查和25个矿种资源潜力评价。开展中国矿产地质与区域成矿规律综合研究、研编中国矿产地质志得到了国土资源部、财政部、中国地质调查局等领导部门、各省（自治区、直辖市）政府部门及矿产地质领域专家、学者们的大力支持。社会需要，政府重视，研编条件具备，是本项工作得以进行的必要前提与重要保证。

研编工作的策划，充分吸取历来志书编纂的精髓，广泛听取并吸纳矿产资源领域各部门专家、领导意见，并进行重要研编内容的工作试点。确定本矿产地质专业性志书采用“以述为主，述论结合”的原则，实现叙实性与学术性结合，矿产叙述必实，规律论述有据，做到资料真实、全面、最新、可查，文字论述简练易懂、图文并茂，研编技术统一要求，研编工作统一部署，研编组织有编纂专家队伍，亦广邀各方专家共同参与，集思广益。论述部分广纳有据论点，广迎百花，力争创新亮点，并为后人创新搭建平台。通过共同努力，使研编工作有序进行。

本次研编内容由3部分组成：各省（区、市）矿产地质志、全国矿产总志、全国区域成矿规律研究。每一部分都有书、图、数据库及普及本。各省（区、市）矿产地质志包含本地区所有矿产资源。全国矿产总志包含各主要矿产的矿产志及全国矿产汇总。全国区域成矿规律研究包含各主要成矿区带成矿规律研究及全国区域成矿规律研究汇总。整个研编工作自2014年开始至2020年完成。研编期间，研编成果实施边完成、边出版、边使用，使研编成果及时向社会提供，逐步积累，最终完成。

本项研编工作意义重大，但任务繁重，涉及矿产资源勘查、开发、科研、教育领域各个部门各方专家。我们认为，只有共同参与，同心合作、政府支持才能胜利完成此项工作。我们衷心希望并坚信，参与工作的全体同仁为实现此国家重大目标，在政府与矿产资源工作有关部门与广大同仁专家支持下，一定会坚定信心，同舟共济，共同奋斗，在2020年提交一份世纪性的矿产志书大成果。

2014年11月5日

前　言

2013年开始，由中国地质调查局立项，中国地质科学院矿产资源研究所负责实施《中国矿产地质志》的研编工作，下发了《中国矿产地质志省级矿产地质志研编技术要求（试行本）》，并且在全国设立了“中国矿产地质与区域成矿规律总结”总项目。四川省地质调查院是其业务委托单位之一，根据全国统一部署，四川省地质调查院设立了“中国矿产地质志·四川卷”项目。总体目标是全面总结四川省矿产地质工作成果及区域成矿规律，提升矿产地质科学研究水平，为新时期找矿工作提供科学理论支撑和一部资料全面、系统、翔实的矿产地质新文献，为中央和地方政府部门对矿产资源领域决策提供重要参考资料，为地质工作者提供一部实用的工具书，为国民提供矿产地质普及读物。主要任务是编写《中国矿产地质志·四川卷》及普及本，以及相应的图件和数据库建设。黑色金属是四川省的重要矿产，在全国占有十分重要的作用。

2016年7月正式发布全国统一的《中国地质矿产志省级矿床地质志研编技术要求》（以下简称《技术要求》），提出“矿产地质志是各省（自治区、直辖市）第一部全面总结该省（区）内所有地质矿产工作的勘查和科学成果，特别是中华人民共和国成立以来矿产勘查与研究成果的志书，旨在全面反映各省矿产全貌及重要成矿规律，提升矿产地质科学水平，为新时期找矿工作提供科学理论支撑，也是一部资料全面、系统、翔实的矿产地质新文献，是中央和地方政府部门对矿产资源领域决策的重要参考资料，亦是地质工作者的工具书和国民矿情普及读物之一，将服务于全民”。

《技术要求》把矿产资源分为“能源矿产、金属矿产、非金属矿产、水气矿产”四大类。其中金属矿产分为“黑色金属、有色金属、贵金属、稀有金属、稀土金属、分散元素”六类矿产。四川省铁、钛、钒等黑色金属矿产资源丰富，特别是钛矿、钒矿居全国第一位，铁矿是四川省优势矿种。在《中国矿产地质志·四川卷》研编过程中，率先完成了黑色金属成果报告编写，在此基础上，通过进一步整理，编写了《中国矿产地质志·四川卷·黑色金属矿产》专著。

全书包括绪论、铁、钛、钒、锰、铬矿及结束语七章，除铁矿按三级矿床类型分类进行分节描述外，其余矿种一般按照《技术要求》规定的岩浆作用、变质作用、沉积作用等五个二级矿床类型分类分节描述。在总结各类型矿床总体特征，系统描述典型矿床和矿床式的基础上，进行单矿种区域成矿规律研究，对铁、锰等矿种进一步划分了成矿区带，汇总形成了区域成矿模式；同时进行资源预测，指出找矿方向提出今后矿产勘查部署建议。

本书是在前人资料的基础上，由编写组综合编制而成，是四川省地质工作者的共同成果。参加《中国地质矿产志·四川卷·黑色金属矿产》研编工作及各章、节分工如下：前言由宋元宝、徐韬编写；第一章绪论由宋元宝编写；第二章铁矿由赵松龄、宋元宝编写；第三章钛矿、第四章钒矿、第五章锰矿由金文举编写；第六章铬矿由宋元宝编写；第七章结束语由王小刚（四川省冶金地勘局水文队）编写。全书由金文举、宋元宝统纂，张兴润、王保坤补充，文中插图插表等由王丹、杨志军、牟昀屹修编，宋元宝对本书的初审、终审、复审、复核后按照专家意见进行了全面的修改，并得到专家认可。

在本书研编过程中，得到了自然资源部（原国土资源部）、中国地质调查局、中国地质科学院矿产资源研究所、四川省国土资源厅、四川省地质矿产勘查开发局、四川省冶金地质勘查院、四川省煤田地质局、四川省核工业地质局、中国建筑材料工业勘查中心四川总队、四川省化工勘查院、四川省国土资源厅资料馆等地勘单位领导和同仁的大力支持和帮助；“中国矿产地质与区域成矿规律总结”项目组、中国矿产地质志项目办对四川省项目进行了直接指导和帮助；陈毓川院士、王登红研究员、黄凡博士等多次到四川省指导工作；黄崇轲、朱裕生、朱明玉、佘中平、赵一鸣、李厚民等专家，对本卷提出了修改意见和建议；四川省有关专家付德明、刘玉书、薛友智、龚志大、田小林、雷爵能、郑宜昌、郭强等对成果进行了审查，在此表示衷心的感谢。

笔者虽然力求全面、系统地总结四川省黑色金属矿产的特征和成矿规律，但有待进一步研究的问题诸多，难免有不当之处，敬请各位专家和同仁不吝赐教、批评指正！

目　录

总序
前言

第一章　绪论 …………………………………………………………（1）
　第一节　资源概况 …………………………………………………（1）
　第二节　矿床类型 …………………………………………………（3）
　　一、矿床类型划分 ………………………………………………（3）
　　二、典型矿床和代表性矿床 ……………………………………（4）

第二章　铁矿 …………………………………………………………（5）
　第一节　四川省铁矿地质调查历史 ………………………………（5）
　第二节　四川省铁矿概况 …………………………………………（7）
　　一、矿产地数量及分布 …………………………………………（7）
　　二、铁矿的主要类型 ……………………………………………（7）
　　三、四川省铁矿资源特点 ………………………………………（12）
　　四、勘查工作程度和开发利用现状 ……………………………（15）
　第三节　岩浆作用铁矿床 …………………………………………（16）
　　一、岩浆型铁矿床 ………………………………………………（16）
　　二、接触交代型（矽卡岩型）及岩浆热液型铁矿床 …………（41）
　　三、火山岩型铁矿床 ……………………………………………（55）
　第四节　变质作用成因铁矿床 ……………………………………（60）
　第五节　风化型铁矿床 ……………………………………………（78）
　第六节　沉积作用铁矿床 …………………………………………（82）
　第七节　四川省铁矿的成矿规律及资源预测 ……………………（100）
　　一、四川省铁矿时空分布规律 …………………………………（100）
　　二、四川省铁矿成矿区带划分 …………………………………（103）
　　三、四川铁矿成矿机制和成矿模式 ……………………………（104）
　　四、四川省铁矿资源预测 ………………………………………（108）
　　五、四川省铁矿资源找矿方向 …………………………………（109）

第三章　钛矿 …………………………………………………………（115）
　第一节　概述 ………………………………………………………（115）

第二节　岩浆作用矿床 …………………………………………………………………（115）
一、岩浆型矿床 ………………………………………………………………………（115）
二、火山沉积-变质型钛矿床——会东干红沟金红石矿床 …………………………（117）
第三节　沉积作用矿床 …………………………………………………………………（119）
第四节　成矿规律及资源预测 …………………………………………………………（121）

第四章　钒矿 ……………………………………………………………………………（122）
第一节　岩浆作用矿床 …………………………………………………………………（124）
第二节　变质作用矿床 …………………………………………………………………（125）
第三节　沉积作用钒矿床 ………………………………………………………………（125）
第四节　成矿规律 ………………………………………………………………………（125）

第五章　锰矿 ……………………………………………………………………………（127）
第一节　概况 ……………………………………………………………………………（127）
第二节　沉积作用矿床 …………………………………………………………………（131）
一、中元古界峨边群锰矿 ……………………………………………………………（132）
二、震旦纪锰矿 ………………………………………………………………………（132）
三、奥陶纪锰矿 ………………………………………………………………………（136）
四、晚二叠世锰矿 ……………………………………………………………………（143）
第三节　沉积变质型锰矿 ………………………………………………………………（150）
一、平武石坎式锰矿床 ………………………………………………………………（150）
二、平武虎牙式锰矿床 ………………………………………………………………（152）
第四节　热液型锰矿床 …………………………………………………………………（160）
第五节　锰矿成矿规律及资源预测、找矿方向 ………………………………………（160）
一、沉积型锰矿成矿规律（以轿顶山式为例） ……………………………………（160）
二、沉积变质型锰矿成矿规律 ………………………………………………………（163）
三、四川省锰矿成矿区带 ……………………………………………………………（164）
四、成矿预测 …………………………………………………………………………（168）
五、找矿方向 …………………………………………………………………………（169）
六、开发利用简况 ……………………………………………………………………（170）

第六章　铬矿 ……………………………………………………………………………（171）
第一节　概况 ……………………………………………………………………………（171）
第二节　蛇绿混杂岩带中铬铁矿 ………………………………………………………（173）
一、金沙江蛇绿混杂岩带中的铬铁矿 ………………………………………………（173）
二、甘孜-理塘蛇绿混杂岩带中的铬铁矿 ……………………………………………（175）
第三节　义敦-沙鲁里山岛弧昌台-乡城弧间裂谷盆地中铬铁矿 ……………………（176）
一、白玉伊柯-洛绒铬铁矿 ……………………………………………………………（176）
二、德格上色坝铬铁矿点 ……………………………………………………………（180）

第四节 康滇基底断隆带石棉古岛弧中的铬铁矿 …………………………………………… (181)
第五节 成矿规律及资源预测 ……………………………………………………………………… (181)
一、成矿规律 …………………………………………………………………………………… (181)
二、资源潜力评价 ……………………………………………………………………………… (181)

第七章 结束语 …………………………………………………………………………………… (183)
一、主要成果 …………………………………………………………………………………… (183)
二、存在问题 …………………………………………………………………………………… (183)

主要参考文献及资料 …………………………………………………………………………… (185)

第一章 绪　　论

第一节　资源概况

四川省黑色金属矿产有铁矿、锰矿、钛矿、钒矿、铬矿，其中重点矿产是铁矿、钛矿、钒矿，次要矿产有锰矿，一般矿产为铬矿。截至2015年底，已列入全省矿产资源的黑色金属矿产地有587处，其中超大型矿产地12处，大型矿产地16处，中型矿产地62处，小型矿产地160处，矿点337处。矿产地数量、勘查程度及累计查明、保有资源储量见表1-1。

表1-1　四川省黑色金属矿产资源储量、规模、勘查程度、查明及保有资源储量一览表

矿种	矿产地	矿产资源规模					勘查程度			查明资源储量/	保有资源储量/
	处	超大型	大型	中型	小型	矿点	勘探	详查	普查	10^4 t	10^4 t
铁矿	456	4	8	42	133	269	48	61	130	999863.814	987646.857
钛矿	41	5	5	6	2	23	6	10	10	60418.3581	60166.32
钒矿	44	3	2	8	8	23	6	9	15	1846.9356	1778.37
锰矿	41		1	6	16	18	3	3	14	3372.472	3191.58
铬矿	5				1	4		1	3	0.5	

四川省黑色金属矿产主要集中分布在攀西、川东北、阿坝、甘孜州地区，其中铁矿主要分布在攀西、川东北、川南地区；钒矿和钛矿主要分布在攀西、川东北地区，与铁矿相伴生，锰矿分布在青川、松潘、平武、汉源地区，铬铁矿较少，仅在西南三江地区出现。全省5种黑色金属矿产分布见图1-1。

铁矿：四川铁矿资源十分丰富，铁矿地质勘查工作始于19世纪末，中华人民共和国成立后一直是重点勘查的主要矿种之一。截至2015年底，进入统计的铁矿区累计查明资源储量99.99×10^8 t，保有资源储量98.76×10^8 t，居全国第二位，而富铁矿列第四位。四川省大中型矿床勘查程度相对较高，矿产地中达到勘探者48个，详查61个，普查130个，预查217个。四川省铁矿开发利用始于春秋战国时期。据2015年《四川省矿产资源年报》数据：铁矿矿山企业数合计106个，其中大型矿山10个，中型矿山16个，小型矿山48个，小矿山32个。从业人员18041人，年产矿石量5978.51×10^4 t。

钛矿：钛矿是四川省主要优势矿产之一。已知矿床基本分布在攀枝花市和凉山彝族自治州，个别分布在广元-巴中市境内。省内有矿产地41处，其中超大型矿床5处，大型5处，中型6处，小型2处，其余为矿点。四川省内与钒钛磁铁矿共生的钛矿随铁矿一并勘查，工作程度较高，达到勘探程度者6个，详查10个，普查10个，预查15个，进入统计的钛矿区查明钛矿资源储量（TiO_2）约60418.36×10^4 t，保有资源储量60166.32×10^4 t。占全国的83.93%，处于绝对优势地位。

钒矿：钒矿是四川省的主要优势矿产之一。四川省在钒钛磁铁矿中伴生的钒矿随铁、钛矿一并勘查，工作程度较高，其他类型钒矿较少。省内有矿产地44处，其中超大型矿床3处，大型2处，中

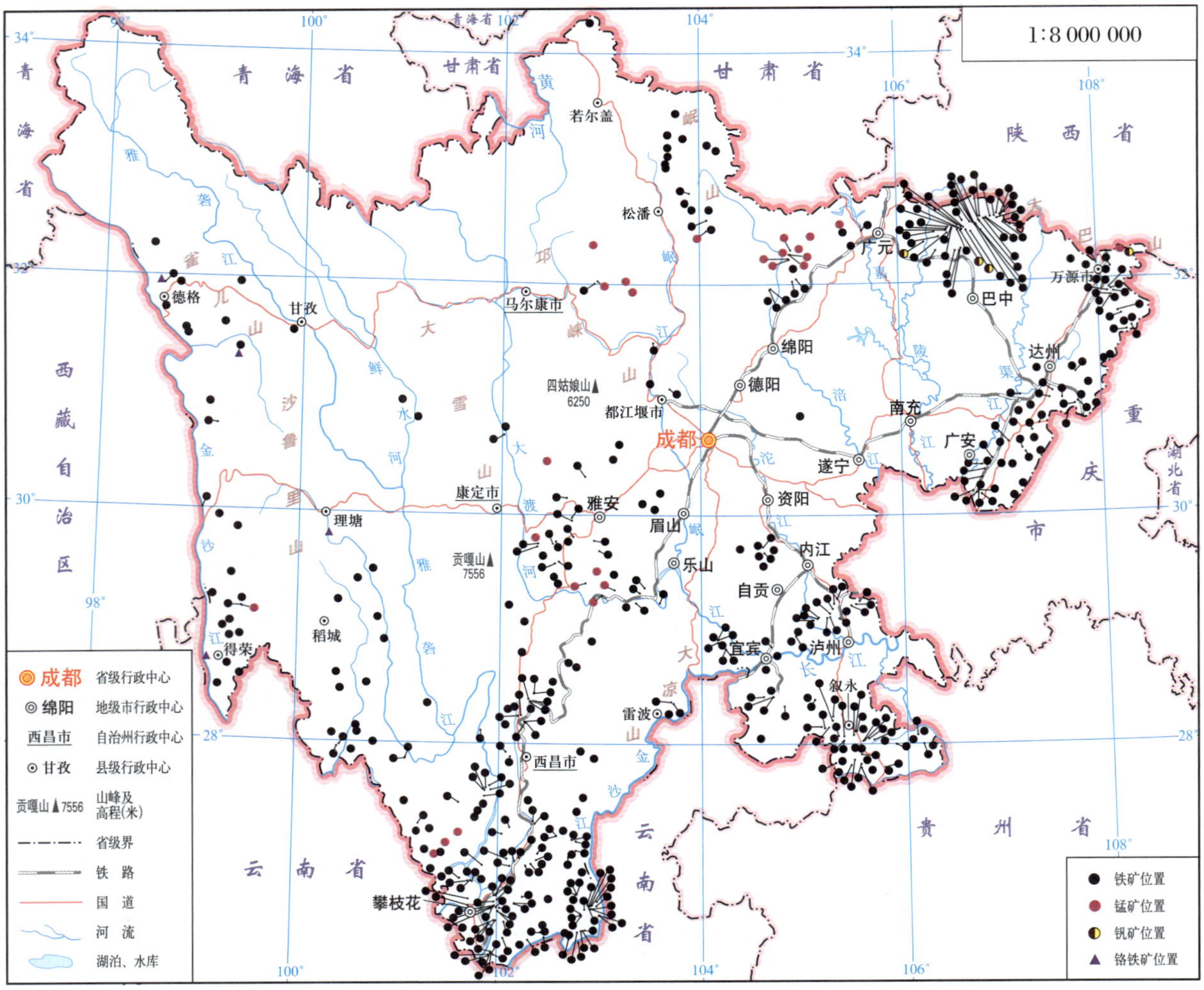

图 1-1　四川省黑色金属矿产分布图

型 8 处，小型 8 处，其余为矿点。矿产地中达到勘探者 6 个，详查 9 个，普查 15 个，预查 14 个。进入统计的钒矿区累计查明钒矿资源储量（V_2O_5）约 1846.94×10^4 t，保有资源储量 1778.37×10^4 t。占全国 35.72%，居第一位。

锰矿：四川省锰矿主要分布于扬子陆块西南缘和龙门山带北西的青川-松潘-黑水地区。锰矿地质调查始于 1940 年前，20 世纪 50 年代中期开始系统勘查工作，总体勘查工作程度不高。矿产地中达到勘探者 3 个，详查 3 个，普查 14 个，预查 7 个，其余为踏勘。截至 2015 年底已知锰矿产地 41 处，其中，大型矿床 1 处，中型 6 处，小型 16 处，其余为矿点。进入统计的锰矿区累计查明资源储量约 3372.47×10^4 t，保有资源储量 3191.58×10^4 t，在全国排第七位。据四川省矿产资源年报（2015），全省锰矿企业 14 个，其中大型 1 个，中型 2 个，小型 8 个，小矿 3 个，从业人员 303 人，年产量 3.55×10^4 t（实际采矿能力 3.55×10^4 t），创工业产值 3780 万元。

铬铁矿：四川铬铁矿普查始于 20 世纪 50 年代末期，经过近 20 年工作未发现具有工业价值的铬铁矿床。四川省有铬铁矿矿产地 5 处，小型 1 处，矿点 4 处，进入统计的白玉县伊柯-洛绒铬铁矿，经过普查，查明和保有铬矿石资源储量 5000 t，平均品位 Cr_2O_3 41.55%，为富铬矿。同时，得荣县徐麦矿点作过详查，查明和保有矿石资源储量 0.43×10^4 t，Cr_2O_3 30.88%~54.74%。另外，尚有德格县上色坝、理塘县俄夏贡矿点及一批矿化点。

第二节　矿床类型

一、矿床类型划分

《技术要求》（2016）综合考虑已有的矿床成因分类、工业分类，提出了“中国矿产地质志”矿床类型划分方案（表1-2）。

表1-2　“中国矿产地质志”矿床（成因/工业）类型划分表

<table>
<tr><th>一级分类</th><th>二级分类</th><th colspan="2">三级分类</th></tr>
<tr><td rowspan="11">内生铁矿床</td><td rowspan="8">岩浆作用矿床</td><td colspan="2">1. 岩浆型铁矿床</td></tr>
<tr><td colspan="2">2. 伟晶岩型矿床</td></tr>
<tr><td colspan="2">3. 云英岩型矿床</td></tr>
<tr><td colspan="2">4. 接触交代型（矽卡岩型）矿床</td></tr>
<tr><td colspan="2">5. 斑岩型矿床</td></tr>
<tr><td colspan="2">6. 岩浆热液型矿床</td></tr>
<tr><td>7. 陆相火山岩型矿床</td><td rowspan="2">火山-沉积型、爆破角砾型、矿浆型、
火山热液交代型、火山热液充填型等矿床</td></tr>
<tr><td>8. 海相火山岩型矿床</td></tr>
<tr><td rowspan="2">变质作用矿床</td><td colspan="2">9. 受变质型矿床</td></tr>
<tr><td colspan="2">10. 变成型矿床</td></tr>
<tr><td>含矿流体作用矿床
（非岩浆-非变质作用矿床）</td><td colspan="2">11. 浅成中-低温热液型矿床及成因不明矿床</td></tr>
<tr><td rowspan="6">外生矿床</td><td>表生作用矿床</td><td colspan="2">12. 风化型矿床</td></tr>
<tr><td rowspan="5">沉积作用矿床</td><td colspan="2">13. 砂矿型矿床</td></tr>
<tr><td colspan="2">14. 机械沉积型矿床</td></tr>
<tr><td colspan="2">15. 化学沉积型矿床</td></tr>
<tr><td colspan="2">16. 蒸发沉积型矿床</td></tr>
<tr><td colspan="2">17. 生物化学沉积型矿床</td></tr>
<tr><td colspan="4">18. 叠加（复合/改造）矿床</td></tr>
</table>

（据《中国矿产地质志省级矿床地质志研编技术要求》，2016）

表1-2共划分了三个级别，一级分类主要划分为内生矿床、外生矿床，另划分了叠加（复合/改造）矿床；二级分类以岩浆、变质、含矿流体、表生、沉积几种成矿地质作用进行划分；三级分类有18个（类）型。结合四川省实际情况，部分矿种在三级成因分类的基础上，又根据其成矿时代不同、赋矿围岩差异以及共（伴）生矿物特点等划分出三级亚类。

1. 岩浆作用矿床

该类型矿床在四川占有重要地位，不同侵入岩类型形成了不同的矿产，因此在岩浆型矿床中进一步划分了基性岩浆型、基性-超基性岩浆型、超基性岩浆型、碱性岩浆型和中酸性岩浆型三级亚类。

2. 变质作用矿床

《技术要求》（2016）把变质作用矿床分为受变质型矿床和变成型矿床二类（三级）。

1）受变质型矿床指内生或外生矿床经变质后发生显著变化，但没有根本改变原有矿床性质，如沉积变质矿床。四川省变质型黑色金属矿床主要是受变质型，进一步划分出（钠质）火山-沉积变质型矿床、火山沉积-变质（改造）型矿床、沉积变质型矿床3个三级亚类。

2）变成型矿床指岩石经过变质作用生成具工业价值矿床，或者原有矿床变成另一种矿床，如煤或含碳质岩石变成石墨，富铝岩石变成刚玉矿床。

3. 含矿流体作用矿床（非岩浆–非变质作用矿床）

含矿流体来源包括地下水、海水、大气降水等，含矿气水热液在岩层中成矿一般与岩浆和变质作用无直接关系，过去也称为远成热液矿床。四川省黑色金属矿床中尚未发现此类型。

4. 表生作用矿床

表生作用仅风化型矿床一个类型，四川省木里耳泽金铁矿为此类型。

5. 沉积作用矿床

沉积作用矿床划分了5个三级成因类型（表1–2），四川省铁矿为其中的化学沉积型矿床（表1–2中的15序次）。它可进一步分为陆相化学沉积型铁矿床、海陆交互相化学沉积型铁矿床、海相化学沉积型铁矿床3个次级亚类。

二、典型矿床和代表性矿床

“典型矿床指某类型矿床中在矿床赋存的地质位置、形成地质条件和控矿因素、成矿特征找矿标志等方面具有代表性、典型性的矿床”（《技术要求》，2016）；研究典型矿床的目的是为了准确掌握矿床的成矿地质环境、矿床成矿特征、矿床经济技术条件，主要控矿因素和找矿标志，建立矿床成矿模式和找矿模型，综合分析成矿规律，由已知区推向未知区进行类比预测和评价。选择典型矿床需考虑①代表性；②完整性；③特殊性；④专题性；⑤习惯性（陈毓川等，2010）。

本卷按照《技术要求》（2016）提出的“研究程度较高，各类测试数据较多、较全、矿床规模较大，代表性强的原则选择典型矿床”，“当某些矿床类型中因种种原因缺乏典型矿床时，应从实际出发，选择代表性矿床作为矿床实例”。

第二章　铁　　矿

第一节　四川省铁矿地质调查历史

1. 中华人民共和国成立前

四川省铁矿资源丰富，铁矿资源利用历史悠久，历史上有关铁矿的记述主要有：

1）据史料记载，四川开发利用矿产资源的历史悠久。经考古发掘，四川战国时期有铁器出土。在成都、临邛（现邛崃市）等地均有铁矿的发现和采铸记载。秦、汉（西汉）时期，实行盐铁官卖的经济政策，《汉书·地理志》记载，在四川蜀郡临邛（邛崃）、犍为郡武阳（今彭山区东北）设有铁官。三国以后，四川一直有铁矿发现和开发利用的记述。《明会典·工部》记载："永乐二十年四川（产铁）四十六万八千八十九斤"。康熙、乾隆年间，四川招民开采的铁矿有邛州、蒲江黄铁山铁矿6座。

2）1872年，李希霍芬在荥经至大相岭地质考察途中，在含煤地层中发现有铁矿。1906年，顾琅、周树人（鲁迅）所著《中国矿产志》中，列述了四川宁远府盐源县、雅州府荥经县等18个州、府有铁矿。黄著勋《中国矿产》记有"铁矿如东川、嘉陵、西川、建昌各道皆有之，就中以南川、綦江二县为最有名"。

3）1936年，常隆庆、段学忠曾对攀枝花倒马坎矿区做过地质调查，在他1937年9月发表的《宁属七县地质矿产》中谈到"盐边多岩石，接近花岗岩，受花岗岩影响极大。花岗岩侵入时……金、铁等类矿物侵入岩石中，形成层位矿脉及浸染矿床，故盐边当中，有山金脉及浸染式之磁铁矿、赤铁矿等"。

4）1940年，常隆庆、刘之祥一起到攀枝花铁矿兰家火山、尖包包矿区工作。刘之祥在其撰写的"康滇边区之地质与矿产"一文中，估算铁矿石资源储量1126.4×10^4 t。常隆庆在撰写的"盐边、盐源、华坪、永胜等县矿产调查报告"一文中，估算了营盘山（即兰家火山、尖包包）矿石865.2×10^4 t。

5）1941年，李善邦、秦馨菱到攀枝花矿区开展物探磁法工作，采集7件矿石样品，经程裕淇鉴定研究，首先发现矿石中有钛铁矿；样品化学分析结果TFe 51%、TiO_2 16%、Al_2O_3 9%。在《西康盐边县倒马坎钛磁铁矿》一文中估算铁矿石资源储量1600×10^4 t。

6）1941年，侯德封、苏孟守编著《四川省铁矿概略》专报，并附《四川省铁矿资源储量分布图》一幅（1∶300万），在对四川省铁矿成因类型进行了划分的同时，对各铁矿区的矿产地质进行了概述。

7）1942年，汤志诚到攀枝花倒马坎矿区地质调查，在《盐边攀枝花及倒马坎铁矿石地质报告》中估算攀枝花、倒马坎矿区铁矿石资源储量4000×10^4 t。

8）1943年，陈正、薛承凤对矿石物质成分进行研究后，认为铁矿石矿物成分以磁铁矿、钛铁矿为主，并对兰家火山、尖包包、倒马坎矿体作了简要描述，估算铁矿石资源储量2100×10^4 t。

9）1944年，程裕淇在美国地质调查所查阅有关资料注意到我国东北及河北大庙钛磁铁矿含钒的资料，认为西昌地区攀枝花钛磁铁矿可能含钒，当即函告李春昱建议采样化验，经采样化验后果然含钒。

10）1945年白家驹在第七次《中国矿业纪要》中，统计四川省铁矿资源储量为2202×10^4 t，占全国总资源储量的1.02%；西康省铁矿资源储量3991×10^4 t，占全国总资源储量的1.84%。

2. 中华人民共和国成立后

中华人民共和国成立后随着国家建设对矿产资源的需求，特别是对钢铁的需求，四川省先后组建西南地质局和四川省地质局，所属各地质单位对省内的铁矿矿产地进行了较为系统的普查勘探工作，取得了巨大成效。四川省储委统计资料显示，四川省铁矿资源总资源储量近200×10^8 t，多年来均居全国第二位，较之中华人民共和国成立前资源储量增加了约300倍。

中华人民共和国成立后的主要铁矿调查史如下：

1）1950年底，为进一步解决当时重庆市的钢铁公司铁矿石资源问题，由西南地质调查所常隆庆等人，赴乐山铜街子的朝天马一带，检查雷波式铁矿；又于1951年组建川南普查队，由刘增乾等对铜街子铁矿进行普查评价。

2）1954年西南地质局五一〇队、五一一队、五一二队、五一三队开展了彭县、江油、洪雅等地铁矿普查。

3）1955年，西南地质局先后组建了五二一队（道孚铁矿队）、五二二队（川西北铁矿队）、五三一队（攀枝花铁矿队）、五一一队（宁南铁矿队）进行铁矿普查。五三一队在开展攀枝花钒钛磁铁矿勘探的同时，发现了同类型的红格、白马钒钛磁铁矿区；在宁南地区五一一队发现了华弹铁矿区。铁矿资源储量大大增加，但是由于矿石中共生的钛选冶问题当时解决不了，却成了上了教科书的全国闻名的大呆矿。直到1964年，为配合三线建设，才又开始加强攀西地区铁矿的勘查和利用研究。

4）1958年的大办钢铁高潮中，按四川省委意见，分专区组成达县等17个专区地质队，承担以找铁为主的勘查任务。从1958~1960年，相继发现和评价了西昌太和钒钛磁铁矿、盐源矿山梁子铁矿、会东满银沟铁矿、越西碧鸡山铁矿，以及盆地和盆周一批中、小型铁矿。提交铁矿普查报告535份。

5）1964年，为配合三线建设，加强攀西地区铁矿的勘探，原地质部从广东、福建、浙江调川的3个地质队组成了一〇九队、一一〇队、一一一队，对冕宁泸沽铁矿、盐源矿山梁子铁矿进行了勘探；又将二〇五队和一〇六队调入攀西地区，分别承担泸沽地区铁矿普查和钒钛磁铁矿的勘查。

6）1970~1975年，四〇七队和物探队对川北米仓山地区铁矿进一步进行了普查工作；四川冶金地质勘探公司六〇四队、六〇八队在川北对万源庙沟铁矿、南江李子垭铁矿进行了勘查。

7）1976年2月，根据当时的国家计委要求，在原国家地质总局领导下，四川省地质局组织了一〇六队、一〇九队、四〇三队、四〇四队、物探队、水文队等进行了红格铁矿勘探会战；西南地质科学研究所对会东满银沟和会理拉拉地区的铁、铜开展了科研工作。

8）1976年5月四川省地质局以所属西昌实验室为基础，组建了四川省地质局攀枝花钒钛磁铁矿地质综合研究队（八二〇队），主要进行钒钛磁铁矿成矿规律、物质组分及赋存状态研究。继后，八二〇队、一〇六队、一〇九队、四〇三队、四〇四队，以及冶金六〇九队、六〇三队等，先后完成了米易安宁村、白草、中干沟等大型钒钛磁铁矿和会东满银沟、盐源矿山梁子等富铁矿，会理石龙铁铜矿等矿区的勘探。

9）1983年，四川省地质矿产局对攀西地区钒钛磁铁矿资源总量进行了预测研究，预测资源总量 364.85×10^8 t。

10）1982~1986年，四川省地质勘查局科研所兰家琛等完成了《四川省铁矿成矿远景区划分及资源总量预测报告》（不含钒钛磁铁矿），预测钒钛磁铁矿以外的全省铁矿资源总量为 32.65×10^8 t。

11）2009年，中国地质调查局、四川省地质调查院编纂《四川康滇地轴地区铁矿勘查部署研究报告》，报告在康滇地轴及其两侧主要铁矿产地之地物化遥等资料的新认识基础上，建立找矿模型，圈定了不同级别的找矿靶区，提出各重要铁矿带勘查部署重点选区和工作部署方案。预期新增铁矿石 40.5×10^8 t。

12）2010~2013年四川省地质矿产勘查开发局四〇四队、一〇六队、一〇八队、四〇三队、攀西队、四川省冶金地勘院、六〇一队、成都地调所，煤田地质局一三七队先后对蜂子岩、红格、马槟榔、一碗水、纳拉箐、太和、大象坪、夏家坪-青杠坪、攀枝花太阳湾、朱家包包、兰家火山、尖包包深部等钒钛磁铁矿先后进行了整装勘查，成效显著。四川省国土资源厅2013年5月21日以川国土资函〔2013〕578号函下达了“攀西地区钒钛磁铁矿一般工业指标”。

13）2007~2013年，开展了四川省矿产资源潜力评价。涉及矿种为煤炭、铁（钒、钛）、锰、铜、铅锌、镍（铂）、锡、铝、稀有（含锂）、稀土、金、银、硫、磷、钼、钾、硼、铂、钙芒硝、石墨21种。于2013年10月提交了《四川省矿产资源潜力评价成果报告》。其中，铁矿按矿产预测类型，划分九个矿床式，预测铁矿石总量 307.7758×10^8 t。

第二节　四川省铁矿概况

一、矿产地数量及分布

四川省铁矿资源丰富，截至 2014 年 7 月统计：全省矿点以上规模的矿产地 456 处，其中超大型铁矿床 4 处，均分布在攀西（攀枝花市-西昌市）地区；大型铁矿床 8 处，也主要分布在攀西地区；中型铁矿床 42 处，除主要分布在攀西地区之外，尚可见于川东北、川南等地；小型铁矿床 133 处，铁矿点 269 个，分散在攀西、川东北、川南一带，少量分布于川西地区。

全省铁矿分布概况见图 2-1。

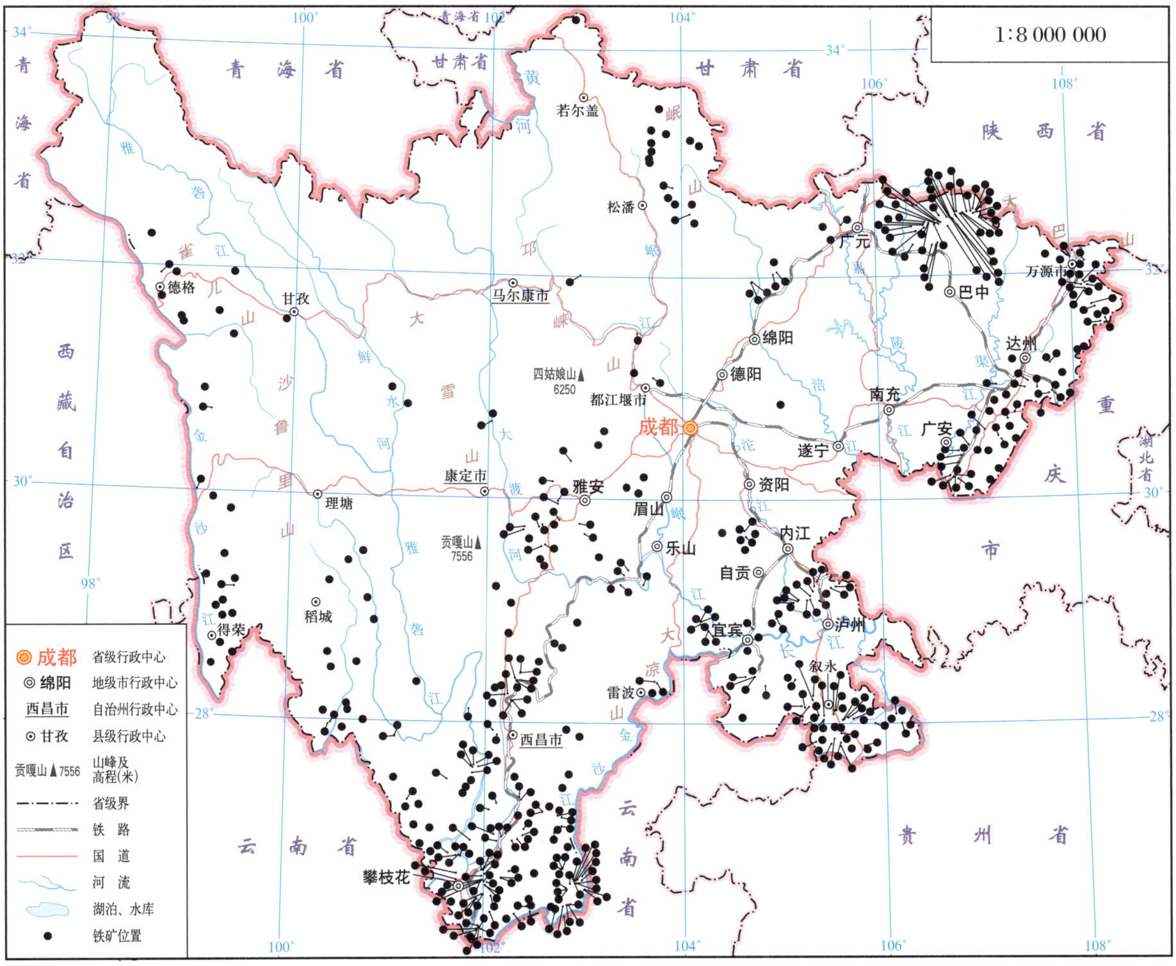

图 2-1　四川省铁矿分布图

二、铁矿的主要类型

1. 铁矿矿床类型划分

本书按照《技术要求》（2016）三级成因分类，将四川省铁矿划分为岩浆型矿床、接触交代型（矽卡岩型）矿床、岩浆热液型矿床、陆相火山岩型矿床、受变质型矿床、风化型矿床和化学沉积型矿床 7 个类型；结合四川省实际情况，在三级成因分类的基础上，又根据其成矿时代不同、赋矿围岩差异以及共（伴）生矿物特点等划分了 14 个亚类（表 2-1）。

表 2-1　四川省铁矿成因类型划分表

一级分类	二级分类	三级分类	三级亚类		典型矿床
内生铁矿床	岩浆作用铁矿床	岩浆型铁矿床	基性岩浆型铁矿床		攀枝花式钒钛磁铁矿
			基性-超基性岩浆型铁矿床		红格式钒钛磁铁矿
			超基性岩浆型铁矿床		椿树坪钒钛磁铁矿
			碱性岩浆型	钒钛磁铁矿床	朱家坡钒钛磁铁矿
				磁铁矿床（含铌）	李家河磁铁矿
		接触交代（矽卡岩）型铁矿床	晋宁期矽卡岩型铁（锡）矿床		冕宁泸沽铁矿山、李子垭
			印支期—燕山期矽卡岩型铁矿床		莱子沟
		岩浆热液型铁矿床			卡拉乡
		陆相火山岩型铁矿床	基性火山岩型铁矿床		矿山梁子
	变质作用铁矿床	受变质型铁矿床	（钠质）火山-沉积变质型铁矿床		石龙
			火山沉积-变质型铁矿床		新铺子
			沉积变质型铁矿床		满银沟、凤山营、虎牙
外生铁矿床	表生作用铁矿床	风化型铁矿床			央岛、茶花
	沉积作用铁矿床	化学沉积型铁矿床	陆相化学沉积型铁矿床		白竹山、庙沟
			海陆交互相沉积型铁矿床		巡司场、白胶
			海相化学沉积型铁矿床		华弹、碧鸡山

注：一级、二级、三级为全国统一划分类型；亚类为四川进一步细化类型。

2. 各类型矿产地数量

从表 2-1 可以看出。四川省铁矿主要成因类型有岩浆型、接触交代（矽卡岩）型、岩浆热液型、陆相火山岩型、受变质型、风化型和沉积型。共有各类矿产地 456 个，其中，化学沉积型铁矿矿产地最多，达 228 个，但 95.6%为小型以下；而岩浆型铁矿产地仅有 40 个，但中型以上矿产地达 24 个，占 60%（表 2-2）。

表 2-2　四川省铁矿类型、规模、数量统计表

二级分类	三级分类	三级亚类	规模、矿产地数量/个							中型以上矿产地数量/个
			超大	大	中	小	矿点	小计	合计	
岩浆作用矿床	岩浆型铁矿床	基性岩浆型钒钛磁铁矿床	3	1	3	4	2	13	40	24
		基性-超基性岩浆型钒钛磁铁矿床	1	6	8	1	4	20		
		超基性岩浆型钒钛磁铁矿床			1		1	2		
		碱性岩浆型钒钛磁铁矿				1	2	3		
		碱性岩浆型磁铁矿			1		1	2		
	接触交代型铁矿床	晋宁期矽卡岩型铁矿床			5	9	19	33	44	5
		印支期—燕山期矽卡岩型铁矿床				4	7	11		
	岩浆热液型铁矿床				1	2	11	14	14	1
	陆相火山岩型铁矿床	基性火山岩型铁矿床			2	4	9	15	15	2
变质作用矿床	受变质型铁矿床	（钠质）火山-沉积变质型铁矿床			2	1	6	9	88	12
		火山沉积-变质型铁矿床			3	6	14	23		
		沉积变质型铁矿床			7	14	35	56		
表生作用矿床	风化型铁矿床					5	22	27	27	
沉积作用矿床	化学沉积型铁矿床	陆相化学沉积型铁矿床			3	36	81	120	228	10
		海陆交互相沉积铁矿床			3	22	19	44		
		海相化学沉积型铁矿床		1	3	24	36	64		
总 计			4	8	42	133	269	456	456	54

3. 各类型主要特征

四川省以岩浆型钒钛磁铁矿为主，占全省探获资源储量的 91.67%；其他类型占 8.33%。各类特征见表 2-3。

表 2-3　四川省铁矿类型及其主要特征对比表

<table>
<tr><th>三级成因分类</th><th colspan="2">三级成因亚类</th><th>赋矿层或部位</th><th>矿体特征</th><th>矿石矿物特征</th><th>矿石结构构造特征</th><th>矿石品位特征</th><th>共伴生元素特征</th><th>代表性矿床</th><th>矿床规模</th><th>分布地域构造特征（三级构造单元）</th></tr>
<tr><td rowspan="5">岩浆型铁矿床</td><td colspan="2">华力西期基性岩浆分异型</td><td rowspan="2">辉长-橄辉岩体侵入震旦系灯影组灰岩，矿体富集于岩体下部及韵律层下部</td><td rowspan="2">单矿体似层状，矿体相互平行形成多层状，与含矿岩体平行</td><td rowspan="2">钒钛磁铁矿及钛磁铁矿为主要矿物。可含有硫化物、砷化物</td><td rowspan="2">粒状、团粒状，自形、半自形晶结构及海绵陨铁结构；浸染状、条带状构造</td><td rowspan="2">TFe 25%~35%，TiO_2 8%~12%，V_2O_5 0.35%~0.5%</td><td>共生钒钛伴生多元素</td><td>太和、白马、攀枝花</td><td rowspan="2">超大型为主，中型亦较多</td><td rowspan="2">攀西地区的攀西陆内裂谷带（I1-5），安宁河断裂两侧</td></tr>
<tr><td colspan="2">华力西期基性-超基性岩浆分异型钒钛磁铁矿床</td><td>共生钒钛伴生多元素可含铂族</td><td>红格、安宁、白草</td></tr>
<tr><td colspan="2">晋宁期超基性岩浆分异型钒钛磁铁矿床</td><td></td><td></td><td></td><td></td><td>TFe 15%~41%含量不稳定</td><td>含钒钛</td><td>旺苍椿树坪</td><td>中型</td><td>旺苍的大巴山被动大陆边缘（I1-2）</td></tr>
<tr><td rowspan="2">晋宁期碱性岩浆型</td><td>钒钛磁铁矿床</td><td>霞辉岩、霓霞岩侵入中元古界麻窝子组中</td><td>透镜状、不规则状</td><td>钛磁铁矿为主，钛尖晶石次之</td><td>半自形-自形粒状、海绵陨铁结构；浸染状构造</td><td>TFe 16.49%~30.42%，TiO_2 1.50%~3.45%，V_2O_5 0.017%</td><td></td><td>旺苍朱家坡</td><td>小型、矿点</td><td>旺苍的大巴山被动大陆边缘（I1-2）</td></tr>
<tr><td>磁铁矿床</td><td>晋宁期杂岩带的碳酸岩体中</td><td>似层状、透镜状</td><td>磁铁矿-方解石-磷灰石-黑云母组合</td><td>粒状镶嵌结构（主）、海绵陨铁结构；浸染、条带状构造</td><td>TFe 13%~61%，平均 23.12%</td><td></td><td>旺苍李家河</td><td>中型</td><td>旺苍的大巴山被动大陆边缘（I1-2）</td></tr>
<tr><td rowspan="2">矽卡岩型铁矿床</td><td colspan="2">晋宁期矽卡岩型（锡）铁矿床</td><td>花岗岩侵入元古宇登相营群麻窝子组碳酸盐岩于接触带成矿</td><td>不规则透镜状、囊状为主</td><td>磁铁矿、赤铁矿、假像赤铁矿等</td><td>半自形-他形粒状结构；致密块状-稠密浸染状构造</td><td>TFe 50%~65%平均 53.52</td><td>含锡</td><td>泸沽铁矿山、泸沽铁矿、大顶山、南江李子垭</td><td>中、小型为主</td><td>①攀西地区陆内裂谷带（I1-5）；②旺苍大巴山被动大陆边缘（I1-2）</td></tr>
<tr><td colspan="2">印支期—燕山期矽卡岩型磁铁矿床</td><td>花岗岩侵入晚三叠世碳酸盐岩地层于接触带成矿</td><td>透镜状、楔状</td><td>磁铁矿为主、少量黄铜矿、假象赤铁矿、黄铁矿、褐铁矿</td><td>细粒状结构致密块状结构</td><td>TFe 20%~70.55%平均 52.63%</td><td>常与铜矿共生</td><td>菜子沟、洞中达</td><td>小型、矿点</td><td>川西三江造山系中义敦-沙鲁岛弧带（Ⅱ1-6）</td></tr>
</table>

续表

三级成因分类	三级成因亚类		赋矿层或部位	矿体特征	矿石矿物特征	矿石结构构造特征	矿石品位特征	共伴生元素特征	代表性矿床	矿床规模	分布地域构造特征（三级构造单元）
（岩浆）热液型铁矿床			花岗岩及钠长斑岩脉侵入三叠纪、震旦纪地层，热液浸染	脉状、透镜状	磁铁矿	肾状、放射状、皮壳状构造	TFe 47%～52%	含锰	大矿山、普鲁贡、新山	小型、矿点	较分散、无规律
陆相火山岩型铁矿床			华力西期陆相基性火山岩及二叠纪碳酸盐岩接触带	似层状、透镜状、不规则状	磁铁矿为主，次有菱铁矿、赤铁矿	粒状结构为主；浸染状、条带状、块状构造	TFe 50.43%		矿山梁子、烂纸厂、牛厂	中-小型为主	盐源-丽江前陆逆冲-推覆带（I1-4）
受变质型铁矿床	（钠质）火山-沉积变质型铁矿床		会理群河口组变质钠质火山岩	似层状、透镜状	磁铁矿、赤铁矿、黄铁矿、黄铜矿	粒状变晶结构、斑状结构;浸染状、条带-块状构造	TFe 35%～45%	常与铜矿共生	石龙、老羊滩等	中、小型及矿点	康滇基底断隆带（I1-6-②）
	火山沉积-变质型铁矿床	晋宁期	会理群通安组偏碱性基-中性火山-次火山岩	似层状、透镜状	赤铁矿、假象赤铁矿，次为磁铁矿	自形、半自形-他形粒、残余结构，块状、浸染状及条带状构造	TFe 45%～55%		贡山、新铺子等	中、小型及矿点	康滇基底断隆带（I1-6-②）及凉山被动大陆边缘（I1-6）
		晚三叠世	曲嘎寺组大理岩、变基性火山岩	似层状、透镜状	磁铁矿	细晶结构，浸染状、条带状构造	TFe 25.9%～40.7%		日念达、后所	小型及矿点	川西地区三江造山系中义敦-沙鲁岛弧带（Ⅱ1-6）
	沉积变质型铁矿床	中元古代	会理群通安组及凤山营组、上雨组含铁砂岩及白云质大理岩中沉积铁矿受变质	层状、似层状、透镜状及不规则状	赤铁矿、菱铁矿、褐铁矿	粒状、鳞片状变晶结构；角砾状、团块状，纹层-块状构造	TFe 40%～55%	常与铜矿共生	凤山营、满银沟、小街	中、小型及矿点	康滇基底断隆带（I1-6-②）及凉山被动大陆边缘(I1-6)，少数在大巴山被动大陆边缘（I1-2）
		志留纪	志留系茂县群中碎屑岩沉积铁矿	似层状、透镜状	磁铁矿	鳞片、斑状变晶结构；条带、块状构造	TFe 23%～56.58%		威州、银杏-一碗水	中、小型及矿点	主要在龙门山前陆逆冲-推覆带（I1-3）
		三叠纪	三叠系千枚岩、灰岩中沉积铁锰矿	透镜状、似层状	磁铁矿、赤铁矿、菱锰矿	鳞片、镶嵌变质结构；层状、条带状构造	TFe 32%～45%，Mn 20%～29%	与锰矿共生	虎牙、西沟、四望堡	中、小型及矿点	主要在龙门山前陆逆冲-推覆带，少数在松潘-甘孜造山带(Ⅱ2)

续表

三级成因分类	三级成因亚类		赋矿层或部位	矿体特征	矿石矿物特征	矿石结构构造特征	矿石品位特征	共伴生元素特征	代表性矿床	矿床规模	分布地域构造特征（三级构造单元）
风化型铁矿床			多为铁矿体风化淋滤而成褐铁矿	似层状、透镜状、脉状	褐铁矿	团块状、皮壳状、蜂窝状构造	一般 TFe 45%~55%		茶花、央岛	小型、矿点	较分散，无规律
化学沉积型铁矿床	陆相化学沉积型铁矿床	白垩纪—第三纪	长石砂岩、长石石英砂岩，间夹粘土岩及砾岩透镜体	层状	赤铁矿、菱铁矿	致密块状	TFe 25%		中江白竹山、白玉拿它乡	中型、矿点	四川陆内前陆盆地昌台-乡城弧间裂谷带
		侏罗纪含煤建造沉积铁矿	中生代陆相含煤建造碎屑岩	透镜状	菱铁矿、赤铁矿	鲕状、致密状	TFe 25%~30%	与煤、粘土、黄铁矿相伴，产于煤建造中	高县菱铁矿区、庙沟	中、小型及大量矿点	主要分布凉山被动大陆边缘（I1-6）少数在宝青龙山鼎裂谷盆地（I1-6-①）
		晚二叠世沉积铁矿	二叠系宣威组碎屑岩建造	透镜状	赤铁矿、铁绿泥石	鲕状、砾状、土状结构；块状构造	TFe 20%~35%，最高 41.25%	与铜、粘土矿共生	峨边新场、乐山新华	小型及矿点	凉山被动大陆边缘（I1-6）
	海陆交互相沉积铁矿床	二叠纪含煤建造沉积铁矿	二叠系龙潭组含煤碎屑岩建造	层状、透镜状	菱铁矿、菱铁矿-赤铁矿	鲕状、豆状、结核状、条带状构造	TFe 40%~45%		巡司场、白胶、江安五矿	中、小型矿矿点	主要分布在凉山被动大陆边缘（I1-6）
	海相化学沉积型铁矿床	泥盆纪	泥盆世砂页岩、碎屑岩底部沉积铁矿层	层状、似层状、透镜状	鲕状含绿泥石赤铁矿为主，有菱铁矿、褐铁矿	鲕状结构；块状构造	TFe 35.09%~45.71%，平均 40.70%		碧鸡山、黄龙寺、广利寺、懒板凳	中、小型及矿点	松潘周缘前陆盆地（Ⅱ1-2）、凉山被动大陆边缘（I1-6）
		志留纪	中上志留统上部砾岩层中	层状	赤铁矿	鲕状、豆状，呈砾状胶结物存在	TFe 33.65%		天全沙坪	小型	龙门山前陆逆冲-推覆带
		奥陶纪	中奥陶世滨海-浅海相沉积形成	层状、似层状	红色鲕状赤铁矿，地表少量褐铁矿	鲕状、豆状、胶状结构；纹层-条带状构造	TFe 40.05% TiO8%，$TiO_2$8%		华弹、大马、梁子、棋树坪	大、中、小型及矿点	宁南县的凉山被动大陆边缘（I1-6）
		晚震旦世	观音岩组底部灰岩、砂岩或砾岩中	似层状、透镜状	赤铁矿、磁铁矿、菱铁矿	粒状复晶结构，鲕状、致密块状、条带状构造	TFe 30%~45%，最富>50%		会理大富村	小型及矿点	康滇基底断隆带（I1-6-②）

三、四川省铁矿资源特点

1. 全省铁矿分布

四川省探获铁矿资源储量的95%以上集中分布在攀西地区的攀枝花市和凉山彝族自治州，在这一地区也集中了全省主要的大型-超大型铁矿床。攀枝花市的铁矿以钒钛磁铁矿为主，占全省铁矿资源储量的71.41%，是全国著名的铁矿集中区，也是攀钢集团公司的钢铁生产基地。凉山彝族自治州铁矿资源储量占全省的24.23%，除钒钛磁铁矿外，还有部分中小型富铁矿。其他地区只有零星中小型铁矿分布（表2-4）。

表2-4　各市（州）铁矿资源分布情况一览表

地区	矿区数	资源储量所占比例/%	省内排位
攀枝花市	33	71.41	1
凉山州	99	24.23	2
阿坝州	8	1.18	3
宜宾市	9	1.10	4
绵阳市	11	0.67	5
达州市	9	0.38	6
广元市	7	0.38	7
巴中市	13	0.29	8
甘孜州	3	0.10	9
雅安市	4	0.09	10
成都市	1	0.09	11
乐山市	2	0.06	12
眉山市	2	0.02	13
合计	201	100	

注：据四川省矿产资源年报（2015）资料。

2. 矿床规模

四川省有小型及以上铁矿床187处，其中超大型4处，占比为2.14%；大型8处，占为4.28%；中型42处，占比为22.46%；小型133处，占比为71.12%。12个大型-超大型矿床中有11处为岩浆型（其中4处为超大型），1处沉积型。其主要矿床类型、矿床式和主要分布地区见表2-5。

表2-5　四川省主要矿床类型及矿床特征一览表

<table>
<tr><th>成因类型</th><th>矿床式</th><th>大型及以上矿床</th><th>中型矿床</th><th>小型矿床</th><th>小计</th><th>主要分布地区</th></tr>
<tr><td>岩浆型</td><td>攀枝花、红格、李家河式</td><td>11</td><td>13</td><td>6</td><td>30</td><td>沿安宁河大断裂分布，攀西地区米仓山-南大巴山前陆逆冲带</td></tr>
<tr><td rowspan="4">接触交代（矽卡岩型）、热液型</td><td>泸沽式</td><td></td><td>2</td><td>5</td><td rowspan="2">14</td><td>康滇轴部基底断隆带之安宁河断裂带，泸沽-喜德、会理益门一带</td></tr>
<tr><td>李子垭式</td><td></td><td>3</td><td>4</td><td>米仓山-南大巴山前缘逆冲-推覆带之南大巴山盖层逆冲带，旺苍-南江白坝一带及西南三江</td></tr>
<tr><td>菜子沟式</td><td></td><td></td><td>4</td><td>4</td><td rowspan="2">甘孜-理塘蛇绿混杂岩带、鲜水河天折裂谷带、德格、理塘、道孚、白玉等地</td></tr>
<tr><td>卡拉乡式</td><td></td><td>1</td><td>2</td><td>3</td></tr>
<tr><td>火山成因型</td><td>矿山梁子式</td><td></td><td>2</td><td>4</td><td>6</td><td>盐源-丽江前缘逆冲-推覆带，冕宁、盐源一带</td></tr>
</table>

续表

成因类型	矿床式	大型及以上矿床	中型矿床	小型矿床	小计	主要分布地区
受变质型	满银沟式		12	21	33	康滇轴部基底断隆带之江舟-米市裂谷盆地，宁南会东一带
	凤山营式					康滇轴部基底断隆带之江舟-米市裂谷盆地，会理会东地区南部
风化型	茶花式			5	5	四川各地
沉积型	华弹式	1	1	5	7	康滇轴部基底断隆带之峨眉-凉山盖层褶皱带，宁南地区
	碧鸡山（宁乡）式		2	10	12	康滇轴部基底断隆带之峨眉-凉山盖层褶皱带，越西、甘洛一带
	其他		6	67	73	大巴山、城口凹陷带，川中坳陷盆地，川西边缘坳陷盆地及川东褶皱带；主要分布万源、珙县、洪雅、汉源等地
合计		12	42	133	187	
百分比/%		6.42	22.46	71.12	100	

3. 探明资源储量

根据最新资料，对四川省456个铁矿产地统计，其矿石资源储量为169.296×10^8 t（含整装勘查及预查资源储量）。按铁矿成因类型分别进行资源储量统计结果见表2-6。

表2-6 四川省铁矿成因类型、资源储量统计表

二级分类	三级分类	三级亚类		三级亚类矿石资源储量/10^4 t	三级分类铁矿石资源储量/10^8 t	三级分类资源储量占总量百分比/%	备注
岩浆作用铁矿床	岩浆型铁矿床	基性岩浆型铁矿床		920057.5	155.24	91.93	含整装勘查及预查资源储量
		基性-超基性岩浆型铁矿床		626102.147			
		超基性岩浆型铁矿床		3298.2			
		碱性岩浆型	钒钛磁铁矿床	162.8			
			磁铁矿床	2730.5			
	接触交代型铁矿床	晋宁期矽卡岩型铁（锡）矿床		10217.085	1.14	0.67	
		印支期—燕山期矽卡岩型铁矿床		1143.846			
	岩浆热液型铁矿床			2068.32	0.21	0.12	
	陆相火山岩型铁矿床	基性火山岩型铁矿床		8044.882	0.80	0.47	
变质作用铁矿床	受变质型铁矿床	（钠质）火山-沉积变质型铁矿床		6082.93	4.44	2.63	
		火山沉积-变质型铁矿床		6912.99			
		沉积变质型铁矿床		31408.771			
表生作用铁矿床	风化型铁矿床			2349.67	0.23	0.14	
沉积作用铁矿床	化学沉积型铁矿床	陆相化学沉积型铁矿床		20871.38	7.25	4.30	
		海陆交互相沉积型铁矿床		18338.45			
		海相化学沉积型铁矿床		33271.21			
合　计				1693060.681	169.31	100	

由表2-6可以看出，岩浆型铁矿床的矿石资源储量占比最大，是四川省最主要的铁矿类型，其矿石资源储量达到155.24×10^8 t，占四川省总资源储量的91.93%；其次为沉积型铁矿床，矿石资源储量7.25×10^8 t，占总资源储量的4.30%；位居第三的是受变质沉积型铁矿床，矿石资源储量4.44×10^8 t，占总资源储量的2.63%；第四位的是矽卡岩型铁矿床，矿石资源储量1.14×10^8 t，占总资源储

量的0.67%，火山成因型占0.47%。

四川省发现并探获了相应的资源储量的铁矿类型有岩浆型、变质型、沉积型、接触交代（矽卡岩）型、热液型、火山型等。

4. 铁矿石特征

不同成因类型的铁矿床中，主要矿石矿物组合不同，常见的矿石矿物主要有磁铁矿、赤铁矿、钒钛磁铁矿（包括钛磁铁矿和钛铁矿，前者为生产铁的原料，后者为生产钛的原料）、菱铁矿、赤（镜）铁矿、褐铁矿、菱锰矿、黄铜矿、锡石、方铅矿等。全省共有铁矿产地456处，其中以磁铁矿矿石为主的矿产地88处、赤铁矿为主的矿产地93处、钒钛磁铁矿为主的矿产地36处、菱铁矿为主的矿产地170处、褐铁矿为主的矿产地29处、铁锰矿为主的矿产地15处、铁铜矿为主的矿产地16处、铁锡矿为主的矿产地3处、铁铅锌矿为主的矿产地2处、铁金矿为主的矿产地2处、钛磁铁矿为主的矿产地2处，各类铁矿石构成见表2-7。

表2-7　四川省不同类型铁矿石矿产地统计表

序号	矿石	数量/处	占百分比/%
1	磁铁矿	88	19.30
2	赤铁矿	93	20.39
3	钒钛磁铁矿	36	7.89
4	钛磁铁矿	2	0.44
5	菱铁矿	170	37.28
6	褐铁矿	29	6.36
7	铁锰矿	15	3.29
8	铁铜矿	16	3.51
9	铁锡矿	3	0.66
10	铁铅锌矿	2	0.44
11	铁金矿	2	0.44
12	合　计	456	100.00

磁铁矿矿石主要见于接触交代型铁矿床，产于侵入岩与碳酸盐岩内外接触带的矽卡岩带中，矿石为条带状、团块状、致密块状。含TFe 25.63%~59.60%，是四川省的主要富铁矿类型，一般为中、小型矿床。矿石中含S 0.005%~0.009%，P 0.027%~0.140%，个别矿床含SiO_2 25.91%。

钛磁铁矿和钛铁矿石见于岩浆晚期分异型矿床，产于基性岩或基性-超基性岩体中下部，是一种复杂的矿物及元素组合矿石类型，矿石具浸染状、条带状、块状构造。矿石中主要有益元素为Fe、V、Ti，伴生有益（用）元素有Co、Ni、Cu、Cr、Sc、Pt等10余种。该类矿石中含TFe 20%~45%、TiO_2 8%~12%、V_2O_5 0.1%~0.4%；在尾矿中提出的钴镍精矿含Co 0.33%~0.76%，Ni 0.63%~2.93%。这类矿床是四川省得天独厚的资源，也是铁矿产的支柱，规模多为超大型、大型。

赤铁矿矿石主要见于沉积型铁矿床，以层状鲕赤铁矿为主，含TFe 40%~45%；也见于沉积变质型铁矿床中，其贫矿含TFe 38.81%，富矿含TFe 54.25%。含有害元素为S 0.006%，P 0.05%，个别矿床含$SiO_2$15%~30%。这两种矿床多为中、小型矿床。

菱铁矿矿石见于沉积变质矿床类的碳酸盐岩建造的变质铁矿，以菱铁矿为主，氧化后形成褐铁矿，又可分为灰矿、黄铁两类，多呈角砾状及斑杂状构造，平均含TFe 28.96%~35.72%，部分氧化矿石含TFe较高，为40%~50%，一般氧化带深度<50 m。

褐铁矿石主要见于风化淋滤型铁矿床，以褐铁矿为主，次有菱铁矿、赤铁矿、黄铁矿残骸，含TFe 49.13%~52.56%，有时伴生有Au，可形成铁金矿。这类矿床在四川铁矿床中所占比例很小。

铁锰矿、铁金矿等类型的矿石为共伴生矿，所占比例更小。

5. 资源总量大，但品位低

四川省钒钛磁铁矿中的钛资源居世界之首，钒资源居世界之第三，钒钛均占全国第一位；铁矿在全国排第二位，可谓总量丰富，但富铁矿只占查明资源储量的0.79%。按《矿产资源工业要求手册》（2010）所列工业指标（TFe≥56%为炼钢矿石，Fe≥50%为炼铁矿石，TFe≥20%~25%或以上为需选矿铁矿石），四川炼钢矿石仅占0.10%，炼铁矿石仅占0.47%，全省铁矿的99.42%需要选矿才能利用。四川省主要铁矿典型矿床矿石品级见表2-8。

表2-8 四川省主要铁矿典型矿床矿石品级一览表（%）

典型矿床	需选矿石资源储量比例	需选矿石入选品位	炼铁矿石资源储量比例	炼铁矿石入选品位	炼钢矿石资源储量比例	炼钢矿石入选品位
攀枝花、红格铁矿	100	29.02	0		0	
满银沟铁矿	68.13	39.85	31.55	53.01	0.31	58.98
石龙铁矿	84.57	35.42	11.71	54.54	0.29	60.44
矿山梁子铁矿	75.62	47.71	7.87	55.37	0.46	57.45
泸沽铁矿	36.36	39.94	41.67	51.43	2.27	60.61
凤山营铁矿	100	35.08	0		0	
李子垭铁矿	100	34.74	0		0	
华弹铁矿	100	40.05	0		0	
碧鸡山铁矿	100	34.54	0		0	
合计	99.42	34.35	0.47	54.06	0.10	59.41

注：引自《四川省矿产资源潜力评价报告》（2013）。

6. 分布集中，共（伴）生矿产多

四川省95%以上的铁（钒钛）矿资源集中分布在攀西地区，该地区交通方便，配套程度较高，有利于开发建设，形成综合性的矿物原料基地。攀西地区钒钛磁铁矿中钛钒的经济价值远大于铁矿的经济价值，必须综合利用，但采、选、冶有一定难度。

四、勘查工作程度和开发利用现状

据2014年《四川省矿产资源年报》数据：铁矿矿山企业数合计为109个，其中大型矿山10个，中型矿山12个，小型矿山41个，小矿山46个。从业人员18991人，年产矿石量7964×10⁴ t，实际采矿能力为7822×10⁴ t/a（表2-9）。

表2-9 四川省铁矿类型与勘查程度统计表

二级分类	三级分类	三级亚类	勘查程度 勘探	详查	普查	预查	备注
岩浆作用铁矿床	岩浆型铁矿床	基性岩浆型铁矿床	3	1	5	4	矿产地456处
		基性-超基性岩浆型铁矿床	4	5	4	7	
		超基性岩浆型铁矿床		1		1	
		碱性岩浆型 钒钛磁铁矿床			2	1	
		碱性岩浆型 磁铁矿床	1		1		
	接触交代型铁矿床	晋宁期矽卡岩型铁（锡）矿床	7	6	5	15	
		印支期—燕山期矽卡岩型铁矿床		1	3	7	
	岩浆热液型铁矿床			1	4	9	
	陆相火山岩型铁矿床	基性火山岩型铁矿床	4	3	3	5	
变质作用铁矿床	受变质型铁矿床	（钠质）火山-沉积变质型铁矿床		4	3	2	
		火山沉积-变质型铁矿床	2	4	3	14	
		沉积变质型铁矿床	4	13	8	31	
表生作用铁矿床	风化型铁矿床			1	4	22	
沉积作用铁矿床	化学沉积型铁矿床	陆相化学沉积型铁矿床	7	15	34	64	
		海陆交互相沉积型铁矿床	4	2	35	3	
		海相化学沉积型铁矿床	12	4	16	32	
合 计			48	61	130	217	

第三节 岩浆作用铁矿床

四川省境内岩浆作用形成的铁矿床其矿石资源储量占全省铁矿石总资源储量的91.69%，岩浆作用铁矿床主要集中分布在攀西地区，这里集中了全省的大型、超大型矿床。四川岩浆作用铁矿主要有岩浆型、接触交代型、岩浆热液型和火山岩型4个三级成因类型，在此基础上又根据其成矿时代不同、赋矿围岩差异以及共（伴）生矿物特点等进行了亚类的细分划分出8个三级亚类（见表2-9）。由于四川岩浆热液型铁矿多为矿点，矿产地较少，资源储量有限，故接触交代型铁矿与岩浆型一并介绍。

一、岩浆型铁矿床

该类型铁矿以钒钛磁铁矿为代表，探明的矿区（点）共40处（表2-10），是我国最重要的铁矿类型之一。全省岩浆型铁矿主要分布在攀西地区，其集中了全省的大型-超大型矿床，探明资源储量占全省铁矿资源储量的95%以上，其中，攀枝花市占全省铁矿资源储量的71.41%，是我国著名的铁矿集中区；凉山彝族自治州占24.23%；此外，在米仓山-大巴山一带也有零星中小型铁矿分布。与其他类型铁矿相比，岩浆型铁矿勘查程度相对较高，所发现的矿产地中工作程度达到勘探的有8处、详查7处、普查12处、预查13处。

根据成矿时代不同、分布地区不同以及成矿母岩的差别，可以把岩浆型铁矿床进一步细分为基性岩浆型、基性-超基性岩浆型、超基性岩浆型3个次级成因亚类（表2-10）。

表2-10 四川省岩浆型铁矿床成因类型矿石质量统计表

三级成因分类	三级成因亚类	矿产地名称	矿床规模	勘查程度	主金属(TFe)品位/%	共生金属（TiO_2）品位/%	共生金属(V_2O_5)品位/%	利用情况
岩浆型铁矿床	基性岩浆型矿床（华力西期钒钛磁铁矿）	冕宁杨秀	小型	普查	21.96	5.68	0.077	
		冕宁半边山	小型	预查				
		冕宁杨河	小型	预查	54.35	4.55	0.36	
		西昌峰子岩	中型	普查	19.84	6.93	0.152	
		西昌太和	超大型	勘探	25.56~30.31	0.27~11.76	0.2365	已用
		德昌大象坪	中型	普查				
		德昌铜厂坪	小型	普查				
		德昌巴硐	中型	详查	30.55	7.99	0.20	
		米易棕树湾	矿点	预查				
		米易白马	超大型	勘探	24.54	6.01~8.37	0.19	
		攀枝花务本	大型	普查	17.1~18.8	5.28~8.09	0.065~1.105	
		攀枝花（朱家包包、兰家火山等）	超大型	勘探	31.66~33.92	10.52~12.29	0.1~0.31	已用
		攀枝花萝卜地	矿点	预查	25.52	7.47		
	华力西期基性-超基性岩浆型矿床（华力西期钒钛磁铁矿）	会理白草	大型	详查	28.04	11.80	0.10	已用
		会理秀水河	大型	详查	25.00	11.11	0.25	
		米易新街	中型	普查	27.10	9.53	0.34	
		米易麻陇	矿点	预查				
		米易中梁子-黑谷田	中型	预查	34.6	14.07	0.32	
		米易安宁潘家田矿段	大型	勘探	31.40	10.86	0.24	
		会理安宁安宁村矿段	大型	勘探	20.94	9.29	0.19	
		盐边一碗水	中型	普查	21.14	9.5	0.18	
		会理黎黎氿半山	小型	预查				
		会理竹菁钒钛磁铁矿	大型	勘探	20.18~22.81	5.89~8.28	0.209~0.241	

续表

三级成因分类	三级成因亚类	矿产地名称	矿床规模	勘查程度	主金属(TFe)品位/%	共生金属（TiO_2）品位/%	共生金属(V_2O_5)品位/%	利用情况
岩浆型铁矿床	华力西期基性-超基性岩浆型矿床（华力西期钒钛磁铁矿）	盐边中干沟	大型	详查	27.64	12.14	0.25	
		盐边湾子田	中型	详查	27.38	12.18	0.24	
		盐边彭家梁子	矿点	预查				
		盐边红格	超大型	勘探	27.41~27.94	10.56~11.06	0.24~0.25	
		盐边白沙坡	矿点	预查				
		攀枝花新桥	矿点	预查				
		攀枝花西区飞机湾	中型	普查	23.98	8.16	0.12	
		盐边中梁子	中型	普查	34.60	14.07	0.32	
		会理马鞍山	中型	详查	36.07	14.24	0.25	
		盐边普隆	中型	预查	20~39.4			
	晋宁期超基性岩浆型钒钛磁铁矿床	旺苍椿树坪	中型	详查	16.68	1.81~1.97	0.11~0.15	
		南江江家塘	矿点	预查	15.06~21.54	0.47~2.59	0.02~0.1	
	晋宁期碱性岩浆型钒钛磁铁矿床	旺苍回家沟	矿点	预查	30.73			
		旺苍朱家坡	小型	普查	21.52	1.5~3.45	0.02	
		旺苍天地堡	矿点	普查	10.05~49.11	2.8~9.2		
	晋宁期碱性岩浆型磁铁矿床	旺苍大垭	矿点	普查	15~41.46		含铌	
		旺苍李家河（切刀梁、茅坡子）矿区	中型	勘探	23.12		含铌	

（一）岩浆型铁矿床特征

1. 总体特征

1）成岩成矿时间基本相同：岩浆矿床是在岩浆冷凝过程中，在挥发组分即矿化剂的作用下，产生分异、结晶、同化等作用而形成，和母岩的冷凝结晶过程在时间上大体一致，即成岩和成矿过程基本上是同步进行的。虽有少数岩浆矿床的成矿作用可以延续到较晚时间，但基本上不超过岩浆活动时期，如攀枝花式、红格式钒钛磁铁矿。

2）矿体主要产于母岩岩体内，甚至于整个岩体就是矿体，如攀枝花、红格钒钛磁铁矿等；但多数矿床的矿体，是岩体内成矿物质特别富集的部分，矿体之间被不含矿的岩浆岩体所隔开，如李家河式铁矿；少数情况下，矿体可离开母岩，进入邻近的围岩之中。

3）矿体与母岩关系：贯入式矿体与母岩具清楚明显的界限，浸染状矿体与母岩一般呈渐变或迅速过渡关系；围岩蚀变一般不发育，但自变质作用相当普遍。

4）矿物组合和结构构造：矿石的矿物组成与母岩的矿物组成基本相同，仅矿石中有用组分相对富集。如攀枝花钒钛磁铁矿中的钒钛等有用组分，V_2O_5含量达0.15%~0.2%、TiO_2含量达5%，即构成钒、钛矿。因此，岩浆矿床就是岩浆岩中的有用组分富集到了能为工业利用的程度形成的矿床。矿石结构构造常见海绵陨铁、陨铁嵌晶、固熔体分解结构，浸染状、块状、条带状构造等。

5）成矿温度较高：由于成矿作用是在岩浆熔融体中大致同时发生的，因此多数岩浆矿床的成矿温度较高，可达1500~1200°C。

2. 成矿岩浆期

四川岩浆型铁矿主要分布在攀西地区，其次在米仓山-大巴山一带也有零星分布。《四川省区域矿产总结》（1990）将四川岩浆矿床分为岩浆分凝-贯入型（攀枝花式、红格式）、岩浆分凝型（李家河式）。按矿床成因分类，这些铁矿均属岩浆（晚期）铁矿床，只是产出时代不同。按岩浆活动时间，四川岩浆型铁矿床可分为华力西期、晋宁期。

1）华力西期：铁矿产于华力西期超浅成-中深成相基性-超基性火成岩体中，岩体韵律层发育，铁矿赋存于每个一级或二级韵律的下部或底部。矿体呈规模较大的层状、似层状产出，矿层与岩层构造一致，稳定且规模大；单个含矿岩体断续延长数千米到数十千米，宽一千至几千米，延深数百米到千米以上，往往形成大型-超大型矿床。成矿后期断裂和岩脉发育，常破坏矿体在走向和倾向上的连续性。矿石为磁铁矿-钛磁铁矿-钛铁矿组合，构造以浸染状、条带状为主，团块状、细脉状次之，具海绵陨铁和粒状嵌晶结构、固熔体分解结构。矿石含铁、钒、钛等主要有益要素，还伴生有 Cu、Co、Ni、Ga、Mn、P、Se、Te、Sc 及铂族元素等多种有用组分，这为其又一大特点。其代表性矿床为攀枝花、红格铁矿床。

2）晋宁期：铁矿主要赋存在晋宁期杂岩带的碳酸岩体和超基性岩及霞辉石、霓霞岩中。矿体呈似层状、透镜状产出；矿石为磁铁矿-方解石-磷灰石-黑云母组合；以粒状镶嵌结构为主，海绵陨铁及交代残余结构为次，具浸染状、条带状构造。矿石 TFe 品位 13%~61.7%，平均 23.12%，为中型铁矿床。其代表性矿床为旺苍李家河铁矿床、椿树坪钒钛磁铁矿床。

四川岩浆型铁矿主要分布在攀西地区，该区的钒钛磁铁矿根据矿床特征，划分为攀枝花式岩浆型铁矿和红格式岩浆型铁矿。本书以攀西地区岩浆型铁矿为代表，总结四川省岩浆型铁矿矿产地质特征，典型矿床为攀枝花式岩浆型铁矿和红格式岩浆型铁矿。

3. 成矿地质背景

1）构造位置：攀西地区基性-超基性岩浆型铁矿位于上扬子陆块西缘，属攀西陆内裂谷带，包括金河-宝顶裂谷和康滇地轴基底断隆带中南端及江丹-米市裂谷盆地。具体矿体产出则与深大断裂派生的次级断裂密切相关。

2）岩浆岩：含钒钛基性-超基性岩体 30 多处，约占该类基性-超基性岩体的 16%。这些含矿岩体主要是层状岩体群沿攀枝花、米易、德昌、西昌、冕宁南北向带状分布（图 2-2）。攀西地区基性-超基性岩浆型铁矿成矿母岩为超基性（超镁铁质）岩和基性（镁铁质）岩，其岩浆来源于下地壳或上地幔，受攀西裂谷的影响使其上侵地壳浅部分异结晶成矿。攀西裂谷岩浆活动期为华力西期，在二叠纪发生了介于碱性玄武岩与拉斑玄武岩之间的过渡型玄武岩浆大规模侵入和喷发，构成我国著名的西南暗色岩套。攀枝花、红格、白马、太和等层状基性-超基性堆积杂岩体（年龄值为 265~260 Ma）形成于二叠纪中晚期，此为钒钛磁铁矿的成矿期。在康滇地轴基底断隆带及其两侧盆地中广泛分布的峨眉山玄武岩，三叠纪在中轴脊线一带形成太和、白马、攀枝花和红格的正长岩（252~206 Ma），以及攀枝花矿区北务本的碱性粗面岩-碱流岩-熔结凝灰岩的组合，其形成与早期形成的含钒钛磁铁矿层状基性-超基性岩关系尤为密切。与铁矿有直接关系的华力西期基性-超基性岩以及印支期正长岩、碱性粗面岩-碱流岩-熔结凝灰岩等主要分布在安宁河断裂带两侧，构成醒目的攀西陆裂谷岩浆岩带。基性-超基性岩、正长岩与峨眉山玄武岩一起为“三位一体”组合。基性-超基性岩岩体以三种产出类型分别侵位于前震旦系会理群及盐边群浅变质岩系中：一是以单斜层状产出的杂岩体，一般沿着围岩的层面顺层贯入或沿着不同时期的接触界面贯入，与围岩的层理及接触界面呈整合接触，层状岩体与成矿关系密切；二是以岩盆、岩株、岩墙、岩床、岩脉及同心式带状、水滴状、纺锤状、囊状、岩瘤状产出的岩体，它们一般都切穿围岩层理，与围岩呈不整合关系；三是包裹于后期的围岩中，后期围岩包括花岗岩、正长岩、石英闪长岩、辉长岩、辉石岩、橄辉岩、橄榄岩、玄武岩花岗岩、正长岩、玄武岩等。

4. 岩石学特征

攀西地区基性-超基性岩体包括辉长岩、辉石岩、橄榄辉长岩、辉绿辉长岩等，其中含钒钛磁铁

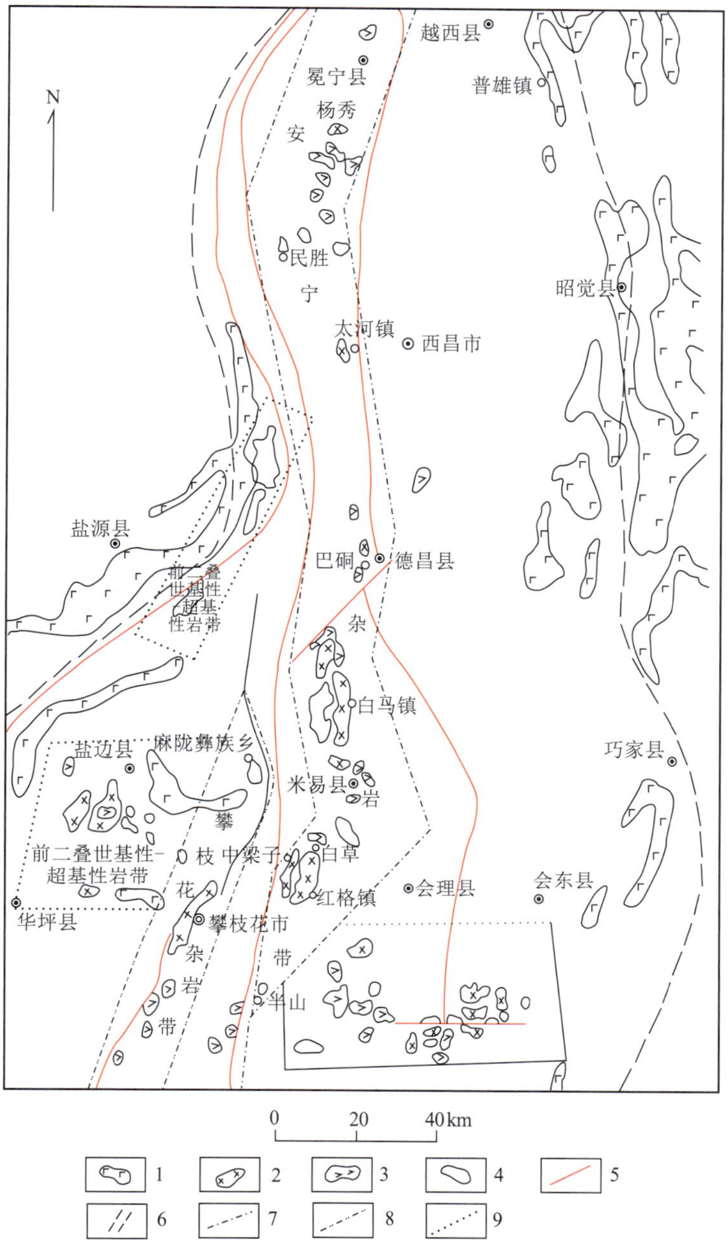

图 2-2　攀西地区基性-超基性岩体分布示意图

（据四川省地质矿产局，1990，修编）

1—玄武岩；2—基性岩型含钒钛磁铁矿层状岩体；3—基性-超基性岩型含钒钛磁铁矿层状岩体；4—非层状岩体；5—深断裂；6—康滇地轴东西界线；7—安宁河杂岩带界线；8—攀枝花杂岩带界线；9—前二叠世基性-超基性岩带界线

矿的岩体以具分异层状构造为特点，呈现出清晰的韵律层，在区域上可分层状和非层状两类。根据不同岩体的岩石类型、组合及含矿性不同，又可大体分为层状含矿岩体和非层状岩体两类。

（1）层状岩体

以基性岩为主的含矿层状岩体：岩体的基本岩石类型为辉长岩，从岩体顶部向下，基性程度增高。底部暗色辉长岩、橄榄辉长岩、辉长岩和含钛磁铁矿辉长岩互层为主，钒钛磁铁矿以熔离矿床形式富集于下部暗色辉长岩层中，如白马、攀枝花。攀枝花岩体根据岩石的矿物组合及含量变化情况可划分五个岩相带，即：层状钛磁铁辉长岩相带（Ⅰ）、层状含磷灰石辉长岩相带（Ⅱ）、层状辉长岩相带（Ⅲ）、块状辉长岩相带（Ⅳ）、边缘带（Ⅴ）。

基性-超基性岩组成的含矿层状岩体：主要由橄榄岩-橄辉岩-辉长岩的韵律层组成，含矿层以岩浆矿床形式富集于每个韵律的中下部，如红格及新街岩体。红格及新街岩体主要由橄榄岩-橄辉岩-辉长岩的韵律层组成，划分为两个岩相带，由上而下为辉长岩带和超镁铁岩带。辉长岩带下部以暗色辉长岩为主，具韵律性层状结构，上部为块状浅色辉长岩。超镁铁岩带，岩石类型由单辉岩、橄榄单辉岩、磁铁岩及少量橄榄岩和含长单辉岩组成。

（2）非层状岩体

非层状岩体不具备韵律层的特点，以基性岩为主，常见岩石类型为角闪辉长岩、辉绿岩等，分布范围广，但规模较小，以分布零星的浅成侵入为主，一般不含矿。

（3）“三位一体”岩浆岩带

上述基性-超基性岩与碱性正长岩、峨眉山玄武岩一起构成“三位一体”岩浆岩带。在攀西地区二叠纪中晚期发生大面积火山活动，形成一套基性火山岩系（峨眉山玄武岩），其分布于冕宁、西昌、盐源、以及米易、攀枝花等地。碱性正长岩主要为弱碱性正长岩侵入上述玄武岩及层状基性-超基性岩中，岩石类型变化较大。碱性正长岩形成的时间晚于基性超基性岩、峨眉山玄武岩，其与含钒钛磁铁矿的基性-超基性岩、峨眉山玄武岩空间上密切共生。

5. 围岩及蚀变

1）围岩主要是上震旦统灯影组的白云岩、白云质灰岩夹砂页岩、凝灰质岩，其次是古生界中的砂页岩、页岩及石灰岩。

2）含矿辉长岩岩体围岩蚀变不强，常见绿泥石化、次闪石化、绢云母化，其底板围岩形成镁橄榄石大理岩、透辉大理岩、透辉石-硅镁石大理岩及矽卡岩化灰岩等。在碱性正长岩中，粗大的钾长石常具较强烈的钠长石化，并含不定量石英。

6. 成矿方式和成矿时代

四川省岩浆型铁矿主要为岩浆晚期结晶分异铁矿，成矿方式为岩浆晚期结晶分异、重力堆晶，还有部分熔离结晶等；成矿时代主要为华力西期。含矿岩体大部分分布于古隆起带边缘，受攀西陆内裂谷的控制，分异良好，相带明显，韵律清楚。岩石组合类型分为辉长岩型、辉长岩-苏长岩型、辉长岩-橄长岩型、辉长岩-橄辉岩型和辉绿岩型五种。钒钛磁铁矿多呈似层状分布于岩体中下部或下部，与岩体韵律层呈平行的互层。主要矿石矿物有磁铁矿、钛磁铁矿、钛铁矿、钛铁晶石、镁铝尖晶石等；钒钛铁共生，还伴有 Cr、Cu、Co、Ni、Ga、Mn、Se 及 S、P 等有用元素；矿石一般品位：TFe 20.6%~45.2%，TiO_2 3%~16%，V_2O_5 0.15%~0.5%。

（二）碱性岩浆型铁矿特征

碱性岩浆型钒钛磁铁矿和碱性岩浆型磁铁矿，分布于大巴山被动大陆边缘的旺苍县境内。产地 5 处，其中中型矿床 1 处，小型矿床 1 处，其余矿点；工作程度：勘探 1 个、普查 3 个、预查 1 个。成矿时代为元古宙。

碱性杂岩由霞辉岩、霓霞岩组成，沿断裂带侵入于麻窝子组中，长 3600 m，宽 400~800 m，边缘为细粒，向中心逐渐变为中粗粒，略显分异现象。钒钛磁铁矿赋存于霞辉岩中，且与中粗粒相关系密切。以旺苍朱家坡矿床为代表。

碱性岩浆型磁铁矿矿体主要赋存于碳酸岩体中，碳酸岩体呈透镜状、脉状沿断裂带侵入于碱基性岩体中，长 1000 余米，宽 100~320 m，延深大于 500 m，倾向 300°~330°，倾角 60°~70°。基本全岩矿化，并含铌钽。以旺苍李家河矿床为代表。

（三）矿床实例

1. 攀枝花钒钛磁铁矿

攀枝花钒钛磁铁矿属岩浆型铁矿中的第一亚类（基性岩浆型矿床），其含矿母岩为层状基性岩。该类型钒钛磁铁矿已查明资源储量在岩浆型铁矿中所占的比例大。由于该矿床发现历史久，规模大，工作程度高，代表性强，故择其为典型矿床。

（1）矿床地理位置

攀枝花钒钛磁铁矿床，包括朱家包包、兰家火山、尖包包、倒马坎、公山、纳拉箐及太阳湾7个矿段。矿床中心点在攀枝花市东北24°方向，直距9 km。

（2）矿床发现简史

1940年8~11月，常隆庆、刘之祥到西昌南部做地质调查，首次发现了攀枝花磁铁矿。隆庆曾“估算营盘山、尖包包二处铁矿之资源储量865.4×10^4 t”；刘之祥记载“铁之资源储量可达1000×10^4 t之上，居宁属第一”。

1941年，李善邦、秦馨菱在倒马坎进行磁测工作，所采标本经程裕淇镜下鉴定时发现磁铁矿中有钛铁矿存在，然后程裕淇等又发现了矿石中的钒。

1942年，汤克成到攀枝花倒马坎铁矿做调查，估计攀枝花、倒马坎铁矿石资源储量约4000×10^4 t，著有《盐边攀枝花及倒马坎铁矿区地质报告》。

1943年，陈正、薛承凤受中央地质调查所所长李赓阳（即李春昱）之命，到攀枝花、倒马坎钛磁铁矿做调查，著有《西康盐边县攀枝花倒马坎钛磁铁矿》。

1954年徐克勤及南大实习生。1955年胡炎明、秦震、地质部三〇二和三〇九物探队，1957年王朝钧等先后在该矿床进行工作，编写了《攀枝花钒钛磁铁矿资源储量计算报告书》，提交表内矿石资源储量10.83×10^8 t，并计算了伴生的钛、钒资源储量。

（3）矿产开发

1964年，国家决定建设攀枝花钢铁基地。针对全国储委提出的问题，四川省地质局一〇六队对该矿床进行了补充勘探，提交了《盐边攀枝花铁矿补课报告》。

1964年，国家科委及冶金部组织全国数十个单位，100多位专家分组攻关，研究解决矿石中钒、钛的分离析出课题。

1970年，设计年产矿石650×10^4 t的兰尖铁矿建成投产；1974年12月，设计年产700×10^4 t矿石的朱家包包铁矿建成投产。

1970年7月1日出铁，1971年出钢，完成了一期工程建设。

（4）矿床资源储量

攀枝花矿床（含朱家包包、兰家火山、尖包包、倒马坎、公山5个矿段）：铁矿石基础储量20430.1×10^4 t，资源量59368.8×10^4 t，资源储量79798.9×10^4 t。钛（TiO_2）金属氧化物基础储量2338.5700×10^4 t，资源量4424.7300×10^4 t，资源储量6763.3000×10^4 t。钒（V_2O_5）金属氧化物基础储量55.6100×10^4 t，资源量135.2922×10^4 t，资源储量190.9022×10^4 t。

攀枝花纳拉箐矿段铁矿石资源储量24681.2×10^4 t。其中整装勘查资源储量为22924×10^4 t。钛（TiO_2）金属氧化物资源储量1903.5400×10^4 t。其中整装勘查资源储量为1838.2266×10^4 t。钒（V_2O_5）金属氧化物资源储量48.1682×10^4 t。其中整装勘查资源储量为43.9700×10^4 t。

（5）区域地质特征

攀枝花钒钛磁铁矿位于四川省西南部，矿区地质图见图2-3。攀枝花含矿辉长岩体出露面积30 km^2，NE30°方向延伸，长约19 km、宽2 km。攀枝花含矿岩体总趋势呈NE30°方向展布，局部地段（尖包包矿段）由于受后期断裂影响走向接近东西向；岩层一般倾向北西，局部向北倾；倾角变化较大35°~70°，一般40°~60°。攀枝花矿床所处大地构造位置为扬子陆块西缘的康滇构造带中段。成岩成矿前构造主要有北东向的攀枝花断裂，北西向的惠民-务本-通安构造带（断裂、褶皱），两组构造在矿区内均不明显。成岩成矿后的构造基本为断裂构造，矿区断裂构造大致可为北东向、北西向、南北向三组。北东向断层均属逆断层。北西向断层主要分布在含矿岩体东西两侧，也多为逆断层，这组断层切割含矿体也切割北东向断层，部分断层导致岩体产生移动。南北向断层在矿区内最发育。

（6）矿区地质特征

攀枝花矿区内地层有上震旦统灯影组含燧石及硅质条带的白云质灰岩及灰质白云岩；外围见有上震旦统的板状页岩夹白云质灰岩及砂砾岩、砂岩等。在矿区外围还有前震旦系花岗片麻岩、云母石英

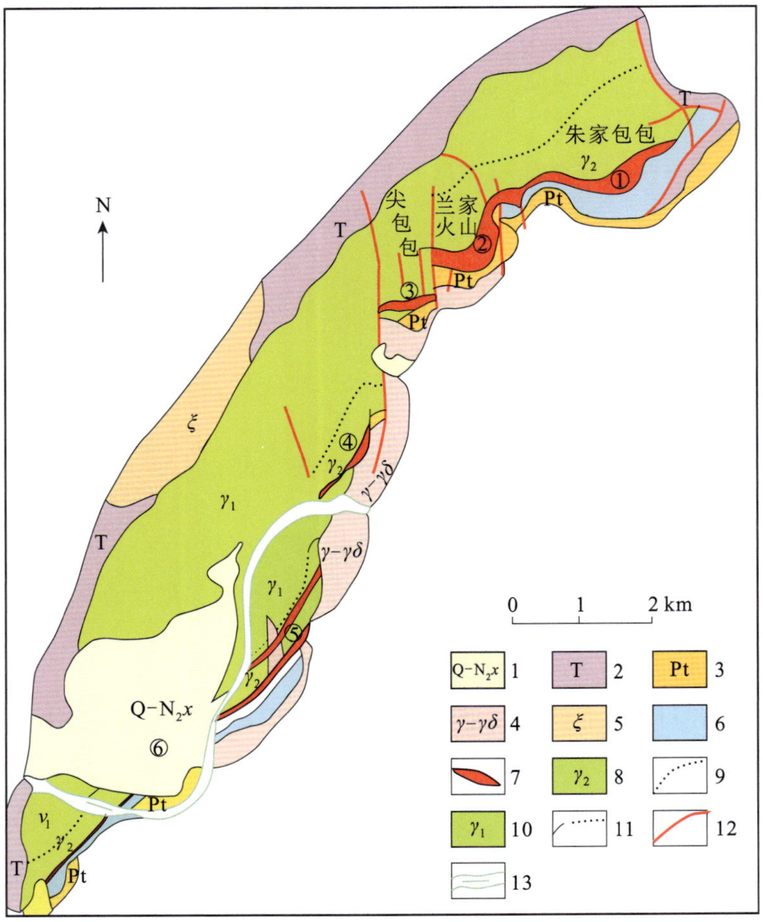

图 2-3　攀枝花钒钛磁铁矿矿区地质图

（据四川省地质矿产勘查开发局一〇六队，2008，修编）

1—新近系昔格达组和第四系；2—三叠系；3—上震旦统大理岩；4—花岗岩和花岗闪长岩；5—正长岩；6—底部边缘带；7—下部含矿带；8—下部辉长岩相带；9—上部含矿带界限；10—上部辉长相带；11—实测及推测界限；12—断层；13—河流及流向

片岩、石墨石英片岩、石英云母片岩等；寒武系—奥陶系的大麦地组页岩、砂岩和石灰岩；上二叠统玄武岩；三叠系丙南组陆相紫色砂岩、大荞地组砂岩、砾岩、粉砂岩、泥岩夹煤层；新近系昔格达组砂泥岩仅在局部不连续的小型盆地中分布；第四系冲、洪积阶地堆积物多沿河流和构造断陷盆地分布。攀枝花含矿辉长岩浆分异作用十分清晰，岩体呈似层状、层状产出。含矿辉长岩体中原生层状构造发育，产状与岩体延伸方向和围岩产状一致，大致走向 NE60°，倾向北西，倾角较陡，形成一个单斜构造。各矿带中钒钛磁铁矿产状与岩体层状构造一致。层状构造往往由不同矿物成分或浅色岩与暗色岩相互交替而形成，原生层状构造和岩体分异方向及围岩产状相一致（图 2-4）。

（7）主要含矿层及矿体

含矿岩体规模较大，呈似层状，层位稳定，自东北向西南可分为朱家包包、兰家火山、尖包包、倒马坎、公山、纳拉箐 6 个矿段，其中朱家包包、兰家火山、尖包包 3 个矿段矿层厚，质量好，占全区资源储量 95%，是主要开采对象。攀枝花钒钛磁铁矿床产于攀枝花辉长岩体中，属晚期岩浆分异型矿床。主要矿体（层）呈层状、似层状产出，具有一定层位，分布广、厚度大、变化小。整个辉长岩体中均可见矿化，但具矿床意义的主要有三个层位，即位于层状辉长岩下部的底部含矿层；位于层状辉长岩的中下部含矿层；位于粗粒暗色辉长岩中的透镜状矿体。三个含矿层中最主要的是下部含矿层，也是主要开采对象。含矿岩体的一级韵律层由岩体上部的辉长岩、中部的暗色层状辉长岩、下部的中粗粒暗色辉长岩夹橄辉岩和橄榄岩型矿层组成。一级韵律层内，岩性变化具有旋回性的韵律式变化，因此可进一步划

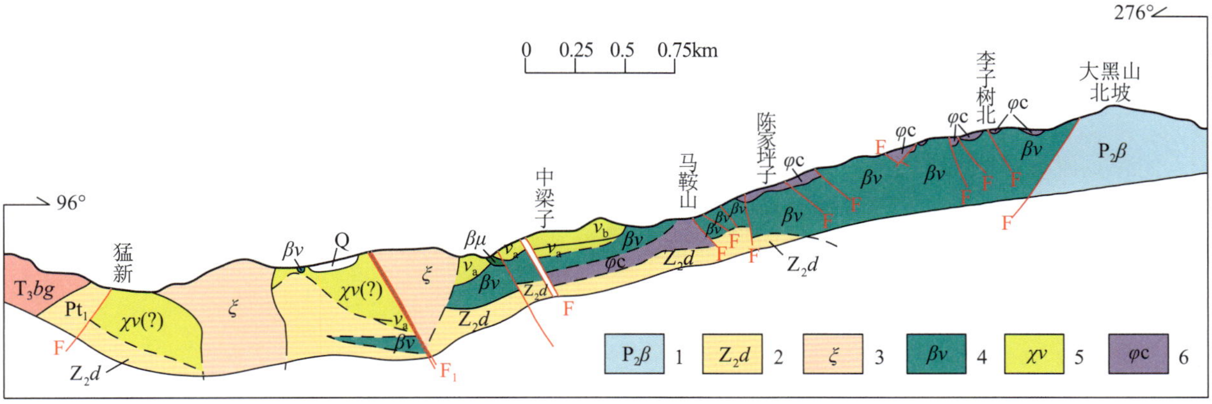

图 2-4 攀枝花钒钛磁铁矿矿区地质剖面图

（据四川省矿产资源潜力评价项目组，2013）

1—二叠纪玄武岩；2—上震旦统灯影组灰岩；3—正长岩；4—辉绿辉长岩；5—碱性辉长岩；6—辉长岩

分为三个二级韵律层。第一韵律层，即底部含矿层，包括Ⅷ、Ⅶ矿层；第二韵律层，即中、下部层状辉长岩，包括Ⅵ、Ⅴ、Ⅳ、Ⅲ矿层；第三韵律层，即上部浅色层状辉长岩，包括Ⅰ、Ⅱ矿层。在每个韵律层中自上而下辉石和橄榄石逐渐增加，岩石基性程度增高，含矿性变好。位于辉长岩下部的底部含矿层是攀枝花铁矿的主矿层，位于辉长岩体下部的边缘带之上，呈似层状。矿层与岩体层状构造一致，矿层稳定、规模大、分布连续，可见露头长达 15 km，矿层倾斜延深亦较稳定，勘探证实延深 850 m，矿层厚度、品位均变化不大。矿层最厚可达 500 m（朱家包包），矿层含矿率为 65%，平均 TFe 33.23%、TiO_2 11.63%、V_2O_5 0.30%。矿层以致密块状矿石为主，夹浸染状矿石，夹石很少。

（8）矿石特征

矿床已知矿物有数十种，主要为铁、钛氧化物和各种硅酸盐矿物，有用组分有：Ti、V、Ga、Mn、Co、Ni、Cu、Sc 和铂族元素。氧化物是矿石的重要组成部分，以钛磁铁矿、钛铁矿为主；另有硫、砷化物和磷酸盐矿物，硫化物（包括砷化物和锑化物）含量一般 0.5%~2%，其中磁黄铁矿、黄铁矿占硫化物的 90%以上，此外还有毒砂、白铁矿、黄铜矿、镍黄铁矿、紫硫镍矿、硫钴矿、硫镍钴矿、辉钼矿、方铅矿、闪锌矿等；铂族元素硫化物，主要有砷铂矿、硫锇矿等。脉石矿物主要为长石、辉石、橄榄石，次为角闪石及少量磷灰石。矿石结构由填隙结构、嵌晶结构至韵律层下部海绵陨铁结构。矿石构造由稀疏浸染状或条带状构造，至下部稠密浸染状、条带状直至块状构造。

（9）成矿要素

攀枝花式（层状辉长岩型）钒钛磁铁矿是重要的岩浆型矿产，矿产预测类型为岩浆型。攀枝花钒钛磁铁矿成矿要素见表 2-11。

表 2-11 攀枝花钒钛磁铁矿成矿要素表

成矿要素	描述内容	要素分类
特征描述	与二叠系基性-超基性岩有关的岩浆型钒钛磁铁矿	
岩体产出时代及建造	华力西期（二叠纪）基性岩	必要
矿物组合	主要为钛磁铁矿、钛铁矿，次其为钛铁晶石、磁铁矿、赤铁矿、钙钛矿、白钛矿及硫砷化物，脉石矿物主要为长石、辉石、橄榄石，次为角闪石及少量磷灰石	必要
结构构造	具层状构造、流状构造、条带状构造、韵律结构、填隙状陨铁结构，海绵陨铁结构	必要
控岩（矿）构造	岩体位于攀枝花断裂东侧，岩体与断裂走向一致	重要
岩体规模、分异及岩相	岩体中型、分异良好、韵律结构发育，主要为辉长岩相组成	重要
“三位一体”岩体组合	含矿岩体与印支期碱性正长岩、峨眉山玄武岩空间上密切共生	重要
岩体侵位围岩	上震旦统灯影组白云质灰岩，顺层侵入	重要
岩石化学特征	属铁质基性岩（镁铁比值一般为 0.5~1.5）	次要

（10）成矿模式

攀枝花地区地处地幔隆起区（莫氏面隆起 1~2 km），为北东向攀枝花断裂与北西向惠民-务本-通安断裂带的交会地带。攀枝花断裂据重力异常资料推断为深部断裂，深部断裂成为上地幔岩浆上涌通道，与之交会的北西向构造可能对矿床形成起到容矿作用。含矿岩体围岩多为上震旦统灯影组白云岩，岩体周围有较大面积稍晚形成的正长岩、玄武岩伴生，即“三位一体”岩浆岩空间组合关系，是成矿的标志。含矿岩体具有明显的分异特征，岩体呈层状、似层状构造，具明显的韵律式结构。岩体形成时期属华力西期。攀枝花钒钛磁铁矿矿床成矿模式见图 2-5。

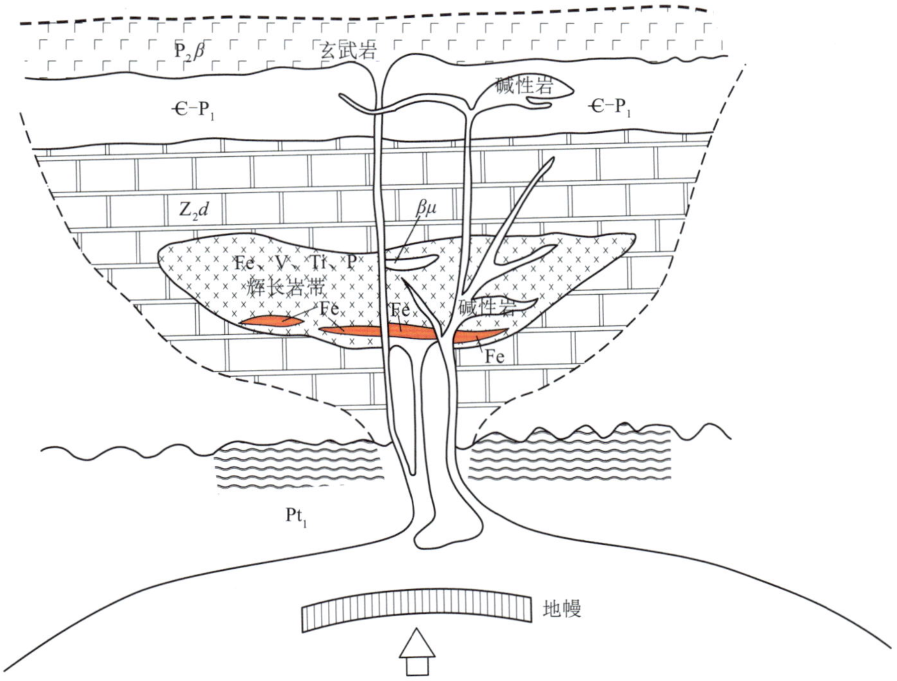

图 2-5　攀枝花钒钛磁铁矿床的成矿模式图

（据四川省地质矿产勘查开发局一〇六队，2008）

Pt_1—古元古界；Z_2d—上震旦统灯影组白云岩；€-P_1—寒武系—下二叠统；

$P_2\beta$—中二叠统峨眉山玄武岩；Fe—铁矿体；$\beta\mu$—辉绿岩带

（11）钒钛磁铁矿石中的钒、钛利用问题

1）矿石中的钛有两种状态：一是与磁铁矿成固熔体共生的钛铁晶石、板状钛铁矿片晶，粒度极细（0.4 μm 至数微米），占总量的 43%~54%，攀钢现流程还无法回收利用；另一种是呈粒状钛铁产出，磁选时进入尾矿，用尾矿再选回收钛精矿，这部分是回收钛的主要对象。

2）矿石中伴生的五氧化二钒（V_2O_5），主要呈类质同象赋存于钛磁铁矿矿石中，铁高钒高，二者呈正相关；选矿后，V_2O_5 的 75%~80% 进入精矿，含量为 0.53%~0.57%（白马矿段最高可达 0.6%），用低温、喷吹氧化物质、高碱度”冶炼技术，已成功提出。

2. 攀枝花市盐边县红格钒钛磁铁矿

（1）矿床发现简史

红格钒钛磁铁矿床为一个矿田，自北向南由安宁村-潘家田、白草、马鞍山、中梁子、红格、湾子田、中干沟等矿区组成。整个矿田南北长 16 km，东西宽 5~10 km，总面积达 100 km^2 以上。其中，红格矿区（红格钒钛磁铁矿床）主要分布在盐边县新九乡路枯-新华一带，原称路枯矿段，矿区中心点在攀枝花市 NE72°方向，直距 30 km。整个矿区面积达 12 km^2，以李家河为界划分为南北两个矿区。

红格钒钛磁铁矿勘查始于 1956 年，为物探队进行 1：10 万普查时，在下路枯、大老包一带（红格矿段东南缘）发现铁矿露头；同年 3 月，四川省地质局五三一队查明曾家沟矿体长 1500 m，厚

0.3~20 m，含铁37%，相继进行普查和钻探。1956年5月秦震编写了《禄库钒钛磁铁矿地质报告》。

1966年3月，四川省地质局一〇六队到矿区普查，认为矿体呈层状、似层状，层位稳定，南北矿区为同一岩体构成。1968~1975年，一〇六队对矿区展开全面勘探，查明铁矿资源储量 12×10^8 t。1976年通过红格铁矿勘探会战，当年新增资源储量 8×10^8 t。在勘探过程中在马松林矿段东部找到隐伏矿体。1977~1980年，一〇六队继续勘探，提交了《渡口市红格矿区钒钛磁铁矿详查勘探地质报告》。1991年全国储委批准铁矿资源储量 18.35×10^8 t，其中储量 14.13×10^8 t。

（2）矿区地质特征

矿区内地层不太发育，出露地层主要为元古宇会理群、上震旦统灯影组、上二叠统峨眉山玄武岩、三叠系—侏罗系白果湾组、新近系昔格达组和第四系。在北部和北西部出露的古元古界的变质岩系，主要为变质火山岩、绿片岩、混合岩等。在南部铜山、中干沟一带出露上震旦统灯影组白云质结晶灰岩；在东侧出露上二叠统峨眉山玄武岩，为一套玄武岩、辉绿辉长岩；在西侧北部出露侏罗系白果湾组砂岩、砾岩、页岩；在南部出露有新近系昔格达组粘土砂岩、页岩。

矿区内岩浆岩特别发育，有华力西期基性、超基性岩，上二叠统峨眉山玄武岩，华力西晚期碱性正长岩、印支期花岗岩及脉岩（图2-6）。

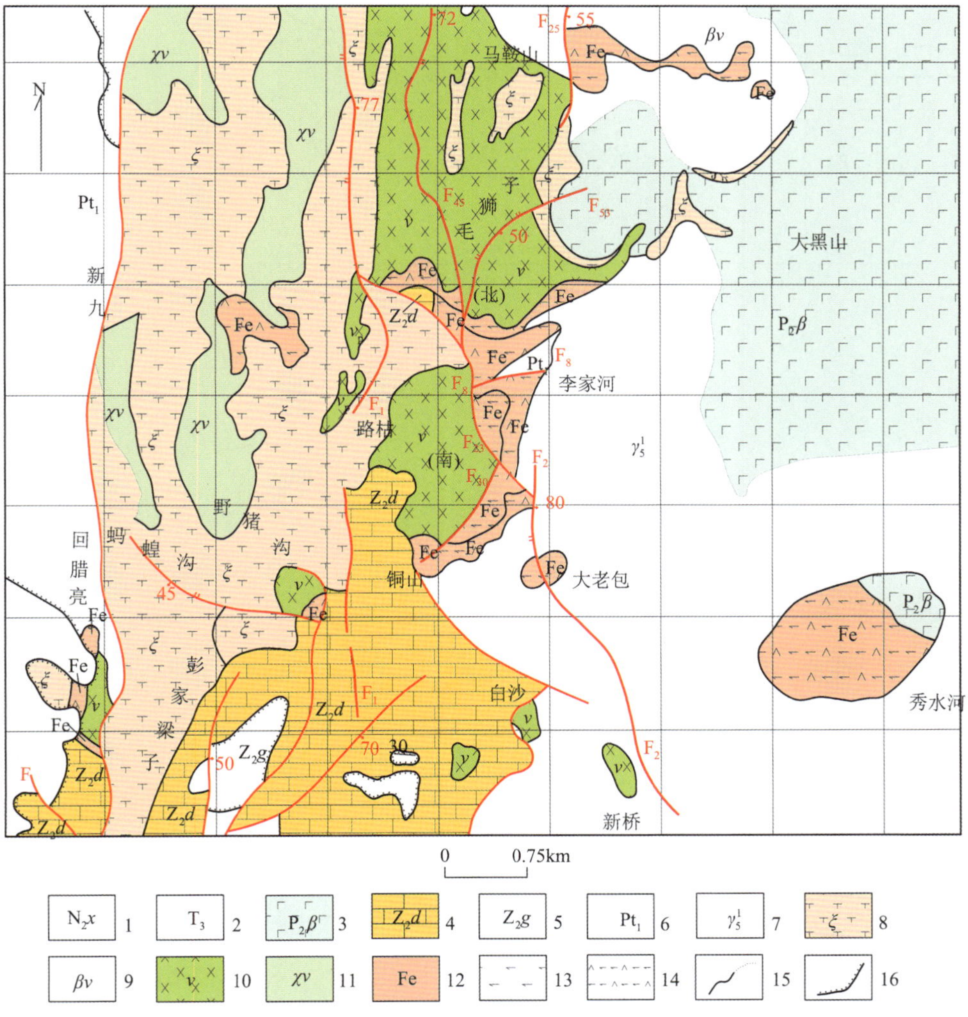

图2-6 攀枝花市红格钒钛磁铁矿矿区地质略图

（据四川省矿产资源评价项目组，2013）

1—新近系昔格达组；2—上三叠统；3—上二叠统玄武岩；4—上震旦统灯影组灰岩；5—上震旦统观音崖组；6—古元古界；7—印支花岗岩；8—正长岩；9—辉绿辉长岩；10—辉长岩；11—碱性辉长岩；12—矿体；13—辉石岩相；14—辉橄岩相；15—实测及推测地质界线；16—不整合界线

红格岩体为一基性-超基性岩体，岩体原形为浅岩盆状，长轴方向北北东非轴向对称，东南侧最厚，西部较薄。岩体向中心作 10°~20°缓倾斜，东部岩体剥蚀严重。红格岩体具明显的韵律式相带特征，根据岩体不同部位的岩石组合、结构构造、矿化程度等特点，自上而下分为辉长岩相带、辉石岩相带、橄辉岩相带三个岩相带。岩石主要有辉长岩、含长辉石岩、辉石岩、橄辉岩等。由于受成矿前东西面褶皱和南北断裂的控制，致使岩体存在不同形态和产状，总体分为南北两个岩盆（图 2-7）。红格岩体分异良好，韵律式结构发育（图 2-8）。岩体自下而上显示出四个Ⅱ级韵律旋回，每个韵律旋回自下而上显示以下特征：色率由深变浅；岩石基性程度降低；含矿性由强变弱，铁钛含量逐渐减少；斜长石含量增多，橄榄石、辉石含量减少；矿物粒度减小，橄榄石和金属矿物自形度减弱；岩石结构由包含结构变为粒状镶嵌结构，矿石由海绵陨铁结构至填隙结构；Ni、Co 含量递减；MgO 含量递减，SiO_2、Al_2O_3、CaO 及 K_2O、Na_2O 含量递增。

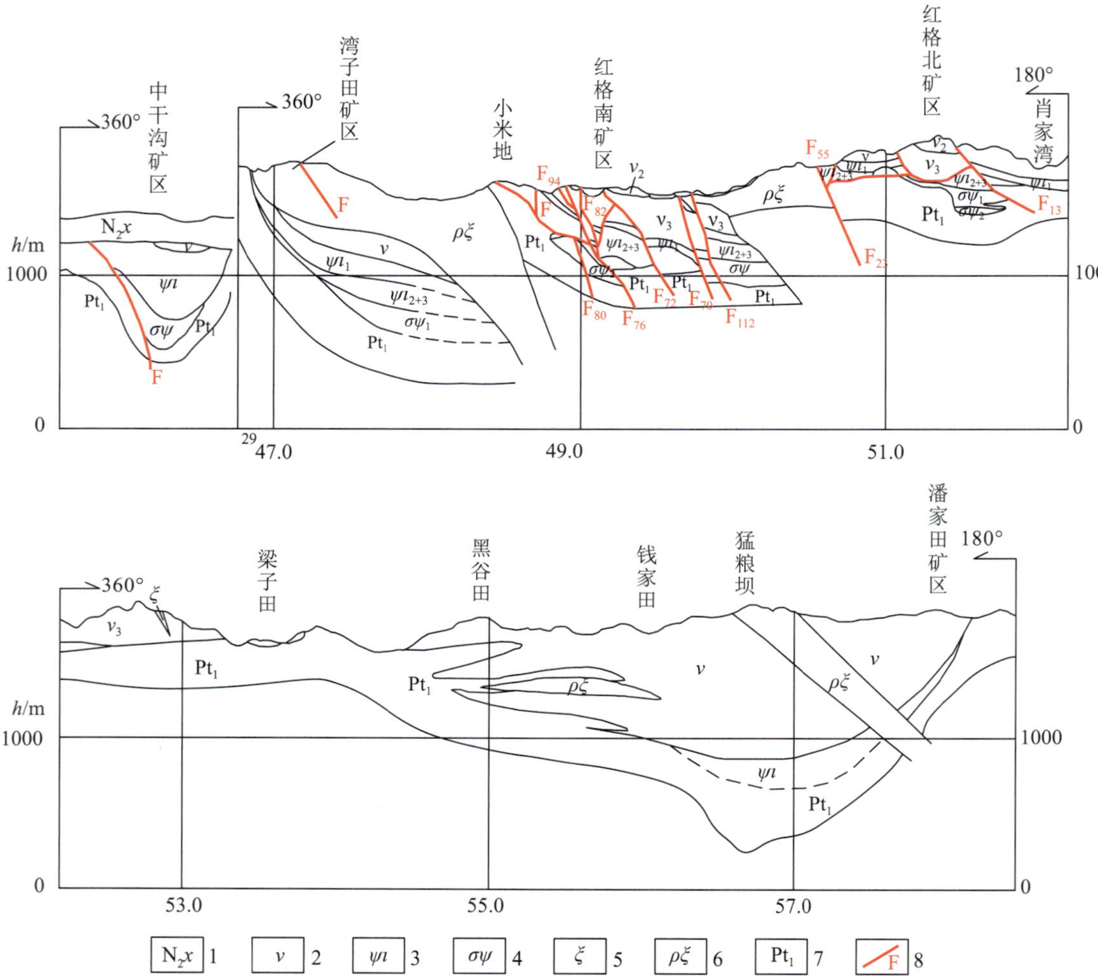

图 2-7　攀枝花市红格基性-超基性岩体盆状构造特征示意图

（据王茜，2015）

1—新近系昔格达组；2—辉长岩；3—辉石岩；4—橄辉岩；5—正长岩；6—伟晶正长岩；7—元古宇基底地层；8—断层

在红格岩体东侧有大片上二叠统峨眉山玄武岩，呈南北带状分布，具喷发相和次火山相，主要为沿裂隙喷出的溢流玄武岩。玄武岩呈整合关系覆于下二叠统茅口灰岩之上。在玄武岩西侧地表出露一套次火山相-超浅成相的辉绿辉长岩-辉长辉绿岩-脉状辉长细晶岩，辉绿辉长岩向东与玄武岩为渐变关系，向西侧侵入含矿岩层及矿层，对矿体产生强烈的破坏。

红格岩体西侧出露规模较大的碱性正长岩墙和侵入红格岩体中的碱性正长岩脉。岩墙南北长 16 km，宽 2~3 km，与红格基性-超基性岩体平行展布。在距碱性正长岩墙 0.5~2 km 范围内，有大

韵律层	岩相带	岩层	厚度/m	柱状图	主要岩石类型	矿石有用元素平均含量/%							
						TFe	TiO_2	V_2O_5	Cr_2O_5	Cu	Co	Ni	S
第Ⅳ韵律层	辉长岩岩相带	上部岩层	200	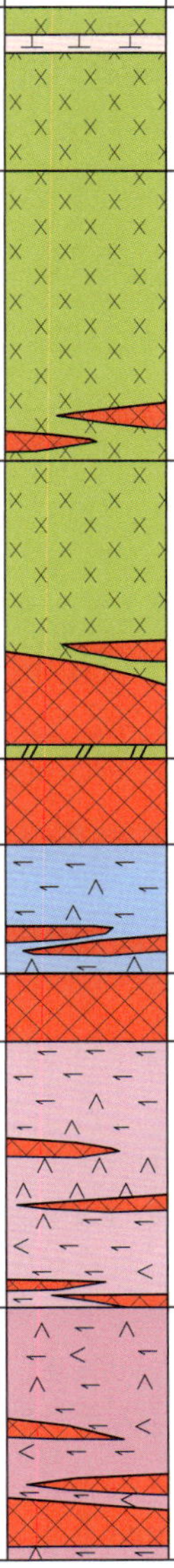	块状辉长岩，层状辉长岩，上部夹薄层闪长岩								
		中部岩层	350		角闪层状辉长岩，底部夹有薄层辉石岩、橄榄岩	16.40~26.47	7.96~10.83	0.14~0.24	0.036~0.091	0.010~0.028	0.006~0.014	0.010~0.037	0.298~0.416
		下部岩层	108~367		含橄或橄榄暗色层状辉长岩为主，下部有一层厚度不等辉石岩，橄榄岩底部有一层厚度不大，不稳定的斜长岩	15.79~25.17	7.79~11.20	0.13~0.22	0.025~0.160	0.006~0.016	0.008~0.015	0.008~0.034	0.382~0.465
第Ⅲ韵律层	辉石岩岩相带	上部岩层	20~106		含长辉岩、橄辉岩、橄榄岩	16.23~28.83	7.32~11.82	0.14~0.26	0.135~0.244	0.015~0.028	0.011~0.018	0.030~0.052	0.274~0.429
第Ⅱ韵律层		中部岩层	50~160		辉石岩、橄辉岩、辉橄岩	16.50~27.85	8.09~10.44	0.14~0.25	0.075~0.354	0.020~0.029	0.012~0.019	0.029~0.065	0.417~0.443
		下部岩层	30~80		含长辉石岩、辉石岩、橄辉岩、橄榄岩								
第Ⅰ韵律层	橄辉岩岩相带	上部岩层	26~334		不等粒辉石岩，细粒橄辉岩夹橄榄岩为主，下部往往有包橄角闪橄辉岩夹层，底部时见角闪辉石岩	16.60~25.89	7.07~9.78	0.14~0.23	0.161~0.320	0.021~0.030	0.012~0.017	0.039~0.061	0.352~0.106
		下部岩层	30~305		似斑状粗粒包橄角闪橄辉岩为主，下部粗伟晶角闪辉石岩或角闪含橄辉石岩增多	16.77~26.53	6.49~9.60	0.14~0.24	0.195~0.450	0.024~0.030	0.012~0.017	0.047~0.068	0.354~0.440

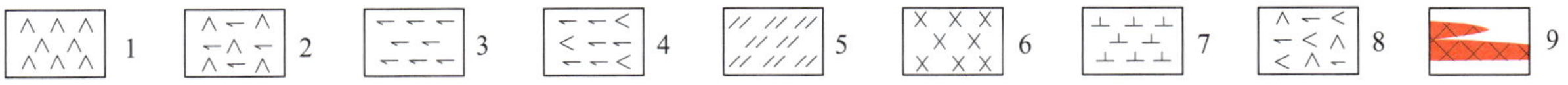

图 2-8 攀枝花市红格基性-超基性岩体韵律变化结构与钒钛磁铁矿化关系图

（据胡朝云等，2015，修编）

1—橄榄岩；2—辉橄岩；3—辉石岩；4—角闪辉石岩；5—斜长岩；6—辉长岩；

7—闪长岩；8—包橄角闪橄榄岩；9—矿体（层）

量的碱性岩脉穿插于红格岩体中，集中分布在岩体上部辉长岩相中，对红格岩体、矿层有较大的破坏作用。其中部分岩脉具铌、钽矿化，经勘探达中型铌钽矿床。

红格岩体东侧及南东侧出露有大片花岗岩，对红格岩体、矿层有一定的破坏作用。

红格岩体内有规模较小的辉绿岩、辉绿辉长岩、辉绿斌岩、辉长伟晶岩等脉岩，部分被碱性正长岩脉穿插。

成矿前构造为安宁河断裂，主干断裂有 2 条，东部一条倾向东，西部一条倾向西。与南北向主干断裂相伴生的有北西向、北东向压扭性断裂，东西向张性断裂。根据资料分析认为：红格岩体岩浆通道应是东侧安宁河断裂，成岩成矿不仅受南北向断裂控制，也应受东西向（岩体底板）构造（褶皱、断裂）控制。南北向断裂对岩浆注入起控制作用，东西向构造对成矿起控制作用，甚至后者对成矿的作用更为重要。

成岩成矿后构造十分发育，主要为断裂构造，仅红格矿段就查明断层 70 余条，大致可分为北东向、北西向、南北向三组。北东向断裂以压性、压扭性为主，少量张性，其数量多，但一般规模不大。北西向断裂一般都属压性，规模较大。南北向断裂为矿段最为发育的一组断裂，主要为张性，有少数为压性、压扭性，延深一般较大，断距较小。

（3）主要含矿层和矿体

红格矿段分为北矿段和南矿段，划分为 6 个含矿层（图 2-9）。

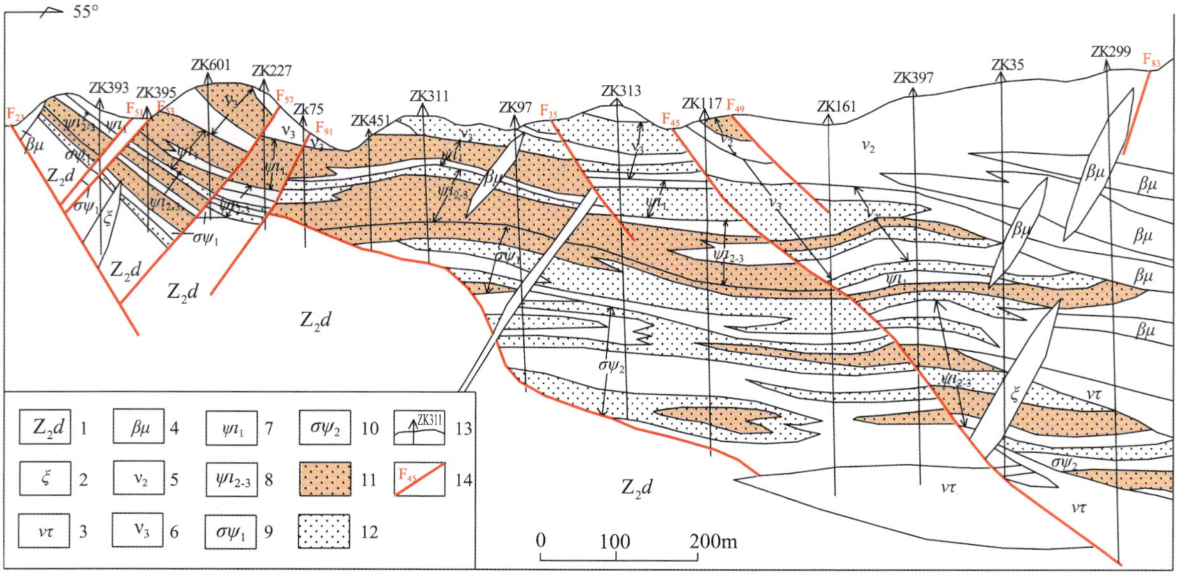

图 2-9　攀枝花市红格含钒钛磁铁矿层状岩体 P27 剖面图

（据四川省地质矿产局，1990）

1—上震旦统灯影组；2—正长岩；3—辉长细晶岩；4—辉绿岩；5—辉长岩含矿带含矿层；6—辉长岩含矿带下含矿层；7—辉石岩含矿带下含矿层；8—辉石岩含矿带中下含矿层；9—橄辉岩含矿带上含矿层；10—橄辉岩含矿带下含矿层；11—二、三品级铁矿石；12—四品级铁矿石；13—钻孔及编号；14—断层及编号

1）辉长岩中含矿层主要分布在南矿段路枯矿段和北矿段。含矿带上部已被剥蚀，仅有中、下含矿层，总厚 765 m。含矿率较低，基本无工业矿体赋存，矿化程度为全区最低，呈透镜体，矿体厚度和品位变化较大，含脉率最高。其中尖包包矿段平均品位矿体以低品位矿石为主，工业矿石平均品位 TFe 17.10%。

2）辉长岩下含矿层位于岩体上部辉长岩带中含矿层之下，主要分布在北矿段西部和南矿段路枯矿段。矿体多数集中分布在含矿层中下部。分布在上部的矿体常呈透镜状产出，规模不大，一般厚 5~20 m。分布在含矿层中下部矿体常呈较稳定的似层状和层状产出，产状与含矿层一致，一般厚 30~80 m。该含矿层含矿性较中含矿层好，全区平均含矿率为 47.01%。矿体以浸染状矿石为主，约占 53.30%，工业矿石平均品位 TFe 29.90%，夹稀疏-中等侵染状矿石，工业矿石平均品位 17.15%。

3）辉石岩上含矿层位于含矿岩体中部，辉长岩下含矿层之下，属第三韵律旋回，含矿层呈稳定的层状产出，最大控制厚度 88.4 m，平均厚度 50.83 m。矿体产状与含矿层产状一致，一般厚度 20~70 m。该含矿层矿化好，几乎全层矿化，是矿区矿化程度最高的一层，其平均含矿率为 74.9%。矿体以稀疏-中等稠密浸染状矿石为主，约占 75.47%，平均品位 TFe 31.21%；夹浸染状矿石，平均品位 17.46%。

4）辉石岩中下含矿层：位于含矿岩体中部，属第二韵律旋回，由一个稳定的厚大层状矿体及数个小透镜状矿体组成，呈稳定的层状产出，与岩体产状一致，最大控制厚度 173.83 m，平均厚 109.01 m。矿体产状与含矿层产状一致，矿体累计平均最小厚度 8 m，最大厚度 164 m，一般厚度30~100 m，全矿层矿体累计平均厚度 58.37 m，该含矿层矿化好，其平均含矿率为 62.94%。矿体以浸染状矿石为主，约占 52.87%，平均品位 TFe 28.87%，夹稀疏浸染状矿石，平均品位 17.32%。

5）橄辉岩上含矿层：位于含矿岩体下部，辉石岩中下含矿层之下，属第一韵律旋回上部。该含矿层受底板形态的影响，厚度变化较大，最大控制厚度 205.33 m，平均厚 124.63 m。矿体产状与含矿层产状一致，由数个矿体组成，由于受含矿层的影响，矿体在各地段产出形态及发育程度差别较大，单个矿体呈透镜状、或透镜状首尾相连鱼贯而行构成的似层状产出。全矿层矿体累计平均厚度 58.37 m，该含矿层矿化不均匀，其平均含矿率为 57.76%。矿体以浸染状矿石为主，约占 55.39%，平均品位 TFe26.69%；夹稀疏浸染状矿石，平均品位 17.01%。

6）橄辉岩下含矿层：位于含矿岩体底部，橄辉岩上含矿层之下，属第一韵律旋回下部。该含矿层受底板形态的影响，厚度变化较大，最大控制厚度 397 m，平均厚 170.42 m。矿体产状与含矿层产状一致，由数个矿体组成，单个矿体呈透镜状、似层状和层状产出，全矿层矿体累计平均厚度 73.50 m。该含矿层矿化不均匀，下部较上部好，其平均含矿率为 64.93%。矿体以稀疏-中等稠密浸染状矿石为主，约占 54.52%，平均品位 TFe 27.34%；夹浸染状矿石，平均品位 17.18%。

（4）矿石特征

1）矿床中矿石主要为海绵陨铁结构，次为嵌晶结构。岩体的分异演化大致分早、晚、末三期，不同期次形成的矿石结构各具特点。岩浆早期主要是嵌晶结构，钛铁矿、钛磁铁矿在稀疏浸染状矿石中最发育，呈自形晶包裹于钛普通辉石、钛角闪石晶体中。岩浆晚期，钛磁铁矿、钛铁矿及硫化物以他形致密集合体分布于脉石矿物间，构成典型的海绵陨铁结构、填隙次陨铁结构，主要见于稀疏-稠密浸染状矿石中。岩浆末期为粗-伟晶结构，其中铁钛矿含量少。

2）钒钛磁铁矿矿石的主要构造类型有两种。一种是浸染状构造，按其钛、铁氧化物在矿石内与脉石矿物的比例，又可进一步分为星散浸染、稀疏浸染、中等浸染、稠密浸染构造四种；另一种是条带状构造，它广泛发育于矿石中，为铁、钛氧化物相对集中，并沿流层构造方向排列而形成条带，这种条带多见于稀疏浸染状矿石中。

（5）矿物组合特征

红格矿床中已知矿物近百种，主要为铁钛氧化物和硅酸盐矿物，其次为少量硫砷锑化物和磷酸盐矿物。

金属氧化物矿物组合有四种：第一种是钛磁铁矿-铬钛磁铁矿-钛铬铁矿，主晶为磁铁矿、铬铁矿，晶粒内部固熔体分离物镁铝尖晶石、镁铁尖晶石、铬尖晶石、钛铁矿、钛铁晶石；次生和表生矿物钛磁赤铁矿、褐铁矿、赤铁矿、钙钛矿、榍石、白钛矿。第二种是镁铝尖晶石-镁铁尖晶石-铁尖晶石。第三种是粒状钛铁矿，主晶钛铁矿，晶粒内部固熔体分离物钛磁铁矿、磁铁矿、赤铁矿-钛铁矿-钛赤铁矿、镁铝尖晶石，次生和表生矿物金红石、钙钛矿、板钛矿、锐钛矿、榍石、白钛矿。第四种是磁铁矿、磁赤铁矿、褐铁矿。

硫、砷化物和锑化物组合有五种：第一种是铁矿物，包括磁黄铁矿、黄铁矿、白铁矿；第二种是铜矿物，包括黄铜矿、方黄铜矿和等轴方黄铜矿、墨铜矿、辉铜矿、铜蓝、哈帕莱矿；第三种是钴镍矿物，包括镍黄铁矿和钴镍黄铁矿、紫硫镍矿和钴紫硫镍矿、硫钴矿和硫镍钴矿、方硫铁镍矿（辉铁镍矿）、针镍矿、辉钴矿和镍辉钴矿、砷镍矿（假红镍矿）、红砷镍矿、斜方砷钴矿、方钴矿、锑硫镍矿、红锑镍矿；第四种是铂族矿物，包括砷铂矿、硫锇钌矿；第五种是其他硫化物，如辉钼矿、方铅矿和闪锌矿、毒砂等。

造岩矿物及副矿物有两种：第一种是原生矿物，如贵橄榄石、斜长石、含钛普通辉石、异剥石、透辉石、黑云母、金云母等，副矿物有磷灰石、榍石等；第二种是蚀变矿物，如蛇纹石、绿泥石、绢云母、透闪石、阳起石、假象纤闪石、滑石、水镁石、方解石、伊丁石、包林皂石、绿帘石、黝帘石、绢云母、葡萄石、高岭石、沸石、榍石、白钛矿、黑柱石、石榴子石等。

（6）矿石化学成分

基性岩型钒钛磁铁矿床中有用组分有 Fe、Ti、V、Cr、Ga、Mn、Co、Ni、Cu、Se、Te、Sc 和铂族元素，以及 S、P 等；基性-超基性岩型钒钛磁铁矿床中的有用组分更多，除上述外，在与钒钛磁铁矿共生的碱性正长岩中，还有 Nb、Ta、Zr、u 和稀土元素。现据其主要组分赋存状态归并为四类。

1）Fe、Ti、V、Cr、Ga、Mn、Sc：①TFe：有 51%~93%的 TFe 分布在矿石中的钛磁铁矿中；有 5%~27%的 TFe 分布在钛铁矿中。钛磁铁矿和钛铁矿是主要的 TFe 赋存矿物。②TiO_2：主要分布在钛铁矿及钛磁铁矿中，其分布率为 90%~99%，钛铁矿是主要含钛矿物，钛磁铁矿次之。③V_2O_5：主要赋存于钛磁铁矿中，分布率为 80%~98%，其次是钛铁矿，分配率≤10%。钒主要呈类质同象形式赋存钛磁铁矿中。④Cr_2O_3：与 V_2O_5 相似，明显富集于钛磁铁矿中，亦呈类质同象形成含铬的钛磁铁矿。分配率为 87.28%~99.12%。⑤Ga：主要呈类质同象分布于钛磁铁矿中，分配率为 50%~72%；其次在脉石矿物中 Ga 的分配率约有 28%~50%。⑥MnO 主要以类质同象赋存于钛铁矿中，含量一般为 0.44%~0.87%；同样以类质同象赋存于钛磁铁矿中，含量一般为 0.1%~0.18%。⑦Sc：主要以类质同象赋存于钛铁矿、钛磁铁矿、钛普通辉石中，不形成独立矿物。

2）Co、Ni、Cu：①Cu：主要以硫化物形式存在，分配率一般为 50%~80%。②Ni 主要以硫化物形式存在，分配率一般为 40%~70%。③Co、Cu、Ni 元素多形成独立硫化矿物，类质同象者较少。

3）Se、Te、铂族：主要以类质同象赋存于硫化物中。硫化物中平均含 Se 0.0028%~0.0048%；平均含 Te 0.0003%~0.0005%。铂族元素主要分布在矿床中、下部橄榄石-辉石岩相内的硫化物中，分配率达 95%。

4）P_2O_5：各含矿岩体顶部含矿层之富磷暗色层状辉长岩型矿石中磷灰石较发育，含量 1%左右，局部高者可达 15%。

（7）矿石类型

矿石类型有两大类。主要为氧化物矿石，即铁、钛氧化物矿石，形成了钛磁铁矿+钛铁矿的混合矿石，次为氧化物与硫化物混合矿石。矿床内有用组分多，且十分复杂。总体特点是：含矿岩体内的主要钒钛磁铁矿层均产于岩体的中、下部，其中，主矿层的元素组合为 Fe、Ti、V，伴生 Cr、Ni、Co、Cu、Ga、Sc 及微量铂族元素。主矿层之中、上部形成以钛铁矿为主要组分的钒钛磁铁矿层及钛铁矿混合矿层，并以富含磷为其特点，元素组合为 Fe、Ti、V、P。主矿层之下部或底部产出的钒钛磁铁矿层中常常生有 Cr、Ni、Co、Cu 和铂族元素。

（8）矿床资源储量

1）红格钒钛磁铁矿床（含北矿段及南矿段的铜山、马松岭、路枯三个矿区）铁矿石基础储量 114772.87×10^4 t，资源量 263738.529×10^4 t，资源储量 378511.399×10^4 t；钛（TiO_2）金属氧化物基础储量 12326.8618×10^4 t，资源量 20134.5773×10^4 t，资源储量 32461.4391×10^4 t；钒（V_2O_5）金属氧化物基础储量 284.2284×10^4 t，资源量 399.8715×10^4 t，资源储量 684.0999×10^4 t。

2）深部及外围矿石资源储量 89514.86×10^4 t；钛（TiO_2）金属氧化物资源储量 6751.86×10^4 t；钒（V_2O_5）金属氧化物资源储量 167.85×10^4 t。

（9）矿床成因及成矿模式

红格式岩浆型钒钛磁铁矿的成矿模式可以概括为：华力西期，来自地幔的玄武（铁镁）质岩浆沿攀西大裂谷向上运动，当上侵到震旦系—寒武系中时，受到碳酸盐岩的混染，岩浆发生分异作用在岩体底部富集形成钒钛磁铁矿；当岩浆喷出地表时，其中的铁质已来不及分异富集，所形成的玄武岩中磁铁矿呈浸染状分布于火山岩中，稍晚有碱性岩脉侵入。含矿基性-超基性岩（橄辉岩、辉石岩、辉长岩）、玄武岩和碱性岩是同期岩浆活动的产物，共同形成“三位一体”的岩石组合。其成矿模式见图 2-10。

3. 攀枝花市白马钒钛磁铁矿床

（1）矿床地理位置

白马钒钛磁铁矿位于攀枝花市米易县、凉山州德昌县，矿区自北而南分为夏家坪、及及坪、田家

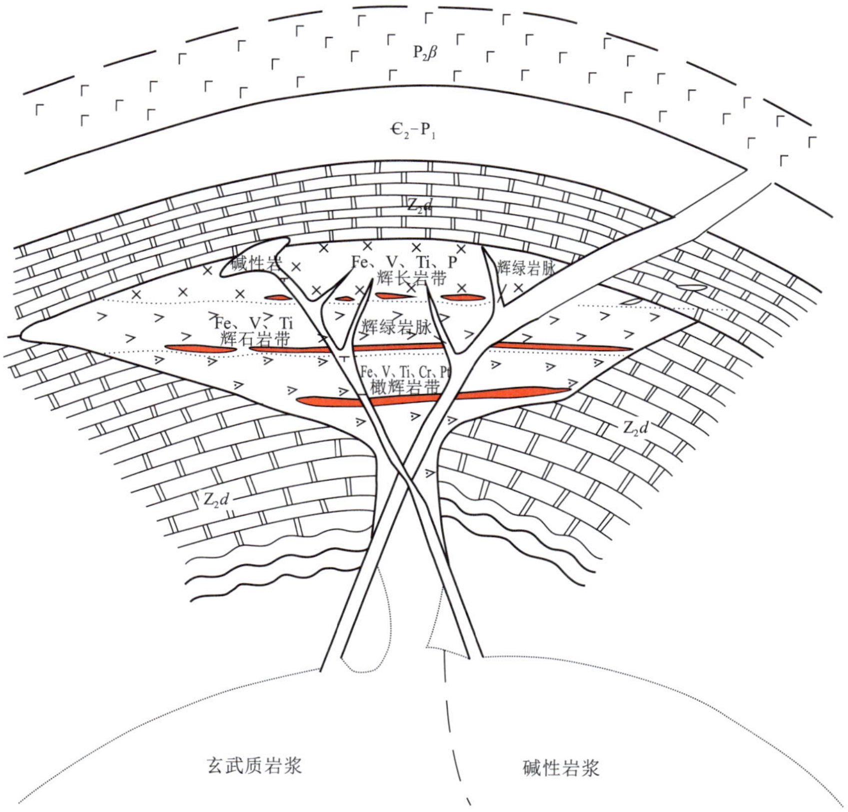

图 2-10 攀枝花市红格式钒钛磁铁矿矿床的成矿模式图

（据四川省地质矿产勘查开发局一〇六队，2008）

$P_2\beta$—中二叠统峨眉山玄武岩；ϵ_2-P_1—下寒武统[1]—下二叠统；Z_2d—上震旦统灯影组灰岩；Fe—铁矿体；$\beta\mu$—辉绿岩带

村、青杠坪、马槟榔 5 个矿段。

（2）矿床发现史

1956 年 3 月，地质部三〇二物探队在西昌会理地区 17 测区开展 1∶10 万磁法普查，首先在田家村发现磁异常带。同年 6 月，五三一队派林仲篪前往，先后在及及坪、夏家坪矿段发现了矿体露头。在三〇二物探队配合下，又发现了马槟榔和青杠坪南部矿体。

1957 年 5 月至 1959 年 11 月，力马河队（队长吕永弟，技术负责人段国连。1959 年 3 月，力马河队与天宝山队合并为会理队）派白马分队（分队长李再超，技术负责人巩章禄）到白马及及坪、田家村、青杠坪 3 个矿段负责普查、勘探工作。

1960 年 3 月，会理队提交了《白马钒钛磁铁矿资源储量计算报告》，报告由巩章禄等编写。1963 年 5 月经四川省储委审查，批准铁矿石资源储量 6.7×10^8 t。

1964 年，由于攀枝花高钛型钒钛磁铁矿冶炼试验成功，根据国家部署，攀枝花钢铁基地上马。白马铁矿矿区勘探工作再次上马。同年 10 月，一〇六地质队（队长王醒民，技术负责人周信国）在会理队勘查工作的基础上，对白马矿区及及坪、田家村两矿段进行详勘。1969 年 3 月提交了《米易县白马钒钛磁铁矿区及及坪、田家村矿段地质勘探报告》。

1985~1987 年，一〇六地质队（队长谢九武，总工程师刘玉书）再次对及及坪、田家村两矿段进行补充勘探。这次补勘扩大了高级资源储量的勘探范围，提高了矿区的勘探研究程度。

---

[1] 参照《中国地层表（2014）》，本书采用中华人民共和国国家标准《区域地质图图例》（GB/T 958—2015），寒武系（纪）四分，4 个“统”和“世”及“代号”，由下而上依次是“底寒武统/始寒武世（ϵ_1）”“下寒武统/早寒武世（ϵ_2）”“中寒武统/中寒武世（ϵ_3）”和“上寒武统/晚寒武世（ϵ_4）”。

1988年，刘玉书等搜集整理研究了前人成果，编写了《米易县白马钒钛磁铁矿区及及坪、田家村矿段勘探地质报告》，探明铁矿石资源储量8.7×10^8 t。1990年4月，经全国储委审查，批准一〇六地质队探明的铁矿石资源储量。

1979~1981年，根据生产部门提出的要求，一〇六地质队、一〇九地质队黄振华等，先后负责进行了青杠坪矿段的初勘工作。

1982年，攀西地质大队一队（1981年一〇九地质队地质技术人员并入攀西地质大队，改为一队）蒋明全等编写了《米易县白马钒钛磁铁矿区青杠坪矿段初勘地质报告》。探明铁矿资源储量2.2×10^8 t。

1966~1967年、1988~1989年，一〇六队黄振华、杨顺枢、阮兴国、曾昌模等，先后对马槟榔、夏家坪矿段开展普查、详查工作。求得铁矿石资源储量9873×10^4 t，其中工业资源储量1133×10^4 t。

2010~2011年，中央地勘基金、四川省地勘基金共投资1.88亿元进整装勘查，承担单位分别是四川省地质矿产开发局四〇三队和四川省煤田地质局一三七队。

近年来四川省地质矿产勘查开发局、四川省冶金地质勘查局等分别在该地区进行调查研究，编写了相关研究报告发表了具有重要进展的论文。

（3）矿区地质特征

勘查区（矿区）内地层主要有前震旦系、第三系及第四系（图2-11）。

勘查区构造较复杂，按其与白马岩体的关系，可以分为控岩、控矿构造及成岩成矿后构造。

控岩、控矿构造主要为茨达-撒莲背斜及昔格达、安宁河、茨达等区域性大断裂。茨达-撒莲背斜走向呈北北东向，其北起德昌茨达，经米易黄草，至垭口以南的撒莲一带。由于断裂及后期岩浆活动的破坏，地层保存不全，褶皱形态已不完整。西翼地层为震旦系及寒武系，核部为前震旦系。白马岩体产于该背斜的核部，岩体形态及空间分布位置与背斜核部相吻合。背斜轴线及白马岩体走向均近于南北向，与区域构造线方向是一致的。昔格达断裂及安宁河断裂分别在白马岩体东、西侧通过，北北东向张性剪切断裂（茨达断裂）通过岩体北部。上述断裂在白马地区交汇，形成一个剪切拉张地带，对白马矿体的形成起到控制作用。

成岩成矿后构造主要有南北向及北东向两组断裂，构成矿区内的构造格架，它们既控制了后期岩脉的形成又破坏含矿岩体的完整性和连续性。

矿区内岩浆活动强烈，岩浆岩十分发育。具有分布广、岩石类型多（酸性-基性-超基性-碱性岩类）、生成期次多（华力西早期—燕山期）等特点。含矿岩体主要为华力西早期岩浆岩。华力西早期岩浆岩为白马含钒钛磁铁矿基性-超基性层状岩体，是矿区内最早的岩浆岩。该岩体为单斜层状侵入体，走向近南北，倾向西，倾角在东侧（下部）较陡，50°~70°，西侧（上部）较缓，15°~25°。在平面上呈纺锤状，南北长约24 km（北起德昌茨达，南达米易马槟榔），东西宽2~6.5 km，出露范围约100 km^2。岩体保存厚度大于3989 m。岩体的同位素年龄值为342.3~487.1 Ma，K-Ar等时线法年龄值为338.73±0.90 Ma，属华力西早期形成。

勘查区（矿区）内岩石可分为基性岩与超基性岩两大类，其中基性岩类主要为各种辉长岩，次为斜长岩；超基性岩类以斜长橄榄岩为主，次为斜长橄辉岩、橄辉岩、纯橄岩等。岩体主要造岩矿物为含钛普通辉石、斜长石、橄榄石，次为磷灰石、棕色钛角闪石、钛黑云母、镁铝尖晶石等。矿石矿物包括金属氧化物及金属硫化物，前者主要有钛磁铁矿、钛铁矿及少量尖晶石；后者主要有磁黄铁矿、黄铁矿，次为黄铜矿、镍黄铁矿、硫钴矿、硫镍钴矿及辉钴矿等。化学成分总体特征表现为硅镁富铁铝偏低、钙碱偏高。

勘查区（矿区）航磁异常形态呈等轴状，强度75~250 nT，梯度陡，变化大，北侧及东侧均伴生较平缓的负异常，其强度为-20400 nT。异常由康定杂岩和基性岩体等磁性地质体所引起，表明矿体（岩体）向西倾，向下有一定延深，矿层相对稳定。对该区寻找钒钛磁铁矿有明显的指示作用。

（4）矿床地质特征

白马钒钛磁铁矿总体呈层状、似层状、长透镜状，走向近南北，倾向250°~270°，倾角50°~82°，矿体沿走向延伸约25 km，沿倾向控制斜深340~1200 m，矿体总体较稳定，局部有变薄变贫的趋势。矿体平均厚度87.65 m，均为工业矿体，厚度变化系数为33.35%（图2-12）。

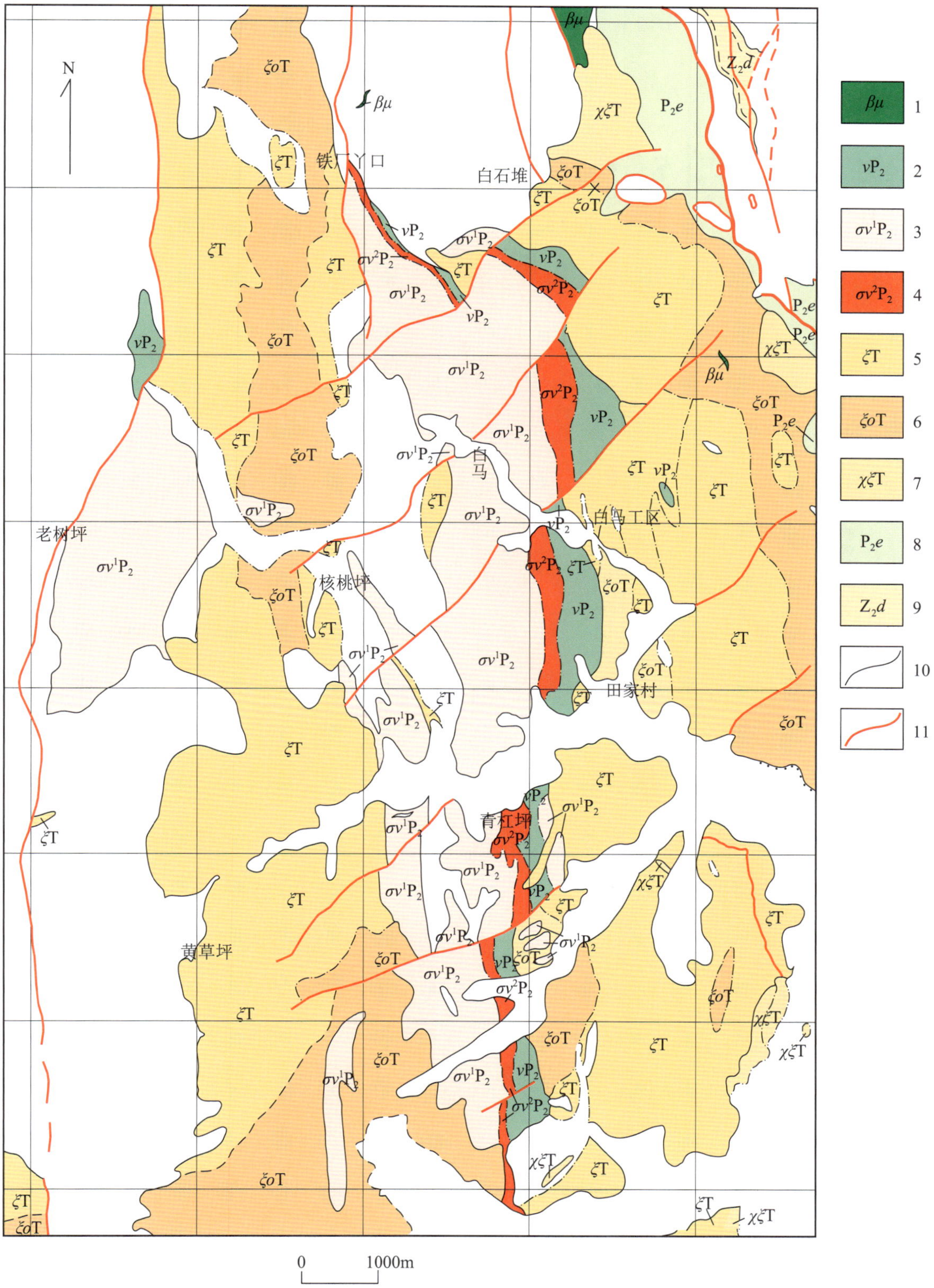

图 2-11　攀枝花市白马钒钛磁铁矿矿区地质简图

（据四川省矿产资源潜力评价项目组，2013）

1—辉绿岩；2—暗绿色伟晶和粗粒辉长岩；3—灰黑色块状和弱叶理化细粒橄榄辉长岩；4—灰黑色强叶理化细粒铁矿化橄榄辉长岩夹橄长岩；5—正长岩；6—石英正长岩；7—碱性正长岩；8—峨眉山玄武岩；9—灯影组碳酸盐岩；10—断裂构造；11—断层

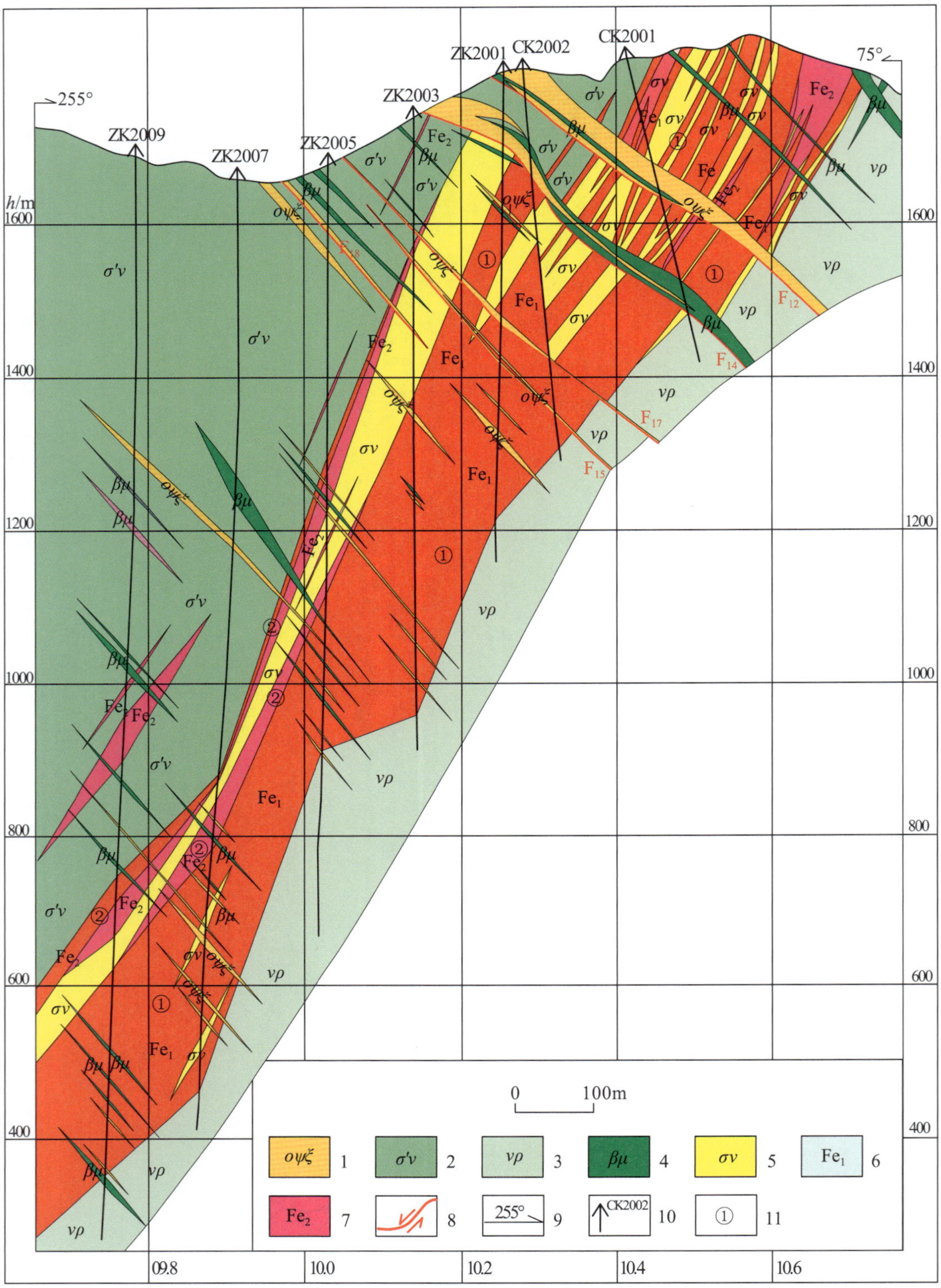

图 2-12　攀枝花市白马钒钛磁铁矿矿区及及坪矿段 P20 勘探线剖面图

（据四川省煤田地质局一三七队，2012）

1—石英角闪正长岩；2—含橄辉长岩；3—辉长伟晶岩；4—辉绿岩；5—橄榄辉长岩；6—TFe≥17%；7—13%≤TFe<17%；8—断层及编号；9—剖面方向；10—施工钻孔；11—矿体编号

白马钒钛磁铁矿矿石矿物以钛磁铁矿和粒状钛铁矿为主，含少量镁钛尖晶石、磁铁矿及磁黄铁矿、黄铁矿、黄铜矿、镍黄铁矿；脉石矿物以钛普通辉石为主，少量斜长石、橄榄石、角闪石（黑云母）等。深部矿石全部为原生块状铁矿石，矿石的原生结构构造未发生变化，故深部全部划为原生带。矿石结构以海绵陨铁、粒状嵌晶、填隙状结构为主，矿石构造以浸染状为主，次为条带状、流状构造。工业矿石平均品位：TFe 21.05%、TiO_2 5.22%，V_2O_5 0.19%。TFe 有 55.26%～65.34%赋存于钛磁铁矿中，26.79%～38.25%赋存于钛铁矿中，2.49%～25.37%赋存于硅酸盐矿物中；钛有 5.32%～10.26%赋存于钛磁铁矿内，45.66%～51.32%赋存于钛铁矿中，1.22%～11.86%赋存于硅酸盐矿物中；V_2O_5 主要分布于钛磁铁矿中。

矿体的直接顶、底板围岩及夹石主要为辉长伟晶岩、橄榄辉长岩、含橄辉长岩、辉长岩。矿体与围岩多呈渐变过渡的关系，围岩及夹石的矿物成分与矿石矿物成分基本相同。

白马层状基性-超基性岩体的成岩成矿作用是同时进行的，属于过渡型碱性橄榄玄武岩浆，直接来源于上地幔。矿床成因主要是岩浆分异形成，属于晚期岩浆分异型矿床。白马钒钛磁铁矿床的主要工业利用矿物（钛磁铁矿、钛铁矿）绝大多数是在岩浆结晶晚期形成的，矿石又多具海绵陨铁结构等特征，矿床为岩浆晚期矿床。

（5）开采技术条件

矿床位于当地侵蚀基准面（标高+1120 m）以下。地表水对矿体影响相对较弱，地下水富水性总体较差，充水水源主要为风化裂隙水或断裂构造裂隙水，含水性不均一，地表水与地下水水力联系较差，水文地质条件属中等偏复杂。

含矿岩体岩石坚硬-半坚硬；岩体主要为镶嵌，块状结构，也有散体、碎裂结构；地质构造比较复杂，规律性较强，构造破碎带发育，但规模不是很大；矿体顶、底板岩石坚硬-半坚硬，稳固性较好；岩石风化较强，风化带平均厚度 25.02 m，主要工程地质问题是边坡稳定性问题，矿床为工程地质条件中等的坚硬-半坚硬岩层为主的层状矿床。

环境地质条件较好，没有放射性及地热异常；矿体出露地表，位于山脊分水岭地带，利于露天开采。区内无重大污染源、无热害；地表水、地下水水质较好；矿石和废石化学成分基本稳定。矿区地质环境类型属二类，矿区地质环境质量条件中等。

综上所述，初步划分矿床开采技术条件类型为中等型。

（6）成矿规律、找矿预测

白马钒钛磁铁矿成矿模式具体可参见四川省西昌市太和钒钛磁铁矿。

白马钒钛磁铁矿床赋存于华力西早期形成的白马基性-超基性层状岩体中，属于岩浆晚期分异型矿床。岩体规模较大，整个岩体南北长约 24 km，东西宽 2～6.5 km，面积近 100 km^2，保存厚度达 3989 m。具有明显的分异特征，岩石表现出良好的韵律旋回。主要矿体呈似层状产出，矿体厚度大、延续性好、矿石较富。各矿体产状同含矿层、岩层产状一致。岩石化学成分以富铁钛、贫硅、含碱质较高为特征。

矿床成因类型决定了矿体沿走向、倾向一般连续稳定。而目前矿区工程控制主矿体深度达 1500 m 后仍继续稳定延伸，因此，本区的钒钛磁铁矿深部找矿前景巨大，在深部还有广阔的找矿空间。加上外围的矿致磁异常，其远景相当可观。

（7）找矿进展与成果

通过四川省地勘基金、中央地勘基金两个阶段的勘查工作，全矿区新增（333+334）类型铁矿石总资源储量 22.8×10^8 t，平均品位 19.78%。其中，工业矿石 19.6×10^8 t，平均品位 20.54%，占铁矿石总量的 86.3%。已达大型以上矿床规模。

白马钒钛磁铁矿是赋存于著名的白马层状基性-超基性岩体中的超大型矿床，整个含矿岩体全岩矿化，资源储量巨大，潜力评价预测白马矿区深部及外围尚有资源储量达 30×10^8 t 以上。经 2010～2011 年度勘查，已经证实主要矿体在深部还有相当延伸。

4. 西昌市太和钒钛磁铁矿

（1）矿区概况

西昌太和钒钛磁铁矿区位于四川省西昌市太和镇，矿区中心坐标东经 102°08′30″，北纬 27°54′00″。

2014 年 1 月，经四川省资源储量评审中心评审认定，太和矿区经整装勘查新增（333+334）资源量：工业铁矿石量 24.62×10^8 t，共伴生 TiO_2 金属量 2.07×10^8 t，V_2O_5 金属量 433.86×10^4 t，平均品位：TFe 20.68%，TiO_2 8.40%，V_2O_5 0.18%。其中推断的内蕴经济资源量（333）：铁矿石量 16.87×10^8 t，TiO_2 金属量 1.44×10^8 t，V_2O_5 金属量 325.08×10^4 t，平均品位：TFe 21.50%，TiO_2 8.55%，V_2O_5 0.20%；预测的内蕴经济资源量（334）：铁矿石量 7.75×10^8 t，TiO_2 金属量 0.63×10^8 t，V_2O_5 金属量 108.78×10^4 t，平均品位：TFe 18.90%，TiO_2 8.10%，V_2O_5 0.15%。另新增低品位矿推断的内蕴经济资源量（333）：铁矿石 0.50×10^8 t，共伴生 TiO_2 227.5648×10^4 t，V_2O_5 6.49×10^4 t，平均品位：TFe 14.32%，TiO_2 4.53%，V_2O_5 0.13%。矿床规模为超大型。

（2）区域地质背景

攀西钒钛磁铁矿位于上扬子陆块西南缘，西邻松潘-甘孜造山带雅江残余盆地，处于攀西大陆裂谷带，包括金河-宝鼎裂谷盆地亚带和康定-米易中轴隆起亚带中南段。

本区攀枝花、红格、白马、太和等层状基性-超基性堆积杂岩体，主要分布在安宁河断裂带两侧，构成醒目的攀西裂谷岩浆岩带；并在康定-米易中轴隆起及其两侧形成了广泛分布的峨眉山玄武岩，面积达 50×10^4 km^2 以上。该带西以金河-箐河深大断裂带为界，东以小江深大断裂带为界，从西到东分金河-宝鼎裂谷盆地亚带、康定-米易中轴隆起亚带、江舟-米市裂谷盆地亚带，预测区主要分布在前两个亚带内。稍晚在中轴脊线一带形成太和、白马、攀枝花和红格的正长岩以及攀枝花矿务本的碱性粗面岩-碱流岩-熔结凝灰岩的组合，与含钒钛磁铁矿层状基性-超基性岩的关系尤为密切。

（3）矿区地质特征

太和钒钛磁铁矿矿区仅出露较新地层，其中地表为第四系以及新近系昔格达组，均为岩体盖层。未见其他沉积岩和变质岩。

矿区总体上未经历强烈构造活动。断层不发育，仅在辉长岩体西部边缘分布 F_{25} 号断层，该断层因第四系掩盖，在地表未出露。该断层是一后期破矿逆断层，错断含矿辉长岩体及矿体。太和岩矿体中以构造裂隙为主，对矿体破坏作用有限，但多有后期岩脉充填，部分岩脉对附近辉长岩体有混染，对矿体有一定的贫化作用。据裂隙的产状，将矿区构造裂隙分为近南北向、北东—南西向及北西—南东向三组，三组构造裂隙中均有不同规模的辉绿岩脉、正长岩岩脉侵入填充。其中近南北向裂隙有两期，一期早于北东—南西向裂隙与北西—南东向裂隙，另一期晚于北东—南西向裂隙，大致与北西—南东向裂隙相近。矿区构造裂隙以较晚期的南北向裂隙为主，一般有规模较大岩脉沿其侵入，边部因后期挤压常发育小型滑动面，部分岩脉整体较为破碎，但其两侧矿体无明显错动，对矿体连接影响甚微。

矿区岩浆岩十分发育。主要有华力西期辉长岩（υ_4^3）、二叠系峨眉山玄武岩（$P_2\beta$）、印支期碱性花岗岩（$\chi\gamma_5^1$）、碱性正长岩（ξ_5^1），以及正长岩、辉绿岩、辉石岩、伟晶辉长岩、透辉石岩等岩脉。其中钒钛磁铁矿含矿岩体——华力西期太和辉长岩体地表出露在矿区北西部，倾向向南延伸，峨眉山玄武岩分布在辉长岩体西北部，二者中间为印支期碱性正长岩体。矿区外围西部和南部主要分布着印支期碱性花岗岩。

太和铁矿区的太和岩体为华力西期含铁辉长岩，与印支期—燕山期牦牛山碱性花岗杂岩体一起沿安宁河断裂带分布（图 2-13）。含矿岩体主要岩石为辉长岩，底部出露辉橄岩。辉长岩根据矿物含量又可分为辉长岩、橄榄辉长岩、含磷灰石辉长岩。岩体分异良好，相带、韵律层清楚（图 2-14）。整个岩体从下往上，基性度降低，颜色由深变浅，矿物粒度总体由粗变细。钒钛磁铁矿体主要分布在岩体中下部，由其往上、往下含矿性逐渐变差。据岩性组合、岩石基性度，将岩体由上到下划分为浅色辉长岩、暗色辉长岩、橄辉岩三个相带。在带之内，依据岩性、矿体的主要矿物含量及结构构造的差异，可将暗色辉长岩相进一步分为流状辉长岩、中粗粒辉长岩 2 个岩相亚带。

通过 1∶1 万地面高精度磁测扫面，圈定 C1、C2 两个磁异常。C1 异常：ΔT 磁异常正负相伴，南正北负。异常形态规整，正异常呈南北向，负异常呈东西向展布，异常东西长 3.5 km，平均宽 0.7

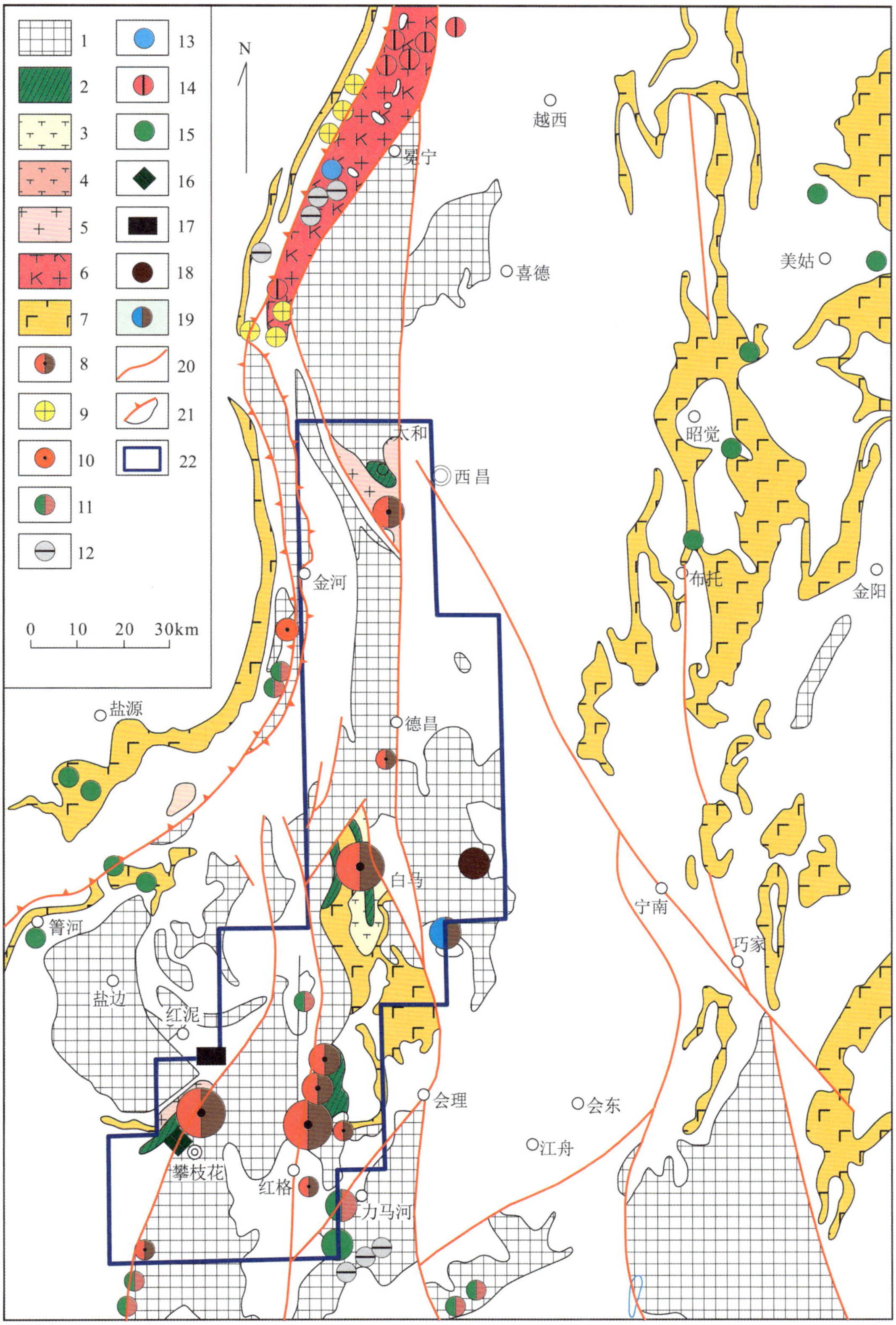

图 2-13　攀西地区区域地质矿产略图

（据四川省矿产资源潜力评价项目组，2013）

1—前震旦纪基底；2—层状基性-超基性侵入体；3—正长岩；4—花岗岩；5—钾长花岗岩；6—峨眉山玄武岩；7—钒钛磁铁矿；8—金矿；9—磁铁矿、赤铁矿；10—硫化铜镍矿；11—稀土矿；12—钼矿；13—铀钍岩；14—铌钽矿；15—铜矿；16—石墨矿；17—煤矿；18—锡矿；19—铅锌矿；20—基底断裂；21—冲断推覆构造；22—整装勘查区

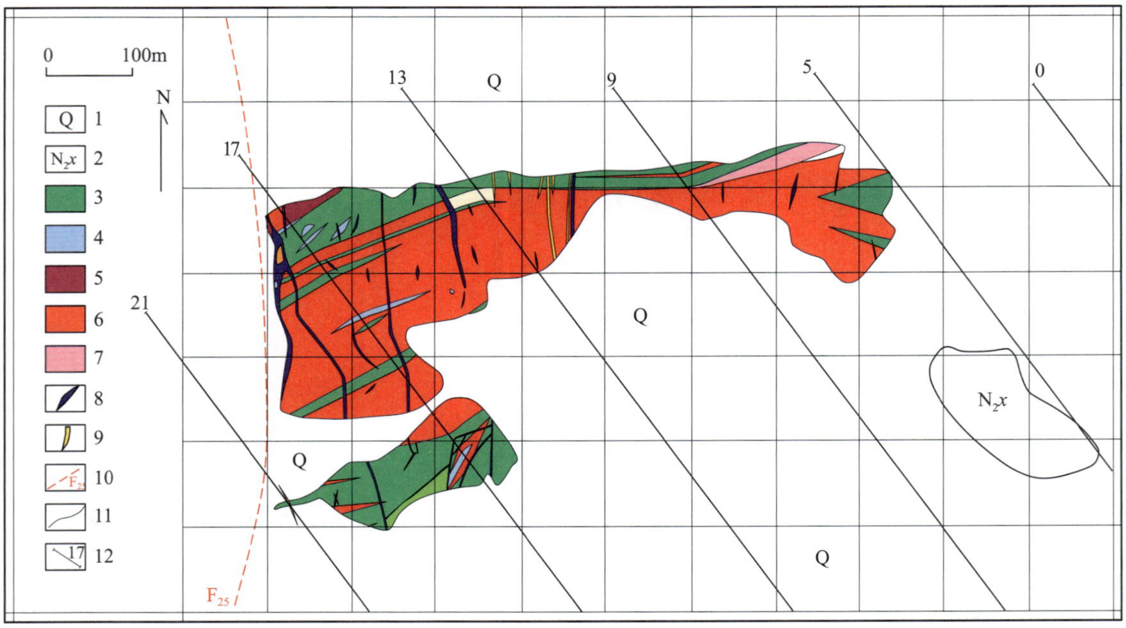

图 2-14　西昌市太和钒钛磁铁矿矿床矿区地质简图

（据四川省冶金地质勘查局，2013）

1—第四系；2—新近系昔格达组；3—中细粒辉长岩；4—中粗粒-伟晶辉长岩；5—橄辉岩；6—工业矿体；7—低品位矿体；8—辉绿岩；9—正长岩；10—断层；11—地质界线；12—勘查线

km，面积约 2.62 km^2。正异常最高可达极 4566.1 nT，负异常最小为-8172.3 nT。C1 异常与太和辉长岩体和钒钛磁铁矿平面投影范围一致，为太和辉长岩和钒钛磁铁矿体引起。C2 异常：异常几乎与 C1 异常平行，呈近东西展布，整体长 0.7 km，宽 0.2 km，面积约 0.12 km^2。异常无明显极值，ΔT 值均约 1000 nT。异常周围出现的大面积正值低缓异常（暖色部分），主要是由磁铁矿或含铁辉长岩引起。且异常向南、南东方向扩展，异常值衰减较慢，说明磁铁矿或含铁辉长岩向下延深规模较大。

（4）矿床地质特征

钒钛磁铁矿体赋存于太和辉长岩体中下部，各矿体相互平行产出，主矿体呈厚大的似层状，次要矿体呈透镜体状，矿体总体呈东西走向，向南倾斜，倾角在倾向上浅部较陡，深部变缓，在走向上西陡东缓，矿体产状与辉长岩体一致。主矿体赋存于辉长岩体中下部暗色辉长岩相带流状辉长岩相亚带中，矿体顶底板围岩均为暗色辉长岩，岩体含矿率高，品位富，辉长岩一般呈夹石产出。

太和岩体共圈定四个主要矿体（图 2-15）。其中②号矿体为矿区主矿体，分布于 21~0 线之间，在①号矿体之上 14~50 m。呈厚大的似层状透镜状产出，矿体总体向南倾，浅部倾角陡，深部倾角缓。矿区内矿体全长 3390 m，分布标高 1830~180 m ，矿体厚 15.09~524.08 m，平均 354.55 m；矿石平均含 TFe 20.96%，TiO_2 8.46%，V_2O_5 0.18%。

矿石质量：矿石主要具浸染状和流状构造，部分具块状和条带状构造；以他形-半自形晶粒结构和海绵晶陨铁结构为主。主要矿石矿物为钛磁铁矿和钛铁矿，钛磁铁矿一般呈 0.3~4 mm 大小的中细粒，钛铁矿的嵌布粒度则较细；脉石矿物以基性斜长石为主，单斜辉石次之，含少量角闪石及绿泥石、黝帘石等次生矿物；其他金属矿物为磁黄铁矿、黄铁矿和少量黄铜矿。全矿区工业矿石的平均含量为：TFe 21.50%，TiO_2 8.55%，V_2O_5 0.20%；低品位矿石为：TFe 14.32%，TiO_2 4.53%，V_2O_5 0.13%。

经系统组合分析，主矿体②号平均含 S 0.48%、P_2O_5 0.70%，Cu 0.02%，Ni 0.01%，Co 0.01%，均未达到综合利用的含量要求。

经物相分析，矿石中 MFe/TFe 矿体浅部平均为 48.67%，中深部位平均 57.81%，深部平均 73.60%，一般在 50%~70%之间，应属弱磁性矿石。

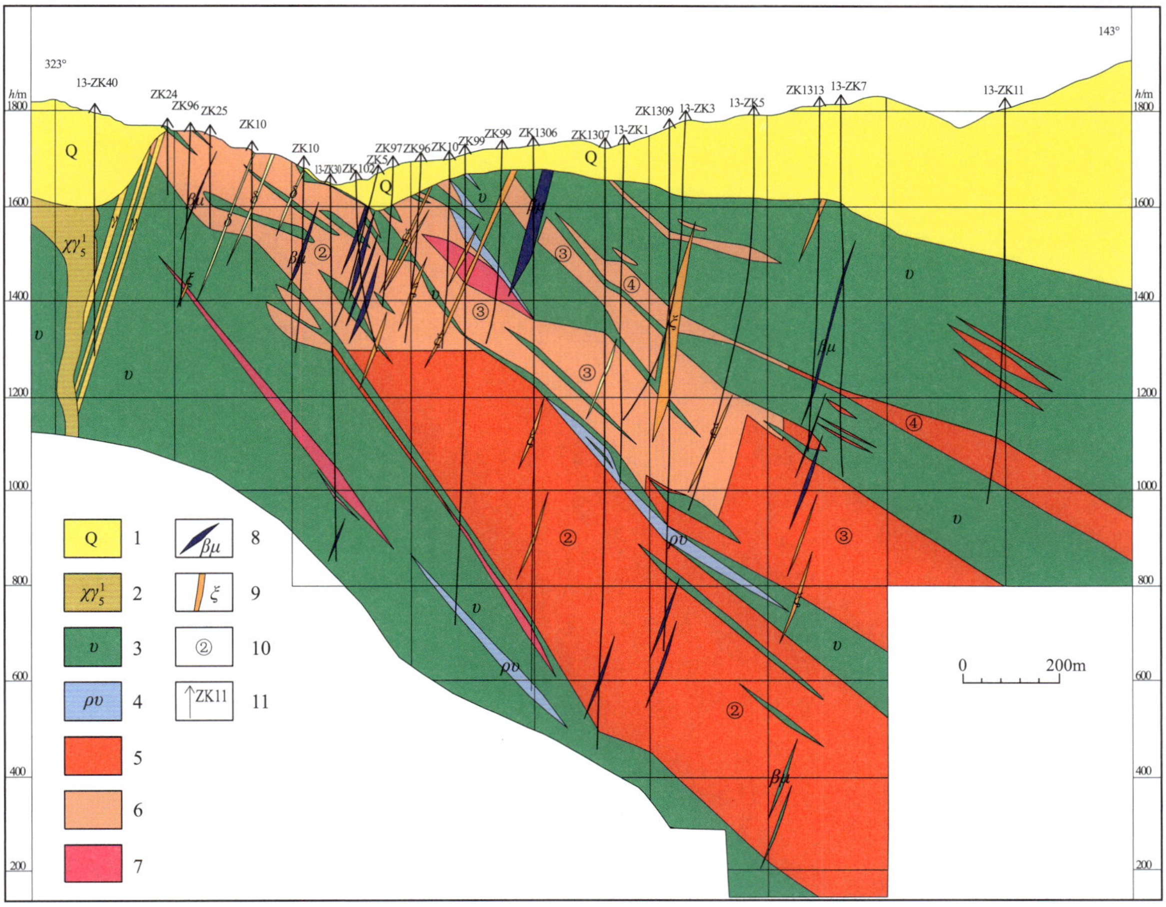

图 2-15　攀枝花市太和矿区 13 号勘查线剖面图

（据四川省冶金地质勘查局，2013）

1—第四系；2—印支期碱性花岗岩；3—中细粒辉长岩；4—中粗粒-伟晶辉长岩；5—工业矿体；6—前人圈定工业矿体；7—低品位矿体；8—辉绿岩脉；9—正长岩脉；10—矿体编号；11—钻孔及编号

围岩主要为中细粒辉长岩、中粗粒辉长岩。夹石主要有两类：一是顺层分布的中细粒含铁辉长岩、中粗粒含铁辉长岩，多呈规模不等的顺层透镜状产出，简称为顺层夹石，在②号矿体上部辉长岩夹石中磷灰石含量较高；其二为呈南北走向向西陡倾斜产出的后期辉绿岩脉、正长岩脉、辉石岩脉等，简称为切层夹石。

太和钒钛磁铁矿床成因为同源就地分异、分阶段成岩成矿的晚期结晶分异岩浆矿床。

（5）开采技术条件

矿区水文地质条件较简单，工程地质和环境地质中等，浅部露天开采部分开采技术条件总体较好，深部地下开采部分采技术条件有待在详查、勘探中进一步查定。

（6）成矿规律

1）构造及岩体时代控制因素：攀西裂谷带控制了层状基性-超基性含矿岩体分布，在太和整装勘查区内含矿岩体主要受安宁河断裂控制，时代在华力西期。

2）围岩控制因素：含钒钛磁铁矿基性-超基性层状岩体大小、形态受岩体所处围岩岩性、构造形态等制约。

3）岩体自身结晶分异因素：在钒钛磁铁矿体发育较好的岩体中，均有良好的液态重力分异和结晶分异特征，形成似层状韵律式结构，从上而下岩石基性程度和含矿性有逐渐增高的特点。这由岩体的规模和其铁元素含量决定。

4）岩体岩石化学特征因素：区内岩体中岩石镁铁比值越小，越利于形成钒钛磁铁矿。

5）后期岩体破坏改造因素：后期岩脉、侵入岩类越发育，对矿体的破坏和贫化作用越强。

（7）找矿标志

1）华力西期基性-超基性岩体、二叠系峨眉山玄岩、印支期碱性岩三者呈“三位一体”的共生规律，是区内钒钛磁铁矿的宏观找矿标志。

2）位于攀西裂谷带剪切-拉张地段的华力西期基性-超基性岩体，是由碱质玄武岩浆分异演化派生而成的贫硅高铝高钙碱性的铁质（和贫铁质）基性-超基性岩，富含 TiO_2，辉石以单斜辉石为主。

3）岩体规模大，分异良好，形成了多旋回的韵律式结构，钒钛磁铁矿层赋存于各韵律层的下部和底部。

4）圈闭较好的磁异常或重力异常区，是寻找隐伏含矿岩体重要的地球物理标志。

5. 旺苍椿树坪钒钛磁铁矿

（1）概述

该矿床位于旺苍县城北东 24 km，为一中型钒钛磁铁矿床。最早的资料为 1965 年四川省地质局第二区域地质测量队提交的 1：20 万南江幅区调报告；其后为 1979 年四川省地质局四〇七地质队提交的“旺苍县椿树坪钒钛磁铁矿区详细普查地质报告”提交了铁、钒、钛资源储量，后经省地质局审定审批 D 级铁矿石资源储量 3298.2×10^4 t。另外尚有地质资源储量铁矿石 1351.2×10^4 t，TiO_2金属资源储量 106.26×10^4 t，V_2O_5金属资源储量 6.88×10^4 t。

经初步选矿试验证实，矿石选冶性能较好，采用磁选效果最佳，精矿品位为：TFe 60.41%，TiO_2 2.76%，V_2O_5 0.6%；回收率为：TFe 52.76%，TiO_2 21.37%，V_2O_5 79.15%。

（2）矿床地质

含矿基性-超基性岩体侵入前震旦系康定群冷竹关组深变质岩类岩石中，形成时期为晋宁期。岩体北部为上震旦统覆盖；南部又为晚期花岗闪长岩类侵入。岩体地表出露面积 1.4×1.25 km^2。

含矿岩体分异不太明显，可粗略分为 5 个二级韵律层。由上而下为角闪辉长岩类→橄榄辉长岩类。矿体赋存于岩体中、下部，与橄榄辉长岩类关系密切。

含矿岩体总体上为岩盆状，长轴走向北西—北北西，为向北倾伏的不对称状。东侧岩体西倾，西侧岩体倾向北东，倾角 30°~70°不等，总体周边陡，而中心缓。

（3）矿体和矿石

区内见 4 个含矿层，呈同心弧状，含矿层内圈定 21 个矿体。矿体为似层状、透镜状，长 100~1200 m，一般长 300 m 左右；厚 1~26 m，一般厚数米不等，矿体产状受岩体形态影响较大。已发现矿体延深 40~214 m 不等。

矿石矿物以磁铁矿为主，次为钛磁铁矿、钛铁矿及少量黄铁矿。脉石矿物为橄榄石、辉石和角闪石、偶见镁钛尖晶石及磷灰石等。

矿石为粒状、粒状镶嵌结构和海绵陨铁结构为主，次有固溶体结构；构造以浸染状构造为主，可见假斑状及块状构造。

矿石平均品位如下：TFe 16.68%，TiO_2 1.88%，V_2O_5 0.122%，有害元素 P 0.032%，S 0.11%~0.54%。

矿床成因为岩浆分异形成，按本书类型划分为基性-超基性岩浆型。

6. 旺苍李家河磁铁矿

（1）概述

该矿床位于旺苍县城北东 42 km，为一中型铁矿床。资料最早见于 1965 年四川省地质局第二区域地质测量队提交的 1：20 万南江幅区调报告；1978 年，四川省地质局四〇七队提交了《旺苍县李家河磁铁矿区切刀梁矿段详细勘探报告》。南江县坪河乡茅坡子矿段，亦属李家河磁铁矿区。探明基础储量 177.10×10^4 t，资源量 2532.5×10^4 t，资源储量 2709.6×10^4 t。经可选性试验证明为易选矿石。

（2）矿床地质

矿区位于水磨-上两断裂带上，含矿岩体为晋宁期碳酸岩体，呈透镜状、脉状沿断裂带侵入于碱基性杂岩体中或杂岩体与上两组之间，且被后期闪长-花岗岩脉切割。含矿岩体长 1000 余米，宽 100~200 m，延深大于 500 m，倾向 300°~330°，倾角 60°~70°。

区内已圈出 15 个矿体（其中切刀梁 10 个，茅坡子 5 个），单个矿体长 150~200 m，最长 600 余米，厚 2.1~27 m，一般 5~10 m，沿倾向延深 70~280 m 不等，呈雁行排列。

矿石矿物以磁铁矿为主，次为少量钛磁铁矿、磁黄铁矿、黄铁矿、黄铜矿及铌铁矿；脉石矿物以方解石为主，次为磷灰石、透辉石、黑云母、绿泥石等。

矿石以半自形粒状镶嵌结构为主，次海绵陨铁结构，局部见钛铁矿连晶，具固熔体分解结构；以浸染状构造、条带状构造为主，局部具块状构造。

矿石主要组分的含量为：TFe 15%~61.7%（平均 23.12%），P 0.03%~1.3%，S 0.044%~2.27%，Nb_2O_5 0.012%~0.155%，TiO_2 0.15%~1.02%，Ta_2O_5 0.001%~0.008%。

矿床成因为晚期岩浆分凝形成，按本书类型划分为碱性岩浆型。

二、接触交代型（矽卡岩型）及岩浆热液型铁矿床

（一）概述

1. 接触交代型（矽卡岩型）矿床

接触交代型（矽卡岩型）矿床属内生矿床（一级）中岩浆作用矿床（二级）的三级成因分类。矽卡岩矿床是发生在侵入体与碳酸盐类岩围岩接触形成的接触交代型矿床，又称接触交代作用形成的矿床。在岩浆侵入过程中，由于岩浆作用析出的大量挥发分和热液，使接触带附近的侵入岩和围岩发生物质交换，接触带的岩性和化学成分均发生变化，可形成各种接触变质岩石，包括各类矽卡岩；从岩浆中析出的气水热液，往往带有某些金属和非金属元素，通过接触交代作用形成矽卡岩型矿床。

四川省的矽卡岩型铁矿床总计 44 处。根据成矿时代不同、分布地区不同，以及伴生元素特征细分为 2 个三级成因亚类（表 2-12）。

表 2-12 矽卡岩型磁铁矿类型及矿石质量统计表

三级成因分类	三级成因亚类	矿产地名称	规模	勘查程度	主金属（TFe）品位/%	共（伴）生金属品位/%	利用情况
接触交代型（矽卡岩型）铁矿床	晋宁期矽卡岩型铁矿床	冕宁泸沽黑林子	矿点	普查	43.08~58.66	Sn 0.43	
		冕宁猴子崖	矿点	预查	10.78~22.11	Sn 0.702	
		冕宁泸沽铁矿山	中型	勘探	53.52~60.73		已用
		冕宁大顶山	中型	勘探	38.96~59.42	Sn 0.256~0.579	已用
		冕宁银厂沟	矿点	预查			
		喜德登相营	小型	预查	45.00		
		喜德朝王坪	矿点	勘探	40.00		闭坑
		喜德深沟	小型	预查			
		喜德白崖子	小型	预查			
		喜德松林坪	矿点	勘探	37.91		闭坑
		喜德拉克	小型	勘探	32.5~50.92		已用
		会东坪山	小型	普查	51.65~64.61		
		米易沙坝	矿点	普查	50.39		
		旺苍锅厂坪	矿点	预查	20~40		
		旺苍石人山	矿点	普查	45		
		旺苍合儿山	矿点	详查	38.22		闭坑
		南江矿硐子	矿点	预查	30~60		
		南江沙坝洪山	小型	勘探	39.11	Cu 0.4206 Co 0.04	已用

续表

三级成因分类	三级成因亚类	矿产地名称	规模	勘查程度	主金属（TFe）品位/%	共（伴）生金属品位/%	利用情况
接触交代型（矽卡岩型）铁矿床	晋宁期矽卡岩型铁矿床	南江玉石梁	矿点	预查	50~62.65		
		南江草坝场	中型	预查	34.11	Cu 0.06	
		南江宪家湾	小型	详查	32.72		
		南江马家垭	矿点	预查	42.00	Cu 0.04~0.4	
		南江土墙坪	小型	详查	30.94		已用
		南江蒋家湾	小型	详查	33.41		
		南江汇滩五铜包	矿点	详查	31.93		已用
		南江周家湾	矿点	详查	38.15		
		南江唐家碥	矿点	预查	32.9		
		南江观音寺	矿点	预查	34.20	Cu 0.78	
		南江贾家寨	中型	预查	32.21		
		南江李子垭	中型	勘探	38.60		已用
		南江金场坝	矿点	预查	30~58.6		
		南江牡丹园	矿点	预查	38.67		
		南江上两	矿点	普查	30.97		
		合计 33 处					
		矿床规模：中型 5 处，小型 9 处，矿点 19 处 勘查程度：勘探 7 个，详查 6 个，普查 5 个，预查 15 个					
接触交代型（矽卡岩型）铁矿床	印支期、燕山期矽卡岩型磁铁矿床	德格硐中达	小型	普查	16~66		
		白玉盖玉干海子	矿点	预查	25.6~63.25		
		巴塘崩扎南	矿点	预查	28.98		
		巴塘蒙柯山	矿点	预查	45~62.47	Cu 1.55	
		巴塘苏洼龙松龙沟	矿点	预查	27.34	Cu 0.46	
		理塘独勇俄	小型	普查	39.53		
		理塘独活根	矿点	预查	29.51~55.81	Cu 0.74~0.8	
		道孚菜子沟	小型	详查	35.22~57.55		已用
		道孚佐莫纳协	小型	预查	36.10		已用
		九龙滨多	矿点	预查	54.10		
		若尔盖且让	矿点	普查	54.34	Cu 3.33	
		合计 11 处					
		矿床规模：小型 4 处，矿点 7 个 勘查程度：详查 1 个，普查 3 个；预查 7 个					

（1）晋宁期矽卡岩型（锡）铁矿床

1）矿床产地数 33 处。主矿种为铁，铁矿石资源储量 10217.085×10^4 t，共（伴）生锡金属 13359.07 t，Cu 金属 3648 t，Co 金属 528 t。分布区域两处：①西昌米易-冕宁地区；②川北的旺苍-南江地区。

2）矿床规模达中型的有 5 处，小型 9 处，矿点 19 个。总体规模小。

3）矿床勘查程度达到勘探的 7 个，详查 6 个，普查 5 个，预查 15 个，总体勘查程度较高。该类矿床品位较富，利用率高，已开发和闭坑的矿床达 10 个。

4）典型矿床和代表性矿床为冕宁泸沽铁矿床、冕宁泸沽铁矿大顶山（锡）铁矿和南江李子垭铁矿。

（2）印支期、燕山期矽卡岩型磁铁矿床

1）矿床产地数 11 处，主要分布于川西的甘孜藏族自治州。主矿种为铁，铁矿石资源储量 1143.846×10^4 t，伴生铜金属 11.4500×10^4 t。

2）矿床规模总体较小，共有小型 4 处，矿点 7 个。

3）矿床勘查程度达到详查的 1 个，普查 3 个，预查 7 个。

4）代表性矿床为道孚菜子沟。

2. 岩浆热液型矿床

岩浆热液型矿床属内生矿床（一级）中岩浆作用矿床（二级）的三级成因分类。该类型矿床主要指由岩浆引起含矿热水溶液或流体所形成的矿床。一般在酸性岩浆活动晚期及后期，含矿气水热液与围岩发生作用，可以在岩浆岩附近和外围生成（岩浆）热液型铁矿。本类铁矿见表 2-13。

表 2-13　岩浆热液型铁矿类型及矿石质量统计表

三级成因分类	三级成因亚类	矿产地名称	规模	勘查程度	主金属（TFe）	共（伴）生金属
					品位/%	品位/%
岩浆热液型铁矿床		巴塘夏散莫	矿点	预查	57.74	
		巴塘亚日贡新鲁沙	矿点	预查	53.57	Zn 0.5
		德荣白松普鲁贡	矿点	预查	57.10	
		稻城且则代	矿点	预查	18.39~56.44	Ag 1~1.3 g/t
		木里卡拉乡	中型	预查		
		冕宁猫儿沟	小型	预查	41.00	
		德昌二道沟新山	矿点	普查	25.43~65.64	
		会理新田	矿点	预查	40~50	
		会东牛棚子	矿点	预查		
		会东小青山	矿点	详查		
		会东下新厂矿点	矿点	预查		
		荥经大矿山	小型	普查	31.41~56.63	Mn 20.48~50.66
		荥经小矿山	矿点	普查	31.41	Mn 31.38
		石棉麂子坪	矿点	普查	50~60	

四川省岩浆热液型铁矿床有产地数 14 处。主矿种为铁，铁矿石资源储量 2055.20×10^4 t。共生锰矿石资源储量 12.65×10^4 t。矿床规模均为中型以下（中型 1 处，小型 2 处，矿点 11 个）。矿床勘查程度相对较低（详查 1 个，普查 4 个，预查 9 个）。

（二）矽卡岩型及岩浆热液型铁矿特征

1. 铁矿分布的区域地质构造背景

该类型铁矿较为集中地分布于康滇基底断隆带、大巴山被动大陆边缘、三江造山系构造单元。

（1）康滇基底断隆带

该带是上扬子陆块所属的三级构造单元。带内由盐边群、会理群、河口群、登相营群以及相当地层组成褶皱基底，按基底岩系及其构造环境判别可进一步细分为盐边古岛弧盆地、泸定古岛弧、石棉古岛弧、轿顶山古岛弧、毛菇坝古岛弧和会理弧后盆地等次级构造单元，它们共同组成了元古宙弧盆系。

褶皱基底内的元古宙弧盆系沉积了大量碎屑岩及少量碳酸盐岩，其间有大量基性-酸性火山岩夹间喷发，喷发的同时相伴少量酸性侵入岩，它们与碳酸盐岩发生交代形成矽卡岩型铁矿。

（2）大巴山被动大陆边缘（基底逆推带）

该构造单元位于四川陆内前陆盆地之北缘，是上扬子陆块的三级构造单元。区内由中-新元古代基底变质岩系、南华纪中酸性火山岩、磨拉石建造及相关花岗岩，以及震旦纪—三叠纪地层组成。先后经历古岛弧、后造山裂谷和被动大陆边缘演化过程，于晚三叠世碰撞造山，造成基底逆推上隆。元古宙地层中形成了晋宁期矽卡岩型铁矿。

（3）三江造山系

三江造山系包括巴颜喀拉-松潘周缘前陆盆地、甘孜-理塘结合带、义敦-沙鲁里岛弧带等次级构造单元。区内大面积出露浅变质的三叠纪地层，主要包括大量基性-酸性火山岩、碎屑岩、碳酸盐岩等，侵入岩为小群脉状基性、超基性岩和大规模的酸性岩浆弧等。其中广泛分布大量的酸性侵入岩基组成区域性的构造岩浆带，但它们多与该区矽卡岩铁矿无关。

本区矽卡岩型铁矿，一般与规模中等（11~36 km^2）的印支期、燕山期中酸性侵入体有关，如花岗闪长岩类侵入岩与晚三叠世地层中的碳酸盐接触时，常可形成钙质矽卡岩型磁铁矿床。

2. 主要铁矿的基本特征

冕宁泸沽铁矿山及冕宁泸沽铁矿大顶山（锡）铁矿是同一构造环境下生成的两个中型矽卡岩矿床。是泸沽花岗岩与元古宙登相营群碳酸盐岩接触带发生接触交代形成的矽卡岩矿床。矿体多为似层状、透镜状沿接触带形成矿体群，总长约1500 m，平均厚3.24~8.24 m，已知延深68~356 m。其形态、产状及厚度随接触带扭曲而有所变化。

南江李子垭铁矿是晋宁期中性的闪长岩侵入元古宙火地垭群的碳酸盐岩地层形成的矽卡岩中形成的铁矿。矽卡岩为透辉石石榴子石矽卡岩，呈透镜状、脉状；铁矿体在矽卡岩中呈板柱状、囊状、透镜状。单矿体长30~60 m，厚10~30 m，最大延深410 m。比较而言李子垭式的矽卡岩型铁矿较泸沽式矽卡岩铁矿规模小。

3. 矿石质量

1）泸沽铁矿的矿物以磁铁矿、假象赤铁矿、赤铁矿为主；脉石矿物有石英、黑云母、绿泥石、磷灰石等。局部见含锡的贫磁铁矿体。李子垭铁矿的矿物以磁铁矿为主，次为黄铁矿、磁黄铁矿和微量黄铜矿；脉石矿物为透辉石、透闪石及蛇纹石、石榴子石等。

2）泸沽铁矿矿石较富，矿石含TFe平均53.52%，最高达70.35%。李子垭铁矿石含TFe 38.6%~39.2%，可含Co 0.01%~0.02%，TiO_2 0.1%~0.32%，V_2O_5 0.005%~0.71%。所含S、P亦较高。

3）泸沽铁矿多呈他形粒状，次为交代残余结构；致密块状、角砾状构造，部分为条带状构造。李子垭铁矿多呈半自形粒状为主，次为陨铁和交代残余结构；条带状构造为主，次为稠密浸染和块状构造。

（三）矿床实例

1. 冕宁泸沽铁矿

（1）概述

1）泸沽铁矿区主要由泸沽铁矿山和泸沽铁矿大顶山（锡）铁矿2个中型矿床组成。泸沽铁矿山在城NE124°方向，直距4.5 km；泸沽铁矿大顶山（锡）铁矿山在城NE119°方向瓦洛乡，直距5.4 km。

2）泸沽铁矿山于东汉（公元25~220年）发现并开采利用，明和清（1368~1911年）时期当地仍保持小规模开采；1930~1941年有谭锡畴、李春显、常隆庆、李建清、刘之祥、程裕淇、崔克信等先后至矿山调查，著有《西康冕宁泸沽铁矿山磁铁矿》；1955年刘增乾、丁贻礼作过初步普查，然后西南五四六队物探大队（三〇九队、三〇四队）继续工作，求得矿石资源储量470×10^4 t；1964~1965年四川省地质局一〇九队进行勘探提交了《四川冕宁泸沽铁矿山磁铁矿床详细勘探报告》，铁矿品位59.44%~60.73%，四川省储委批准矿石资源储量404×10^4 t；1965年8月预测并钻探证实矿区东南有隐伏矿体转入深部勘探，提交了《四川冕宁泸沽铁矿山磁铁矿床深部补充勘探报告》，矿石以磁铁矿为主，假象赤铁矿次之，铁矿品位 56.58%，同年底四川省储委批准新增铁矿石资源储量 206×10^4 t，其中工业资源储量 182×10^4 t；1972 年四川省地质局一〇九队进行了“增补性开发勘探”，并进行了“探边摸底”，提交了《四川省冕宁县泸沽铁矿山深部边缘地质普查工作总结》。

3）泸沽铁矿大顶山（锡）铁矿：1956 年西南地质局五四六队发现磁铁矿转石，之后五四六队和物探大队发现磁异常及磁铁矿露头；1961~1962 年四川省地质局西昌队进行普查、详查，求得资源储量 323×10^4 t；1965~1966 年四川省地质局一〇九队对Ⅰ、Ⅱ号矿体进行勘探，提交了《四川冕宁泸沽大顶山磁铁矿床Ⅰ、Ⅱ号矿体详细勘探报告》，1967 年全国储委批准资源储量 1025×10^4 t（其中高炉富矿 768×10^4 t）；1966 年四川省地质局一〇九队继续补充勘探，发现了锡矿伴生，锡矿主要赋存于Ⅰ、Ⅴ号铁矿体内，为含锡铁矿型和矽卡岩锡矿型两种矿石类型，年底提交了《四川省冕宁泸沽大顶山磁铁矿床补充报告》，省储委批准铁矿石资源储量 1558×10^4 t，其中工业资源储量 1265×10^4 t。报告中求得伴生锡金属资源储量 1136 t。

4）泸沽铁矿山于 1966 年开建矿山，设计年产 40×10^4 t 矿石。1970 年投产至 1985 年，已采矿石 370×10^4 t，其中平炉富矿约 189×10^4 t，累计利润 6169 万元。为了增加铁矿资源，1979~1985 年，泸沽铁矿队在铁矿山露天开采场之东、西露天扩帮，并施工 6 个钻孔，结合槽探揭露，增加资源储量 176×10^4 t。1985 年，铁矿山南东深部坑采工程投产。泸沽铁矿山大顶山（锡）铁矿是 1985 年四川省冶金厅开始建立的省属矿山，年产矿石 50×10^4 t。

5）锡矿为大顶山锡铁矿山的铁矿石中主要伴生有益元素，锡赋存于Ⅰ、Ⅴ号铁矿体内，为含锡铁矿型和矽卡岩型两种锡矿类型，锡平均品位 0.88%~0.89%，锡金属资源储量 1.26×10^4 t，已达中型锡矿规模。锡在铁矿石中的赋存状态和选矿工艺在 1985 年矿山建设中未能解决，故当时锡未能利用。

6）泸沽铁矿山铁矿石（TFe 53.52%~60.73%）基础储量 529.1×10^4 t，资源量 227×10^4 t，资源储量 756.1×10^4 t。泸沽铁矿大顶山锡铁矿：铁矿石（TFe 38.96%~59.42%）基础储量 2797.9×10^4 t，资源量 770.3×10^4 t，资源储量 3568.2×10^4 t；锡品位（0.256%~0.579%）资源储量 1.2682×10^4 t（四川省矿产资源储量简表，2011）。

（2）区域地质特征

冕宁泸沽锡铁矿位于上扬子陆块西缘，康滇前陆逆冲带康滇基底断隆带北部中段与峨眉-昭觉断陷盆地带的结合部位，安宁河断裂带东侧，米市断陷盆地的西缘。区内断裂构造和褶皱构造发育，由南北向安宁河断裂带、北东向次级断裂和基底的褶皱——泸沽复背斜以及东西向断裂构造组成本区的基本构造格局。

（3）矿区地质特征

泸沽锡铁矿主要赋存在中元古界登相营群与泸沽花岗岩的外接触带，已知产地较多，主要由 2 个中型矿床（泸沽铁矿山和泸沽铁矿大顶山（锡）铁矿组成，后者在东），其分布见图 2-16。泸沽铁矿山地质图见图 2-17，大顶山（锡）铁矿区地质图见图 2-18。

泸沽铁矿受区域构造控制极为明显，泸沽花岗岩沿南北向基底断裂侵位于北东向泸沽复背斜及两翼的次级褶皱内，泸沽复背斜控制锡铁矿床的分布，次级褶皱和断裂构造不仅提供了容矿空间，而且褶曲强烈地段的上下层虚脱部位，往往有金属矿物的富集，形成富而厚的矿体。含矿层为浅变质大理岩、千枚岩、变质砂岩等组成岩系，含矿热液沿花岗岩体外接触带的大理岩进行接触交代，产生矽卡岩化（透辉石化、钾长石化、石榴子石化、符山石化、透闪石化）、滑石化，蛇纹石化、黄铁矿化、角岩化等围岩蚀变，其中矽卡岩化、黄铁矿化与成矿关系密切。

泸沽铁矿受区域构造控制极为明显，泸沽花岗岩沿东西向基底断裂侵位于北东向泸沽复背斜及两翼的次级褶皱内，泸沽复背斜控制矿床的分布，次级褶皱和断裂构造不仅提供了容矿空间，而且褶曲强烈地段的上下层虚脱部位，往往有金属矿物的富集，形成富而厚的矿体。含矿层为浅变质大理岩、千枚岩、变质砂岩等组成岩系，含矿热液与花岗岩体外接触带的大理岩进行接触交代，产生矽卡岩化（透辉石化、钾长石化、石榴子石化、符山石化、透闪石化）、滑石化，蛇纹石化、黄铁矿化、角岩

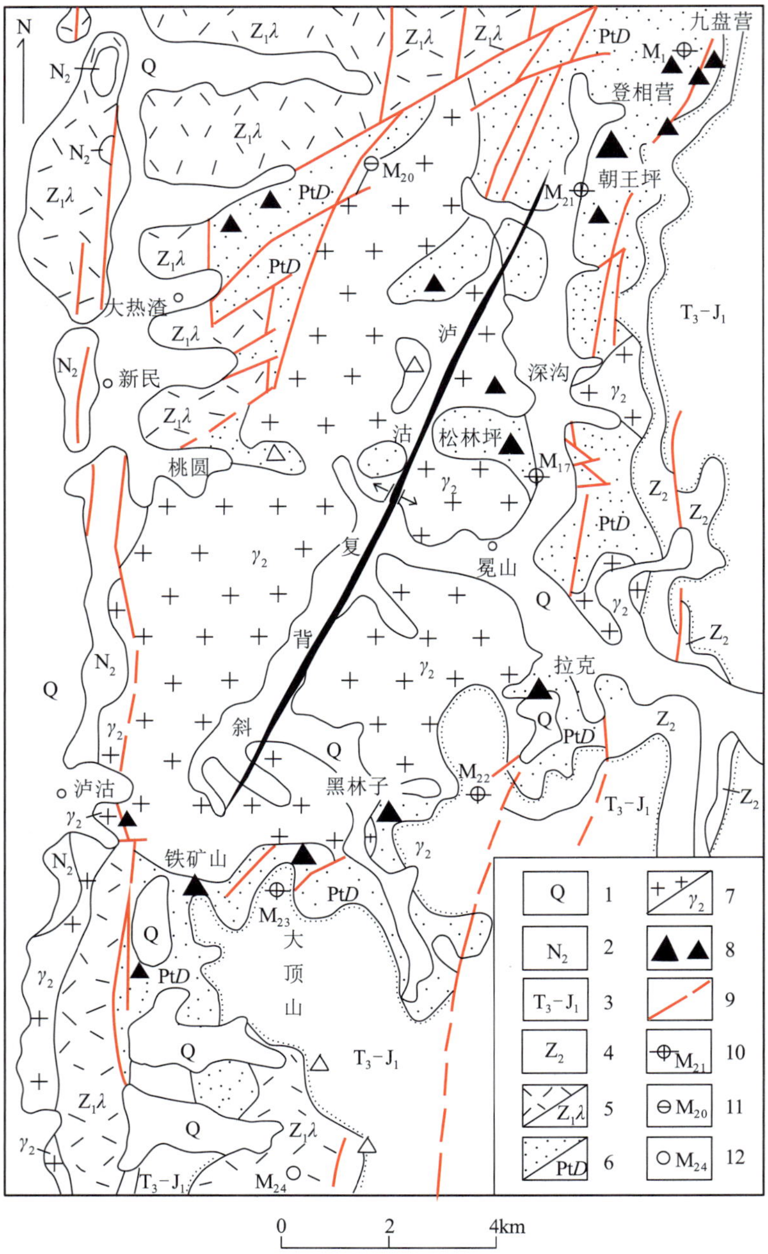

图 2-16　冕宁县泸沽地区地质及铁矿、航磁异常分布略图

（四川省地质矿产局，1990）

1—第四系；2—新近系；3—上三叠统—下侏罗统；4—上震旦统；5—下震旦统流纹岩；6—中元古界登相营群；7—澄江期花岗岩；8—铁矿床、矿点；9—断层；10—已知与铁矿有关的航磁异常；11—推断与铁矿有关的航磁异常；12—多种因素复合引起的航磁异常

化等围岩蚀变，其中矽卡岩化、黄铁矿化与成矿关系密切。热接触交代变质。

泸沽式铁矿床的围岩自南而北有元古宇会理群、登相营群等，与泸沽铁矿关系密切的岩浆岩属侵入于中新元古界登相营群中的澄江期泸沽花岗岩。该花岗岩体主要由钙碱性 S 型黑云二长-正长花岗岩组成，呈岩基产出，可分为中心相、过渡相和边缘相三个相带。岩体受泸沽复背斜的控制，沿泸沽复背斜的轴部侵位；矿体主要产于泸沽花岗岩岩体外接触带，经演化分异含矿热液在泸沽复背斜次级褶皱虚脱空间与大理岩接触交代成矿。

铁矿主要赋存于岩体外接触带登相营群变质岩中，为一套低绿片岩相变质岩石，岩性为变砂岩、石英千枚岩、千枚岩、大理岩等。锡铁矿体多数赋存九盘营组的矽卡岩、大理岩中，或者大理岩、矽

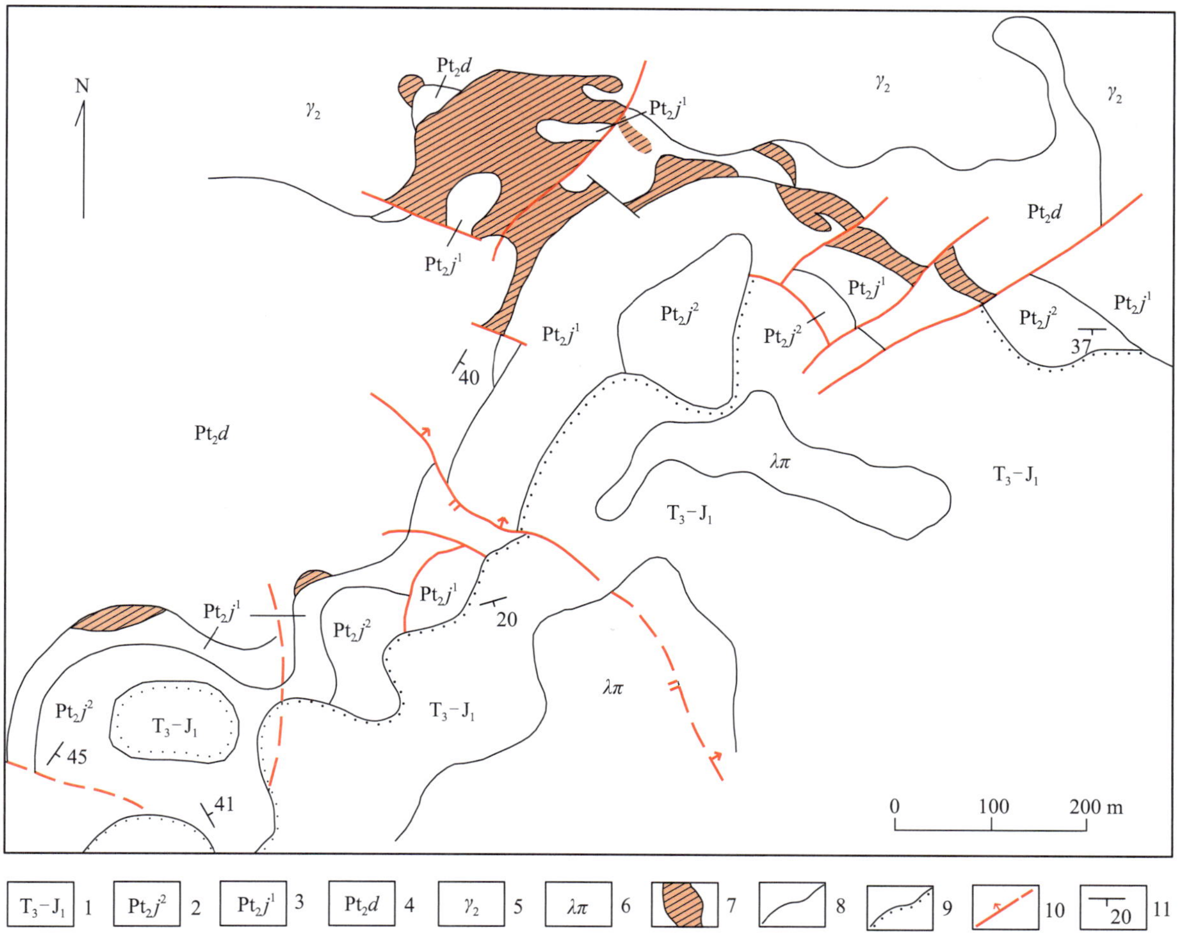

图 2-17　冕宁县泸沽铁矿床矿区地质略图

（据四川省矿产资源潜力评价项目组，2013，修改）

1—上三叠统—下侏罗统砂岩夹页岩；2—中元古界九盘营组千枚岩夹变质砂岩；3—中元古界九盘营组变质石英砂岩；4—中元古界大热渣组含藻白云质大理岩；5—电气石花岗岩；6—流纹斑岩；7—铁矿体；8—地质界线；9—不整合界限；10—实测及推测断层；11—地层产状

卡岩与变砂岩、千枚岩层间破碎带中。矿体受褶皱、层间剥离、滑动带及断裂破碎带控制。呈似层状、透镜状及囊状、瘤状、团块状。单矿长数百至千余米，厚数米至数十米（图 2-19）。

（4）矿床特征

1）矿区居康滇前陆逆冲带北段，安宁河断裂带东侧的泸沽复背斜南西端，区内由登相营群大热渣组含藻白云大理岩及九盘营组变砂岩、千枚岩等组成倾向南东、倾角 30°~60°之单斜构造。北侧有大面积泸沽花岗岩岩体侵入；南部上三叠统至侏罗系不整合其上。北东及北西向断裂发育。矿床由大小 10 余个矿体组成。主矿体（Ⅰ、Ⅳ号矿体）呈似层状、凸镜状产于大热渣组大理岩与九盘营组变砂岩之间。总长度达 1500 m，厚 0.76~38.42 m，平均 3.24~8.24 m，延深 68~356 m，其形态、产状及厚度均随围岩的扭曲而有所变化。

2）大顶山锡铁矿矿石矿物主要为磁铁矿，少量赤铁矿、假象赤铁矿、黄铁矿、黄铜矿、锡石等。脉石矿物有蛇纹石、白云石、透闪石、滑石、方解石等。主要矿体 TFe 含量在 50%以上，有害元素含量均低于工业要求，多属优质富矿。矿石结构主要为粒状变晶结构、半自形-他形粒状结构；构造主要为致密块状构造、稠密浸染状构造。矿区南西猴子崖一带，见有含锡贫磁铁矿体产出，规模不大，矿石具交代残余结构；条带状、浸染状构造。主要金属矿物为磁铁矿，次有闪锌矿、锡石、黄锡矿；非金属矿物有透闪石、透辉石、金云母、镁橄榄石、石榴子石等。品位：TFe 22.4%，Sn

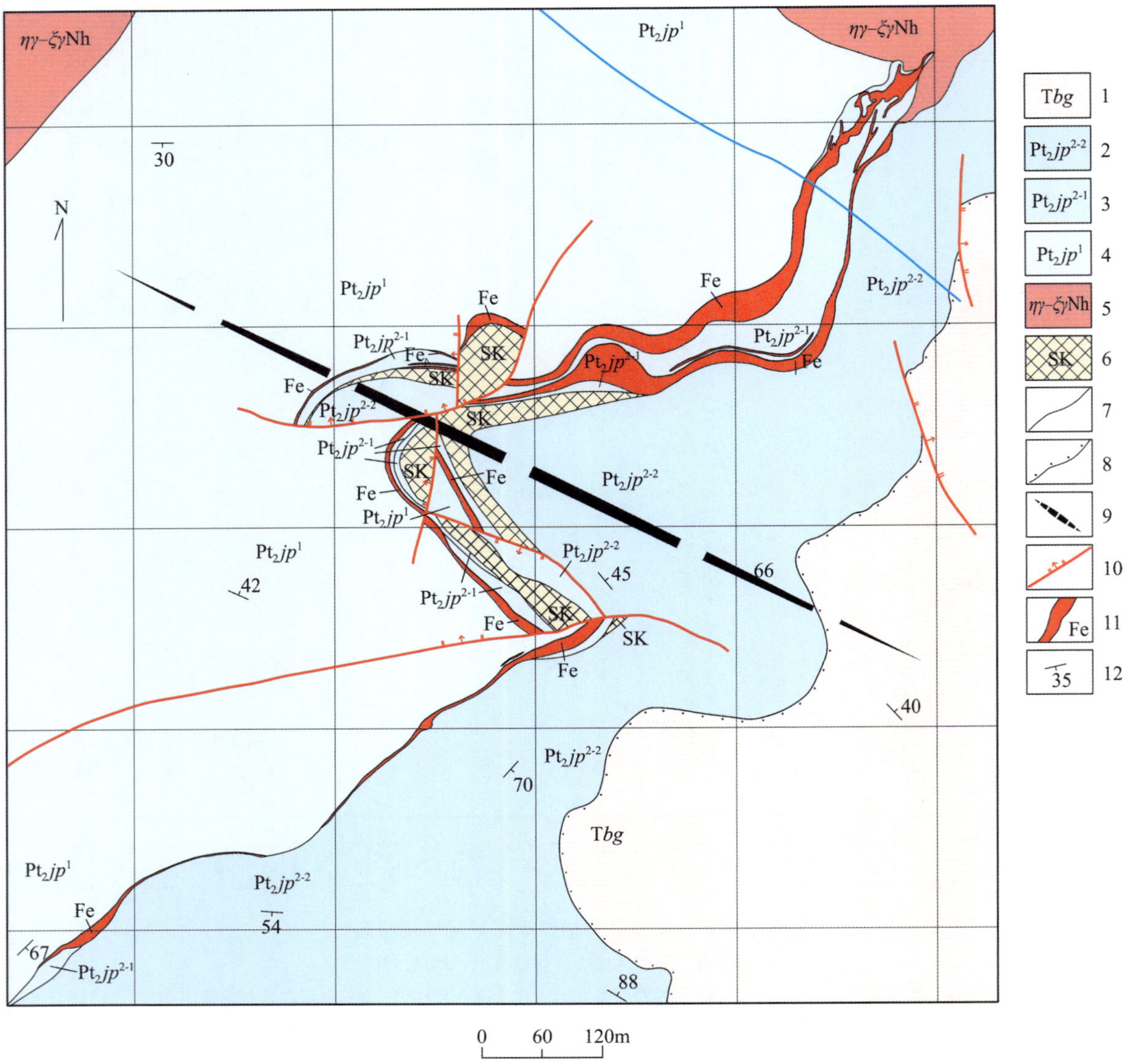

图 2-18 冕宁县泸沽铁矿大顶山锡铁矿矿区地质图

（据四川省地质矿产勘查开发局一〇九队，2011，修编）

1—三叠系白果湾组砾岩；2—中元古界登相营群九盘营组上段绢云石英砂岩；3—中元古界登相营群九盘营组上段白云质（石）大理岩；4—中元古界登相营群九盘营组下段变质石英砂岩；5—南华系钙碱性 S 型二长-正长花岗岩；6—矽卡岩；7—地质界线；8—不整合接触地质界线；9—向斜；10—断层；11—铁矿体；12—产状

0.693%~11.203%，Cu 0.148%~0.38%，Zn 0.285%~1.948%。与成矿有关的围岩蚀变有磁铁矿化、透辉石化、钾长透辉石化、绿泥石化、蛇纹石化、滑石化等，局部有石榴子石化、符山石化、透闪石-阳起石化。

3）泸沽锡铁矿床受区域构造控制极为明显，大地构造位置位于上扬子古陆块康滇前陆逆冲带康滇基底断隆带北部中段安宁河断裂带东侧泸沽复背斜南东翼。安宁河断裂带在晋宁期东盘下降，沉积登相营群，而西盘处于上升状态；晋宁晚期具张性断裂特征，为岩浆喷溢和侵入提供通道。岩浆沿断裂侵位于北东向泸沽复背斜内；泸沽复背斜控制锡铁矿床的分布，次级褶皱及控制着矿体产出形态。澄江期壳源型含矿钾质钙碱性岩浆侵入为成矿提供重要物质来源，泸沽复式背斜是主要控岩构造，矿体主要呈似层状、透镜状产出，次为豆荚状、脉状产出，表明次级褶皱虚脱空间和基底张性裂隙是贮矿和控矿构造，褶曲强烈地段的上下层虚脱部位，往往有金属矿物的富集，形成富而厚的矿体。赋矿

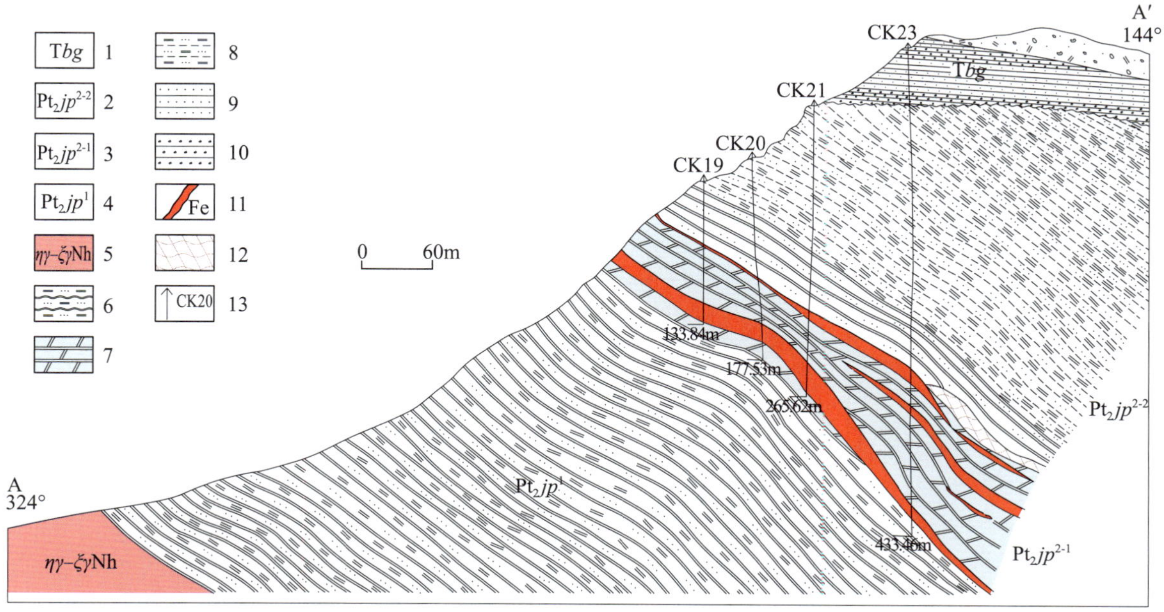

图 2-19　冕宁县泸沽铁矿大顶山锡铁矿床矿区剖面图

（据四川省地质矿产勘查开发局一〇九队，2011，修编）

1—三叠系白果湾组砾岩；2—登相营群九盘营组上段绢云石英砂岩；3—登相营群九盘营组上段白云质（石）大理岩；4—登相营群九盘营组下段变质石英砂岩；5—南华纪钙碱性 S 型二长-正长花岗岩；6—变质绢云细粒石英砂岩；7—白云质（石）大理岩；8—绢云石英千枚岩；9—长石石英砂岩；10—砾岩；11—铁矿体；12—矽卡岩；13—钻孔及编号

地层为中新元古界登相营群九盘营组的大理岩与变质砂岩、千枚岩的层间破碎带，演化分异出的含矿热液与碳酸盐岩进行热接触交代作用形成矽卡岩型锡铁矿。通过大顶山锡铁矿成矿规律研究，总结成矿要素见表 2-14。

表 2-14　冕宁县泸沽锡铁矿床典型矿床成矿要素表

成矿要素		描　述　内　容	要素分类
特征描述		与新元古代黑云二长-正长花岗岩有关的热液接触交代锡铁矿	
地质环境	构造背景	安宁河断裂东侧泸沽复背斜次级褶皱	重要
	成矿时代	新元古代南华纪（687～669 Ma）	必要
	岩石类型	钙碱性 S 型黑云二长-正长花岗岩（$\eta\gamma$-$\xi\gamma$Nh）、大理岩	必要
	成矿环境	钙碱性 S 型黑云二长-正长花岗岩（$\eta\gamma$-$\xi\gamma$Nh）与大理岩的外接触带，矿体赋存于登相营群大理岩中	必要
	岩石结构	花岗岩为斑状、似斑状结构，大理岩为粒状变晶结构	次要
矿床特征	矿床规模	中型，查明矿石资源储量 4324. 3×10^4 t，锡金属量 12682 t	重要
	矿床品位	矿床 TFe 平均品位 49. 4%，Sn 平均品位 0. 69%	重要
	矿体特征	层状、似层状、透镜状	重要
	矿石结构构造	微粒结构；致密块状、浸染状构造	次要
	控矿条件	受钙碱性 S 型黑云二长-正长花岗岩（$\eta\gamma$-$\xi\gamma$Nh）、大理岩控制。泸沽复背斜次级褶皱是有利的成矿构造，大理岩与变质碎屑岩组合是成矿最有利的岩性组合	重要
	蚀　　变	矽卡岩化、钾长石化、透辉石化	重要
	矿物组合	金属矿物主要为磁铁矿、赤铁矿、锡石；脉石矿物主要为白云石	必要

（5）成矿模式

中元古代晚期，晋宁运动后期分裂陆块拼合，之后由于强烈侧向挤压造成地壳缩短增厚，区内发生区域动力变质作用，使复陆屑建造、碳酸盐建造区域变形（形成泸沽复背斜及其次级褶皱）、变质（形成区域变质岩——登相营群）。晋宁运动晚期，深部硅铝质地壳由于埋深、缩短及温度升高产生部分熔融形成钾质钙碱性岩浆，上升侵入。由于泸沽花岗岩浆的侵入，经演化分异形成岩浆后期含矿热液沿次级褶皱形成的空间运移，在其有利的部位（褶皱空间）与有利的岩性（大理岩）热液接触交代形成锡铁矿体。泸沽式锡铁矿典型矿床成矿模式见图2-20。

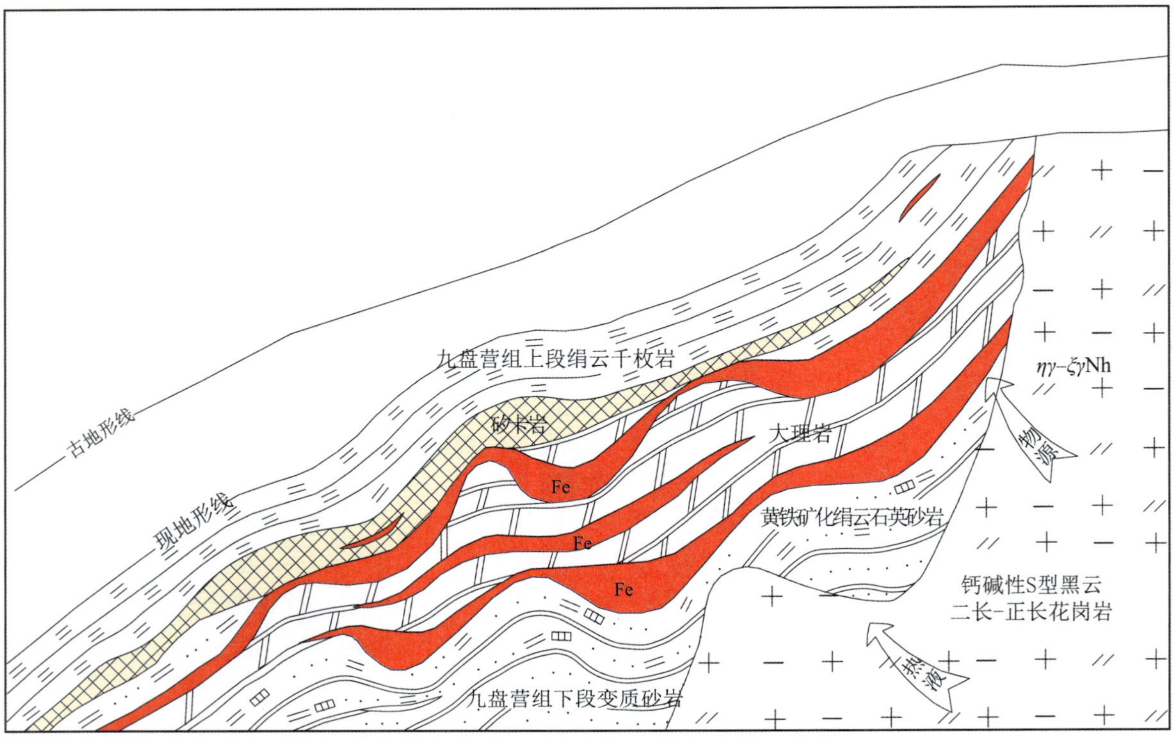

图2-20　冕宁县泸沽锡铁矿典型矿床成矿模式图

（据四川省地质矿产勘查开发局一〇九队，2011）

2. 南江县李子垭铁矿床

李子垭铁矿床位于南江县东北麻柳乡，距南江县城48 km，有公路相通；南江经公路至旺苍县普济67 km，有铁路连接，交通方便。

早在中华人民共和国成立前就已被发现，但因当时南江县交通闭塞，各主要矿产地山高林密，未做过系统的地质工作。侯德封、萧有钧、杨敬之、谷德振等曾先后在南江县境内进行过一般性的地质调查。民间采铁活动无据可查。

中华人民共和国成立后先后经重庆地勘公司第一调查队、达县地质队、物探三〇一队、冶金六〇五队、六〇四队开展了系列地质工作。20世纪70至80年代，经冶金六〇四队勘探确认为中型铁矿床。

矿石主要由磁铁矿组成。全矿区矿石平均含铁品位Fe 38%，含S 0.3796，含P 0.017%，酸碱度0.96，磁性铁占全铁的99%。矿石经磁选，原矿入选品位39.38%，可获品位65%以上的铁精矿，回收率达95%以上，并以其良好的选冶性能而日益受到钢铁生产厂家的瞩目。

（1）主要成矿特征

1）区域上，李子垭铁矿位于扬子板块北缘，米仓山-大巴山逆冲带之米仓山基底逆冲带（Ⅳ级）的南江-旺苍褶皱带。在晋宁期碱-基性岩及中酸性岩浆热液与中元古界火地垭群麻窝子组碳酸盐岩接触带及碳酸盐岩残留体中产生接触交代作用而形成铁矿。矿区地质图见图2-19。侵入岩带的二重山岩体Rb-Sr法同位素测年为870 Ma，官坝岩体K-Ar法同位素测年为976.7 Ma，南江庙垭的石英闪长岩U-Pb法同位素测年为956 Ma；此外，在南江椿树坪K-Ar法同位素测年为1065 Ma。这些资料可大致反映成矿时代为中元古代（图2-21）。

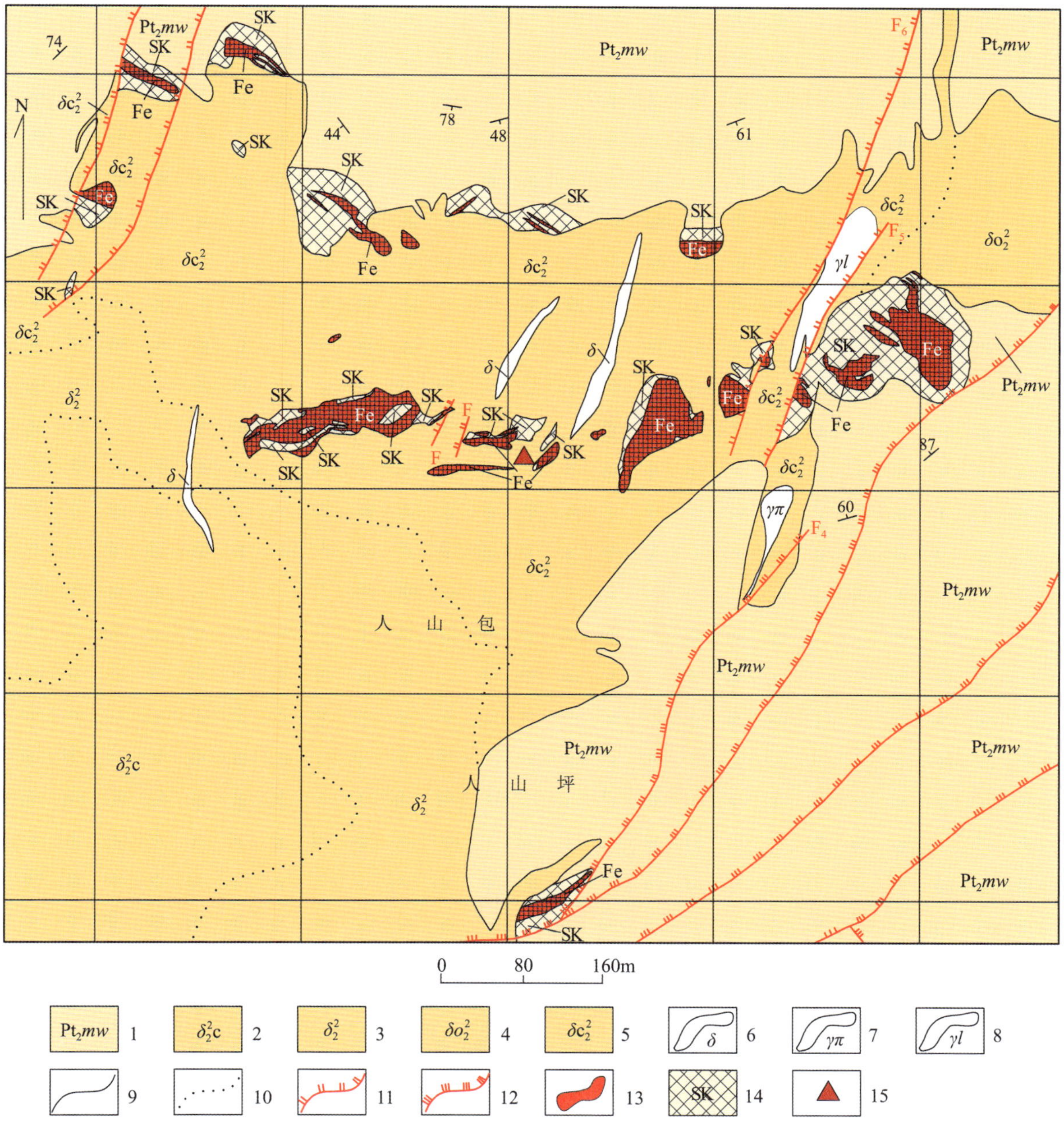

图2-21　南江县李子垭铁矿床矿区地质图

（据四川冶金地质勘查局六〇四队，2009，修编）

1—白云质大理岩；2—粗粒闪长岩；3—中粒闪长岩；4—石英闪长岩；5—钠长石化闪长岩；6—闪长岩脉；7—花岗斑岩脉；8—细粒花岗岩脉；9—实测地质界线；10—岩性岩相界线；11—实测正断层；12—实测逆断层；13—磁铁矿原生贫矿体；14—矽卡岩；15—磁铁矿

2）李子垭矿区位于庙坪-尖山背斜南翼，铁矿赋存于贾家寨闪长岩北东端与麻窝子组下段碳酸盐岩接触带及碳酸盐岩残留体中。与铁矿有成因联系的岩浆岩主要为碱-基性岩及中酸性岩；岩体侵入于中元古界中，局部岩体内有顶盖残留体；上震旦统不整合覆盖于岩体之上。近矿围岩地层主要为中元古界麻窝子组，该组以变质碳酸盐岩（大理岩、白云岩）为主，间夹少量变质碎屑岩和火山碎屑岩。铁矿产出部位以麻窝子组下部为主，次为中部和上部。岩体与围岩为侵入接触，接触带和顶盖残留体热变质现象明显，形成蚀变带，接触交代作用在局部形成矽卡岩，围岩一侧主要是透辉石化、石榴子石化，岩体一侧主要为钠化，在接触带和顶盖残留体形成与岩体有关的热液矿化。矿体赋存于矽卡岩带中，多呈透镜状，次为脉状和不规则团块状。从成矿地质条件和矿物共生组合分析，磁铁矿有两个成矿阶段：早期为粗晶磁铁矿，解理清楚，含较多以透辉石为主的脉石矿物；晚期矿石以细晶为主，自形程度差，伴生叶蛇纹石、金云母和硫化物。

3）铁矿产于闪长岩体北东端与麻窝子组下段碳酸盐岩接触带及碳酸盐岩捕虏体中。自北而南有三个矿带，主要矿体皆产于中矿带，即岩体北东端的捕虏体中。该矿带呈东西向，长达 700 m，由 14 个板柱状、囊状、透镜状矿体组成，单矿长 30~60 m，最长 125 m；厚 10~30 m，最厚 40 m，最大延深 410 m。矿体严格受层间裂隙控制，在平面上呈雁行排列；剖面上呈叠瓦状分布（图 2-20）。受接触带及捕虏体边界制约。矿体受层间裂隙、矽卡岩带控制，呈透镜状、囊状产出，平面展布受接触带制约。近矿围岩具强烈矽卡岩化、蛇纹石化、钠长石化、大理岩化及角岩化。在成矿母岩的近矿部位，均有比较明显的钠质交代作用，成为区别接触带有矿或无矿的一种重要蚀变标志（图 2-22）。

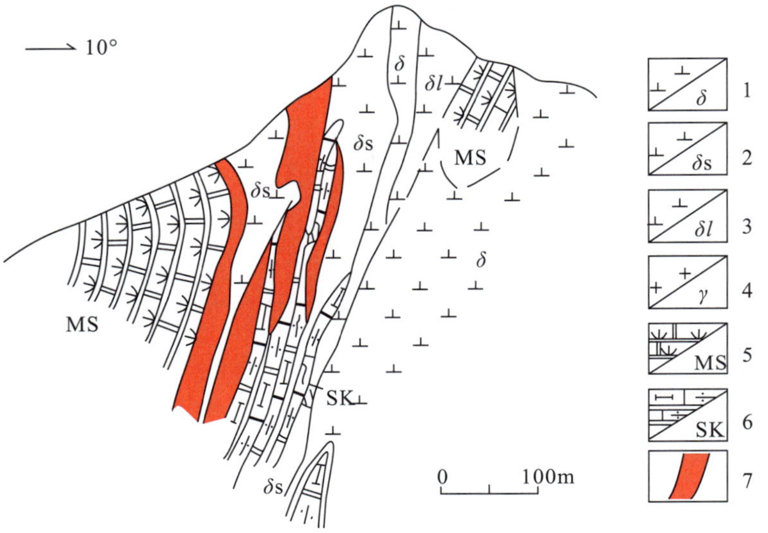

图 2-22　南江县李子垭铁矿床典型剖面图

（据四川省地质矿产局，1990，修编）

1—闪长岩；2—蚀变闪长岩；3—细晶闪长岩（脉）；4—花岗岩脉；5—蛇纹石化大理岩；6—矽卡岩；7—磁铁矿

4）矿石组分复杂。矿石中金属矿物以磁铁矿为主，次为黄铁矿、磁黄铁矿和微量黄铜矿；脉石矿物为透辉石、透闪石及蛇纹石、石榴子石、角闪石、绿帘石、方解石、绿泥石等。矿石呈半自形粒状（主）、陨铁和交代残余结构；条带状（主），稠密浸染状及致密块状构造。矿石自然类型为透辉石、透闪石磁铁矿。品位：TFe 39.2%，深部 38.6%，自熔系数为 0.5~1.2；有害组分：S 0.01%~0.3%，P 0.02%~0.08%；伴生有益组分：Co 0.01%~0.02%，个别 0.4%，Zn 0.004%~0.088%，B_2O_3 0.01%~0.3%，TiO_2 0.1%~0.32%，V_2O_5 0.005%~0.71%。

（2）成矿要素

详细研究与成矿有关的各类地质要素，区分成矿要素与非成矿要素，对区分出来的成矿要素按照成矿意义进行分类，分出重要要素 3 个，必要要素 5 个，次要要素 2 个（表 2-15）。

表 2-15　李子垭铁矿典型矿床成矿要素表

成矿要素		描述内容	要素分类
特征描述		与晋宁期石英闪长岩有关的接触交代（矽卡岩）型铁矿	
地质环境	构造背景	上扬子古陆块北缘米仓山基底逆冲带	重要
	成矿环境	晋宁期闪长岩与前寒武系麻窝子组下部碳酸盐岩接触带附近	必要
	成矿时代	晋宁期，年龄 7~8 Ma	必要
	岩石类型	岩体：石英闪长岩；围岩：白云质大理岩+泥质大理岩、矽卡岩	必要
	岩石结构	岩体以中细粒为主，围岩以细-微晶为主	次要
矿床特征	控矿条件	1. 东西向构造控制矿床的分布，晋宁二期闪长岩与麻窝子组碳酸盐岩接触带（矽卡岩化带）控制矿体分布；2. 矽卡岩化带	必要
	蚀变	矽卡岩化、蛇纹石化、钠化	重要
	矿物组合	矿石矿物：主要是磁铁矿；脉石矿物：主要是白云石、蛇纹石、透闪石等	必要
	结构构造	矿石以自形-半自形晶粒结构为主，具块状、浸染状、条带状构造	次要

（3）成矿模式

李子垭铁矿主要受侵入体、围岩（碳酸盐岩）、蚀变等因素控制，区域性构造为岩浆和含矿热液提供了通道。晋宁期闪长岩沿区域构造上侵，与碳酸盐岩交代形成矿床。其成矿模式示意图如图 2-23。

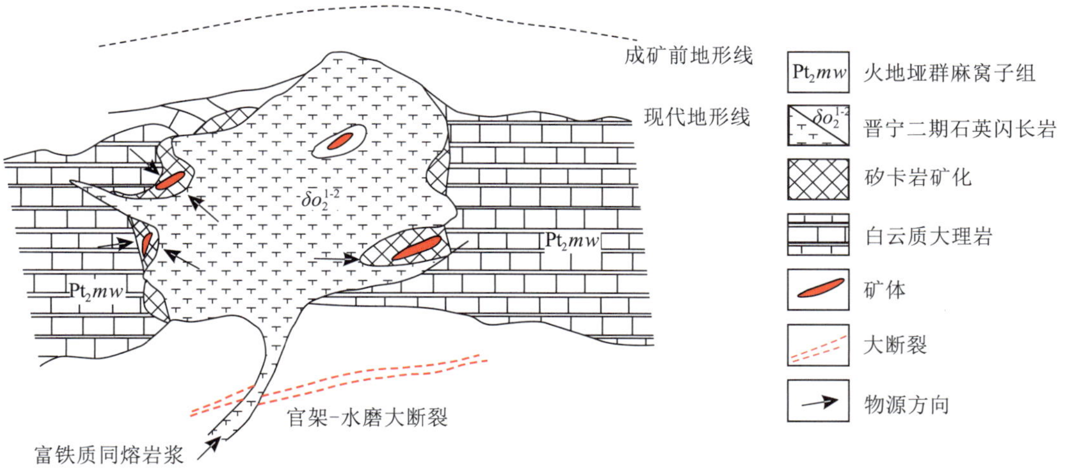

图 2-23　南江县李子垭典型矿床成矿模式图

（据四川省冶金地质勘查局六〇四队，2009，改编）

3. 道孚菜子沟铁矿床

菜子沟铁矿位于四川省甘孜州道孚县 280°方向，直距 10 km 的鲜水河西岸。

（1）概述

1）1938 年郭令智、袁见齐、李承三到该区调查铁矿，认为铁矿产于花岗岩与石灰岩、黑色页岩接触带内，为脉状接触矿床。矿石主要由赤铁矿和磁铁矿组成。矿脉平均厚 50 m，延长 500 m，含铁 61.2%~72.05%，估算铁矿石资源储量 1237×10^4 t。1939 年程裕淇、崔克信、周德忠到矿区工作后，认为属深造热液交代类磁铁矿矿床，估算铁矿石 161.91×10^4 t。1962 年 10 月，四川省地质局甘孜队进行详查，提交了《道孚菜子沟磁铁矿床详查评价报告》，查明矿体 2 个，含 Fe 52.63%，含 S 0.17%，含 P 0.01%，求得铁矿石资源储量 235.3×10^4 t，其中工业资源储量 40.1×10^4 t。

2）该矿床铁矿石基础储量 235.3×10^4 t，资源量 201.626×10^4 t，资源储量 436.926×10^4 t（四川省矿产资源储量简表，2011），已进行民采。

（2）区域地质特征

矿区大地构造位置处于松潘－甘孜造山带（Ⅱ1）之鲜水河裂谷（Ⅱ1－3），沿鲜水河断裂带展布。区内主要特征是晚古生代灰岩呈外来岩块滑塌堆积于二叠纪玄武岩和三叠纪浊积岩及硅质岩之中。印支期中酸性侵入岩，如黑云母花岗岩及花岗闪长岩小岩体侵入三叠纪地层中，在接触带可生成铁、铜、金矿等。

（3）矿区地质特征

矿区内分布上三叠统基性火山岩、火山角砾岩夹碳质板岩及泥灰岩，菜子沟黑云母花岗闪长岩（$\gamma\delta$）侵入晚三叠世地层中，在岩体的西侧外接触带见角岩化、大理岩化，深部见矽卡岩化。在大理岩化带中有后期闪长玢岩、黑云煌斑岩脉沿破碎带贯入，局部可破坏矿体（图2－24）。

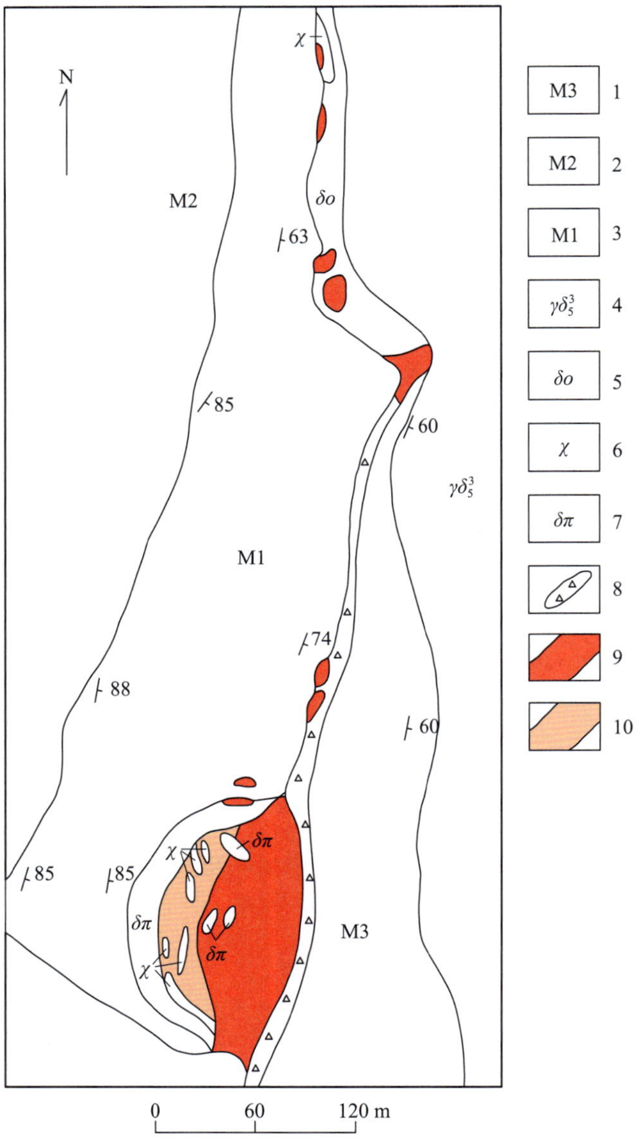

图2－24　道孚县菜子沟铁矿床地质图

（据四川省地质矿产局，1990）

1—长英角岩；2—大理岩；3—板岩；4—花岗闪长岩；5—蚀变石英闪长岩；6—黑云煌斑岩；7—闪长玢岩；8—破碎带；9—富铁矿体；10—贫铁矿体

菜子沟黑云母花岗闪长岩侵入上三叠统，接触面内倾，倾角70°，岩体为深灰色细粒花岗结构，块状构造，岩体为岩株状，面积11 km²。其微量元素显示Au、As、Sb较高。

（4）矿床特征

1）矿体产于岩体外接触带透闪石化大理岩中（距岩体接触带 2~140 m），有数个互不相连的透镜状、眼球状、楔状矿体断续出露，矿化带长 630 m。单个矿体大小悬殊，最长 168 m，平均厚 32 m，延深 80 m；伴生的含铜小矿体长 2~8 m，厚 0.8~2 m。

2）矿石矿物以磁铁矿为主，少量菱铁矿、黄铜矿、假象赤铁矿、黄铁矿。脉石矿物以方解石为主，次有角闪石、石英、绿泥石等。地表矿石氧化，以褐铁矿为主，另有少量铜蓝、水胆矾等。矿石为细粒结构，致密块状构造。矿石含 TFe 20%~70.55%，平均 52.63%，含 Cu 0.2%~0.3%；有害组分：S 0.17%~2.15%，P 0.009%~0.03%，As 0.01%。

三、火山岩型铁矿床

（一）概述

火山岩型矿床可分为海相和陆相（火山岩）型两类，四川仅见陆相火山、次火山岩型铁矿床。

该类型铁矿床有矿产地 15 处，主矿种为铁，铁矿石资源储量 8044.88×10^4 t。矿床规模有中型 2 处，小型 4 处，矿点 9 个。

火山岩型铁矿勘查程度较高，已发现矿产地经过勘探的 4 个，详查 3 个，普查 3 个，预查 5 个。典型矿床为盐源县矿山梁子。该类型铁矿类型、资源储量统计见表 2-16。

表 2-16　陆相火山、次火山岩型磁铁矿类型、资源储量统计表

三级成因分类	三级成因亚类	矿产地名称	规模	勘查程度	主金属（TFe）		共（伴）生金属		利用情况
					品位 %	矿石资源储量 10^4 t	品位 %	金属资源储量 t	
陆相火山、次火山岩型磁铁矿床	（华力西期）	盐源和平子	矿点	预查	49.49	17.6			
		盐源黄草坪	矿点	详查	48.80	64.522			
		盐源康房沟	小型	预查	36.90	102.5			
		盐源大坝	矿点	普查	62.80		Cu 0.47~8.63		
		盐源园山包	矿点	预查					
		盐源矿山梁子（道坪子、苦荞地）	中型	勘探	43.47~62.34	3977.9			已利用
		盐源草坪子	矿点	详查	30.96	25.36			
		盐源平川烂纸厂	中型	勘探	33.22	2468			
		盐源寨子梁子	矿点	预查					
		盐源麦地沟	矿点	预查					
		盐源牛场（大小沟、干沟）	小型	详查	42.03~59.34	978.3			
		昭觉瓦卡木	小型	普查	48.04				
		布拖力布委子洛	矿点	勘探	30.23~34.62	17.7	Cu 0.5~1.0		
		乐山新华	小型	勘探	30.0	223.8	Cu1.02	8109	
		荥经羊子岭	矿点	普查	25~36	54.0	Cu1.52	12000	
合计						8044.882		20109	

（二）火山成因铁矿床基本特征

1. 区域性地质背景

该类型铁矿均分布在四川省西南部盐源县范围内，其所在的三级大地构造单元为盐源-丽江被动大陆边缘（前陆逆冲带）。

该区在省内未出露基底岩系，震旦纪—古生代海相沉积盖层分布较齐全，二叠纪玄武岩厚度巨大，三叠纪地层发育完整。本区历经震旦纪—古生代被动大陆边缘、二叠纪陆缘裂谷和三叠纪边缘拗陷等主要构造演化过程。

2. 矿体特征

铁矿体呈似层状、透镜状、蝌蚪状产出。最大矿体长 1130 m，宽 35~250 m，厚 0. 18~68. 82 m，平均 20. 75~31. 43 m。其余矿体较小。

3. 矿石质量

矿石自然类型为磁铁矿型。金属矿物以磁铁矿为主，少量菱铁矿、赤铁矿、水针铁矿，以及黄铁矿、磁黄铁矿等。粒状结构为主，次有交代残余结构、压碎结构等；浸染状、块状、角砾状、条带状构造。多属高硫碱性富矿。氧化带 TFe 较原生矿略有增高，而硫则明显降低。

（三）矿床实例——盐源县矿山梁子陆相火山岩型铁矿床

盐源县矿山梁子陆相火山岩型铁矿床主要由 3 个矿段组成，北东向长 3. 5 km，依次为道坪子、矿山梁子、苦荞地。其中矿山梁子矿段最大，其矿石品位高，资源储量较大，以其为典型矿床，介绍如下。

1. 基本情况

矿山梁子矿区位于盐源县平川乡。矿区中心点在盐源县城 NE62°，直距 47 km。

（1）矿床发现简史

1936 年和 1940 年，常隆庆、李健青、刘之祥先后在矿区作过调查，估算铁矿石资源储量 516×10^4 t，认为属于接触交代型；1957~1958 年，西昌队到矿区检查，估算铁矿石资源储量 100×10^4 t，之后该队进行普查，提交报告《盐源县平川矿山梁子铁矿区 1959 年地质工作总结》，提交资源储量 1239×10^4 t，TFe 品位 54. 10%~62. 86%。1959~1965 年西昌队对该矿床初步勘探；1965~1966 年四川省地质局一一〇队对矿山梁子矿段详勘，提交详勘报告，1979 年省储委批准为初勘报告，批准资源储量为 2969×10^4 t 矿石。为满足矿山建设，1975 年四川省地质局四〇四队再次对矿山梁子矿段详勘，攀西队于 1982 年提交《四川省盐源县矿山梁子矿段详细勘探地质报告》，查明了矿体分布规律，矿石 TFe 品位 22. 69%~62. 90%，含 S 0. 03%~14. 39%，P 0. 13%~0. 44%。1983 年四川省储委批准详勘报告，批准资源储量 3619. 8×10^4 t（平炉富矿 331×10^4 t，高炉富矿 456×10^4 t），其中工业资源储量 2909×10^4 t。

（2）矿产开发

四川省冶金局建立了盐源县属国营平川铁矿。1980 年 8 月正式投产，矿山设计规模年产 20×10^4 t。1980~1991 年底，已采铁矿石 228×10^4 t，累计利税 17900 万元。

（3）矿床资源储量

矿床资源储量（含三个矿段）按品位进行统计，一般铁矿石（TFe 43. 47%~48. 21%）的基础储量 504. 5×10^4 t，资源量 2675. 4×10^4 t，资源储量 3179. 9×10^4 t；富矿（TFe 54. 46%~62. 34%）之基础储量 211. 4×10^4 t，资源量 586. 6×10^4 t，资源储量 798×10^4 t。

2. 区域地质特征

矿山梁子式陆相火山岩铁矿产于华力西期陆缘裂谷环境。大地构造位置位于攀西陆内裂谷带南段，康滇基底断隆带西侧的盐源-丽江前陆逆冲带的东部。区域上盐源-丽江前陆逆冲带东界金河-程海断裂带是陆内裂谷边缘的重要构造带；该带延长数十千米，控制基性火山-次火山带分布。

3. 矿区地质特征

盐源矿山梁子矿区包含矿山梁子、道坪子、苦荞地三个矿段。区内出露古生界志留系、石炭系、二叠系碎屑岩、碳酸盐岩。赋矿地层主要为二叠系平川组、栖霞组，上二叠统峨眉山玄武岩组下段，铁矿产于华力西期次火山-浅成相基性岩与中上古生界碳酸盐岩接触带（图 2-25）。

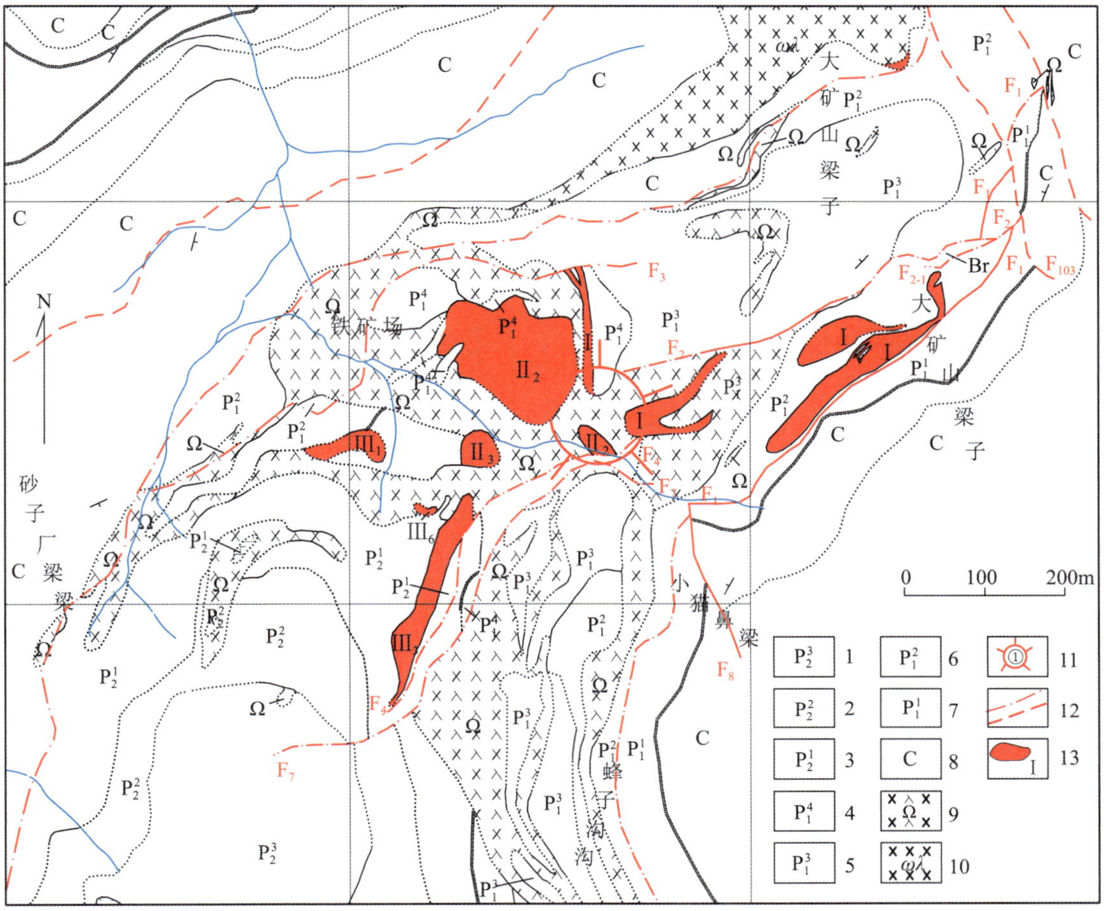

图 2-25　盐源县矿山梁子磁铁矿床矿区地质图

（据四川省地质矿产勘查开发局四〇四队，2008，修编）

1—上二叠统峨眉山玄武岩组斑状玄武岩、玄武质角砾熔岩；2—上二叠统峨眉山玄武岩组铁质层凝灰岩；3—上二叠统峨眉山玄武岩组凝灰角砾岩夹凝灰岩、灰岩透镜体；4—下二叠统平川组凝灰质粉砂岩夹灰岩；5—下二叠统梁山组砂岩、粉砂质泥岩夹灰岩灰岩；6—下二叠统栖霞组结核灰岩、泥灰岩夹砂质泥岩；7—下二叠统茅口组结核灰岩；8—石炭系灰岩；9—辉绿岩（辉绿玢岩）、灰橄岩（苦橄玢岩）；10—辉绿-辉长岩；11—破火山口；12—成矿断裂及成矿不明断裂；13—铁矿体及编号

区内华力西期基性-超基性侵入-喷发岩发育，主要有大板山辉绿辉长岩、苦橄玢岩、南天湾超基性岩和矿山梁子基性火山岩。它们均属同源而不同岩浆活动阶段的产物；其中火山岩主要由火山碎屑岩、熔岩、次火山岩组成，与广义的峨眉山玄武岩相当；其他基性-超基性岩都属正常-铝过饱和系列钙碱性-弱碱性岩石。

区域上构造为官房沟复背斜，其东翼发育不全，被叠瓦状断层切割成一系列构造块体。在复背斜西翼，大面积出露华力西期陆相基性火山岩，成矿与该时期基性火山岩-次火山岩有关。断裂主要有北北东向及北北西向两组，在北东向与北西向区域性断裂交汇处形成若干矿段。

矿区总体为一轴向北东东的短轴向斜（矿山梁子向斜），其上叠加破火山口构造。铁矿主要产于矿山梁子向斜轴部沉积-火山杂岩层间破碎带、剥离构造及弧形构造中，受构造和一定“层位”控制。

4. 矿床特征

1）铁矿体呈似层状、透镜状、蝌蚪状产出。主矿体（Ⅰ号矿体）（图2-26）在矿区北部，产于下二叠统栖霞组中上部（浅部）及栖霞、茅口组之间（深部），部分产于茅口组，南段则赋存在平川组顶部与辉绿岩-苦橄岩接触部位。矿体长达1130 m，宽35~250 m；厚0.18~68.82 m，平均20.75~31.43 m。资源储量占矿区总量83.5%。其余矿体主要赋存在辉绿岩-苦橄岩、上二叠统峨眉山玄武岩组下段或其与辉绿岩-苦橄岩接触部位（Ⅲ号矿体），唯Ⅳ号矿体产于辉绿辉长岩（枝）外接触带栖霞组灰岩层间破碎带中。单矿长80~280 m，宽80~226 m，平均厚2.13~21.21 m。矿体围岩主要为碳酸盐岩、辉绿岩-苦橄岩、凝灰角砾岩及铁质粉砂岩。矿体边部及尖灭部位有较多的围岩捕虏体及包块。近矿围岩具碳酸盐化、黄铁矿化、绿泥石化、阳起石化、透闪石化、磁铁矿化、硅化、蛇纹石化及滑石化。蚀变带宽度0.1~10 m，无明显分带。

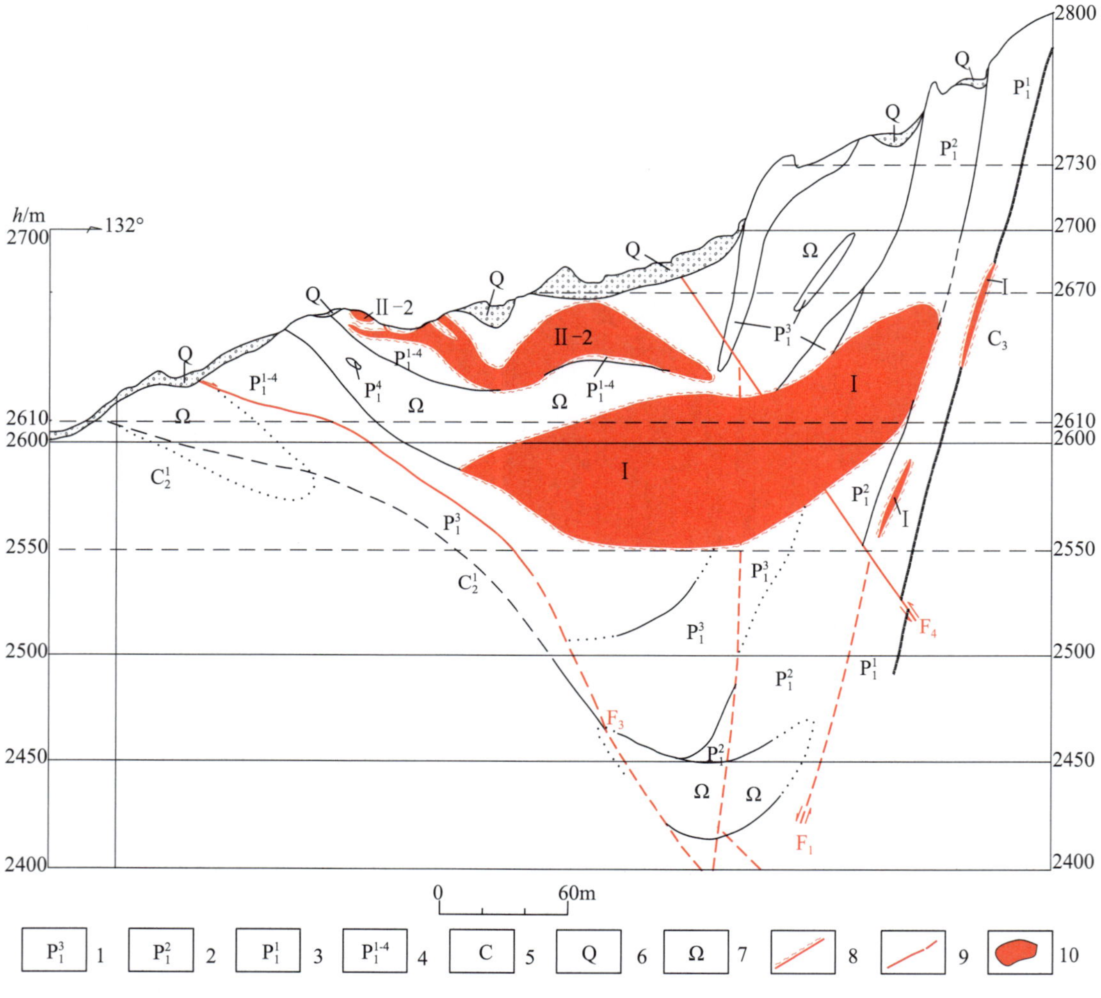

图2-26 盐源县矿山梁子磁铁矿床矿区典型剖面图

（据四川省地质矿产勘查开发局四〇四队，2008）

1—下二叠统峨眉山玄武岩上段凝灰角砾岩夹凝灰岩；2—下二叠统峨眉山玄武岩中段铁质层凝灰岩、熔结角砾岩；3—下二叠统峨眉山玄武岩下段斑状玄武岩夹凝灰角砾岩；4—下二叠统灰岩；5—石炭系灰岩、凝灰岩；6—第四系；7—辉绿（玢）岩、苦橄（玢）岩（次火山相）；8—蚀变；9—断层；10—铁矿体及编号

2）矿石自然类型主要为磁铁矿型。矿石矿物有磁铁矿、少量菱铁矿，偶见微量赤铁矿、水针铁矿；脉石矿物有白云石、方解石，偶见绿泥石、次闪石、滑石、榍石、石英、绢云母等。其他矿物主要为黄铁矿、磁黄铁矿、磷灰石。矿石结构以粒状结构为主，次有胶状、交代残余及似文象、压碎熔蚀等结构；矿石构造有浸染状、块状、角砾状、条带状构造。矿石品位：TFe 50.43%；有害组分：S

1.53%，P 0.19%，多属高硫碱性富矿；氧化带 TFe 较原生矿略有增高，硫明显降低。

3）成矿要素：根据典型矿床对成矿背景、成矿条件研究，归纳的主要成矿要素见表 2-17。

表 2-17　盐源县矿山梁子铁矿床成矿要素表

成矿要素		描述内容	要素分类
特征描述		与晚二叠世基性火山岩有关的火山岩型铁矿	
地质环境	岩石类型	主要为辉绿（玢）岩、苦橄（玢）岩、辉绿-辉长岩、角砾凝灰岩、凝灰角砾岩、泥质灰岩、硅质结核灰岩、大理岩	必要
	岩石结构	细-中粒、凝灰-角砾结构、斑状结构	次要
	成矿时代	晚二叠世（同位素年龄值：辉长岩 190~287 Ma、苦橄玢岩 198 Ma、斑状玄武岩 328 Ma）	必要
	成矿环境	火山活动中心地带，赋矿地层主要为上二叠统平川组、栖霞组、茅口组，二叠系峨眉山玄武岩组下段，次为志留系罗惹坪统。另为次火山岩	必要
	构造背景	“上扬子古陆块”（Ⅴ-2）“盐源-丽江逆冲带”（Ⅴ-2-6）与“康滇前陆逆冲带”（Ⅴ-2-3）接合部之金河-箐河断裂带中段西侧。导（岩）矿构造形成于扬子陆块裂解阶段	重要
矿床特征	围岩蚀变	主要为蛇纹石化，钠黝帘石化、碳酸盐化，部分铁矿近矿见矽卡岩化、大理岩化、金云母化。部分铁矿近矿蚀变不发育	重要
	控矿条件	受基底断裂及火山机构控制。铁矿沿火山机构断裂、浅成侵入岩与碳酸盐围岩接触带、及次火山岩中分布，部分铁矿于玄武质凝灰岩、凝灰质角岩地层中	必要
	风化	于地表形成褐铁矿石或褐铁矿-磁铁矿石	次要

5. 成矿模式

研究资料表明，与矿山梁子陆相火山岩型铁矿时空关系密切的基性火山岩及成矿物质（矿浆），为壳下源分异产物。火山岩浆及成矿物质于晚二叠世，在区域东西向构造动力驱使下，分不同期次（脉动）沿金河-箐河断裂带自地壳下深源运移至地壳浅部及地表，定位于北北东向基底构造及火山构造中。在区域构造驱动力的驱动下，促使构造活动带岩石中的成矿元素活化、迁移，并部分叠加于成矿物质中。因不同地段成矿条件差异，在矿区形成了不同期次和不同成因类型铁矿。主要有火山热液（矿浆充填）、火山喷发沉积和高温接触交代三种成因类型。

1）火山热液（矿浆充填）型铁矿明显受火山构造及与火山构造贯通的北北东向基底断裂构造控制，且于基性-超基性次火山岩（岩盆、岩脉）发育的破火山口构造，铁矿分布相对集中。矿体与围岩成充填-交代接触，界线清楚，近矿围岩具中低温热液蚀变。矿体呈似层状、透镜状、脉状，有小型、中型及大型矿体规模。矿石自然类型主要为磁铁矿石，少量菱铁矿-磁铁矿石，可见黄铁矿石。矿石主要为富矿，品位变化小。矿体围岩可以为次火山岩、火山凝灰角砾岩及沉积岩，矿化强度与矿石成分对围岩无明显依存关系。矿体规模与相关次火山岩体规模无关，矿床规模主要为小型及矿点，个别为中型。矿山梁子铁矿Ⅰ、Ⅱ号矿体，小槽、干沟、小沟铁矿具有代表性，为最具工业意义的矿床类型。

2）火山喷发沉积型铁矿主要赋存于上二叠统峨眉山玄武岩组下段火山凝灰岩、凝灰角砾岩、铁质凝灰岩中，呈似层状-透镜状产出。矿石自然类型为磁铁矿石，呈粒状结构，浸染状、角砾状及块状构造，矿石矿物成分与围岩相近。矿石为中-贫矿，部分为富矿，多为矿点及小型矿床规模。该类型铁矿分布广，以苦荞地铁矿、烂纸厂铁矿和大沟铁矿为代表，为重要铁矿类型。

3）高温接触交代型铁矿出现于黄草坪、河坪子中浅成基性-超基性侵入岩与碳酸盐围岩内外接触带中，产状与岩体接触面和岩石层理面一致，部分斜切围岩。近矿围岩具高温气液蚀变，矿体呈似层状-脉状，多为小型矿体。矿石自然类型为磁铁矿石，中等-贫矿，个别为小型矿床。矿床规模多数为矿点、矿化点。该类型矿床以道坪子铁矿为代表。

盐源矿山梁子式铁矿床成矿模式见图 2-27。

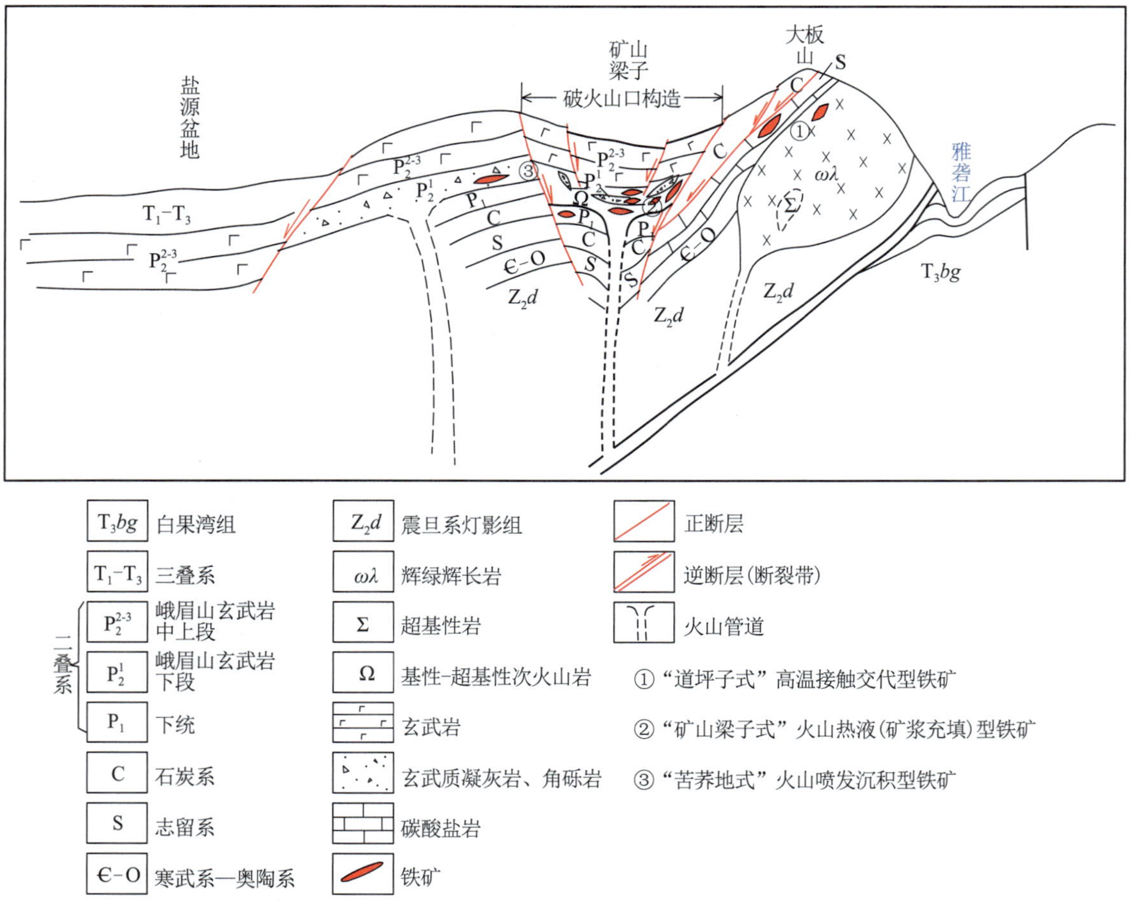

图 2-27　盐源县矿山梁子式铁矿床成矿模式图

（据四川省地质矿产勘查开发局四〇四队，2008）

第四节　变质作用成因铁矿床

（一）概述

《技术要求》把变质作用矿床分为受变质型矿床和变成型矿床两类（Ⅲ级）；前者指内生或外生矿床经变质后发生显著变化，但没有根本改变原有矿床性质，如沉积变质矿床；后者指岩石经过变质作用生成的具工业价值矿床，或者原有矿床变成另一种矿床，如煤或含碳质岩石变成石墨，富铝岩石变成刚玉矿床。四川省变质铁矿在省内分布较广泛，主要是沉积变质型，属受变质型（以下简称变质型）矿床。

1. 规模及分布

变质型铁矿也是四川省铁矿比较重要的类型。全省有矿产地 88 处，占全省铁矿产地总数的 19.30%，探明资源储量占全省铁矿资源储量的 2.62%，仅次于岩浆型和沉积型铁矿探明资源储量。该类铁矿是四川省重要铁矿类型。已发现矿产地中有 33 处为小型及以上矿床，其他为矿点。

四川变质型铁矿主要分布在攀西、川西北高原两个地区。全省 88 处变质铁矿产地中就有 40 处分布在攀西地区会东、会理县，其中小型及以上矿床就有 17 个，占全省的一半以上。此外，汶川、平武、松潘、德昌、江油、米易等地也有少量分布，若尔盖、巴塘县仅有零星矿点。全省该类型铁矿主要分布于前震旦系会理群老地层中，部分产于志留系茂县群、三叠系菠茨沟组等地层中。中型矿床集中分布于会理、会东和平武县。

以变质矿床形成的地质条件和成矿作用为依据，将变质矿床划分为3个三级成因亚类，5个成矿时期（表2-18）。

表2-18　受变质型铁矿床类型、资源储量统计表

三级成因分类	三级成因亚类	矿产地名称	规模	勘查程度	主金属（TFe）品位/%	主金属（TFe）矿石资源储量/10^4 t	共（伴）生金属 品位/%	共（伴）生金属 金属资源储量/t	利用情况
受变质沉积铁矿床	晋宁期（钠质）火山-沉积变质铁矿床	会理白石崖	矿点	预查	48.97	8.8	Cu 0.31～1.51	429	
		会理拉拉厂高家村	矿点	预查	30～45	44.4			
		会理老羊汧滩	中型	详查	13.67	2562.9	Cu 1.01	309139	已用
							Ag 1.8 g/t	84	
		会理绿湾	中型	详查	14.10	2483.7			
		会理天生坝	矿点	普查	34.18～47.49	7.53			
		会理官地	矿点	普查	49.58～55.14	31.4			
		会理拉拉厂李家坟	矿点	详查	42.26	67.7			闭坑
		会理拉拉厂石龙	小型	详查	41.78	804.9			
		会理龙树	矿点	普查	31.90	71.6			
		合计9处				6082.93		Cu 309568Ag 84	
		矿床规模：中型2处，小型1处，矿点6处 勘查程度：详查4处，普查3处，预查2处							
	火山-沉积变质型铁矿床 晋宁期	会理贡山富铁矿	中型	详查	36.8～49.53	1238.4			闭坑
		会理新铺子富铁矿	小型	勘探	52.50	126.6			已用
		会理通安龙潭箐	小型	详查	39.00	155.4			
		会东小田老包	小型	预查	55.00	204			
		会东小街二台坡	中型	详查	20～40	2955	Cu 0.92	14534	
							Au 5.4 g/t	386.94 kg	
		会东干沟	矿点	预查	35～45		Au 5 g/t	140 kg	
		会东水子树	矿点	预查	30.29				
		会东菜园子	中型	勘探	41.00	1469.8			
		会东普咩	矿点	普查	52.51	52.79	Cu 1.0	150	
		旺苍阴坝子	小型	详查	36.79	171.4	TiO_2 0.906		
							V_2O_5 0.03		
		旺苍二房沟	矿点	预查	20～30				
		旺苍白果树坪	矿点	预查	30				
		旺苍仰天窝	矿点	预查	26.41～38.64	32.6			
		旺苍姚家沟	矿点	预查	41.35	11.3			
		南江李家湾	矿点	预查	45.50				
		南江白洋坪	矿点	预查	34.00				
		南江大寨塘	矿点	预查	37.75				
		南江熊林沟	矿点	预查	16.15～56.12				
		南江狮子坪	矿点	预查	28.67～37				
		合计19处				6417.29		Cu 14684 Au 527 kg	
		矿床规模：中型3处，小型4处，矿点12处 勘查程度：勘探2个，详查4个，普查1个，预查12个							

续表

三级成因分类	三级成因亚类		矿产地名称	规模	勘查程度	主金属（TFe）		共（伴）生金属		利用情况
						品位/%	矿石资源储量/10^4 t	品位/%	金属资源储量/t	
受变质沉积铁矿床	火山-沉积变质型铁矿床	晚三叠世	德格日念达	小型	普查	25.9~35.5	275.4			
			德格欧普隆	矿点	预查	39.63				
			德格柯措	矿点	预查	25~30.0	30.0			
			木里后所	小型	普查	40.70	190.3			
			合计4处				495.7			
			矿床规模：小型2处，矿点2处 勘查程度：普查2个，预查2个							
	沉积变质型铁矿床	中元古代	冕宁何家铺子	矿点	普查	31.13~45.42				
			德昌花园十字沟	矿点	预查	40.0				
			德昌宫山	小型	预查	34.28~43.03	141	Cu 0.3~2.68	11000	
			德昌乌龟山	矿点	预查	34.28~43.03		Cu 0.3~2.68		
			德昌臭石头	矿点	预查	38~40				
			德昌兴隆铜厂坡	矿点	预查	45.89~46.3	80.19	Cu 0.36~1.44		
			德昌兴隆铁矿区	小型	普查	45.00	474.7	Cu 0.34		
			会理芭蕉湾	矿点	普查	41.50	41			
			会理顺河	小型	勘探	43.40	104.1			
			会理通安红岩	小型	详查	36.92	154.4			
			会理凤山营	中型	详查	30.38	2904.3			闭坑
			德昌毛姑坝（玉新村、坝依头、小黑箐、观音）	小型	详查	35~62.5	387.8			闭坑
			喜德银厂沟	矿点	预查	35.38~46.03	2.5			
			会东竹色卡	矿点	普查	39.66~49.18	15.56			
			会东下大龙	矿点	普查	41.17~51.84	64			
			会东亮口子	矿点	普查	41.19~51.84	64			
			会东麻窝凼	小型	详查	22.01~32.59	818.1			
			会东小街	中型	详查	32.54~43.0	3767.031			
			会东小水井	矿点	预查	35~60				
			会东赵家梁子矿点	矿点	预查	30~40				
			会东满银沟船地梁子	矿点	预查	40.05	30			
			会东满银沟丰家村	矿点	预查	42.77	30			
			会东满银沟（杨家村、双水井）	中型	勘探	38.63~54.64	9405.7			
			会东鹦哥咀	小型	详查	37.38	482.07			
			会东拖洛上村	矿点	预查	34.72	32			
			会东雷打牛	小型	详查	37.23	327.3			
			会东沙丁厂	矿点	预查					
			会东小麦地	矿点	预查					
			会东何家山	矿点	预查					
			盐边回龙	矿点	预查	30.83~45.06				
			米易断崖山	矿点	预查	25.65~42.48	3.2			
			米易黄泥咀	矿点	预查	50.0	0.67			
			南江橙子山	矿点	预查	23.92				
			南江上庄子	矿点	预查	22.0	6.1			
			南江水马门	小型	勘探	31.00	136.5			
			合计35处				19472.221			
			矿床规模：中型3处，小型9处，矿点23处 勘查程度：勘探3个，详查7个，普查6个，预查19个							

续表

三级成因分类	三级成因亚类		矿产地名称	规模	勘查程度	主金属（TFe）品位/%	主金属（TFe）矿石资源储量/10^4 t	共（伴）生金属品位/%	共（伴）生金属金属资源储量/t	利用情况
受变质沉积铁矿床	沉积变质型铁矿床	志留纪	小金牛王庙	矿点	预查	39.48				
			小金凤包石	矿点	预查	50.38				
			汶川威州	中型	详查	38.91	2856.57			已用
			汶川银杏—一碗水	中型	普查		1090.96			
			合计 4 处				3947.53			
			矿床规模：中型 2 处，矿点 2 处 勘查程度：详查 1 个，普查 1 个，预查 2 个							
		三叠纪	德格独木岭	矿点	预查	30~50				
			德格垭珠弄	矿点	预查	2.81~10.90		Mn 11.47~28.99		
			德格獐龙沟	矿点	预查	2.82~5.85		Mn 1.72~15.22		
			得荣吉冲	矿点	预查	1.31~31.23		Mn 0.03~27.10		
			甘孜日阿嘎	矿点	预查	5.58~30.48		Mn 2.9~28.16		
			黑水德思窝	矿点	预查	35.52~42.81		Mn 10.98~26.83		
			九寨沟八郎庙	矿点	预查	4.85~29.82		Mn 0.86~22.22		
			九寨沟达基寺	矿点	预查	33.29		Mn 15.22		
			九寨沟章扎	小型	详查	32.35	219	Mn 7.34		
			九寨沟芝麻沟	小型	详查	36.74	219			
			九寨沟罗依	小型	详查	40.74	361	Mn 1.98~7.34		
			九寨沟简步塘北	矿点	预查	11.55		Mn 20.70		
			九寨沟简步塘南	矿点	预查	16.35		Mn 10.80		
			松潘西沟	中型	详查	31.41	2218.9			
			松潘四望堡	小型	详查	31.50	806	Mn 19.50	125×10^4 t	
			平武虎牙（老队部、火烧桥、大坪）	中型	勘探	35.6~41.8	3967.12	Mn 25.08~18.27	2658.88×10^4 t	
			平武磨河坝	小型	普查	34.23	198			
			合计 17 个				7989.02		Mn 2783.88×10^4 t	
			矿床规模：中型 2 处，小型 5 处，矿点 10 处 勘查程度：勘探 1 个，详查 5 个，普查 1 个，预查 10 个							
总　计			88 处							
			矿床规模：中型 12 处，小型 21 处，矿点 55 处 勘查程度：勘探 6 个，详查 21 个，普查 14 个，预查 47 个							

2. 勘查程度

变质型沉积铁矿床的3个亚类总计矿产地数88处。其中矿产地规模达到中型的有12处，小型21处，矿点55处；勘查程度：勘探6个，详查21个，普查14个，预查47个。按时期划分各类矿产地勘查情况如下。

晋宁期钠质火山-沉积变质铁矿床主要分布在会理，有矿产地9处，其中矿床规模达中型的有2处、小型1处、矿点6处；勘查程度达到详查的有4个、普查3个，预查2个。

晋宁期火山-沉积变质铁矿床：主要分布会理-会东及旺苍-南江两处，产地19处。其中矿床规模：中型3处，小型4处，矿点12处；勘查程度：勘探2个，详查4个，普查1个，预查12个。

晚三叠世火山沉积变质铁矿：主要分布在三江地区德格县及木里县，产地计4处。其中矿床规模：小型2处，矿点2处；勘查程度：普查2个，预查2个。

中元古代沉积变质铁矿床：主要分布在会理-会东地区。矿产地总数35处，其中，矿床规模：中型3处，小型9处，矿点23处；勘查程度：勘探3个，详查7个，普查6个，预查19个。

志留纪沉积变质铁矿床：主要分布在小金-汶川一带，矿产地4处。其中的矿产地规模：中型2处，矿点2处；勘查程度：详查1个，普查1个，预查2个。

三叠纪沉积变质铁（锰）矿床：主要分布川西的甘孜及川北的阿坝州两地，矿产地总数17个。其中矿产地规模：中型2处，小型5处，矿点10处；勘查程度：勘探1个，详查5个，普查1个，预查10个。

（二）变质铁矿床特征

1. 区域地质构造背景

该类型铁矿产地主要有3处集中分布区，其中的会理-会东地区和旺苍-南江地区2处，分别属于上扬子陆块两侧的凉山被动大陆边缘和米仓山-大巴山被动大陆边缘，其区域性地质背景见前述岩浆型和接触交代型铁矿的地质背景介绍。第3处产地位于阿坝州、甘孜州，大地构造单元分别位于西藏-三江造山系（Ⅱ）中的二级单元即松潘-甘孜造山带（Ⅱ1）的三级构造单元内的松潘周缘前陆盆地（Ⅱ1-2）和义敦-沙鲁里弧盆系（Ⅱ4）的三级构造单元义敦岛弧（Ⅱ4-2）。

松潘周缘前陆盆地具有陆壳基底，震旦纪—早古生代时期原属上扬子陆块西缘的组成部分，自晚古生代起，因弧后扩张演变为裂离型陆缘，具“堑垒式”构造特征。中三叠世末，由于周侧碰撞造山作用而转化为晚三叠世前陆盆地，发育巨厚的浊积岩原。

义敦岛弧为晚三叠世张性岛弧，因甘孜-理塘弧后洋盆向西俯冲而形成于陆壳基础之上，通过早期成弧，中期裂隙和晚期成弧发育过程，相应建立东部外弧带，中部弧间裂谷盆地带和西部内弧带。

2. 变质型铁矿分布

（1）会理-会东地区

该地区是四川省重要的铜铁矿产地，构造位置属凉山被动大陆边缘。区内褶皱基底为中元古界会理群和新元古界的河口岩群。会理群主要由碎屑岩、碳酸盐岩夹火山岩组成，群内细分为8个组，其中，凤山营组（Pt_2fs）由白云岩夹灰岩组成，可夹赤铁矿层；因民组（Pt_2ym，原称通安组）为紫红色白云岩夹板岩、铁质板岩、赤铁矿层，该层中也含铜矿，落雪组（Pt_2lx）白云岩中下部含铜矿；河口岩群主要由石英钠长岩、钠长片岩、大理岩组成，群内细分为大营山组、落凼组、长冲组，均为火山沉积变质岩系，其中的石英钠长岩原岩为细碧角斑岩，是四川省重要的铜铁矿层位。

（2）旺苍-南江地区

该地区属米仓山-大巴山被动大陆边缘（Ⅰ1-2），区内基底为火地垭群由碳酸盐岩、火山碎屑岩、板岩等组成。该群分为麻窝子组和上两组，其中有少量赤铁矿层分布。

（3）阿坝州

该地区属松潘周缘前陆盆地（Ⅱ2-1），该区基底中志留统白龙江群主要由黑色千枚岩、砂岩、灰岩组成，其中的卓乌阔组变质岩系中局部夹有磁赤铁矿层；志留系通化组（原称茂县群）变质岩中也见少量铁矿；盖层三叠系为较为复杂的一套巨厚浊积岩系，岩性主要由浅变质的砂岩、板岩组成，局部夹浅海相灰岩和铁锰矿层。

（4）甘孜州

该地区属义敦岛弧（Ⅱ4-2），区内晚三叠世曲嘎寺期由大理岩、变基性火山岩和千枚岩组成，局部有变质型铁矿。

3. 变质型铁矿分类

四川省变质型铁矿可分为火山-沉积变质型、火山沉积-变质（改造）型、沉积变质型3个亚类型。前两个亚类主要见于扬子陆块西部边缘和北部边缘，元古宇变质岩系中，为被动边缘大陆环境成矿，其矿层层位较为稳定，规模较大；第三个亚类分布于松潘周缘前陆盆地，属于碎屑岩中的铁矿，它们一般规模较小。

元古宇变质岩系中铁矿类型较多，可以分为3个矿床式。分别为石龙式、满银沟式和凤山营式。石龙式以会理磁铁矿床为代表，矿体大多赋存于石英钠长斑岩中，呈透镜状、似层状产出。满银沟式以会东满银沟铁矿床为代表，铁矿呈似层状、透镜状、豆荚状、串珠状及脉状产于变质碎屑岩中。凤山营式以会理凤山营铁矿床为代表，菱铁矿层产于铁白云岩或铁灰岩中，该矿床分马鞍山、王家湾、凤山营三个矿段，矿体大体沿断层呈似层状（局部有穿层脉状）产出。此外，会理新铺子铁矿有40多个大小不等的矿体，多呈似层状分布于会理群通安组偏碱性基-中性火山-次火山岩中，有的见于地表，有的仅见于深部形成盲矿体。

志留纪沉积-变质型铁矿床以汶川威州铁矿为代表，矿体夹于暗色志留系茂县群千枚岩夹灰岩、砂岩地层中，多为层状产出。三叠纪沉积-变质型铁（锰）矿床以平武县虎牙铁锰矿床为代表，含矿层产于三叠纪菠茨沟组千枚岩夹灰岩地层中，矿体呈透镜状、似层状产出，走向上有分岔复合现象。

（三）矿床实例

1. 会理石龙磁铁矿矿床

石龙式铁矿床集中分布在会理县拉拉厂一带，为钠质火山-沉积变质型铜铁矿，矿区地质图见图2-28。

（1）地质构造特征

石龙铁矿位于康滇轴部基底断隆带南段，西为金河-箐河断裂带、东为小江断裂带。主干构造以北北东向的褶皱和近南北向断裂为主。石龙铁矿位于近南北向双狮拜象背斜东翼的次级褶皱（石龙向斜）中。本区控矿构造主要为南北向与东西向构造交切、叠加复合部位；以上两组褶皱的横跨构造（尤其是叠加向斜）、剪切破碎带及层间剥离构造为具体矿区的重要容矿构造。区内被北东向断层一分为二，西侧出露会理群河口组变质岩，东侧为上三世统白果湾组不整合。铁矿产于会理群河口组变质火山杂岩中，在时间、空间和物源上有密切联系的从火山喷发-火山沉积-次火山热液的一系列矿床组合。因所处火山部位及活动阶段不同，成矿方式及矿床特征略有差异。含矿岩系（河口组）原岩为一套细屑-细碧角斑岩，可分为三个大的火山-沉积旋回，火山岩从下到上由基性向酸性连续演化。赤铁矿、磁铁矿富集部位与富钠火山岩（（Na_2O+K_2O）8%~10%或以上，$Na_2O>K_2O$）发育部位吻合，富钾（$K_2O>Na_2O$）或富钙（碳酸盐）岩石则多为菱铁矿、铜矿的产出部位。主要矿床（点）集中于河口组火山活动最强烈的第二段。

（2）矿体特征

区内已探明铁矿体3个，埋藏于白果湾组之下约400 m（图2-29）。Ⅰ、Ⅱ号矿体产于河口组第二段上部变质火山岩中，呈似层状、透镜状赋存于石英钠长岩（钠霏细岩）内，局部顶板与煤系地层直接接触。矿体呈南北向延伸300~600 m，宽200~300 m，最厚34.54 m，平均厚1.79~29.58 m。形态与向斜构造一致，有中间厚而富，边部薄而贫之特征。部分矿体被后期侵入的次火山岩吞蚀或破坏。同时发生碱质交代，使部分矿体再造加富；Ⅲ号矿体位于Ⅰ号矿体之上白果湾组底砾岩中，长300 m，宽35~350 m，平均厚1.42 m，系Ⅰ号风化残积产物。

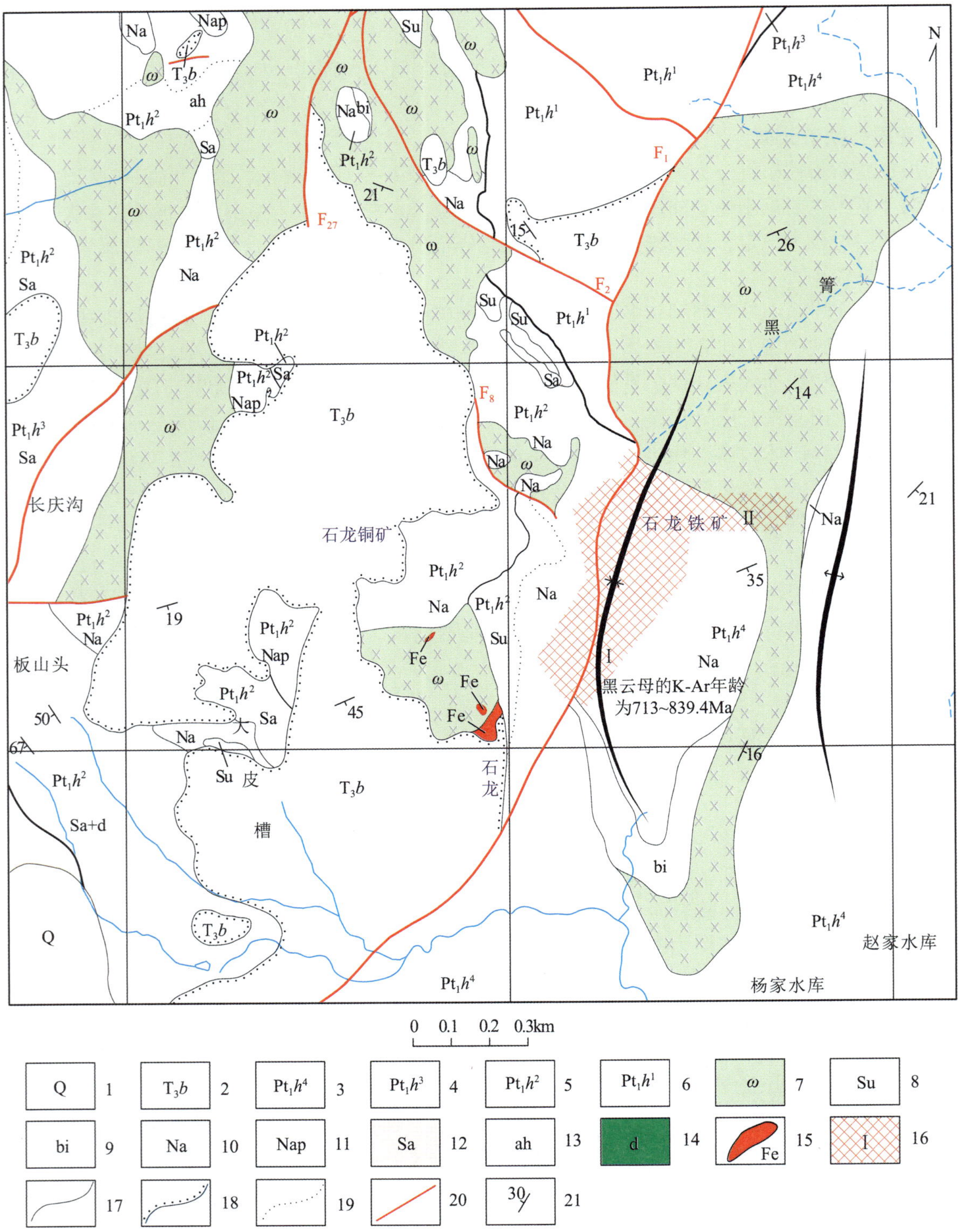

图 2-28 会理县石龙铁矿床矿区地质图

（据四川省地质矿产勘查开发局四〇三队，2010，修编）

1—第四系残、坡积及冰水沉积层；2—三叠系菠茨沟组、粉砂岩与板岩；3—古元古界河口组四段以钠质火山为主变质后为白云石英片岩；4—古元古界河口组三段石榴角闪黑云片岩；5—古元古界河口组二段白云石英片岩夹大理岩碳质板岩透镜体；6—古元古界河口组一段白云石英片岩；7—辉长岩；8—高矽卡岩；9—黑云片岩；10—石英钠长岩；11—斑状石英钠长岩；12—白云石英片岩；13—角闪钠长岩；14—变质砂岩；15—铁矿体；16—投影矿；17—整合界线；18—不整合界线；19—岩石分界线；20—断层；21—产状

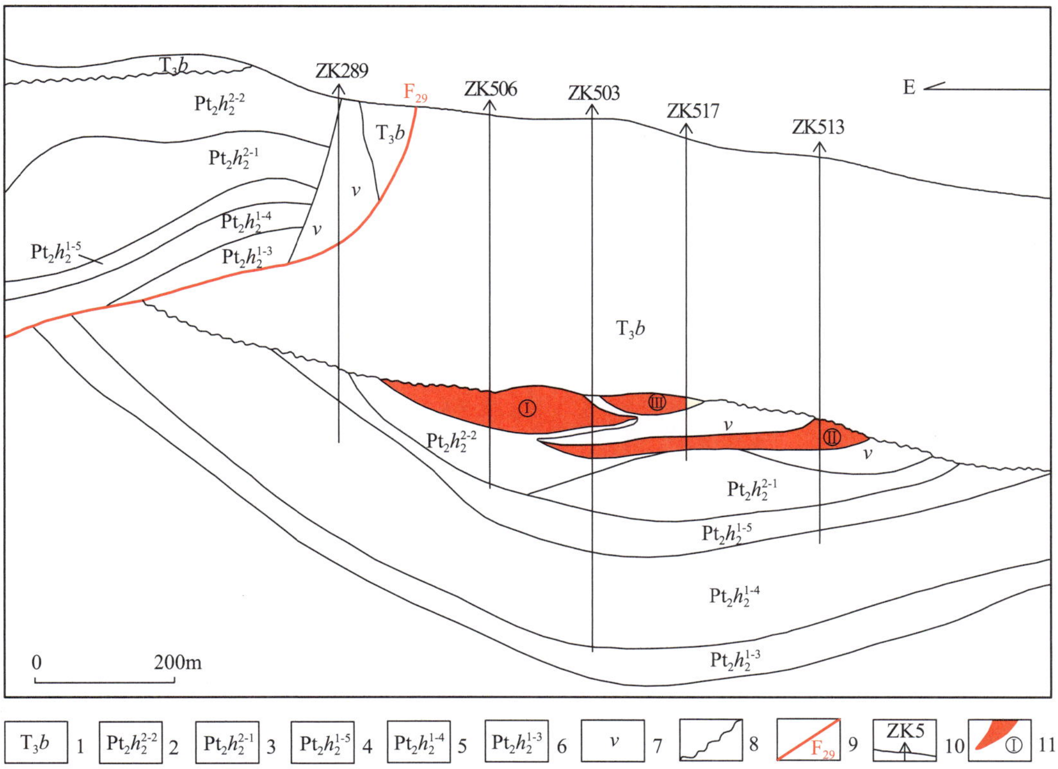

图 2-29　会理县石龙磁铁矿床Ⅷ勘探线剖面图

（据四川省地质矿产勘查开发局 四〇三队，2010，修编 ）

1—上三叠统白果湾组砂页岩，底部砾岩；2~6：会理群河口组第二段：2—中元古界石英钠长岩；3—中元古界石榴子石黑云片岩；4—中元古界钙质白云母石英片岩；5—中元古界石榴角闪黑云片岩；6—中元古界白云片岩；7—辉长岩；8—不整合界限；9—断层及编号；10—钻孔及编号；11—矿体及编号

（3）矿石特征

矿石以自形、半自形、他形粒状结构为主，次有交代残余及包含结构；浸染状及致密状构造为主，次有角砾状、条带状及网脉状构造。金属矿物主要为磁铁矿、赤铁矿，次有黄铁矿、黄铜矿；非金属矿物主要有石英、钠长石、碳酸盐矿物，绿泥石，少量云母、磷灰石、电气石、阳起石，偶见锆石、榍石等。可分磁铁矿、赤铁矿、混合矿三种矿石类型。矿石品位 TFe 最高可达 69%，全区平均 35. 42%~45. 51%，伴生 Cu 0. 6%~2. 0%，有害组分 S 较低，P、Si 较高，其中 P_2O_5 与 TFe 成正相关；SiO_2 与铁负相关。

（4）成矿要素

经过典型矿床研究，石龙式铁矿最主要的成矿要素是含矿建造，是中元古界会理群的一套变质钠质火山岩，其成矿要素见表 2-19。

表 2-19　石龙铁矿成矿要素表

成矿要素	描述内容	要素分类
特征描述	产于新元古界会理群中变质火山岩中的变质型铁矿	
岩石类型	主要为变质钠质火山岩、辉绿辉长岩	必要的
成矿时代	矿体富集阶段为晋宁期、黑云母的 K-Ar 年龄为 713~839. 4 Ma	必要的
成矿环境	第三火山旋回，赋矿层位河口组	必要的
构造背景	弧后盆地海底钠质火山活动带	必要的
控矿条件	受基底断裂及火山机构控制、铁矿分布于钠质火山与辉绿辉长岩的接触带	必要的

续表

成矿要素	描述内容	要素分类
特征描述	产于新元古界会理群中变质火山岩中的变质型铁矿	
矿物组合	金属矿物主要为磁铁矿、赤铁矿、次有黄铁矿、黄铜矿；非金属矿物为石英、钠长石、碳酸盐	重要的
岩石结构	粒状变晶结构、斑状结构、角砾状结构	次要的
结构构造	半自形粒状结构、交代残余结构及包含结构。浸染状及致密块状构造	次要的
蚀变	钠长石化、黑云母化、硅化、磷灰石化和铁白云石化与成矿密切相关。磷灰石化、硅化与富集有关	次要的
风化	磁铁矿地表风化形成转石	次要的

（5）成矿模式

早期火山活动过程带来大量的铁质矿源，在弧后盆地沉积和后期热液活动生成。

石龙式铁矿含矿岩系为一套会理群河口组变质岩钠质火山岩（细屑岩-细碧角斑岩组合），其中火山岩有从下到上基性成分减少、酸性成分增多趋势，具依次连续分异和正向演化特征。赤、磁铁矿富集部位往往与富钠火山岩发育部位吻合，富钾或富钙（碳酸盐）岩石则多为菱铁矿、铜矿的产出部位。主要矿床（点）均集中于河口组和通安组三段，与火山活动最强烈的阶段相一致。

2. 会东满银沟铁矿床

会东满银沟铁矿区位于会东县发箐、铁厂沟、老口 3 个乡交界处，由满银沟、双水井、船地木梁子、丰家沟、杨家村 5 个矿段组成。矿床中心在城 NE112°方向，直距 27 km。

（1）矿床发现简史

1）满银沟矿段：1956 年四川省地质局五三二队（通安队）发现大片铁矿石转石，槽探取样分析含 TFe 40%左右（最高 60%）；1957 年对铁矿进行初步评价，估算矿石资源储量 3650×10^4 t；1965 年四川省地质局四〇三队进行复查发现富铁矿体；1967 年勘探，于 1970 年提交资源储量报告，并于 1978~1982 年进行详查勘探，编写了《四川省会东县满银沟式赤铁矿区满银沟矿段详细勘探地质报告》，TFe 品位 52. 86%~56. 43%；1984 年四川省储委批准资源储量 1414×10^4 t（高炉富矿 774×10^4 t），其中工业资源储量 839×10^4 t。

2）双水井矿段：1958 年 5 月由西昌队发现；1960 年四川省地质局一〇二队进行检查，见 2 个矿体，TFe 39%，计算资源储量 232×10^4 t；1967 年四〇三队再次进行评价；1971 年四川省地质局一一三队开展工作，并于 1975 年转入初步勘探；1982 年底，攀西地质队编写提交了《四川省会东县满银沟式赤铁矿双水井矿段初步勘探地质报告》，TFe 品位 35. 32%~50. 59%；1985 年由省地质局批准资源储量 5463×10^4 t（高炉富矿 1697×10^4 t），其中工业资源储量 3686×10^4 t。

3）杨家村矿段：1958 年 3 月西昌地质队发现，由该队高峰等作了普查；1960~1962 年四川省地质局一〇二队彭应廷进行勘探（详查），探明资源储量 1314×10^4 t；1965 年四川省地质局四〇三队重新评价，资源储量增加到 1500×10^4 t；1971 年四川省地质局一一三队继续勘探，并于 1981 年编写提交了《四川省会东县满银沟赤铁矿区四川省地质局杨家村矿段详细勘探地质报告》，TFe 品位 42. 21%~51. 97%；1983 年省储委批准资源储量 1939×10^4 t（炼铁用铁矿石 808×10^4 t），其中工业资源储量 1529×10^4 t。

4）1985 年成立了会东满银沟铁矿，开采满银沟矿段，矿山设计年产 25×10^4 t 铁矿石，1988 年投产。

（2）区域地质特征

满银沟矿床位于康滇前陆逆冲带北段东侧，竹林山背斜两翼，由满银沟、双水井、船地梁子、丰家沟、杨家村 5 个矿段组成。区内出露会理群通安组第四段，西、北为震旦系覆盖。北西及北东向断裂发育，尤以前者为主。矿区地质图见图 2-30。

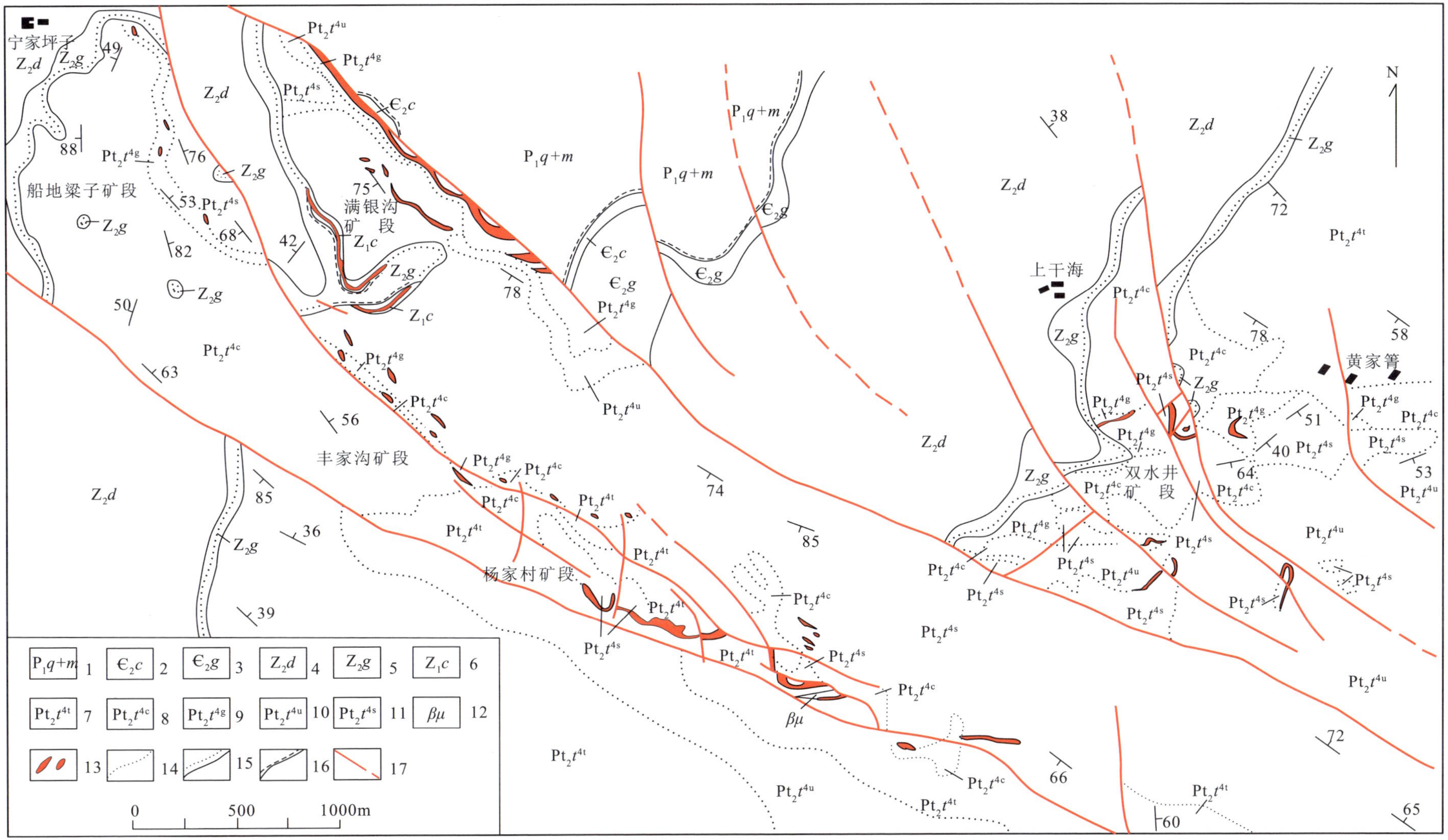

图2-30　会东县满银沟赤铁矿床地质图

（据四川省地质矿产局，1990，修改）

下二叠统：1—栖霞十茅口组；下寒武统：2—沧浪铺组；3—筇竹寺组；上震旦统：4—灯影组；5—观音崖组；下震旦统：6—澄江组；会理群通安组第四段：7—黑色绢云千枚岩或黑色钙质千枚岩；8—杂色绢云千枚岩；9—含铁变砂岩、变砂砾岩、含铁粉变砂岩；10—绿色千枚岩（变火山凝灰岩）；11—白云大理岩；12—变辉绿岩脉；13—赤铁矿；14—岩性界线；15—不整合界限；16—平行不整合；17—实测、推测断层及产状

（3）矿区地质特征

满银沟式铁矿分布于会理、会东地区，其中满银沟矿床双水井矿段工作程度较高，规模较大，以其为典型矿床，矿区地质图见图 2-31。

图 2-31　会东县满银沟式铁矿双水井矿区地质图

（据四川省地质矿产勘查开发局攀西队，2009）

铁矿主要赋存于会理群通安组四段上部紫红色含铁泥砂质岩内（原称“双水井组”），少数在紫红色含铁白云岩中。紫红色含铁岩段由紫红色含铁千枚岩和杂色变粉砂岩、铁质含砾变砂岩、角砾岩、铁硅质（角砾）岩及局部可见的磷灰石岩等组成，时夹流纹质变凝灰岩。该岩段延伸一般不超过 3 km，横向与白云岩、灰绿色千枚岩、灰黑色千枚岩呈相变，在相变部位或相邻层位中的白云岩常被铁染成紫红色并有铁矿小透镜体产出。铁矿呈层状、似层状、凸镜状、有时呈不规则状成群出现，产状与围岩一致。围岩与矿体无明显界线，含铁岩段常与灰绿色变玄武质晶屑凝灰岩及灰绿色千枚岩密切相关。

铁矿呈多层产于通安组四段中、上部紫红色变质砂、砾岩及含铁白云大理岩中，以前者为主。个别矿体赋于上震旦统观音崖组底部砾岩内。主要含矿岩段纵横变化剧烈，与白云岩、千枚岩相互递变。矿区以满银沟、双水井、杨家村3个矿段最重要，已详勘，双水井为满银沟矿区最东部的一个矿段，属会东县管辖，以其为例简述于下。

该矿段居竹林山背斜北翼东段，西与满银沟矿段毗邻。铁矿赋存于通安组四段中部。含矿岩段岩性复杂、变化剧烈，主要由白云大理岩、条带状泥质大理岩、钙质千枚岩组成。呈杂色。在纵横方向上常相变为铁质胶结的碎屑岩，呈紫红色、暗紫色，主要为变质含铁砂砾岩、千枚岩、常尖灭于杂色千枚岩中，局部夹玄武质及流纹质凝灰岩。矿区南端主矿体下伏的中酸性凝灰岩、最厚逾200 m。含矿层最大厚度280 m，近东西向延伸2300 m。顶板为“杂色段”（由灰绿、紫红色条带相间的千枚状板岩组成），底板为深灰色绢云千枚岩。

（4）矿床特征

1）铁矿体呈似层状、透镜状、豆荚状、串珠状及脉状。产状与围岩一致，已查明19个矿体，单矿体长数十至数百米，千余米。其中主矿体（Ⅰ1、Ⅰ2号矿体）东西延伸1350~1450 m，厚1.76~63.58 m，平均厚10.17~14.65 m，倾斜延深数十至数百米（图2-32）。

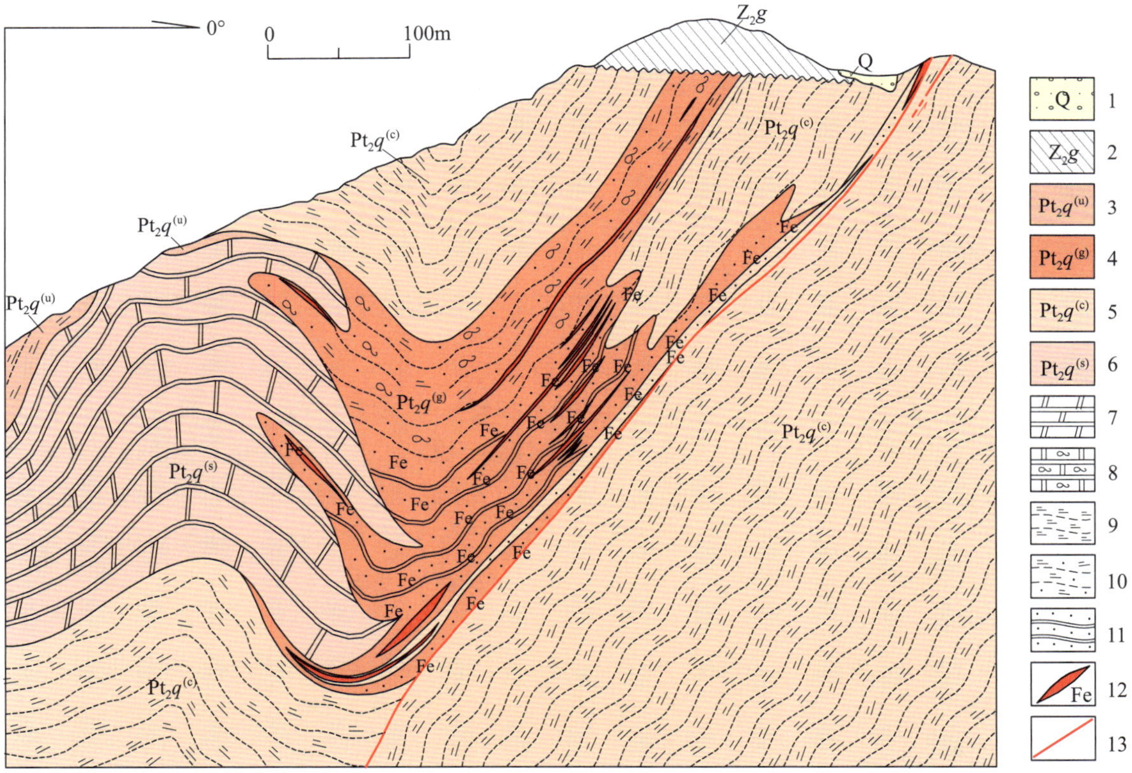

图2-32 会东县满银沟式铁矿双水井矿区6号勘探线剖面图

（据四川省地质矿产勘查开发局攀西队，2009）

1—第四系；2—上震旦统观音崖组：含燧石结核白云岩；3—前震旦系会理群青龙山组：绿色绢云千枚岩；4—前震旦系会理群青龙山组：紫红色变砂岩；5—前震旦系会理群青龙山组：杂色绢云千枚岩；6—前震旦系会理群青龙山组：大理岩；7—白云大理岩；8—条带状大理岩；9—绢云千枚岩；10—砂质绢云千枚岩；11—变砂岩；12—铁矿体；13—断层

2）矿石以交代熔蚀结构为主。具致密块状、角砾状、条带状构造。主要金属矿物为赤铁矿，次有褐铁矿、假象赤铁矿，少许磁铁矿、针铁矿、钛铁矿，偶见黄铜矿、辉铜矿。非金属矿物有石英、绢云母、白云母、方解石，少量电气石、磷灰石、滑石、绿泥石、黑云母等。TFe 25.03%~56.66%，平均 43.3%，富矿 52.98%；SiO_2 15%~30%，S、P 均未超出允许含量（贫矿 P 偏高）。酸碱比值为 0.01~0.1，个别 0.3，属酸性矿石。个别样品中含 Pt 0.025 g/t、Ag 3.805 g/t。

3）一般矿石品位 TFe 38.63%~43.33%，矿石基础储量 698×10^4 t，资源量 5432.8×10^4 t，资源储量 6130.8×10^4 t；富矿石 TFe 52.77%~54.64%，矿石基础储量 706.8×10^4 t，资源量 2568.1×10^4 t，资源储量 3274.9×10^4 t（四川省矿产资源储量表，2011）。

（5）成矿要素

经对双水井矿段特征分析和研究，拟定的满银沟式铁矿成矿要素见表 2-20。

表 2-20　会东县满银沟式铁矿床成矿要素表

成矿要素		描述内容	要素分类
特征描述		产于中元古界变质碎屑岩中的变质型铁矿	
地质环境	岩石类型	变砂岩、砂质千枚岩、白云大理岩、大理岩	必要
	岩石结构	变余砂状结构、鳞片变晶结构	次要
	成矿时代	中元古界晋宁早中期	必要
	成矿环境	滨海-浅海相（含铁碎屑岩-碳酸盐岩）	必要
	构造环境	峨眉-昭觉断陷盆地带弧后盆地	必要
矿床特征	含矿岩系特征	紫红色、紫色含铁变砂岩、变砂砾岩、千枚岩、砂质千枚岩、白云大理岩；厚 150~300 m	必要
	矿物组合	主要为赤铁矿-褐铁矿-假象赤铁矿-石英-绢云母	重要
	结构构造	具鳞片变晶结构、斑状变晶结构；块状构造、浸染状构造、角砾状构造、条带状构造等	次要
	围岩蚀变	有硅化、碳酸盐化、绿泥石化、滑石化、黄铜矿化等	重要
	控矿条件	中元古界青龙山组紫红色变砂岩建造层及紧密褶皱（向斜）构造中含铁矿层（矿体），后经多次区域动力和动热变质作用，矿体富集和增大、加厚	必要
	风 化	地表赤铁矿风化、淋滤成褐铁矿	次要

（6）矿床成因

研究表明，中元古代晋宁早中期，海底火山喷发，来自幔源富含 Mg、Fe、Na、Cu、Au 火山物质进入海盆，铁质在酸性介质中呈离子状态，经海流沿一条北西—南东向的浊流通道迁移到氧化环境并相对封闭的海湾（双水井），当海水介质向碱性变化（pH 值、E_h 值增高），并在双水井的滨海-浅海地区产生铁质与碳酸盐、砂砾和含砂泥物质相间沉积，形成一套含铁碎屑岩和碳酸盐岩建造，其中有 5 层含（铁）矿层和许多贫铁矿体（胚胎矿），含矿层为含铁砂质千枚岩、含铁变砂岩、含铁含砾变砂岩、大理岩组合。

含矿层和其中的贫铁矿体在成岩过程中，受重力挤压产生的碱性承压水，对含铁层及含铁质有成岩变质（去硅）作用，使含矿层中的贫铁矿体和围岩内的铁质活化、迁移，在构造有利部位进一步富集成工业矿体。中元古代末期的晋宁运动及后期区域构造运动的动热变质作用，对含铁矿层及围岩产生揉皱、碎裂和挤压错动，热液侵入使含矿层和围岩的铁质活化，迁移在在次级紧密褶皱（向斜）构造部位再次富集成厚大铁矿体，同时使矿体的铁矿物发生重结晶和围岩形成硅化、碳酸盐化、绿泥石化等蚀变。矿床浅表的赤铁矿矿体受风化、（地表水、大气降水）淋滤形成氧化后褐铁矿体。

（7）成矿模式

满银沟式铁矿的形成是经历了海底火山喷发带来大量含铁物质和陆源含铁物质，经洋流搬运迁移，在距离火山口不同位置沉积形成含铁量不同的初始胚胎矿层，后经成岩变质，晋宁期后的多期次构造运动产生动力和热液变质作用，使胚胎矿层中的贫铁矿体和围岩中铁质活化、迁移，在贮矿构造中再次富集形成满银沟式铁矿，其成矿模式见图 2-33。

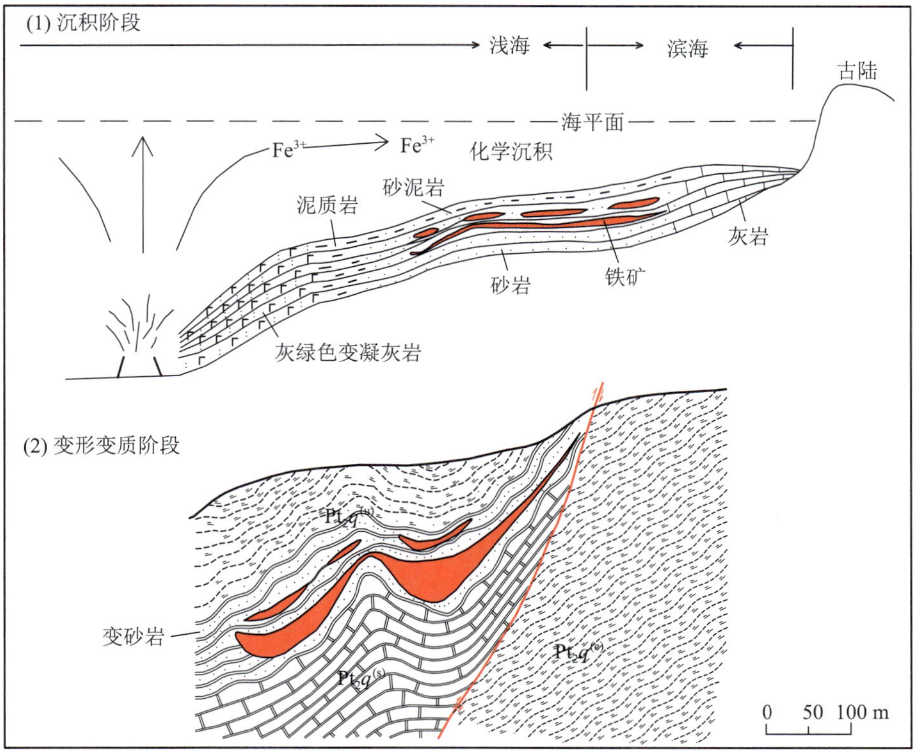

图 2-33　会东县满银沟铁矿成矿模式图

（据四川省地质矿产勘查开发局攀西队，2009）

前震旦系会理群青龙山组；$Pt_2q^{(u)}$—绿色绢云千枚岩；$Pt_2q^{(s)}$—大理岩；$Ptq^{(c)}$—杂色绢云千枚岩

另外根据《四川省会东县满银沟铁矿的接替资源勘查报告（2007.12-2010.3）》，矿区铁矿有两种类型，即沉积变质型和岩溶充填交代型。

3. 会理县凤山营铁矿床

（1）地质构造特征

凤山营铁矿床产于前震旦系会理群凤山营组下段及中段下部之深灰色薄层条带状粉砂质灰质白云岩、白云质灰岩、绢云母灰质白云岩及千枚状板岩中，其中厚大矿体赋存于砂质白云质灰岩及含绢云母灰质白云岩之间（图2-34）。菱铁矿体直接围岩为铁白云岩、含铁白云岩或铁质灰岩。近矿含矿层碳质，绢云母增多，颜色变深，叠层石发育。含矿围岩的铁碳酸盐化为重要找矿标志。凤山营矿区马鞍山矿段层位最低，向上依次为王家湾矿段、凤山营矿段。

（2）矿体特征

马鞍山矿段共26个矿体，菱铁矿 TFe 品位 25.88%~28.67%，资源储量占 72.23%；褐铁矿品位 40%，资源储量占 27.77%。矿体最大埋深 570 m，呈顺层倾伏棱柱体，或依附 F_{17}呈穿层脉状或似层状矿体产出（见图2-32）；褐铁矿体呈与含铁岩层风化壳一致的不规则面状体。马鞍山矿段以镁菱铁矿为主，矿体长 168~520 m，延深 200~700 m，厚数十米，倾角多在 50°以上。

王家湾矿段共5个大小不等的褐铁矿体，以低品位矿石为主，其中Ⅰ号矿体规模稍大，长 310 m，厚 1.78~20.74 m，地表褐铁矿，深部菱铁矿。

凤山营矿段有褐铁矿体 10 个，较大的Ⅱ号矿体长 100 m，宽 20 余米；大地湾一带矿体长约 100 m，宽约 10 m，为贫褐铁矿矿石，多呈分离的小透镜体。

（3）矿石特征

矿石自然类型可分为氧化矿（褐铁矿）及原生矿（菱铁矿）两类。原生矿可分为灰矿、黄矿及斑杂状、角砾状菱铁矿石、常含较多泥沙质；黄矿为热液裂隙充填矿石，品位较高，TFe 一般 35%~

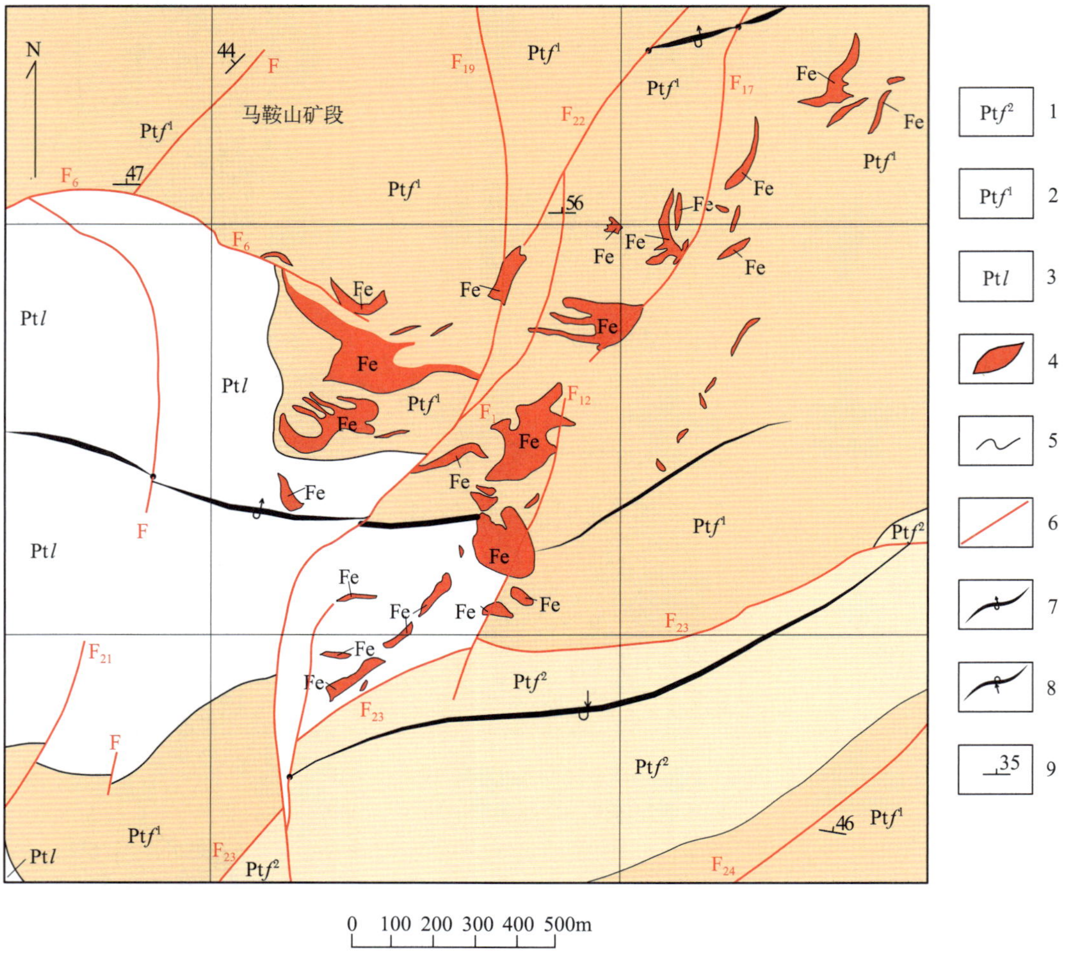

图 2-34　会理县凤山营铁矿马鞍山矿区地质图

（据四川省地质矿产勘查开发局四〇三地质队，2010，修编）

1—凤山营组下段灰色薄层状绢云母质条带状灰岩；2—凤山营组上段含绢云母白云岩，含砂质白云质灰岩；3—力马河组灰绿色紫灰色千枚岩夹灰白色石英岩；4—褐铁-菱铁矿体；5—地层界线；6—断层；7—倒转背斜轴；8—倒转向斜轴；9—产状

40%，在断裂构造带附近发育；斑杂状、角砾状矿石多产于构造破碎带内，角砾状矿石胶结物为黄矿；磁铁矿化菱铁矿产于基性脉岩外接触带，属热力变质产物。

氧化矿石分布于近地表 50 m 左右的风化带内，深部与菱铁矿体或铁白云岩相连。其氧化带深度可达 50~60 m。原岩为铁白云岩者氧化带深度一般小于 20 m。菱铁矿矿石由镁菱铁矿、黄铁矿、白钛矿、绿泥石、石英、斜长石及碳质等组成，以镁菱铁矿为主，占矿物总量的 50%~90%或以上。褐铁矿矿石由褐铁矿（55%~70%）、赤铁矿（一般<1%）、石英（20%~30%）、绢云母（5%~15%）及绿泥石等矿物组成。菱铁矿石有筛状-他形粒状变晶结构，筛状花岗变晶结构、细-粗粒镶嵌结构、碎裂结构；条带（纹）状、块状、细脉状、斑杂状、角砾状等构造；褐铁矿为似胶状、变余粉砂状结构，多孔块状构造。

（4）成矿要素

凤山营式铁矿最重要的成矿要素是含矿岩系，铁矿产于凤山营组中、下部，主要赋存于白云质大理岩中，为浅海相碎屑岩-碳酸盐岩建造。在变质改造阶段，铁质重新迁移富集至有利构造部位富集，风化阶段菱铁矿变为褐铁矿，风化过程的去渣化，生成富矿带。主要成矿要素总结见表 2-21。

表 2-21　会理县凤山营铁矿床成矿要素表

成矿要素		描述内容	要素分类
特征描述		产于新元古界会理群凤山营组中的变质型菱铁矿	
地质环境	赋矿地层	前震旦系会理群凤山营组下段、中段	必要
	含矿建造	陆源碎屑-碳酸盐岩-沉积变质建造	必要
	构造背景	扬子陆块西缘—川滇南北构造带康滇地轴中段。东西向河口复背斜北翼之凤山营褶断带。晋宁期	重要
	控矿条件	古地理环境，地层层位、断裂构造控矿	重要
矿床特征	岩石类型	薄层条带状砂质灰质白云岩、白云质灰岩、绢云母灰质白云岩及千枚状板岩	重要
	矿物组合	菱铁矿石：镁菱铁矿、黄铁矿、白钛矿、绿泥石、石英、斜长石、褐铁矿石：褐铁矿、赤铁矿、石英、绢云母、绿泥石	次要
	风化	菱铁矿出露地表或一定深度围范内风化淋虑富积成褐铁矿	重要

（5）成矿模式

凤山营矿区位于攀西地区会理县南部，为沉积-变质（改造）菱铁矿床，其空间分布局限于攀西裂谷带内的古隆起区，区内有许多南北向、北东向的规模巨大的断裂，控制矿体分布。元古宙时期为一海盆，碳酸盐、含铁质陆源物质，经过搬运在较稳定海盆沉积，形成初始矿源层和菱铁矿，后经变质改造和风化作用生成褐铁矿等较富的铁矿体。由于含矿地层在形成过程中受基底形态控制和形成后构造、岩浆活动影响，局部地区呈层状构造。矿床的成矿模式见图 2-35。

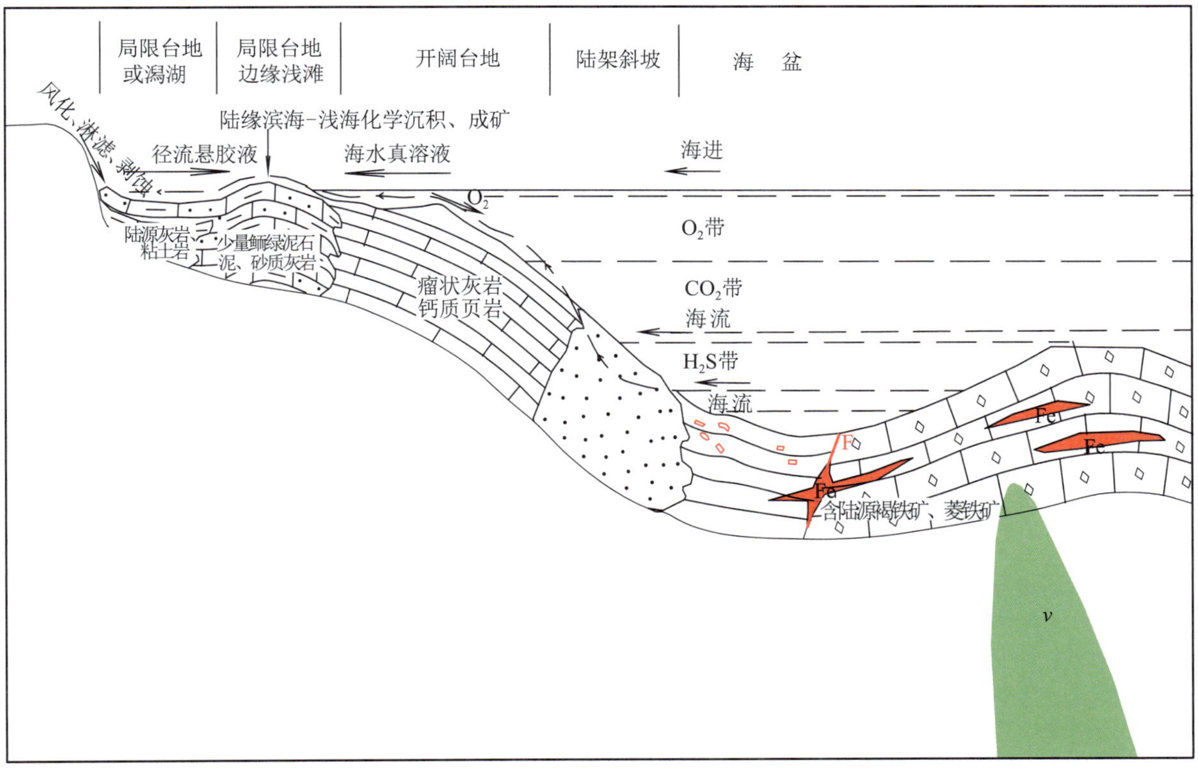

图 2-35　会理县凤山营铁矿床成矿模式图

（据四川省地质矿产勘查开发局四〇三队，2010）

4. 会理新铺子铁矿床

该类铁矿较集中分布于会理县新铺子一带，已知有小型矿床3处，矿（化）点9处；它们均分布于会理群通安组第一、三段偏碱性基-中性火山-次火山岩中。矿体的直接围岩一般为火山碎屑岩，腰棚子矿点围岩为基性火山岩熔岩；矿体伴随岩层褶皱而有变化（局部有切层现象）。

（1）地质背景

新铺子铁矿为小型铁矿，分布于小青山复向斜南部。矿区出露地层为会理群通安组三、四段及不整合其上的震旦系、白垩系（图2-36）。区内褶皱、断裂发育，南北向及北东向两组断裂规模较大，与成矿作用密切，为成矿前断裂；北西、北东东两组断裂往往切穿、破坏矿体和含矿围岩，使它们产状、形态更趋复杂。

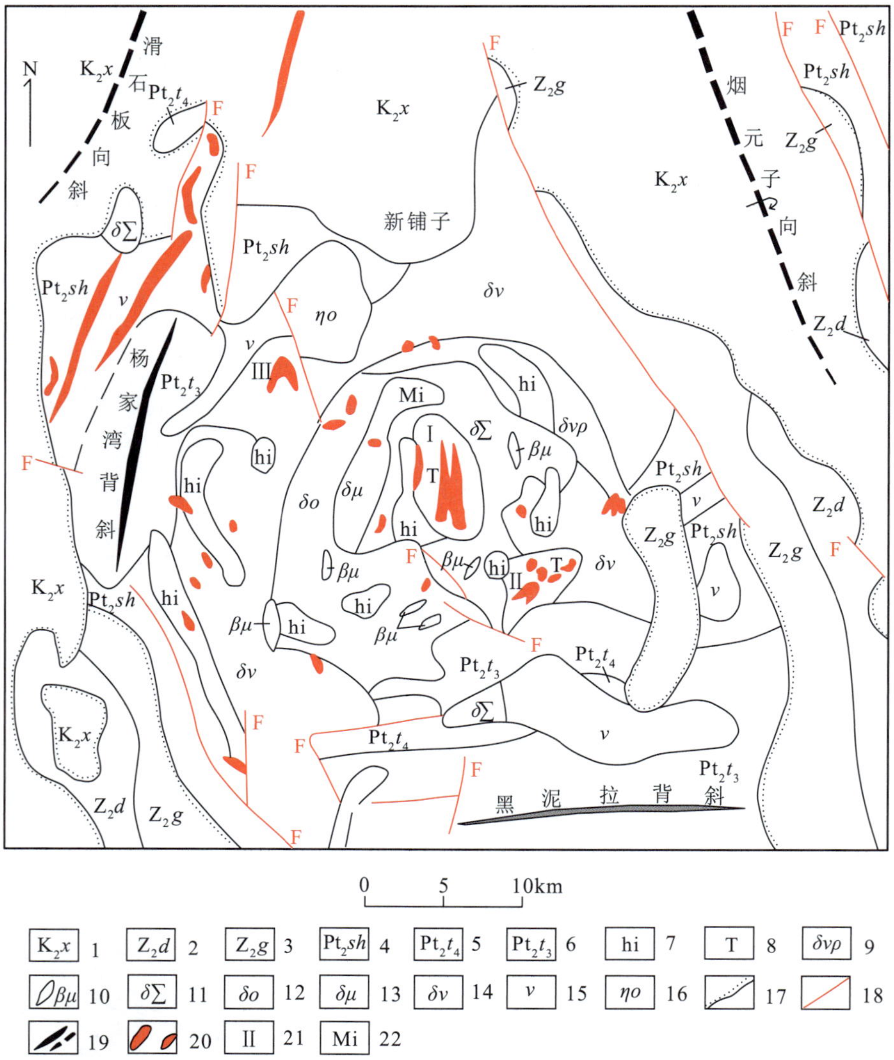

图2-36 会理县新铺子铁矿床地质略图

（据四川省冶金地质勘查局六〇三队，1977）

1—上白垩统小坝组；2—上震旦统灯影组；3—上震旦统会理群观音崖组；4—中元古界双水井组；5—中元古界通安组第四段；6—中元古界通安组第三段；7—次火山隐爆角砾岩；8—凝灰角砾岩及凝灰岩；9—变基性火山岩；10—辉绿岩；11—浅色闪长岩；12—石英闪长岩；13—闪长玢岩；14—暗色闪长岩；15—变辉长岩；16—石英二长岩；17—不整合界线；18—断层；19—褶皱轴线；20—铁矿体；21—矿段编号；22—盲矿体位置

地层在矿区中部大体呈环形分布。含矿岩系为通安组第三段，其中火山、次火山岩发育，各类岩石总的趋势是自基性向中酸性演化，岩石化学分析结果表明，它们均属同源岩浆产物。与铁矿关系密切者是火山碎屑岩及浅色闪长岩、闪长玢岩，前者为矿体的直接围岩，后者为矿化后期富集的必备因素。

（2）矿体特征

新铺子铁矿床由40多个大小不等、类型不同之似层状、透镜状矿体构成，长10~30 m，最长100~300 m，厚数米至十余米，最厚60 m，分为5个矿段。Ⅰ、Ⅱ矿段分别位于赖石包和大洼子两个次一级向斜构造中，已进行过初步勘探，矿体一般长50~280 m，厚1~34 m，延深30~160 m；在深部有隐伏的盲矿体（M1），其埋深300 m，厚度达65 m。

（3）矿石特征

矿石具自形、半自形-他形粒状、交代熔融及残余结构；块状、浸染状及条带状构造。矿石矿物主要赤铁矿、假象赤铁矿，次为磁铁矿；脉石矿物以石英、绢云母为主，次为长石、叶蜡石、磷灰石、电气石、高岭土等。局部含黄铁矿、黄铜矿、锐钛矿。

（4）矿石品位

矿石品位TFe 23%~67%，富矿占比例较大。Ⅰ矿段平均：TFe 50.16%~51.75%；有害杂质S 0.033%~0.05%，P 0.013%~0.24%；Ⅱ矿段平均：TFe 58.23%~59.64%；有害杂质S 0.016%~0.036%，P 0.031%~0.098%；M1盲矿平均：TFe 25%~47%；有害杂质S 0.20%，P 0.26%。

近矿围岩为变凝灰岩、凝灰角砾岩，常含赤、磁铁矿，其TFe达10.83%~24.97%，厚一般1~5 m，与矿体渐变过渡。

（5）围岩蚀变

矿体围岩常见硅化、绢云母化，次为叶蜡石化、电气石化、钠化、高岭土化、黑云母化、绿泥石化等。

5. 汶川威州铁矿床

（1）概述

该矿床中心点位于汶川县城西270°方向，直距5 km。

1955~1956年西南地质局五二二队到矿区普查；1958年四川省工业厅八〇七队进行普查；1979~1980年四川省地质局一〇一队对矿区中段进行详查，提交详查报告。

矿床铁矿石品位TFe 38.91%，基础储量728.2×10^4 t，资源量2128.37×10^4 t，资源储量2856.57×10^4 t。1980年3月，阿坝州铁矿设计年产10×10^4 t矿石，后来年产实际产量约为5×10^4 t。

（2）成矿地质背景

矿区位于龙门山造山带，茂汶-丹巴地背斜中的克姑倒转复背斜东南翼；古地理位置恰处彭灌古隆起与近南北向雪隆包古隆起之间，为龙门山坳陷带中向南凸的海湾。区内志留系茂县群发育，其中第2段为含矿岩系，厚667~1378 m，厚度由北东向南西方向变薄。岩性组合为千枚岩夹灰岩及砂岩或片岩夹大理岩和钙质石英砂岩，在矿区构成一向北倾斜的倒转单斜层。

（3）矿体特征

矿体呈多层状产出，最多达89层。按正常层序有三个含矿层：上含矿层分布矿区西部，有矿1至9层，长600 m，厚5 m；中含矿层有矿5至35层，横贯矿区中部，长2000 m，厚5.6~24.4 m；下含矿层有矿15至35层，长700 m，厚3.36~20.38 m，分布矿区东部（图2-37）。单个矿体层似层状，透镜状、少数为鸡窝状，长150~200 m，厚0.5~1.5 m，延伸数十至百余米，厚度、品位变化较大。

（4）矿石特征

矿石矿物以磁铁矿为主，少量黄铁矿，脉石矿物有绿泥石、石英、云母，磷灰石及石榴子石、硬绿泥石。呈鳞片状、斑状及显微花岗变晶结构，片状、条带状及块状构造。有绿泥石磁铁矿及石榴子石绿泥石磁铁矿两种矿石类型。

矿石品位：TFe 23.29%~56.85%，平均46.66%；伴生TiO_2 0.3%；有害杂质S 0.15%~0.2%，

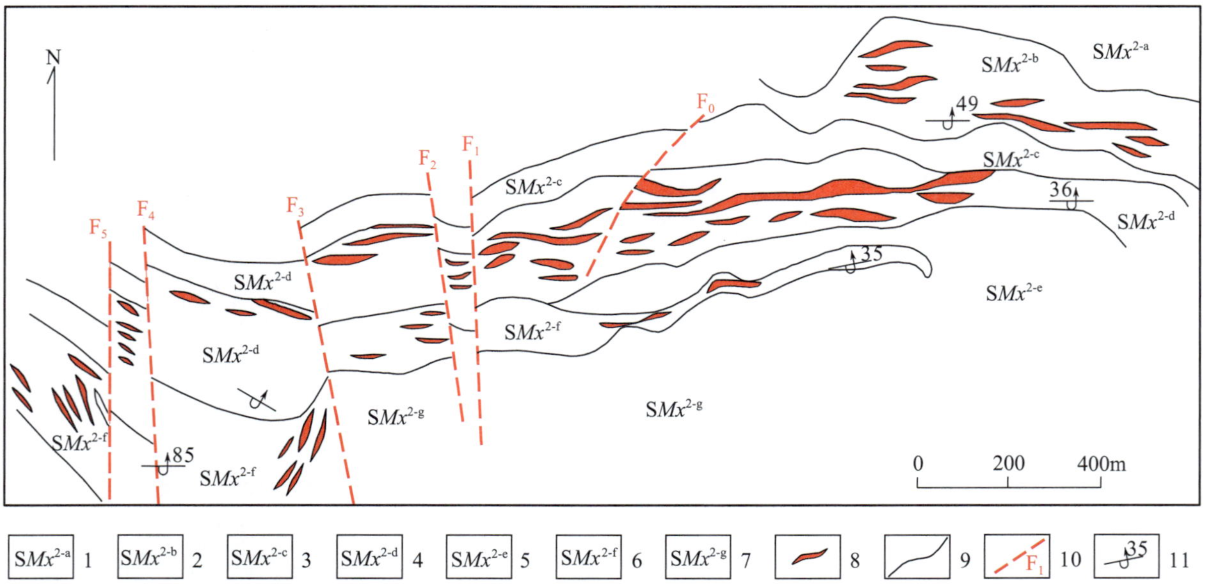

图 2-37　汶川县威州矛岭铁矿矿区地质图

（据胡朝云等，2015，修改）

1—志留系茂县群石英绿泥片岩；2—志留系茂县群下矿层；3—志留系茂县群大理岩及绿泥片岩；4—志留系茂县群中矿层；5—志留系茂县群钙质绢云绿泥片岩；6—志留系茂县群上矿层；7—志留系茂县群绿泥石英云母片岩；8—矿层；9—地质界线；10—推测断层及编号；11—倒转地层产状

P 最高 3.08%，平均 1.08%。属高磷低硫酸性矿石。

（5）成矿模式

威州铁矿出现在扬子陆块边缘，从震旦纪开始四川基本进入了稳定沉积阶段，在盆地西缘有康滇古隆起，东部为四川盆地。受岩相古地理控制，奥陶纪—泥盆纪，含铁质的陆缘碎屑和碳酸盐不断在古隆起边缘盆地中沉积，在有利环境中成矿，如奥陶纪浅海相碎屑-碳酸盐沉积建造的华弹式铁矿，泥盆系浅海碳酸盐岩夹碎屑岩建造的碧鸡山式铁矿（见本章第六节），威州铁矿产于志留系茂县群砂泥质-碳酸盐岩-绿片岩中，可能有后期变质作用叠加改造。与其有关的同位素年龄值为 240～330 Ma，它大致指示了晚古生代变质作用的时限。

第五节　风化型铁矿床

（一）概述

《地球科学大辞典》（2006）指出，风化作用是“地壳表层与大气圈、水圈和生物圈之间物质与能量转化的表现形式。风化作用是岩石物理性状和化学成分发生变化的过程”，风化作用“按岩石风化的性质分为物理风化和化学风化两种基本类型。在岩石风化过程中这两类风化通常是同时进行的，而且往往是互相影响又互相促进的”；风化矿床是“岩石或矿床在地表经各种风化作用而形成的矿床”，如“风化壳矿床、淋积矿床和各种铁帽”。

四川省风化型铁矿床为次要类型。分布区主要为川西三江造山系和康滇基底断隆带两侧的被动大陆边缘。该类型有些矿床中伴生金、银；共有矿产地 27 处；矿床规模较小，有小型 5 处，矿点 22 个。矿床勘查程度达到详查的 1 处，普查 4 处，预查 22 处。铁矿石资源储量 2349.67×10^4 t（表 2-22）。

表 2-22　风化型铁矿类型、资源储量统计表

三级成因分类	三级成因亚类	矿产地名称	规模	勘查程度	主金属（TFe）		共（伴）生金属		利用情况
					品位/%	矿石资源储量/10^4t	品位/%	金属资源储量/t	
风化型铁矿床	（主要形成于第四纪）	德格扎拿卡	矿点	预查	53.67				
		白玉热土	矿点	预查	26.34				
		得荣木热贡玛尕	矿点	预查	21.68				
		得荣萨巴垭	矿点	预查	34.00				
		得荣纳炯	矿点	预查	28.90				
		得荣大塘坝	矿点	预查	24.74~27.05				
		理塘扎萨通	矿点	预查					
		理塘查瓦额	矿点	预查	53.15~58.81				
		稻城茶花	小型	普查	37.75	546.6			
		木里云布山	矿点	预查	28.35~54.79				
		木里瓦托	矿点	预查	52.17				
		木里耳泽	小型	详查	51.94	416.8	Au 3.18 g/t	10.81	已用
							Ag 87 g/t	37	
		木里水洛牛毕	矿点	预查	22.62~48.76				
		木里吉东	矿点	预查	48.39				
		木里央岛	小型	普查	38.85	928.0	Ag 17.3 g/t	7.0	
		木里宁郎进拉	矿点	预查	13.44~43.3				
		木里邦利布	矿点	预查	45.79				
		木里后所乡艾里坪子	矿点	预查	48.46				
		盐源麦架坪	小型	预查	59.83	187			已用
		盐源双河大地	矿点	预查	55.99				
		冕宁腊窝大沟	矿点	普查	21~29.5	31.77	Au 3.55 g/t		
		会理水潞青	小型	普查	35.91~39.44	170			
		喜德林宾湾	矿点	预查	46.11~56.82		Pb 0.6~2.1		
		会东石家梁子	矿点	预查	56.1	16.7			
		会东官村	矿点	预查		39			
		盐边白草坡	矿点	预查	55.49				
		叙永渡船坡	矿点	预查	41.97	13.8			
	合计					2349.67		Au 10.81 Ag 44	

四川省许多风化型铁矿多为早期其他成因类型的矿床经过风化作用改造而成，有的还保留有早期成矿作用的痕迹。因此，对一些矿床的成因类型有不同的认识，例如木里耳泽铁金矿被划为热液型（“四川木里耳泽金矿矿床地质特征、成矿条件及找矿初步研究”，1990），央岛铁矿为火山成因等。它们的成因有待进一步研究，本书根据有关勘查资料及矿石矿物（褐铁矿），暂归入风化型，不同认识将在矿床实例中进行说明。

（二）矿床实例

该类型铁矿的代表性矿床有稻城茶花褐铁矿床和木里央岛褐铁矿床。

1. 稻城茶花褐铁矿

（1）概述

该矿床位于稻城县蒙自乡北约 8 km。大地构造位置为三江造山系的义敦-沙鲁里弧盆系，区内出露主要地层为三叠系碎屑岩、碳酸盐岩和基性火山岩。铁矿主要呈层状、透镜状，次有豆荚状、脉状，产于领麦沟组中部碳酸盐岩中，原矿由菱铁矿、赤铁矿组成，经强烈氧化后原生矿已不多见，几乎全为褐铁矿所取代。矿床中可伴生有金、银。

（2）地矿地质背景

茶花铁矿床主要含矿层分布于下三叠统领麦沟组（T_1l）中（图 2-38）。该组下段为硅质板岩，结晶灰岩互层，夹有角闪片岩，其上部夹有透镜状铁矿体；上段为中厚层结晶灰岩夹硅质板岩、薄层结晶灰岩、角闪片岩，可在不同部位夹有小的透镜状褐铁矿体。

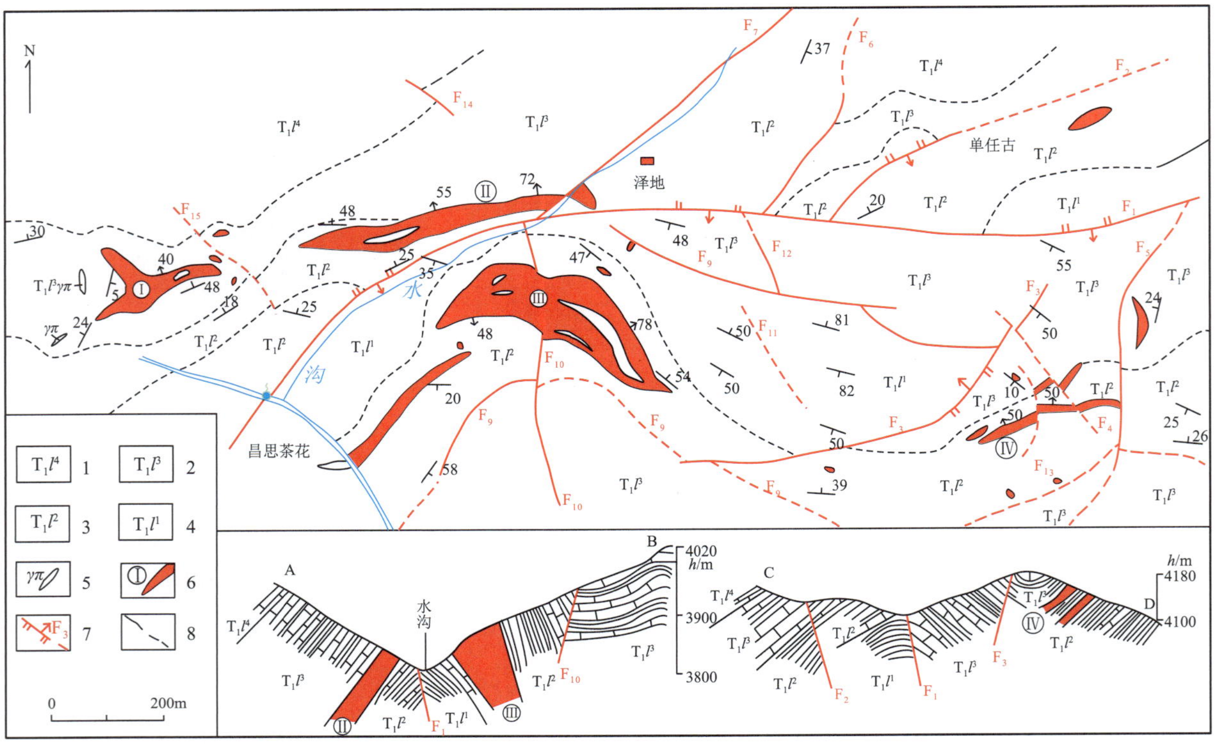

图 2-38　四川省大地构造单元划分图

（四川省地质调查院，2013）

1—下三叠统领麦沟组中-薄层状结晶灰岩夹硅质板岩；2—下三叠统领麦沟组中-厚层状结晶灰岩夹硅质板岩（含矿层）；3—下三叠统领麦沟组含褐铁矿硅质板岩夹中厚层状结晶灰岩（含矿层）；4—下三叠统领麦沟组硅质板岩；5—花岗斑岩脉；6—矿体及编号；7—实测及推测断层及编号；8—实测及推测地质界线

领麦沟组地层总体构成向北倾的单斜构造，其中，次级小型褶皱极其发育。褶皱的方向形态变化大，按其组合形态可分三组，即北东向、南北向和北西向三组。矿区内断裂构造发育，除北东向的 F_1 断裂规模较大外，其余规模较小，也可分为三组，即北东东向、北西向、南北向。三组褶皱及三组断裂将矿区内地层、矿体织成较密集的“断块”。

矿区西部相距千米左右分布有规模较大的郑热塘二长花岗岩体，因此，矿区也可见到少量的伟晶岩脉、斜长岩脉、石英脉，它们对成矿可能也有一定的影响。

（3）矿体与矿石

矿区已知矿体 24 个，规模大小不等，一般长 1～510 m，宽 0.9～20 m。矿体平面形态为似层状、透镜状、豆荚状，剖面上为似层状、瘤状及分枝复合的不规则状。矿体走向多为北东东，倾向北北西，倾角 15°～79°。矿体沿东西向成群成带分布断续长 2 km，受地层层位及裂隙的双重因素控制。

矿体与围岩界限清楚，界面规则平整（局部有港湾状）。主要矿体 4 个：Ⅰ号矿体长 230 m，平均宽 30 m，赋存于结晶灰岩中，呈 Y 字型；Ⅱ号矿体长 510 m，平均宽 18.8 m，赋存于硅质板岩中，呈似层状产出；Ⅲ号矿体长 485 m，宽 22~125 m，赋存于硅质板岩的层间裂隙及节理裂隙中；Ⅳ号矿体长 290 m，宽 3~13 m，赋存于硅质板岩中，似层状。

矿石以褐铁矿和针铁矿为主，有少许纤维矿，偶见黄铁矿、黄铜矿。褐铁矿呈棕色胶状结构，土状、块状及角砾状构造。

矿石中含 TFe 37.5%~49.77%，P 0.06%~0.16%，S<0.3%。经光谱分析，伴生元素有 Mn、Zn、Ti、Cu、Pb、As 等。

经 1975 年四川省地质局一〇八队普查，四川省矿产资源储量简表（2011）登记资源储量为 546.6×10^4 t（TFe 品位 37.75%），属小型铁矿床。

（4）矿床成因

对此矿床的成因有两种认识，第一种认为受层位控制，后期热液改造，属沉积改造型；另一种认为是硫化矿床氧化带形成的铁帽型矿床。

2. 木里央岛铁矿床

央岛铁矿床位于木里县城西 273°方向，直距 83 km。1966 年，四川省地质局三区测队对矿区进行矿点检查；1979~1980 年四川省地质局四〇四队对矿区作了初步普查。

央岛铁矿为一小型矿床，铁矿石（含 TFe 38.85%）资源储量 928×10^4 t。矿床伴生有益元素 Ag，品位 17.30 g/t，银金属资源储量 7.0 t（四川省矿产资源储量简表，2011）。

（1）成矿地质背景

央岛褐铁矿矿区位于松潘-甘孜造山带南部恰斯穹窿边缘，北北西向加依沟背斜西翼，区内上二叠统冈达概组不整合于前震旦系恰斯群之上，构成倾向北西西的单斜构造。冈达概组（P_2g）主要为一套绿色片岩、千枚岩夹大理岩，分为上下两段；恰斯群主要为一套灰白色二云母片麻岩夹结晶灰岩、浅黄色白云二长片麻岩。区内还有一些小辉绿岩脉侵入于恰斯群中。

矿区内冈达概组下段可分为三个火山-沉积旋回，褐铁矿主要见于第一旋回，其上部为灰白色薄-厚层状大理岩夹绿色绢云母千枚岩，钙质粉砂岩，含钙白云质凝灰岩，底部夹千枚状硅质岩；第一旋回下部为灰绿色变玄武岩夹杏仁玄武岩，其下为绿泥石片岩、含钙铁白云石凝灰岩、含褐铁矿千枚岩、千枚状硅质岩板岩。矿区地质草图见图 2-39。

（2）矿体与矿石

区内共有 15 个矿体，矿体赋存于冈达概组中，一般长几十米到 200 m，厚 5~12 m。在第一旋回下部浅变质岩系中矿体呈层状、似层状、透镜状，其中 1 号矿体规模最大，长 3050 m，厚 5~20 m，沿地层不整合面呈断续层状产出，其倾角变化较大（20°~70°，南段直立或倒转）；第一旋回上部有透镜状褐铁矿体（5、6、7、8、9、10 号）。

矿石矿物以褐铁矿为主（70%~95%）、石英（10%~20%）、绢云母（5%~15%），少量绿泥石、高岭石。褐铁矿为菱铁矿氧化产物，矿石多保留原始沉积层理。矿石结构为胶状、变砂状结构，土状、蜂窝状构造、块状、条带状构造。

矿石 TFe 平均含量 39.20%（其中 TFe>40%的占 63.40%）；Mn 平均含量 2.14%，含 Mn>3%者（含锰铁矿石）约占 12.30%；S 0.015%，P 0.06%，As 0.012%，Cu 个别样达 0.29%，平均 0.046%，SiO_2平均 20.84%，Ca 0.32%，MgO 0.43%，Au 0.05 g/t，Ag 0.82 g/t。

（3）矿床成因

恰斯穹窿是甘孜-理塘构造带南端的一个构造复杂的穹窿状地质体，其核部为一套变质岩系，外围是一套变玄武岩、碎屑岩组合，二者不整合接触，穹窿还分布有超基性岩。前人资料认为央岛铁矿矿床成因可能属火山气液-沉积型铁矿。由于主矿体沿不整合面分布矿石矿物主要为褐铁矿，具土状、蜂窝状构造，因此，本书暂归入经后期氧化淋滤形成风化壳铁矿床。

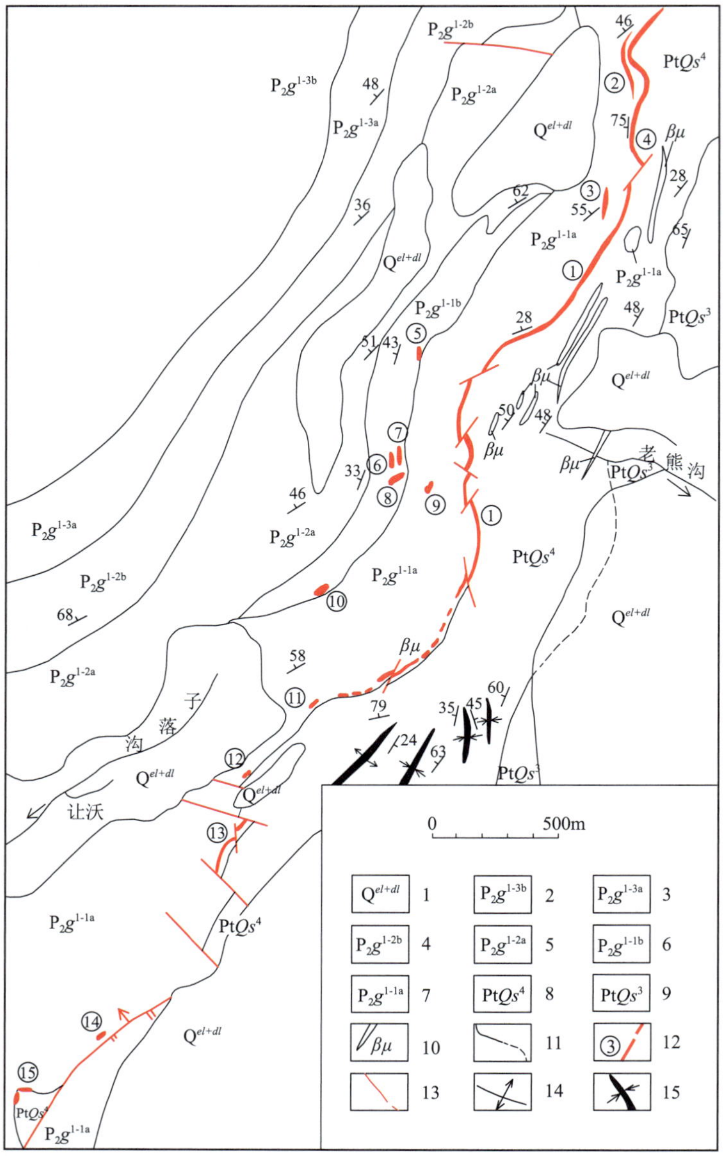

图 2-39　木里县宁朗乡央岛铁矿床地质平面草图

（据四川省地质局四〇四队，1980）

1—第四系残坡积层；2—中二叠统冈达概组下段第三旋回层 b 段；3—中二叠统冈达概组下段第三旋回层 a 段；4—中二叠统冈达概组下段第二旋回层 b 段；5—中二叠统冈达概组下段第二旋回层 a 段；6—中二叠统冈达概组下段第一旋回层 b 段；7—中二叠统冈达概组下段第一旋回层 a 段；8—中二叠统恰斯群四段；9—中二叠统恰斯群三段；10—辉绿岩；11—地质界线；12—矿体及编号；13—断层；14—背斜轴；15—向斜轴

第六节　沉积作用铁矿床

（一）概述

四川省沉积作用铁矿床主要为化学沉积型（以下简称沉积型），其分布相对较广，在川西南的宁南、甘洛-越西、汉源及会理、会东、布拖、峨边、西昌，川南珙县，川东北的万源、广安、达州地区，川北的江油、旺苍、广元，以及川中威远、宝兴、洪雅等地均有见及，但具工业价值的主要分布在宁南、甘洛一带。

全省共有沉积型铁矿产地228处，是四川省比较主要铁矿成因类型。从数量上看占到全省铁矿矿产地的50%，其中，大型1处，中型9处，小型82处，矿点136个；铁矿石资源储量72481.04×10^4 t，占全省的4.30%，为6个成因类型中的第二位。沉积型铁矿工作程度相对较低，进行过勘探的有23处、详查21处、普查85处，预查99处。

四川省沉积型铁矿包括陆相化学沉积型、海陆交互相沉积型、海相化学沉积型3个亚类型，从成矿时代看，从震旦纪到新生代均有铁矿沉积，它们沉积环境也各不相同，据此，进一步分成九个小类（表2-23）。

表2-23 沉积型铁矿类型、资源储量统计表

三级成因分类	三级成因亚类		矿产地名称	规模	勘查程度	主金属（TFe）品位/%	主金属（TFe）矿石资源储量/10^4 t	利用情况	备注
化学沉积型铁矿床	陆相化学沉积型铁矿	白垩纪—第三纪沉积铁矿	白玉拿它乡	矿点	预查				
			中江白竹山	中型	预查	25.0	2416.0		
			合计2处				2416.0		
			矿床规模：中型1处，矿点1处 勘查程度：预查2个						
		晚三叠世—中侏罗世含煤建造铁矿	会东新田	矿点	预查	51.78			
			会东骆龙	矿点	预查				
			天全姜家湾	矿点	预查	22.85	57.96		
			荥经大旋沱	矿点	预查	23.53			
			荥经马家沟	矿点	预查	33~39	11.6		
			荥经冯家坝	矿点	预查	27.12	50.5		
			汉源关沟	矿点	预查	28.56	15.9		
			汉源牛市坡	矿点	预查	26~37	41.0		
			汉源富庄西溪	矿点	预查	32~36	27.27		
			汉源九襄后城	矿点	预查	21.89~36.27	37.14		
			汉源河西	矿点	普查	32.50	23.4		
			芦山大川	矿点	普查	26.44~31.75	25.8		
			蒲江东北乡	矿点	普查	40	3.68		
			蒲江中兴乡	矿点	普查	40	16.5		
			蒲江霖雨乡	矿点	普查	40	30.9		
			资中公民	小型	预查	30.0	200		
			威远双河场	矿点	预查	25~32.2	38.1		
			威远连界场	小型	预查	32.37.0	264.3		
			威远观音滩	矿点	预查	25~38.0	35		
			威远踏水	小型	预查	30~40	328		
			威远越溪	小型	预查	28.88	312.54		
			威远长乐坝	矿点	预查	31.58			
			隆昌三龙桥	矿点	预查	30.0	69		
			隆昌云顶寨	矿点	预查	35.0	37		
			富顺毛白土	矿点	预查		18		
			富顺芝溪	矿点	预查	20~40	76		
			富顺巴岩寨	矿点	预查	30.0	22.0		
			富顺天池	矿点	预查	21.76	37.0		
			富顺琵琶	矿点	预查	30~40	34.0		
			富顺安溪	矿点	预查	25~35	57.6		
			宜宾溪鸡	矿点	预查	30~50.0	5.3		
			宜宾杉木湾	矿点	预查	40.0	0.525		

续表

三级成因分类	三级成因亚类		矿产地名称	规模	勘查程度	主金属（TFe）				利用情况	备注
						品位/%	矿石资源储量/10^4 t				
化学沉积型铁矿床	陆相化学沉积型铁矿	晚三叠世—中侏罗世含煤建造铁矿	宜宾板凳凹	矿点	预查	25~30					
			宜宾筒子湾	矿点	预查	30					
			宜宾和平公社	矿点	预查	25~40					
			宜宾弯刀嘴	矿点	预查	30					
			宜宾大烂厂	矿点	预查	20					
			宜宾广子坡	矿点	预查						
			宜宾隔云沱	矿点	预查	30					
			宜宾大地湾	矿点	预查	20					
			高县菱铁矿区	中型	勘探	28.31	2511				
			南溪蔡家湾	矿点	预查	20~30					
			南溪麓胜浩	矿点	预查	30					
			南溪野草沟	矿点	预查	49.08	4.4				
			泸县太平桥	小型	预查	30~35.0	105				
			泸县狐狸坡	矿点	预查	25~35	11.24				
			泸县桐子林	矿点	预查	30~50.0	47.0				
			泸县大洋坪	矿点	预查	32~37.0	55.24				
			泸县福集	小型	预查	25~30.0	105				
			泸县乱石山	矿点	预查	30.0	88.0				
			泸县牛滩	矿点	预查	28.7~40.99	31.0				
			古蔺白波坡	矿点	预查	30~35.0					
			广元回龙（雪坪）	矿点	详查	26~35					
			广元白马乡	小型	详查	31.58	805				
			广元白田坝	小型	详查	31.00	306				
			旺苍大湾	矿点	普查	29.88	3.7				
			旺苍碗厂沟	小型	详查	31.44~36.53	175.3				
			旺苍石硐沟	矿点	勘探	31.76	60.6				
			旺苍金溪乡	矿点	详查	35	83.6				
			广安区龙王塘码门	矿点	详查	22.87~47.46	98.0				
			华蓥猴儿沟	矿点	预查	29.55~32.01					
			华蓥南山寺-老观音岩	矿点	详查	29.03	50				
			邻水高炉	矿点	预查	29.17~37.87	57				
			邻水龙安	小型	普查	25~39.33	203.56				
			邻水石滓滩-罐子	小型	普查	32.0	892				
			邻水大石人和	小型	普查	15~37	237				
			万源水洋坪	小型	普查	33.58	866				
			万源长石	小型	详查	33.69~33.99	699				万源式
			万源庙沟	中型	详查	31~32.0	1158.7			闭坑	
			万源城区	小型	详查	41.86	786.7				

续表

三级成因分类	三级成因亚类		矿产地名称	规模	勘查程度	主金属（TFe）品位/%	矿石资源储量/10^4 t			利用情况	备注
化学沉积型铁矿床	陆相化学沉积型铁矿	晚三叠世—中侏罗世含煤建造铁矿	万源汉王坪	矿点	预查	32.5~45.8					万源式
			万源青花	小型	详查	33.41	49.8			闭坑	
			万源红旗	小型	勘探	34.1~36.2	544.9				
			万源沙滩	小型	勘探	35.64	513.7			闭坑	
			万源硐子沟-陡梯子梁	矿点	预查	35.0					
			万源石塘坝	矿点	普查	35.0	85.0				
			万源吊崖子	矿点	预查	34.92					
			万源罗家湾	矿点	预查	35.0					
			万源白家坝	矿点	预查	20.0					
			万源张曹坝	矿点	预查	25.0					
			宣汉沙树湾	矿点	预查	34.94					
			宣汉矿厂梁	小型	普查	34.18	244.39				
			宣汉土漆坝	小型	普查	25.02~39.98	243				
			宣汉铁线溪	小型	普查	40.74	140.53				
			宣汉四方碑	小型	普查	29.67	531.45				
			宣汉老须沟	小型	普查	35	360.24				
			宣汉杉木梁	小型	普查	33.45	409.5				
			宣汉上峡铁石坝	矿点	勘探	23~42.06	93.1				
			宣汉福禄井田	矿点	详查		18.3				
			宣汉天生	矿点	详查	21.77~46.34	91.75				
			达县铁山	小型	普查	30~37.0	466				
			达县槟榔大垭	小型	普查	30~35	150				
			达县马家乡	矿点	普查		91.0				
			达县硐子沟-旋顶山	小型	普查	25~30	374.4				
			达县葫芦径-黄连乡带	小型	预查	22~40.0	217.0				
			开江回龙	小型	普查	30.0	115.3				
			开江旱田坝-宣汉天山区	矿点	普查	24.69~40.86	61.5				
			开江铁路沟	矿点	预查		21.0				
			开江斑竹山	矿点	预查		9				
			开江万峰山	矿点	预查		64.0				
			开江陈家湾	矿点	普查	32~43.0	86.8				
			渠县龙乐-南汇	矿点	普查	30~35	57.0				
			大竹清河乡	矿点	普查	20~35	27.0				
			大竹清溪沟	矿点	普查	10~35	26.0				
			大竹城西至清水一带	矿点	普查	25~30.0	56.0				
			大竹大冶	小型	预查	24~40.0	300				
			大竹堡子乡	小型	普查	25~30.0	131.06				

续表

三级成因分类	三级成因亚类		矿产地名称	规模	勘查程度	主金属（TFe）品位/%	主金属（TFe）矿石资源储量/10^4 t	利用情况	备注
化学沉积型铁矿床	陆相化学沉积型铁矿	晚三叠世—中侏罗世含煤建造铁矿	大竹西河乡	矿点	普查	25~30.0	59.0		
			大竹黑水河	小型	勘探	20~35.0	644.0		
			大竹刘家湾	小型	普查	35.0	219.0		
			大竹石龙乡	小型	普查	20~40.0	116.0		
			大竹八渡明滩	矿点	预查	35.0	66.0		
			合计 112 处				17998.78		
			矿床规模：中型 2 处，小型 34 处，矿点 76 处 勘查程度：勘探 6 个，详查 13 个，普查 32 个，预查 61 个						
		晚二叠世沉积铁矿	荥经四坪千翻沟	矿点	预查	56.68	38		
			峨眉山浸口林	矿点	详查		30.4		
			峨眉山龙池漩耳凼	矿点	详查	25~43	5.2		
			峨边新场	小型	勘探	32.22	360		
			峨边太阳坪	矿点	普查	30.0	23		
			洪雅铜厂河	小型	普查	26.53~43.90			
			合计 6 处				456.6		
			矿床规模：小型 2 处，矿点 4 处 勘查程度：勘探 1 个，详查 2 个，普查 2 个，预查 1 个						
	海陆交替相沉积型铁矿	二叠纪含煤建造沉积铁矿	筠连巡司场（兔儿堡、红中凹、小乐）	中型	勘探	27.67	1847		
			珙县杉木树	小型	详查	26.16	751		珙长式
			珙县芙蓉铁矿	小型	勘探	26.47	858.2		
			珙县白胶	中型	普查	26.47	4218.4		
			珙县二号井田	小型	勘探	26.73	206.0		
			江安砂槽-长宁石笋	小型	普查	23.35	107.7		
			江安五矿	中型	勘探	25.74~31.28	4594.4		
			兴文合民	小型	普查	25~30	541.7		
			兴文田坝	小型	普查	25~30	313.6		
			兴文五村	矿点	普查	19.54~42.14	15.0		
			兴文二李山	小型	普查	25.0	491.0		
			兴文响水滩	矿点	普查	30.0	46.0		
			叙永白腊沟	小型	普查	25~30	609.8		
			叙永烂坝子	小型	普查	32.04~36.26	154.0		
			叙永天涧坝	小型	普查	25~30	168.0		
			叙永大树	矿点	预查		32.0		
			叙永渡船坡	小型	普查	11.78~38.93	277.1		
			叙永落叶坝	小型	普查	28.65~37.90	147.0		
			叙永还乡坡	矿点	普查	24.7~36.7	61.0		
			叙永放马坝	小型	普查	24~34	339.0		
			叙永后山	矿点	预查	25~40			

续表

三级成因分类	三级成因亚类		矿产地名称	规模	勘查程度	主金属（TFe）				利用情况	备注
						品位/%	矿石资源储量/10^4 t				
化学沉积型铁矿床	海陆交替相沉积积型铁矿	二叠纪含煤建造沉积铁矿	叙永黄家垭口	矿点	预查	26.67~35.17					
			叙永双井	矿点	普查	34.44~49.79	48.7				
			叙永马洛渡	小型	普查	30.0	149.0				
			叙永营山	矿点	普查	23.34~42.52					
			叙永路井	矿点	普查	22.33~31.84					
			叙永广子砌	矿点	普查	20.44~29.41					
			叙永鸭子田	矿点	普查	28.03~33.50	18.7				
			叙永西靖	矿点	普查	20.31~41.58					
			叙永叉河	矿点	普查	20~40					
			叙永香水沟	矿点	普查	25~33.0					
			叙永视槽沟	矿点	普查	25~35.0					
			叙永海风	矿点	普查	32.6					
			叙永寒婆岭	矿点	普查	35.0					
			古蔺毛窝	小型	普查	27.71~33.47	277.3				
			古蔺烟地湾	小型	普查	20~30	239.4				
			古蔺芭蕉坪	小型	普查	20~30	162.3				
			古蔺石屏	小型	普查	26.49~33.85	218.0				
			古蔺高笠	小型	详查	27.48~35.99	174.0				
			古蔺铁索桥	小型	普查	30.66~34.96	199.0				
			古蔺石子岭	矿点	普查	22.89~32.73	77.15				
			古蔺六山	小型	普查	22.87~37.04	833.0				
			古蔺小宝	矿点	普查	27.05~34.19					
			古蔺建新	小型	普查	19.61~41.65	164				
			合计 44 处				18338.45				
			矿床规模：中型 3 处，小型 22 处，矿点 19 处 勘查程度：勘探 4 个，详查 2 个，普查 35 个，预查 3 个								
	海相化学沉积型铁矿	二叠纪—晚三叠世沉积铁矿	巴塘贡波本近农	矿点	预查	53.87					
			乡城前进乡扎子美	矿点	预查	18.54~23.57					
			木里向英	矿点	普查	47.61~51.15					
			雷波三窝肖家湾	矿点	预查	31.5~37.97	12.7				
			雷波铁厂坪	小型	普查	32.80	157				
			雷波杉树村	矿点	普查	34.49	11				
			盐边向家人沟	矿点	预查	30.29	3.0				
			盐边炉塘坝	矿点	详查	35.25~64.25	12.0				
			米易头滩	矿点	预查	45.00	11.7				
			米易二滩金龙	小型	勘探	48.43	175.3				
			天全干河	矿点	普查	28.25~53.05	98				
			大邑大草坪	矿点	普查	25~42.27	89.0				
			洪雅龙虎凼	小型	详查	46.40	141.88				

续表

三级成因分类	三级成因亚类		矿产地名称	规模	勘查程度	主金属（TFe）				利用情况	备注
						品位/%	矿石资源储量/10^4 t				
化学沉积型铁矿床	海相化学沉积型铁矿	二叠纪—晚三叠世沉积铁矿	广安耳桥	矿点	预查	26.12~34.81					
			华蓥红岩	矿点	预查	23.95~37.40	25.0				
			华蓥丁家坪	矿点	详查	36.97	36				
			华蓥柏梓洞至陈家垭	矿点	预查	20.29	9.2				
			华蓥大湾-福家梁子	小型	普查	22.06~42.73	110				
			华蓥李子垭	小型	预查	22.0	671				
			华蓥背脊岭-偏岩子	矿点	普查	23.24~33.42	53.0				
			华蓥亮垭子	矿点	预查	28.13	90				
			邻水阳河凉风垭	矿点	普查	28.02	69				
			得荣绒肖	矿点	预查	19.69~43.78					
			乡城正斗	矿点	预查	34.65					
			木里邦盖	矿点	预查	51.54					
			盐源巫木乡	矿点	预查	34.91					
			盐源生坪子	矿点	预查	34.91					
			合计 27 处				1774.78				
			矿床规模：小型 5 处，矿点 22 处 勘查程度：勘探 1 个，详查 3 个，普查 8 个，预查 15 个								
		泥盆纪沉积赤铁矿	若尔盖毕冈	矿点	预查	22.61~29.15					
			松潘葫芦沟	矿点	预查	20.01~21.52					
			松潘香腊台	矿点	预查	26.46~43.82					
			松潘张沟梁	矿点	预查	20.17~42.93					
			松潘黄龙寺	中型	普查	31.56~32.79	1085.8				
			甘洛特尔木	小型	普查	36.73	239				
			越西碧鸡山（切洛木、北西、南西、敏子洛木、北东、色达）矿区	中型	勘探	33.93~44.04	6751.1				宁乡式
			越西拉基宝珠	小型	普查	31.89	413				
			宝兴紫云	小型	勘探	39.06	138				
			都江堰懒板凳	小型	勘探	29.22	820				
			江油梅花洞	小型	勘探	29.00	603				
			江油老君山	小型	勘探	30.13	390				
			江油广利寺	小型	勘探	33.79	346			闭坑	
			江油观雾山	小型	勘探	33.46	270.8			闭坑	
			江油太华山	小型	勘探	33.31	224				
			江油白鹤洞	小型	勘探	34.64	110				
			合计 16 处				11390.7				
			矿床规模：中型 2 处，小型 10 处，矿点 4 处 勘查程度：勘探 9 个，普查 3 个，预查 4 个								

续表

三级成因分类	三级成因亚类		矿产地名称	规模	勘查程度	主金属（TFe）品位/%	矿石资源储量/10^4 t			利用情况	备注
化学沉积型铁矿床	海相化学沉积型铁矿床	志留纪沉积铁矿床	天全沙坪	小型	勘探	33.65	182.0				
			合计 1 处				182.0				
			矿床规模：小型 1 处 勘查程度：勘探 1 个								
		中奥陶世沉积赤铁矿床	越西吉家东山	小型	预查	43.10	580				华弹式
			布拖拖觉	小型	预查	33.0	120				
			布拖包谷坪	矿点	预查	25.00	11				
			宁南六马梁子	中型	预查	31.22~37.39	3680				
			宁南罗老达	矿点	预查	20.00					
			宁南马颈子	矿点	预查	25~30					
			宁南小松林坪	矿点	预查	25~30					
			宁南棋树坪	小型	普查	32.75	531.86				
			宁南大岩洞	小型	详查	32~35	273				
			宁南后山	小型	普查	35~40	360				
			宁南团宝山	矿点	预查	37.00	46				
			宁南俱乐	矿点	预查	30~35					
			宁南华弹	大型	勘探	40.05	13640				
			盐边大坪子	矿点	预查	27.10					
			盐边东巴湾	矿点	预查	50.00	26.3	Mn 40	矿石 50000		
			合计 15 处				19268.16		矿石 50000		
			矿床规模：大型 1 处，中型 1 处，小型 5 处，矿点 8 处 勘查程度：勘探 1 个，详查 1 个，普查 2 个，预查 11 个								
		晚震旦世沉积铁矿床	会理大富村	小型	普查	41.03	246.62				龙泉式
			会理龙泉	小型	普查	57~67.0	166.45				
			会理龙会	矿点	普查	28~54.0	52.5				
			会理龙塘	矿点	预查	30~45.0					
			会东大石棚	小型	预查	10.89~13.03	190.0	Mn 8.61~12.24			
			合计 5 处				655.57				
			矿床规模：小型 3 处，矿点 2 处 勘查程度：普查 3 个，预查 2 个								
总计			228 处					72481.04			
			矿床规模：大型 1 处，中型 9 处，小型 82 处，矿点 136 处 勘查程度：勘探 23 个，详查 21 个，普查 85 个，预查 99 个								

1. 陆相化学沉积型铁矿

1）白垩纪—新近纪河湖相沉积铁矿，分布在白玉县和中江县。产地 2 处，其中中型和矿点各 1 处；勘查程度全为预查。主矿种为铁，铁矿石资源储量 2416×10^4 t。

2）晚三叠世—中侏罗世含煤建造铁矿（万源式、威远式），主要分布在广元、万源、宜宾、泸县、威远、富顺及广安、邻水、宣汉、开江、大竹等地。计矿产地 112 处，铁矿石资源储量 17998.78×10^4 t。矿床规模：中型 2 处，小型 34 处，矿点 76 处；勘查程度：勘探 6 个，详查 13 个，普查 32 个，预查 61 个。

3）晚二叠世沉积铁矿，主要分布在荥经、峨眉、峨边等地，计产地 6 处，铁矿石资源储量 456.6×10^4 t。矿床规模：小型 2 处，矿点 4 处；勘查程度：勘探 1 个，详查 2 个，普查 2 个，预查 1 个。

2. 海陆交替相沉积型铁矿

二叠纪含煤建造沉积铁矿床（珙长式），主要分布在珙县、江安、叙永、古蔺、华蓥等县市。计产地 44 处，铁矿石资源储量 18338.45×10^4 t。矿床规模：中型 3 处，小型 22 处，矿点 19 处；勘查程度：勘探 4 个，详查 2 个，普查 35 个，预查 3 个。

3. 海相化学沉积型铁矿

1）二叠纪—晚三叠世沉积铁矿床，主要分布在得荣、巴塘、木里、雷波、盐边等县，计产地 27 处，铁矿石资源储量 1774.78×10^4 t。矿床规模：小型 5 处，矿点 22 处；勘查程度：勘探 1 个，详查 3 个，普查 8 个，预查 15 个。

2）中晚泥盆纪沉积赤铁矿床（碧鸡山式），分布在越西、甘洛、江油等市县，计产地 16 处，铁矿石资源储量 11390.7×10^4 t。矿床规模：中型 2 处，小型 10 处，矿点 4 处；勘查程度：勘探 9 个，普查 3 个，预查 4 个。典型矿床：越西碧鸡山。

3）志留纪沉积铁矿床，分布在天全县，产地 1 处，铁矿石资源储量 182.0×10^4 t，小型，勘探。

4）中奥陶世沉积赤铁矿床（华弹式），分布在凉山州宁南县，个别在临近的盐边县。产地 15 处，铁矿石资源储量 19268.16×10^4 t。矿床规模：大型 1 处，中型 1 处，小型 5 处，矿点 8 处；勘查程度：勘探 1 个，详查 1 个，普查 2 个，预查 11 个。典型矿床：宁南华弹铁矿。

5）晚震旦世沉积铁矿床，主要分布在会理、会东地区，次为南江和布拖。计产地 5 处，主矿种为铁，铁矿石资源储量 655.57×10^4 t。矿床规模：小型 3 处，矿点 2 处；勘查程度：普查 3 个，预查 2 个。

（二）沉积铁矿床区域地质背景及典型矿床的选取

1. 区域性地质背景

上扬子陆块的基底沿盆周西缘及北缘的泸定、宝兴、汶川等地分布，出露有结晶基底康定群，及褶皱基底会理群、登相营群、火地垭群等。基底之上为晚震旦世、古生代等时期的盖层沉积，并分布着四川省的沉积型黑色金属、有色金属矿产。其中有晚震旦世沉积铁矿，中奥陶世、泥盆纪海相地层中沉积了碳酸盐型及碳酸盐岩-碎屑岩型赤铁矿，晚二叠世海陆交互相煤系地层中相伴沉积了菱铁矿，以及粘土、黄铁矿等；晚三叠世，包括少量的早侏罗世陆相含煤地层中同样相伴沉积了菱铁矿以及粘土、黄铁矿等。

沉积型铁矿均分布在上扬子陆块中，包括凉山被动大陆边缘（Ⅰ1-6）、龙门山被动大陆边缘（基底逆推带）（Ⅰ1-3）、大巴山被动大陆边缘（基底逆冲带）（Ⅰ1-2）、四川陆内前陆盆地（Ⅰ1-1）4 个次级构造单元（图 2-40）。

（1）凉山被动大陆边缘（Ⅰ1-6）

本单元是上扬子陆块西南部的被动大陆边缘（陆缘褶冲带），区内基底为由中元古界峨边群组成的褶皱基底，但出露较零星；向上主要分布震旦系、古生界、中生界较为连续的沉积地层，其中震旦纪—泥盆纪为碳酸盐台地环境，形成了扬子型稳定的碳酸盐岩-碎屑岩建造，是四川省主要成矿时期之一，主要有层控铅锌矿床和沉积型铁矿床等多种重要矿产。该构造单元宁南一带的奥陶系巧家组中即赋存有华弹式鲕状赤铁矿床，越西一带有中泥盆世碧鸡山式鲕状赤铁矿；晚二叠世发育有含煤地层，并共生有赤-菱铁矿，晚三叠世陆相含煤地层中有共生的菱铁矿。

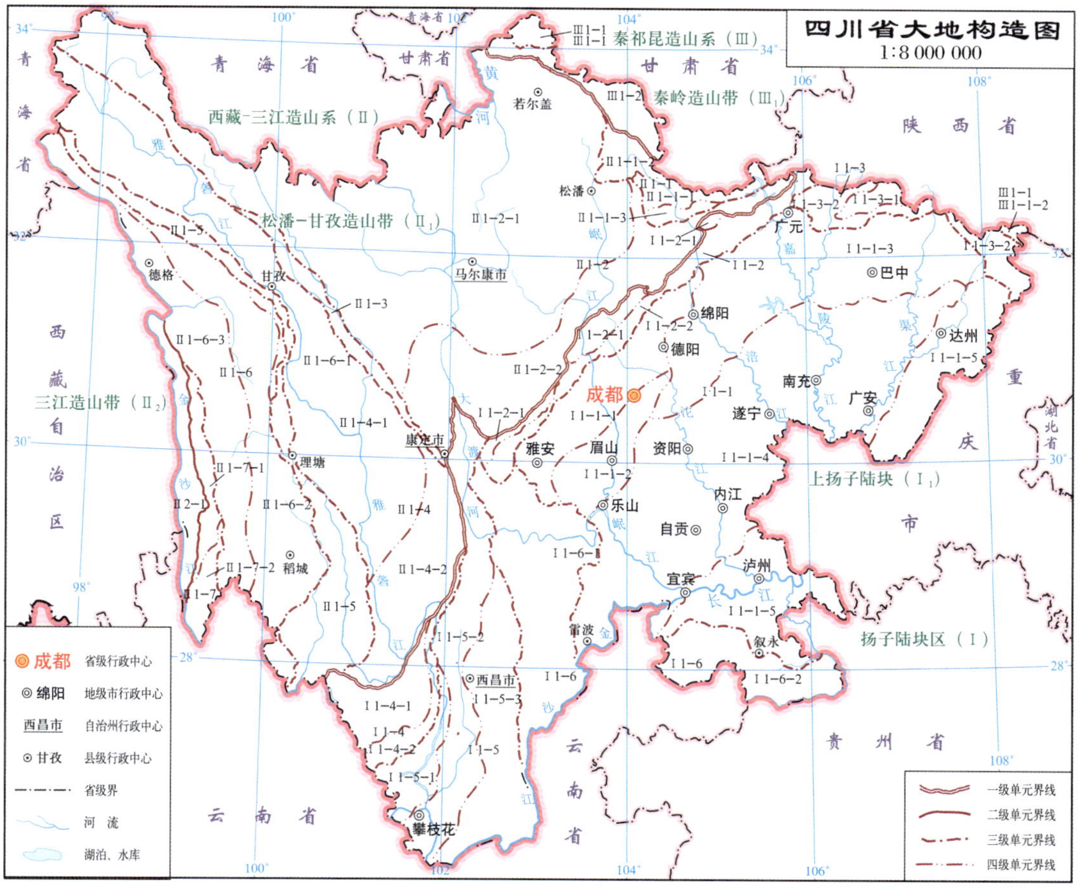

图 2-40　四川省大地构造单元划分图

（据四川省地质调查院，2013）

（2）龙门山被动大陆边缘（基底逆推带）（Ⅰ1-3）

该单元内部构造较为复杂，以北川-映秀断裂为界，其西部龙门山后山带为残留的古岛弧带；东部为龙门山前山带，其中的唐王寨碳酸盐岩台地及龙门前山陆棚环境中，震旦纪—中三叠世沉积了一套浅海相碎屑岩及碳酸盐岩，为大陆架环境的稳定沉积，在中-晚泥盆世形成了若干沉积型铁矿，为碧鸡山式铁矿的另一个集中分布区。

（3）大巴山被动大陆边缘（基底逆冲带）（Ⅰ1-2）

该带基底变质岩系属中-新元古代，盖层为震旦纪—志留纪和二叠纪—中三叠世稳定性海相沉积，缺失泥盆纪—石炭纪地层，属被动大陆边缘环境形成的浅海-滨海相碎屑岩-碳酸盐岩建造。在晚二叠世地层中分布有煤系地层，其中共生有菱铁矿。

（4）四川陆内前陆盆地（Ⅰ1-1）

四川陆内前陆盆地（Ⅰ1-1）指龙门山以东，七曜山以西，大巴山以南和大娄山以北的中、新生代红层分布地区，是一个大型内陆断陷盆地，盆地内中生代地层中蕴藏着石油、天然气和盐类矿产。

该盆地是中-新生代断陷盆地，其基底分布有南华系变质岩和震旦纪—三叠纪地层，基底地层大多在盆周一定深度内分布。基底之上广布侏罗纪—白垩纪湖相地层。如盆地西部的山前坳陷、雅安凹陷，盆地北部的梓潼凹陷、通江凹陷，盆地东部的华蓥山断陷盆地等次级构造单元的断陷下部探索到晚二叠世及晚三叠世（个别延续到早侏罗世）煤系地层。这些煤系地层除主产煤矿之外还共伴生有相当可观的菱铁矿、黄铁矿、粘土矿以及不稳定的高岭土及铝土矿资源。

2. 典型矿床的选取

我省沉积型铁矿三个亚类的矿层特征相差较大，其中海相化学沉积型最为重要，以中奥陶世华弹铁矿床规模较大，其次是泥盆纪的碧鸡山铁矿床；二叠纪及晚三叠世陆相沉积型及海陆交互相沉积型铁矿的矿产地多，但规模较小，且矿体连续性差。

本书根据典型矿床和代表性矿床的选择原则，以宁南华弹铁矿为中奥陶世海相化学沉积型的典型矿床，称为华弹式；以碧鸡山铁矿为泥盆纪海相化学沉积型的典型矿床，称为碧鸡山式；以珙县白皎铁矿作为二叠纪海陆交互相沉积型的代表性矿床；以万源庙沟铁矿作为陆相化学沉积型的代表性矿床。

（三）典型矿床和代表性矿床基本特征

1. 宁南华弹赤铁矿床

（1）概述

华弹式铁矿为沉积型赤铁矿床，主要分布在川西南的宁南县，甘洛-越西及盐边东巴湾一带也有零星分布；系产于中奥陶世的海相化学沉积型铁矿，含矿层位为中奥陶统上巧家组；有矿产地15处，其中大型矿床1处，中型1处，小型矿床5处，其余为矿（化）点。

华弹矿区位于县城NE145°方向，直距20 km。该矿床于1955年由西南地质局五一一队发现；1956~1958年，该队组织详查和勘探工作，提交了《四川省宁南县华弹赤铁矿床资源储量计算报告》，含铁品位35%~40%，求得资源储量7385×10^4 t，其中工业资源储量3177×10^4 t。

铁矿石为含有绿泥石的赤铁矿，品位为TFe 40.05%，矿石基础储量1844×10^4 t，资源量11796×10^4 t，资源储量13640×10^4 t（四川省矿产资源储量表，2011）。该矿区尚未开发利用。

（2）地质构造背景

矿区处于凉山被动大陆边缘的布拖-金阳陆棚区，该区在奥陶纪—泥盆纪时期为一个碳酸盐岩台地。矿区构造为宁南凹褶断裂东南段之红星背斜东翼，为走向南北，倾向东，倾角30°~50°之单斜构造。由于受西侧金沙江断裂和普格河断裂的影响，构造形迹以南北向断裂为主，次有北西向和东西向断裂，它们将华弹赤铁矿区之矿体和地层切割为若干断块。

含矿地层为中奥陶统的上巧家组，为一套陆棚区的浅海相碳酸盐岩建造。巧家组地层分为上下两段，走向北北西—南北—北北东，总体向东倾斜，倾角30°~50°，南西部较陡，北东部较缓。下段岩性主要为黄灰暗灰色厚层状结晶灰岩；上段为灰-深灰色灰岩、豹皮灰岩夹灰绿、灰黄色砂页岩，厚69~86 m，底部时夹红色赤铁矿层，矿层顶、底板多为碳酸盐岩。矿区地质图见图2-41。

（3）矿体和矿石

铁矿体呈层状产于上巧家组上段底部，为一大扁豆体，矿体长10 km，宽数百至2000余米，厚2~6 m，矿区中部厚达9.45 m，南北两端薄，向北薄至0.2 m，向南薄至3.28 m，沿倾向渐为含铁泥砂质灰岩取代。矿体可分上、下两个矿层。

上矿层厚0.2~2.6 m，为明显之致密层状赤铁矿层，鲕状结构，致密块状构造；鲕粒0.8~1.5 mm，呈椭圆、扁圆状，鲕心多为绿泥石，外壳为赤铁矿。矿石以赤铁矿为主，次为方解石、鲕绿泥石、石英、泥质及微量黄铁矿。下矿层为暗紫色鲕赤铁矿层，厚1.5~3.9 m，以鲕状赤铁矿、鲕绿泥石为主，黄铁矿、方解石微量，胶结物为方解石、泥质和泥质。

矿石呈鲕状结构、致密层状构造。鲕粒呈椭圆、扁圆状、鲕心多为绿泥石，外壳为赤铁矿。矿石平均品位TFe 40.22%（表外矿平均25.62%），S 0.006%，P 0.05%，品位特点是上富下贫。上矿层上部TFe 40%，下部为35%~40%；风化后矿石品位可提高到45%以上。下矿层上部赤铁矿较多，TFe 20%，下部绿泥石较多，TFe<15%。倾斜方向矿石品位与矿体厚度正相关，自上而下有变贫趋势。

（4）成矿要素

通过典型矿床研究，总结华弹式铁矿床最主要的成矿要素有含矿建造，成矿时代等（表2-24）。

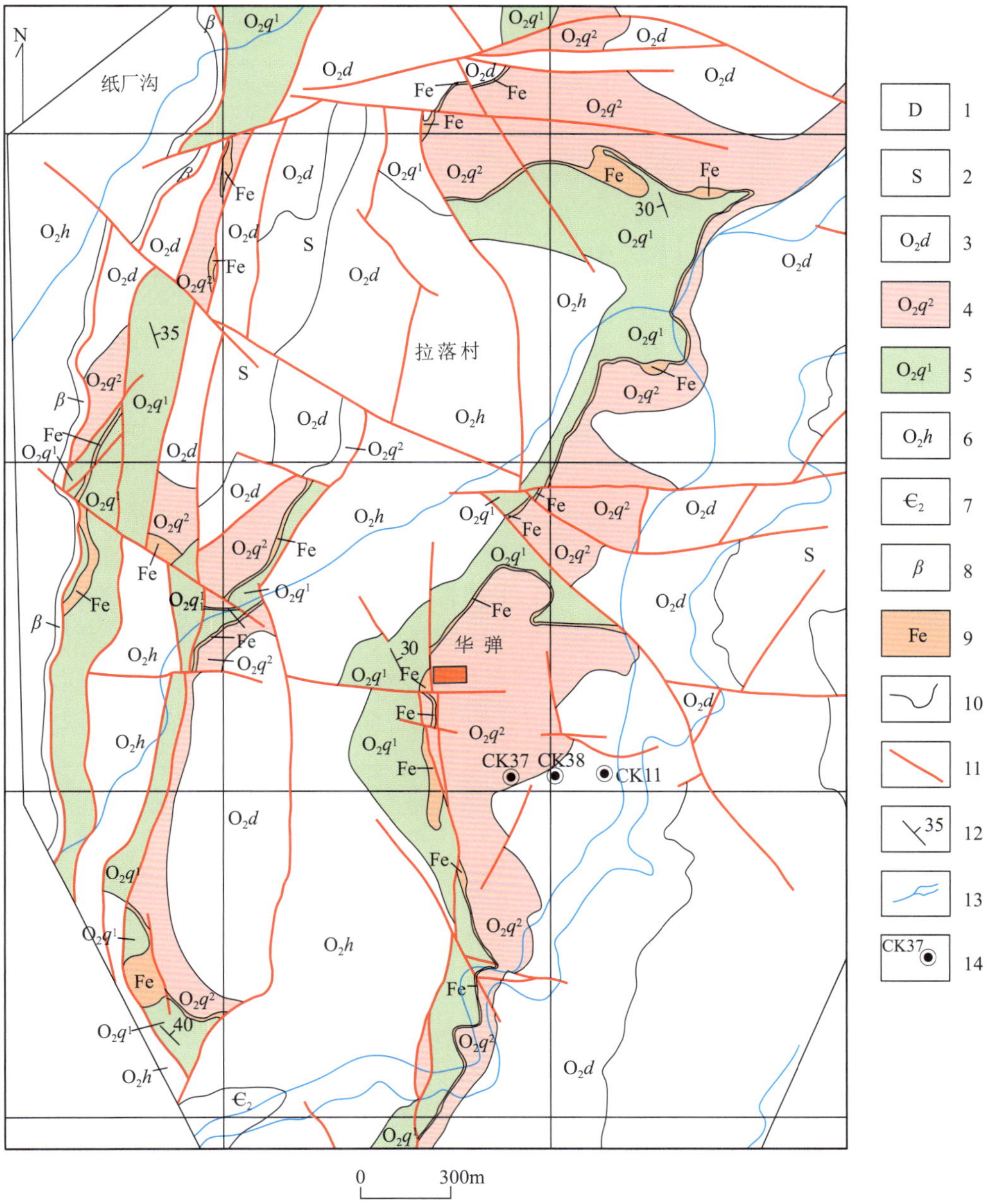

图 2-41　宁南县华弹铁矿床矿区地质图

（据四川省地质矿产勘查开发局四〇三队，2010，修编）

1—泥盆系；2—志留系；3—中奥陶系大箐组；4—巧家组上段深灰色白云质结晶灰岩；5—巧家组下段灰岩，富含砂质泥灰岩及鲕状赤铁矿；6—下奥陶统红石岩组；7—下寒武统；8—二叠系喷出岩玄武岩石；9—赤红色鲕状赤铁矿；10—地质界线；11—正逆断层；12—产状；13—水系；14—已施工钻孔

表 2-24　宁南华弹铁矿床成矿要素表

成矿要素		描述内容	要素分类
特征描述		产于中奥陶世碳酸盐岩中的沉积型铁矿	
地质环境	成矿时代	中奥陶世	重要
	含矿建造	海相碳酸盐建造	必要
	古地理	局限台地边缘	重要
	沉积相	局限台地边缘浅滩相	次要
	物质来源	主要为康滇古陆前寒武纪的富铁岩石的风化剥蚀	次要

续表

成矿要素		描述内容	要素分类
特征描述		产于中奥陶世碳酸盐岩中的沉积型铁矿	
矿床特征	含矿层位	中奥陶统巧家组	次要
	含矿岩系	下矿层：为暗紫红色鲕状赤铁矿，具层状构造。上矿层：为致密层状的鲕状赤铁矿。上、下矿层间为含鲕赤铁矿砂屑灰岩	重要
	矿体形态、产状	整个铁矿层层位稳定，呈一不规则之巨大的铅饼状。倾斜东，倾角 30°~50°	次要
	矿产地	由于受断层构造破坏较剧，赤铁矿露头断续出露	必要

（5）成矿模式

华弹铁矿床沉积盆地可划分出 3 个沉积相带。Ⅰ相带为碳酸盐台地-滨海后-前滨带泥坪（滩）相，分布于古陆前缘，沉积环境属滨海平均海平面的波浪带上部。巧家组下段（早期）沉积环境属近源碳酸盐台地；巧家组上段（晚期）属后滨-前滨带的泥坪（滩）相。Ⅱ相带为碳酸盐台地-滨海前-近滨带生物屑碳酸盐浅滩-泥坪（滩）相，早期沉积环境仍属碳酸盐台地；晚期沉积环境属滨海的前滨-近滨带生物屑碳酸盐浅滩-泥坪（滩）。Ⅲ相带为碳酸盐台地-滨海近滨-滨外带生物屑（骨屑）泥质浅滩相，早期沉积环境仍属碳酸盐台地；晚期属滨海的前滨-滨外带生物屑（骨屑）碳酸盐浅滩-泥质浅滩（泥滩），局部仅见有鲕状含铁矿泥灰岩存在。成矿模式为，中奥陶世康滇古陆风化形成的铁质经搬运，在陆缘滨海—浅海以化学沉积的方式成矿。成矿模式示意图见图 2-42。

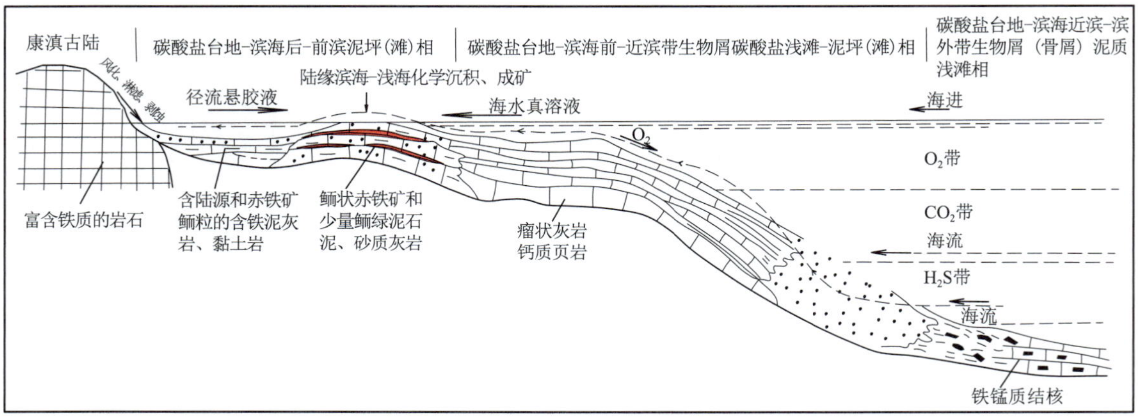

图 2-42　宁南县华弹铁矿床典型矿床成矿模式图

（据四川省地质矿产勘查开发局四〇三队，2010）

2. 越西县碧鸡山赤铁矿床

（1）概述

越西碧鸡山式铁矿床集中分布于甘洛-越西碧鸡山地区和龙门山江油等地，前人曾称为宁乡式（四川省地质矿产局，1991）、江油式等，四川省矿产资源潜力评价（2013）称为碧鸡山式。碧鸡山赤铁矿床位于越西县城 NE75°方向，直距 20 km，由 1958 年由四川省地质局乐山队发现。在越西、甘洛一带该类型包含 6 个铁矿区（图 2-43）。

切罗木矿区在 1961~1962 年由四川省地质局二〇二队唐永森等进行详查，提交普查报告，查明矿石含 TFe 44.04%，S 0.05%，P 0.55%，求得矿石远景资源储量 515×10^4 t。四川省储委批准资源储量 586×10^4 t。

敏子洛木矿区于 1971 年四川省地质局一〇九队李暮洁等在二〇二队详查基础上进行初勘，提交了初勘报告，求得资源储量 2008×10^4 t，其中工业储量 1650×10^4 t。经省储委审查批准资源储量 2101.4×10^4 t。

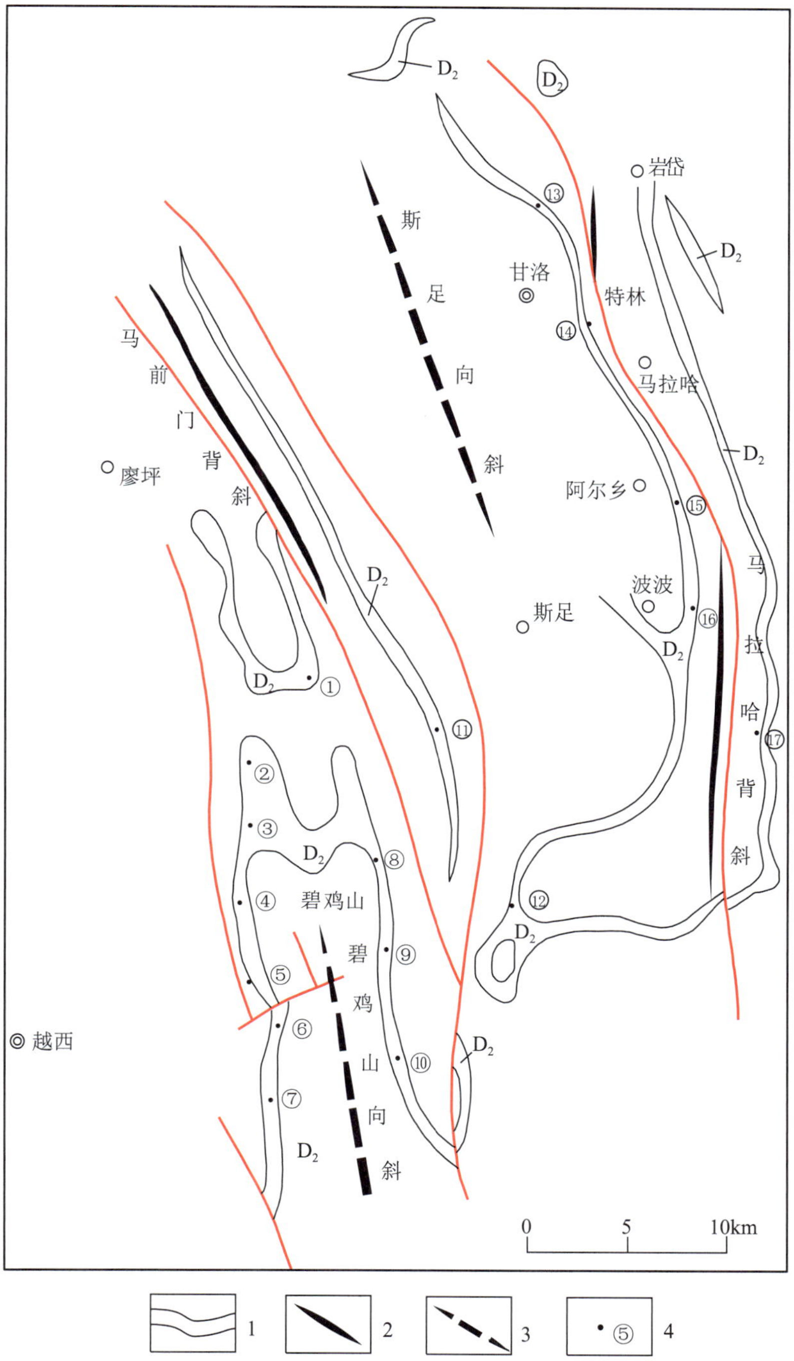

图 2-43　甘洛-越西县碧鸡山中泥盆统铁矿分布略图

（据成都地质矿产研究所，1985）

1—中泥盆统分布范围；2—背斜；3—向斜；4—铁矿产地：①切洛木；②竹儿沟；③敏子洛木；④~⑦碧鸡山向斜西翼各矿段；⑧~⑩碧鸡山向斜东翼各矿段；⑪马期木；⑫拉基宝珠；⑬攀石崖；⑭特木尔；⑮锁子村；⑯色达大桥；⑰色呷村

碧鸡山铁矿北西矿段（区）于1970~1972年由四川省地质局一〇九队周德雨等在二〇二队详查工作基础上进行初勘，提交了初步勘探报告，求得矿石资源储量2154. 7×10^4 t，其中工业储量891. 6×10^4 t。四川省储委批准资源储量2154. 7×10^4 t。

碧鸡山铁矿西翼三、四段（南西矿区）于1960年由四川省地质局王雪龙等进行初步普查，提交初步普查报告，求得远景资源储量190. 8×10^4 t。省储委批准资源储量274. 4×10^4 t。

碧鸡山矿区东翼一矿段（北东矿区）于1958年由四川省地质局凉山队初步普查，1961~1962年四川省地质局二〇二队初步普查，提交初步普查报告，求得远景资源储量255.3×10^4 t。省储委批准资源储量1225.3×10^4 t。

甘洛色达铁矿于1961年由四川省地质局二〇二队初步普查，提交矿点检查报告，求得远景资源储量239.2×10^4 t。省储委批准资源储量379.3×10^4 t。

碧鸡山铁矿石为鲕状赤铁矿石（含TFe 33.93%~44.04%），资源储量6751.1×10^4 t。在敏子洛木和北西矿区，曾作矿石可选性试验，均属难选矿石；原矿含TFe 37.81%，磁选后精矿为51%，回收率为82%。

碧鸡山矿区处于凉山被动大陆边缘布拖-金阳陆棚区，泥盆纪时期为滨海-浅海（海湾）环境，形成一套含铁碳酸盐岩、碎屑岩组合。区内地层呈近南北向梳状褶皱，构造线总体南北向，由西向东主要有碧鸡山向斜、马前门背斜、斯足向斜、马拉哈背斜，发育南北向冲断层。碧鸡山赤铁矿呈层状分布在中泥盆统中，含矿层为泥盆系缩头山组砂页岩，赤铁矿、菱铁矿赋存于岩系中部，顶、底板多为碳酸盐岩。碧鸡山铁矿北东段（⑧号）矿段和敏子洛木（③号）矿段位于碧鸡山向斜翼部，以其为代表分别叙述矿床特征。

（2）碧鸡山赤铁矿区北东矿段

该矿段位于碧鸡山向斜东翼，区内总体为一倾向200°~275°，倾角25°~35°的单斜层，地层走向近南北；仅北部有一小向斜，地层走向转为北西。铁矿层夹于中泥盆统中部石英砂岩中，含矿岩系柱状图见图2-44。

系	统	代号	柱状图	层序	厚度/m	岩性描述
泥盆系	上统	D_3	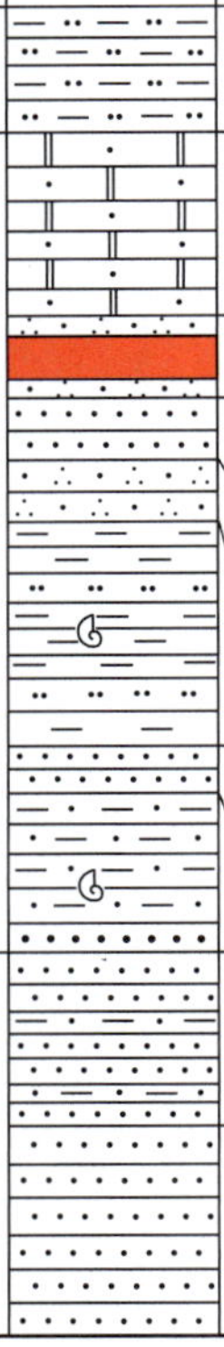	10	20.5	灰色泥质粉砂岩
	中统	D_2		9	72.7	白色砂质白云岩
				8	11.0	白色石英砂岩夹厚约2.6m鲕状赤铁矿
				7	12.8	灰黑色细砂岩
				6	14.5	灰白色石英砂岩
				5	45.6	灰色泥岩夹粉砂岩，产化石
				4	3.4	紫黑色砂岩，含铁质
				3	39.3	灰色砂质泥岩，产化石
	下统	D_1		2	34.5	灰黑色泥质细砂岩夹页岩
				1	62.6	灰黑色细砂岩

图2-44　越西县碧鸡山黑巴依得泥盆系柱状图

（据四川省地质矿产局，1991，1997，等资料修改）

1）矿体呈较稳定层状产出，其中的Ⅰ号矿体长5300 m，厚0.97~2.92 m，平均厚1.88 m，控制最大延深818 m；Ⅱ号矿体长度>6000 m，厚0.82~2.97 m，平均厚1.91 m，夹0.01~0.35 m含铁鲕绿泥石一层。

2）矿石具鲕状结构，块状构造。矿物组分以赤铁矿为主，次有鲕绿泥石、菱铁矿及少许石英、磁铁矿等。矿层自上而下分紫红色鲕状含绿泥石赤铁矿、绿灰-暗紫红色含菱铁矿鲕绿泥石赤铁矿及绿灰色绿泥石菱铁矿三种矿石类型，地表氧化带见多孔状、蜂窝状褐铁矿矿石。矿区以鲕状含绿泥石赤铁矿石为主，厚度、品位比较稳定，其余变化较大。

3）Ⅰ矿段矿石品位 TFe 35.09%~45.71%，平均 40.70%；Ⅱ矿段 TFe 35.89%~38.42%，平均 37.15%。其余组分：SiO_2 18.55%~29.58%，S 0.03%~0.27%，P 0.5%~0.7%，Mn 1%~1.60%，CaO+MgO 0.84%~3.21%，属高磷低硫强酸性矿石。

（3）敏子洛木矿区

敏子洛木矿区的赤铁矿分布于中泥盆统中，矿区总体上为近南北向展布的次级短轴向斜，铁矿层及泥盆系围绕向斜的呈椭圆形出露（图 2-45）。

1）敏子洛木向斜构造南北长 2750 m，东西宽 1650 m，面积 2.94 km^2，轴向南北。向斜东翼西倾，倾角 40°~50°；西翼东倾，倾角 30°~35°。含矿岩系为中泥盆统缩头山组，上部为石英砂岩、粉砂岩；中部为杂色斑状白云岩；下部为石英砂岩夹赤铁矿。总厚度 120~170 m。

2）铁矿产于中泥盆统石英砂岩中，矿层与地层完全整合，产状一致，呈一不规则的环形铅饼状体。矿体呈较稳定层状产出，可分上下两段。上段矿为鲕状含赤铁矿鲕绿泥石菱铁矿及鲕状鲕绿泥石菱铁矿赤铁矿矿石。平均厚 1.01 m；下段矿为鲕状含砂质绿泥石菱铁矿，局部为泥质菱铁矿石，平均厚 0.73 m，全矿层厚 2.92~0.65 m，平均 1.58 m。矿石品位：地表由于受氧化淋滤富集，一般高于深部；上段矿品位高于下段矿石。

3）矿石具鲕状结构，块状构造。矿物组分以赤铁矿为主，次有鲕绿泥石、菱铁矿及少许石英、磁铁矿等。矿层自上而下分紫红色鲕状含绿泥厂赤铁矿、绿灰-暗紫红色含菱铁矿鲕绿泥石赤铁矿及绿灰色绿泥石菱铁矿三种矿石类型，地表氧化带见多孔状、蜂窝状褐铁矿矿石。矿区以鲕状含绿泥石赤铁矿石为主，厚度、品位比较稳定，其余变化较大。矿石品位按矿段统计：下矿段 TFe 35.09%~45.71%，平均 40.70%；上矿段 TFe 35.89%~38.42%，平均 37.15%，其余组分：SiO_2 15.55%~29.58%，S 0.03%~0.24%，P 0.5%~0.7%，Mn 1%~1.6%，CaO+MgO 0.84%~3.21%。属高磷低硫强酸性矿石。

（4）成矿要素

通过典型矿床研究，总结碧鸡山式铁矿最主要的成矿要素是含矿建造，成矿时代等。现归纳成矿要素表见表 2-25。

表 2-25 越西县碧鸡山式铁矿床敏子洛木矿区成矿要素表

成矿要素		描述内容	要素分类
特征描述		产于泥盆系碎屑岩、碳酸盐岩中的沉积型铁矿	
地质环境	含矿建造	碎屑、泥砂、碳酸盐建造	必要
	赋矿地层	古生界中泥盆统	必要
	成矿时代	古生代泥盆纪，华力西期	必要
	沉积相	滨海-浅海相	重要
矿床特征	矿产地	是铁矿物质集中的表现，证明成矿条件良好	重要
	矿石类型	矿石自然类型，上段为鲕绿泥石菱铁矿-赤铁矿，下段为鲕绿泥石赤铁矿矿石工业类型，上段高磷酸性矿石，下段高磷高矿疏酸性贫矿石	次要
	控矿条件	层控和岩控：层控为古生界中泥盆统华宁组；岩控为紫色岩组和铁质石英砂岩。呈层状，似层状	必要
	控矿构造	为一简单的椭圆形向斜构造	必要

（据四川省矿产资源评价项目组，2013）

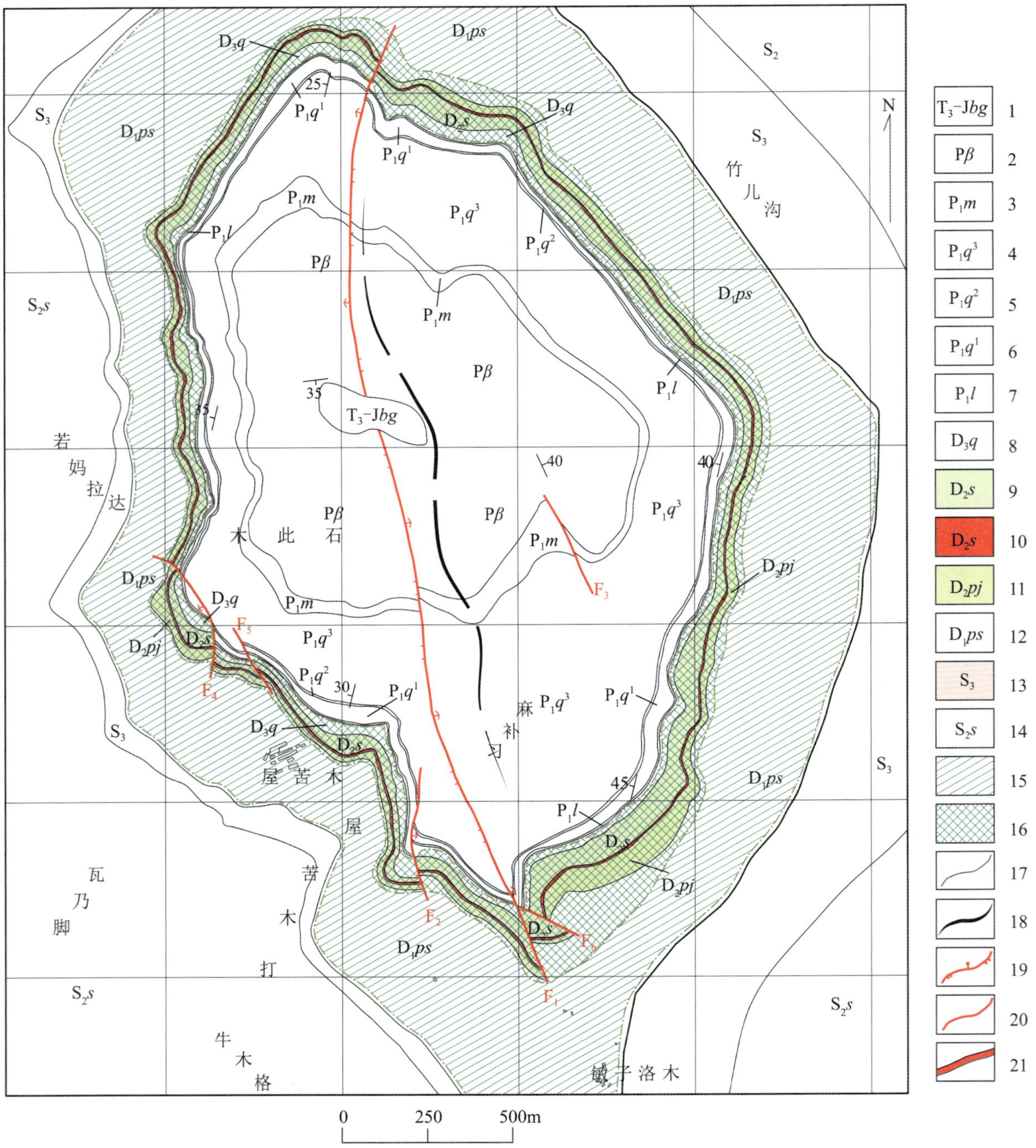

图 2-45　越西县碧鸡山式铁矿床敏子洛木矿区地质图

（据四川省地质矿产勘查开发局四〇三队，2010）

1—侏罗系—三叠系白果湾组黑褐色含砾粗砂岩；2—上二叠统杏仁状峨眉山玄武岩；3—下二叠统茅口组深灰色石灰岩；4—下二叠统栖霞组上段白云岩；5—下二叠统栖霞组中段石英砂岩；6—下二叠统栖霞组下段含碳质灰岩；7—下二叠统梁山组石英砂岩；8—上泥盆统曲靖组泥灰岩；9—中泥盆统缩头山组细-中粒石英砂岩；10—中泥盆统缩头山组粉砂质泥岩（铁矿层）；11—下泥盆统上段坡脚组中细粒石英砂岩；12—下泥盆统下段坡松冲组黑色页岩；13—上志留统页岩、泥灰岩；14—中志留统石门坎组白云质灰岩；15—浅海相；16—滨海相；17—地质界线；18—向斜线；19—逆断层；20—性质不明断层；21—含铁矿层

（5）成矿模式

根据古陆及沉积盆地位置分析，碧鸡山地区受甘洛-宁南残留古凹陷控制，在中泥盆统缩头山期，沉积盆地大致局限在南北向海湾内，海湾外侧喜德-美姑一线以南为海水进出的潮流通道。据相带展布特征反映，西侧康滇古陆风化、淋滤、剥蚀提供物源。在靠近古陆边界的东侧，沿岸线沉积环

境主要属滨海，主要水动力条件为波浪的震荡冲洗作用，主要陆源物质由西部的康滇古陆中段提供。后滨带不发育，主要为前滨-近滨带，海水与外海连通性较好，无障壁存在。水动力条件以波浪作用为主，能量高，地球化学条件为氧化环境。成矿模式见图 2-46。

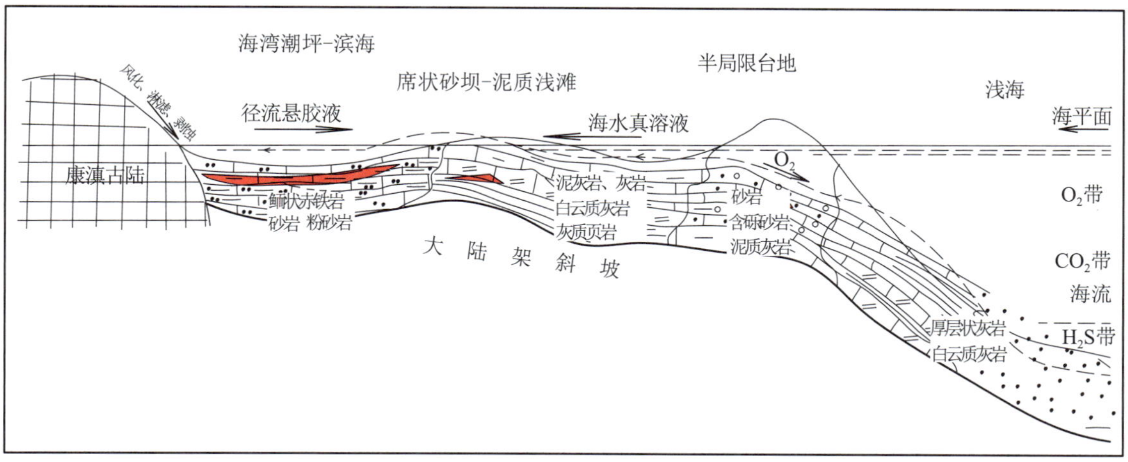

图 2-46　四川省越西县碧鸡山式铁矿床典型矿床成矿模式图

（据四川省地质矿产勘查开发局四〇三队，2010）

3. 珙县白皎铁矿床（珙长式）

（1）概述

赋存于上二叠统龙潭组中，与煤共生的沉积型铁矿主要分布于川南珙县、高县、叙永、古蔺等地，以前统称珙长式铁矿（四川省地质矿产局，1991），矿体为似层状，多与煤层、硫铁矿层相伴，属上二叠统沉积型铁矿。矿石主要是含绿泥石的菱铁矿。经四川省地质局二〇二队等地质队工作，该类铁矿大多为小型矿床，部分可达中型铁矿床。其中，珙县白皎铁矿矿区资源储量 4218.4×10^4 t；珙县芙蓉山铁矿石原矿品位 TFe 24.1%，选矿试验证明回收率达 64.4%，其精矿品位达 TFe 35.3%。现以白皎铁矿床作为海陆交互相沉积型铁矿代表介绍其特征。

（2）矿床地质

含矿层位为上二叠统龙潭组煤系地层。龙潭组自下而上分为三段。第一段厚度 49~82.7 m，以页岩、粘土岩为主，上部和下部夹碳质页岩、薄煤层及煤线，产菱铁矿、赤铁矿；第二段厚度 31.5~74.2 m，以粘土岩为主，其次是泥岩、页岩及粉砂质页岩，夹碳质页岩及多层可采煤、菱铁矿；第三段厚度 25.8~47 m，以粉砂岩、页岩为主，夹碳质、粉砂质岩，局部含煤层及菱铁矿，并夹少许生物碎屑灰岩。

铁矿层薄而多，呈多层状产出于煤系中，最多者达近百层，加之矿层尖灭再现，分叉复合现象频繁，纵横向变化大，因此，矿层区域对比较为困难。据成都地矿所冯纯江、李兴振等研究（1966）认为比较稳定的铁矿有两层。第一层产于第一段下部或底部，一般厚 1 m 左右，最厚 2.44 m；第二层夹于第三段中部煤层之下或夹于煤层中间的菱铁矿，一般厚 0.6~1.0 m，走向延伸数百至数千米。

该类铁矿多为煤矿勘探时，同时求获铁矿资源储量，但由于矿石品位平均含 TFe 仅 26.47%，且矿层薄、变化大、质量差，多数未加利用。

4. 万源市庙沟铁矿床

（1）概述

该类型铁矿赋存于上三叠统须家河组中，与煤共生的沉积型铁矿有两个主要集中区，一为川中威远-华蓥山一带，二为川北万源-重庆开县一带。被称为“威远式”铁矿（四川省地质矿产局，1991）。该类型铁矿有矿产地 112 处，除 2 处中型外，均为小型以下，其中矿点 76 处。

在威远县双河坳、连界场、踏水、越溪等地，铁矿分布在上三叠统须家河组中，一般长 1000~

1500 m，厚0.5 m左右，含TFe 32%~37%，可小高炉冶炼。在威远连界场矿床（小型）见矿体为扁豆状、凸镜状、薄层状，含矿层可延长11 km，上含矿层厚0~2.4 m，下含矿层厚2~3 m。但该地区须家河组分段较多，往往在各段中均有铁矿分布，不易对比。在大巴山一带铁矿赋存于上三叠统须家河组（原定为侏罗系香溪煤系）中、上部，煤铁共生，以菱铁矿为主，一般有3至4个薄矿层，规模小，矿体呈透镜状、大结核状，不稳定，矿石含TFe 25%~38%，矿石易选冶。其中，万源庙沟为一中型铁矿，1958~1978年间，四川省地质局达县队、四川省冶金地质勘探公司六〇八队等对庙沟、沙滩、长石、红旗等矿区曾进行地质工作，在庙沟矿区求得铁矿石工业资源储量1192.6×10^4 t。本书以庙沟铁矿作为陆相沉积型铁矿的代表性矿床介绍如下。

（2）矿床地质

万源庙沟铁矿位于万源市北西5 km。矿区有庙沟向斜，含矿层为须家河组上部，与煤共生。庙沟铁矿可分为上下两个含矿层，Ⅰ矿层在下部，Ⅱ矿层在上部，平均间距55 m。每个含矿层由1至8个单矿层组成，矿体为透镜状，产状与围岩一致，层位较稳定。其中的Ⅰ矿层是主矿层，南北方向总长7000 m，厚0.44~0.52 m；Ⅱ矿层为次矿层，南北方向长1800 m，厚0.3~0.54 m。

矿石以菱铁矿为主，次有褐铁矿、针铁矿等，矿石呈微晶粒状，镶嵌变晶结构，块状及层状结构。含TFe 25%~38%，平均34%，含S 0.02%，含P 0.06%。

第七节　四川省铁矿的成矿规律及资源预测

一、四川省铁矿时空分布规律

（一）四川省铁矿时间分布

《四川省区域地质志》（四川省地质矿产局，1991）把四川地质构造演化划分为基底形成阶段、地槽发展阶段和地台发展阶段。鉴于经典板块构造及其成矿理论的局限性，矿床学家引入“超大陆旋回”概念研究区域成矿，揭示超大陆裂解与聚合过程中的成矿作用及其成矿系统的发育机制，从而更为科学地阐明大型矿床在时间上的形成分布规律（Kerrich et al.，2005；Grove et al.，2005；Goldfarb et al.，2005）。当全球大陆聚合在一起时形成泛大陆，前寒武纪Rodinia（罗迪尼亚）泛大陆和二叠纪末Pangea泛大陆裂解的时限大致为新元古代（650 Ma）和晚二叠世（255 Ma），这是二次全球性重要事件。

全球地质时期超大陆分合历史的研究表明，经10~13亿年造山运动（格林威尔运动）形成罗迪尼亚超大陆。另据研究推断，中国华南大陆（扬子陆块+华夏陆块）是通过8亿年左右造山运动（晋宁运动）拼贴于罗迪尼亚超大陆。据上述研究结果，认为扬子陆块的中新古元代基底，应是在罗迪尼亚超大陆聚合时期，由活动大陆边缘经碰撞造山作用而建立的。在扬子陆块的基底中存在着不同变质程度的火山-沉积岩系，它们是由于与罗迪尼亚超大陆并存的泛大洋发生俯冲，形成的岛弧环境下的产物，前南华纪时期，构成较完整的弧盆系统构造分布格局。

总的来看，《四川省区域地质志》（四川省地质矿产局，1991）所划分的三个阶段与全球演化相吻合。本志第5篇“成矿地质条件”也把四川省地质构造演化分为前南华纪、南华纪—中二叠世、晚二叠世—中新生代三个阶段（旋回）。前南华纪四川省形成了结晶基底和褶皱基底；南华纪以苏雄组、开建桥组为代表的一套火山岩代表一次裂解事件，形成扬子陆块；此后进入相对稳定的发展时期；晚二叠世以峨眉山玄武岩代表又一次裂解事件，使四川西部造山带和东部陆块开始了不同的演化过程。按照这3个旋回可以更为科学地阐明在大陆裂解与聚合过程中，四川省区域成矿在时间上的形成分布规律。四川铁矿的时代分布与构造演化密切相关，大致划分为元古宙、古生代、中新生代三个成矿旋回。

1. 元古宙成矿旋回

元古宙是四川省基底形成时期，是在Rodinia（罗迪尼亚）泛大陆聚合时期，由活动大陆边缘经碰撞造山作用而建立的。在扬子陆块的基底中存在着不同变质程度的火山-沉积岩系，它们是由于与罗迪尼亚超大陆并存的泛大洋发生俯冲，形成的岛弧环境下的产物，并伴有强烈的岩浆活动和比较普遍变质作用。因此，该旋回形成的铁矿主要与变质作用、岩浆作用（包括火山活动和岩浆侵入）有关，其成因类型多样。根据全国统一分类，该旋回铁矿主要成因类型为受变质型矿床和接触交代型矿床，次要类型为岩浆型矿床。变质型矿床包括钠质火山沉积变质型、火山-沉积变质型和沉积变质型三种亚类；岩浆型包括超基性岩浆型和碱性岩浆型两种亚类。根据成矿时代可分为晋宁早期（可能相当于中条期）和晋宁晚期二个成矿阶段。

（1）晋宁早期成矿阶段

《四川省区域地质志》（四川省地质矿产局，1991）把四川最早的构造阶段称为中条运动（距今约 1700 Ma 以前），形成了以康定群为代表的结晶基底。但另一种意见认为结晶基底并不存在，耿元生等（2008）认为出露的最老地层为中元古界早期的河口群，代表了前震旦纪的原始基底。尹福光等（2012）把获得的主要同位素年龄分为四个阶段。第一阶段（1800~1600 Ma）基底发生裂解，在扬子陆块西缘形成东西向裂谷盆地；第二阶段（1600~1300 Ma）的火山-沉积岩系为被动陆缘拉张环境下的产物；第三阶段（1300~1100 Ma）碱性玄武岩相似于陆内裂谷，超基性-基性岩表现出拉张环境下初始洋盆特征；第四阶段（1100~1000 Ma）裂谷-洋盆俯冲形成火山岛弧。

本志综合不同认识暂划分为晋宁早期阶段。本成矿阶段以产于河口群中的钠质火山-沉积变质型石龙式铁矿为代表。

（2）晋宁晚期成矿阶段

四川省内南华系苏雄组或观音崖组与其下基底岩系的角度不整合关系普遍可见，可标志碰撞造山作用的发生。中元古代末期裂谷盆地关闭，地层发生变形和浅变质，强烈的挤压形成混杂岩带，同造山的火山岩和相应的岩浆岩侵位，形成扬子地台西缘的变质基底（耿元生等，2008）。该阶段是四川铁矿比较重要的形成时期，形成铁矿的有变质型、岩浆型二种铁矿类型。

变质型包括产于会理群通安组中的满银沟式沉积变质型铁矿、火山-沉积变质型新铺子铁矿，会理群凤山营组中凤山营式沉积变质型铁矿。

接触交代（矽卡岩）型铁矿床有与新元古代黑云二长-正长花岗岩有关的泸沽式铁矿；与晋宁期石英闪长岩有关的李子垭式铁矿

岩浆型包括超基性岩浆型和碱性岩浆型，前者以旺苍椿树坪铁矿为代表，后者有朱家坡钒钛磁铁矿和李家河磁铁矿。

2. 古生代成矿旋回（晚二叠世末期前）

从区域上看，南华系四川澄江组、苏雄组、开建桥组、盐井群、铁船山组和耀岭河群中有一套火山-沉积岩建造，拉开了扬子陆块从罗迪尼亚超大陆裂离的序幕，开始新一旋回的大陆分合历史。震旦纪—古生代，形成碳酸盐岩-碎屑岩建造为特征的稳定性沉积组合，表明其时已演变成为被动大陆边缘构造环境，形成以沉积作用为主铁矿类型，部分矿产有后期变质作用影响；晚古生代末期，广泛分布峨眉山玄武岩和基性-超基性岩，代表扬子陆块发生新一轮裂解，因此，该旋回末期以与岩浆作用有关的铁矿为主。按照成矿时代可分为加里东期和华力西期两个成矿阶段。

（1）加里东期成矿阶段

该阶段以沉积作用为主，主要为海相化学沉积型铁矿床，部分有后期变质作用影响，是四川省内较弱的一个铁矿成矿旋回。具代表性的矿床有中奥陶世含铁碎屑岩-碳酸盐岩建造中的华弹式铁矿（资源储量大，但选矿难，目前开采不易）；志留系茂县群碎屑岩夹碳酸盐岩建造中的汶川威州沉积变质型铁矿和银杏--碗水铁矿。

（2）华力西期成矿阶段

华力西期是四川省最重要的铁矿成矿阶段。大致可分为三个时期，早期以沉积作用成矿为主，晚期以岩浆作用成矿为主，末期以海陆交互环境中成矿为主。

早期延续了加里东期比较稳定的沉积环境，中晚泥盆世形成了以碧鸡山式铁矿为代表的海相化学沉积型铁矿床。

晚期岩浆活动广泛发育，是四川省最重要的铁矿成矿时期，包括有与基性-超基性岩浆作用有关的岩浆分异型铁矿，以及与火山作用有关的富铁矿，如基性岩浆型攀枝花式钒钛磁铁矿，基性-超基性岩浆红格式钒钛磁铁矿；基性火山岩型矿山梁子式铁矿。

末期（龙潭期）四川省转入海陆交互环境，形成了与煤、硫共生的菱铁矿，如川南珙县白皎、巡场等铁矿床。

3. 中新生代成矿旋回

中生代旋回包括印支期—燕山期成矿阶段和喜马拉雅期成矿阶段。

（1）印支期—燕山期成矿阶段

该阶段主要是晚三叠世至早侏罗世形成的铁矿。其中，以煤系地层中的沉积铁矿和沉积变质型的铁（锰）矿为主，少量的矽卡岩型及岩浆热液型铁矿，如万源长石、平武虎牙、道孚菜子沟、德格硐中达等铁矿床。

（2）喜马拉雅期

该阶段主要表现为含铁岩（矿）石在氧化带中的风化、淋滤作用，形成众多的褐铁矿化，局部形成小型矿床。

（二）四川省铁矿的空间分布

1. 不同类型铁矿的分布

1）前震旦纪变质型铁矿主要集中在川西南攀西陆内裂谷带及川北大巴山被动大陆边缘，空间分布与中元古界变质岩出露范围吻合，矿床类型随着各组段岩石组合特征，岩浆作用及成矿方式的不同而异，显示受大地构造位置及相应的沉积、岩浆建造控制。

2）内生铁矿中最具工业意义的盐源矿山梁子式富铁矿，沿雅砻江深断裂带西侧之金河、箐河断裂呈北北东向展布，尤以盐源地区最为集中；富铁矿带之东毗邻四川省最主要的康滇基底断隆带中的基性-超基性岩型攀枝花市攀枝花钒钛磁铁矿。大巴山被动大陆中少量元古宙的基性-超基性岩，其内有少量钒钛磁铁矿。印支期—燕山期内生铁矿较少，主要产于四川西部三江造山系中的断裂带。

3）沉积铁矿主要分布上扬子陆块周缘的被动大陆边缘区。西部与康滇地轴交接部位有宁南华弹式、越西碧鸡山式铁矿；川东南有珙县珙长式；北侧有万源长石、万源庙沟等小型铁矿；三江造山系北东部的丹巴以北有汶川威州式。

2. 不同构造单元中铁矿分布

矿床类型随着各组段岩石组合特征、岩浆作用及成矿方式的不同，显示受大地构造位置及相应的沉积、岩浆建造和变质建造控制。在四川岩浆、接触交代（矽卡岩）、热液、火山、沉积、变质、风化淋滤型矿床七个类型中，岩浆型铁矿资源储量最大，沉积和沉积变质铁矿分布最广，矽卡岩型和以火山为主的铁矿床相对较富，热液和风化淋滤型铁矿床分布局限规模较小。

在康滇基底断隆带由北至南分布有与岩浆作用有关的接触交代型泸沽式铁矿、岩浆型攀枝花式、攀枝花红格式钒钛磁铁矿；与变质作用有关的沉积变质型会理县凤山营式铁矿床、会东县满银沟式铁矿床；与火山作用有关的钠质火山沉积变质型会理县石龙式铁矿床、与火山沉积变质型盐源县新铺子铁矿床。

受小金河断裂带控制有基性火山-次火山成矿作用有关的盐源县矿山梁子式富铁矿床，呈北北东向展布，尤以盐源地区最集中，并与其东部受安宁河深断裂控制有与岩浆作用有关的攀枝花式、红格式岩浆分异型铁矿床，一起构成四川省别具特色也最为壮观的华力西期内生铁矿成矿带。

上扬子陆块南部陆缘叠加褶皱系与康滇断隆带交接部位的南北向拗陷带为宁南华弹式沉积铁矿、越西碧鸡山式沉积型铁矿主要聚集区。

龙门山-大巴山前陆逆冲带两侧分布有不同类型铁矿。龙门山东侧唐王寨一带是有一甘洛-越西地区碧鸡山式沉积铁矿聚集区；在米仓山-大巴山逆冲-推覆带有与岩浆作用有关的接触交代型南江县李子垭式铁矿，以及上三叠统及下侏罗统陆相沉积型铁矿（万源式）。西侧的汶川一带有产于志留系茂县群中的威州式铁矿，还有产于巴颜喀拉-松潘前陆盆地边缘的平武县虎牙式铁锰矿。

二、四川省铁矿成矿区带划分

四川省铁矿成矿区带划分充分考虑每个类型的成矿地质背景、成矿作用、成矿机制和控矿因素等多方面界定，划定的原则：一是在全省成矿区带划分的基础上圈定矿产集中区；二是充分体现矿产集中区的内涵等条件下综合分析圈定；三是矿产集中区边界不穿过Ⅲ级成矿区带和深大断裂构造带；四是尽量考虑矿床类型的分布范围；五是保持地、物、化、遥异常完整性。

1. 攀西岩浆型钒钛磁铁矿成矿带

该成矿带处于我国A级成矿区带的“康滇铁矿成矿带”中，区内包括攀枝花市红格、攀枝花市攀枝花、攀枝花市白马和西昌市太和4个钒钛磁铁矿集中区。

（1）红格集中区

该区位于攀枝花市红格地区，属康滇基底断隆带成矿带Ⅲ级成矿带。含矿地质体为华力西期基性-超基性岩。岩体由辉长岩辉石岩-橄辉岩-橄榄岩等一系列岩相带组成，含镁较高（m/f 0.3~1.9），矿层中富Cr、Co、Ni、Cu、Pt等元素。区内有大型矿床9个，中型矿床4个，小型1处。并有3个航磁异常，面积达1741 km^2，呈近似等轴状分布。

（2）攀枝花集中区

该区位于攀枝花市区周围，属康滇基底断隆带成矿带Ⅲ级成矿带。含矿地质体华力西期基性辉长岩。岩体侵入于震旦系白云质灰岩中，分异作用形成的层状构造明显，矿体多出现在各韵律层底部和下部暗色辉长岩带中。有大型矿床3处，中型3处，小型2处。且存在2个航磁异常及地磁异常，异常呈椭圆状，走向北东。

（3）白马集中区

该区位于攀枝花市米易县境内，属康滇基底断隆带成矿带Ⅲ级成矿带。含矿岩体为华力西期形成层状基性岩体，岩体受印支期正长岩，花岗岩破坏，见部分会理群天宝山组围岩为岩体底板。岩体岩相为辉长岩橄长岩，橄榄辉长岩组成。区内有大型矿床4处，中型3处，且航磁、地磁异常反映均好，航磁异常呈等轴状。

（4）太和集中区

该区位于攀西地区西昌市境内，属康滇基底断隆带成矿带Ⅲ级成矿带。铁矿赋存于华力西期太和辉长岩体各旋回底部和下部，未见围岩顶底板，仅见印支期正长岩，花岗岩包围含矿岩体。岩相基本为辉长岩，局部见辉石岩、橄辉岩。有大型矿床2处，航磁异常呈椭圆状。

2. 盐源盆地东缘裂谷带铁铜金锡成矿带

矿山梁子式铁矿矿产集中区：位于攀西地区盐源县境内，大地构造相位置为盐源-丽江前陆逆冲推覆带，属盐源丽江Ⅲ级成矿亚带。含矿岩系为华力西期暗色火山-次火山岩，为陆相火山-次火山沉积，气液交代充填铁矿。有与火山-沉积作用有关的苦荞地矿床；与浅成-超浅成相辉绿辉长岩有关的接触交代型铁矿床——道坪子铁矿床；还有受火山机构控制，与苦橄玢岩有关的、经后期火山气液改造加富的矿山梁子富铁矿。已经发现中型矿床3处，小型7处，矿（化）点11处，有3个航磁异常分布。

3. 会理-会东铜铁铅锌金成矿带

（1）会东沉积变质铁矿集中区

该区位于攀西地区会东县境内，为满银沟式铁矿集中分布区，属康滇基底断隆带成矿带Ⅲ级成矿带，大地构造位置为攀西裂谷带的江舟-米市盆地。含矿地层会理群青龙山组中上部变质碎屑岩-碳酸盐岩建造。会东县满银沟一带是富铁矿主要矿产集中区，铁矿主要产于紫红色含铁变质砂岩中、次为千枚岩及碳酸盐岩中，已经发现大型矿床1处、中型1处、小型2处、矿点3处；小街一带铁矿产于大理岩夹千枚岩相变部位，含矿层附近常出现变质火山岩分布，有小型矿床1处，矿点9处；淌塘老王山一带含矿层为青龙山组顶部紫红色变砂岩、砂砾岩，受断裂破碎带古岩溶洼地控制矿体形态及厚度受后期改造变富。已发现小型矿床1处、矿（化）点6处。

（2）会理铁矿集中区

该区位于攀西地区会理县境内，区内铁矿资源比较丰富，有风山营式沉积变质-改造型铁矿、石龙式海相火山岩型铁矿。该矿产集中区属康滇基底断隆带成矿带Ⅲ级成矿带，大地构造位置为攀西裂谷带的江舟-米市盆地南部。风山营地区含矿岩系为会理群风山营组碳酸盐岩夹火山碎屑岩，经后期区域变质和岩浆热液改造成矿，有中型矿床1处，小型1处，矿点1处。会理拉拉-通安地区为石龙式铁矿分布区，拉拉一带出露河口群长冲（岩）组主要为富钠质细碧角斑岩系及辉绿辉长岩类，矿田受南北向断裂和东西向断裂复合叠加控制；通安一带含矿地层为会理群青龙山组变钠质火山岩，控矿构造主要为南北向东西向复合叠加部位，后期改造明显，使矿石加富；毛姑坝一带含矿岩系亦为变钠质火山岩，断裂构造发育，具后期热液改造迹象；拉拉-通安地区已发现中型矿床2处、小型11处、矿点7处、矿化点10处，且航磁异常较多。

4. 冕宁-西昌铁锡铜成矿带

该成矿带的泸沽大顶山-登相营集中区：位于攀西地区冕宁县境内，是泸沽式接触交代铁矿集中分布区，属康滇基底断隆带成矿带Ⅲ级成矿带。区内澄江期泸沽黑云母花岗岩侵入登相营群碎屑和碳酸盐岩中。岩浆期后热液沿次级褶皱形成的虚脱空间运移，与围岩发生交代形成富铁矿。已发现中型铁矿床2处，小型4处，矿（化）点10处，并有航磁显示。

5. 甘洛-宁南沉积型铁矿成矿带

该区位于攀西地区东部，跨甘洛、越西、布拖、普格、宁南等县，是四川沉积型铁矿集中分布区，属康滇基底断隆带成矿带Ⅲ级成矿带。在江舟-米市裂谷盆地东缘宁南-布拖一带宁南华弹式铁矿产于中奥陶统巧家组碳酸盐岩中，属局限盆地前滨相沉积，主要矿石为鲕状赤铁矿，已经发现中型矿床1处、小型2处、矿点7处。在江舟-米市裂谷盆地西缘的甘洛、越西、普格一线，位于康滇古陆东侧南北向小江断裂带上，含矿岩系中泥盆统缩头山组碎屑-碳酸盐岩建造，是碧鸡山式（宁乡式）铁矿集中分布区之一。中型矿床3处、小型4处、矿（化）点7处。

6. 龙门山-大巴山成矿带

四川龙门山-大巴山一线零星分布有不同类型的铁矿。该带北部大巴山地区，晋宁期中偏基性闪长岩侵入火地垭群麻窝子组白云大理岩中，形成接触交代（矽卡岩型）铁矿，南江新民、竹坝等地已发现中型矿床3处，小型4处，矿点8处，以南江一带有接触交代型李子垭式铁矿为代表。川东北万源一带上三叠统及下侏罗统陆相含煤岩系碎屑岩伴有沉积铁矿（万源式），目前仅有小型矿床2处，矿（化）点6处。该成矿带南部的龙门山唐王寨一带是碧鸡山式沉积铁矿主要分布区之一，含矿岩系为中泥盆统养马坝组、观雾山组一套碳酸盐建造，已经发现小型矿床7处、矿化点5处。

7. 黑水-松潘-平武金铁锰成矿带

该带属北巴颜喀拉-马尔康成矿Ⅲ级带中的次级成矿带，其中松潘黑水矿产集中区位于川西北地区，这里是沉积-变质型铁锰矿比较集中分布的地区。铁锰矿产于巴颜喀拉-松潘边缘前陆盆地，大致围绕摩天岭陆块分布，含矿层为下三叠统菠茨沟组下段砂板岩，以锰为主，铁为共生矿；有中小矿床3处，矿（化）点20余处。

三、四川铁矿成矿机制和成矿模式

1. 成矿物质来源初步认识

（1）幔源岩浆

铁矿成矿物质主要来源于地幔的铁镁质岩浆（幔源），其有两种形式：一种是早期构造活动海底裂陷槽铁质和钠质火山活动，如会理群下部火山岩系；另一种是在陆块内构造岩浆活化阶段拉张作用形成的内陆裂隙型铁镁质岩浆活动，如攀西地区华力西期基性-超基性火山-侵入岩系列，它们属壳下深部幔源富铁镁质基性、超基性岩浆。

（2）古隆起剥蚀再生型物源

除元古宙变质铁矿外，古生代以来的铁矿在空间上与古陆的剥蚀区有明显的依存关系，古陆含铁岩石经风化剥蚀-迁移再沉积，即是再生型物源。

2. 成矿机制和成矿模式初步认识

四川铁矿类型繁多，成因机制多样而复杂，现就其主要类型简述如下：

（1）前震旦纪层控矿床成矿机制及成矿模式

1）四川前震旦系铁矿主要产于中元古代各时间段。中元古代时期火山活动十分强烈且频繁，随着火山喷发（溢）富铁、镁、钠质熔浆喷出，形成初始矿源层，在火山间歇期间，则通过火山喷气作用，形成钠质凝灰角砾岩与含铁碳酸盐一道沉积，形成含铁钠质凝灰岩-碳酸盐岩建造。据会理拉拉地区硫同位素测定结果 $\delta^{34}S$ 为 3.7%～11.1%，$^{32}S/^{34}S$ 为 21.796～22.133，表明矿质来自古海火山沉积，在火山喷发—沉积过程形成初始富集层。

2）中元古代铁矿是四川富铁矿形成的主要时期，其中富铁矿多数都经后期改（再）造，由于后期改造环境不同，而形成矿石种类不同，富集程度不同，主要改（再）造形式有 3 种作用：①火山-次火山热液改造作用，在火山喷发作用形成火山喷发沉积贫铁矿（初始富集层）的基础上，后期辉绿岩（可能为部分矿源）在沿火山机制脆弱部位顺层侵入，其后期含矿气液在接触带外侧交代或充填或叠加于先形成的贫矿体之上，形成富厚的热液交代（充填）富矿体，如新铺子铁矿；②区域构造热力动力改造作用：区域构造运动产生的热动力，使原始贫矿层中矿质活化、迁移，在层间虚脱部位重新富集，使矿体变富、加厚，如满银沟铁矿；③地下热卤水对铁矿的改造作用：原生菱铁矿，在富含 CO_2 的热（卤）水作用下，使原来菱铁矿转化为重碳酸铁，并在有利围岩条件下，生成第二代菱铁矿，例如小街铁矿。

3）前震旦纪铁矿成因十分复杂，一般经历原始矿源层形成以后，都经历了各种地质作用的叠加改（再）造，最后在有利空间富集成矿，见图 2-47。

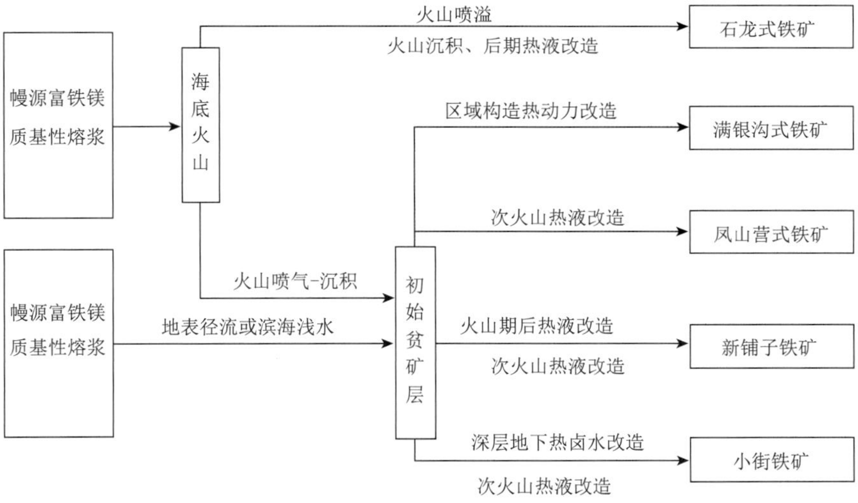

图 2-47　前震旦系层控矿床成因模式示意图

（据四川省矿产资源潜力评价项目组，2013）

（2）晋宁期—澄江期岩浆控矿矿床的成因机制及成矿模式

晋宁期—澄江期岩浆控矿床，主要指与中酸性岩浆有关的叠加再造矿床。本类矿床成因机制是岩浆侵位时，主要提供丰富热源，可能提供部分物源，促使围岩中层间水、孔隙水及铁质活化、迁移，在构造有利部位（褶皱虚脱空间、挠曲剥离空间、层间错动裂隙等等）重新聚集成矿。

由于原始岩浆组分和环境差异，在米仓山地区，多为同熔型中偏基性闪长岩类，为晋宁期产物，岩石化学组分相对富 Fe、Mn、V、Ti、Cr、Cu、Pb、Zn 等元素，氧逸度较高，有利于碱交代和镁铁矽卡岩形成，为李子垭式接触交代铁矿提供部分成矿物源。安宁河东侧泸沽地区主要重熔型酸性花岗岩（钾长花岗岩、黑云母二长花岗岩），SiO_2、K_2O、TFe 偏高，为硅、铝过饱和的富碱岩石。其成矿机制是岩浆侵入富铁质的围岩（围岩中广布早期顺层的变质辉绿岩脉，含 TFe 高达 22%），提供大量热动力，促使围岩中铁质活化、迁移，在有利部位重新富集形成富矿体，并与早期变质辉绿岩随影相伴。成矿模式见图 2-48。

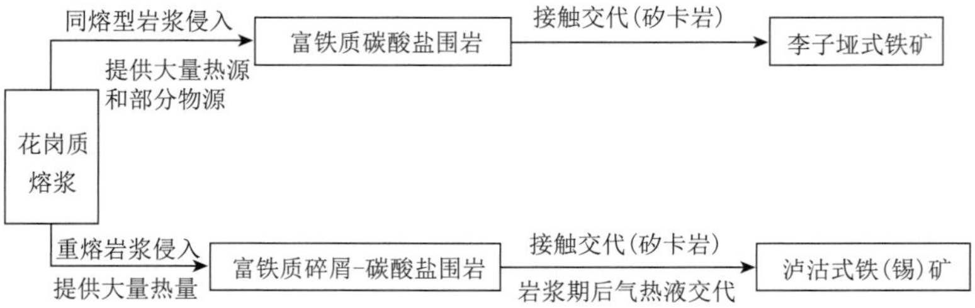

图 2-48　前震旦系岩控矿床成因模式示意图

（据四川省矿产资源潜力评价项目组，2013）

（3）沉积铁矿成矿模式

四川沉积铁矿含矿层位较多，不同时代的地层沉积环境不同，从海相、海陆交互相到陆（沼湖）相都有铁矿生成。综合研究认为，众多沉积铁矿中，具一定工业价值和找矿远景的以海相沉积的中奥陶统巧家组中华弹式铁矿及中泥盆统的碧鸡山式（相当于宁乡式）铁矿为主，白垩系中铁矿点多面广，但规模较小。

华弹式铁矿局限于康滇古陆东侧并与其平行展布的古拗陷带，铁矿产于中奥陶统巧家组局限台地边缘浅滩相。含矿建造为浅海碳酸盐建造；碧鸡山式铁矿在西邻康滇古陆区，铁矿赋存于与古陆平行的古坳陷，中泥盆统缩头组碎屑岩建造，属滨海相后-前滨带沿岸砂坝和滨海相前-近滨带席状沙坝-砂泥坪生物碎屑碳酸盐浅滩相。碧鸡山式铁矿在龙门山区相变为以碳酸盐沉积为主，属浅海礁石开阔碳酸盐台地（泥坪）相和礁间-礁后碳酸盐台地相。

华弹式铁矿和碧鸡山式铁矿成矿机制基本一致，其物源均属表生再生型，即古陆富含铁质岩石经风化剥蚀、搬运至海底，铁以离子状态（Fe^{2+}或 $Fe(OH)^{+}$）或胶体运移，当溶液中存在有机酸或硅酸作为氢氧化铁胶体的稳定剂时，它们顺利进入汇水盆地，在汇水盆地中铁的存在形式决定于氧化还原电位（E_h）和酸碱度（pH）。

铁的富集除受水化学条件限制外，明显受沉积环境限制，有利的成矿环境是局限台地近边缘浅海滩相（华弹式）和滨海相后-前滨带沿岸沙坝相、滨海相前-近滨带席状砂坝-砂泥坪-生物屑碳酸盐浅海滩相（甘洛、越西地区），及浅海礁石开阔碳酸台地相、礁间-礁后碳酸盐台地相（龙门山地区）等，处于动荡水氧化环境，有利氧化铁矿形成，同时可从大陆剥蚀区和洋盆中获得丰富的成矿物质补充。所以沉积铁矿的成矿机制包括矿质来源和沉积环境两因素，物质来源丰富，沉积环境和水介质条件有利，即可富集成矿。沉积铁矿成矿模式见图 2-49。

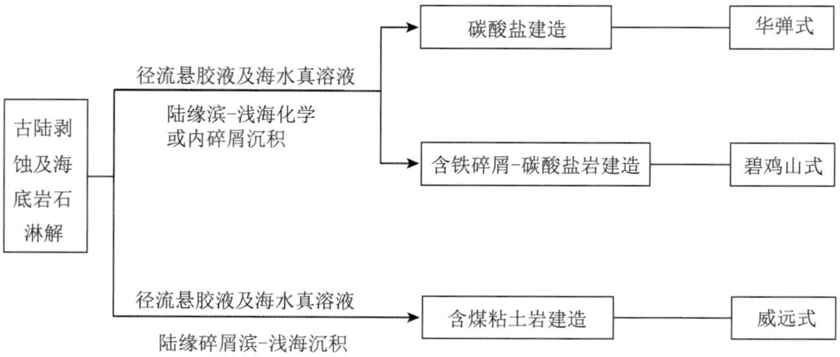

图 2-49　主要沉积铁矿成矿模式示意图

（据四川省矿产资源潜力评价项目组，2013）

（4）华力西期侵入-次火山火山岩成矿机制及成矿模式

华力西期是四川省最重要的铁矿成矿时期，不但规模大、组分多（攀枝花式），而且品位富（矿山梁子式）。从成因类型上有岩浆分异型钒钛磁铁矿，火山沉积的苦荞地磁铁矿、浅-超浅成岩浆接触交代的道坪子铁矿，火山热液（矿浆充填）形成的矿山梁子磁铁矿。

但它们的物源均来自地壳深部幔源的基性-超基性岩浆为主，它们的成矿机制各有不同。

1）攀枝花式、红格式钒钛磁矿成矿作用发生于扬子陆块的镁铁质或超镁铁质岩中，岩体产出受南北向长期活动的深断裂控制。该类型铁矿的含矿体锶初始值为 0.7034~0.7054，钕初始值为 0.5125~0.5124，$\delta^{34}S$ 值接近陨石硫，而 $\delta^{18}O$ 值为 6.55%~5.55%，说明成矿岩浆是上地幔部分熔融产生。

岩浆生成聚集在下地壳或莫霍面附近形成深部岩浆房，并发生结晶分异，分异程度不同的岩浆继续上侵，在地壳上部形成上部岩浆房，然后继续成岩成矿，直至固结。钒钛磁铁矿是每次岩浆侵位固结早期形成，成矿温度较高（1250~1000℃），氧逸度较高（10^{-4}~10^{-6} atm）。岩浆房固结的主要作用分离结晶作用，它通过底部结晶或侧向增生，由下而上进行，其中钛铁矿、钛磁铁矿、橄榄石、单斜辉石和斜长石在岩浆房底部形成粥状堆积层，并继续生长。由于物质供应的差异，中、上部呈陨铁结构，下部呈嵌晶结构和镶嵌结构。同在堆积层中密度较低孔隙流体与上覆岩浆发生对流，使上部基性程度低于中、下部，构成明显的分层结构。由于岩浆多次脉动式贯人和结晶、分异作用，在岩体中形成若干韵律旋回。

2）华力西期火山-次火岩型铁矿受区域构造-岩浆作用控制。晚二叠世地壳发生张性裂陷，除伴有基性-超基性岩浆侵入外，随着地壳引张作用的加强和深断裂进一步扩大加深，导致深部熔浆喷发（溢）、上升，在不同地质环境，不同成矿作用，形成不同类型铁矿。主要有①火山喷发（爆溢）相生成的火山喷发沉积的苦荞地铁矿；②受破火山口构造控制，熔浆与围岩产生充填交代作用的火山热液（矿浆充填）型铁矿，以矿山梁子铁矿为代表；③与浅成超浅成侵入有关的接触交代铁矿，以道坪子铁矿为代表。

三种类型物源基本相同，主要是地壳深部玄武质熔浆，但不排除熔浆向上运移中捕获部分围岩中成矿元素，经后期热力改造加富，成矿模式见图 2-50。

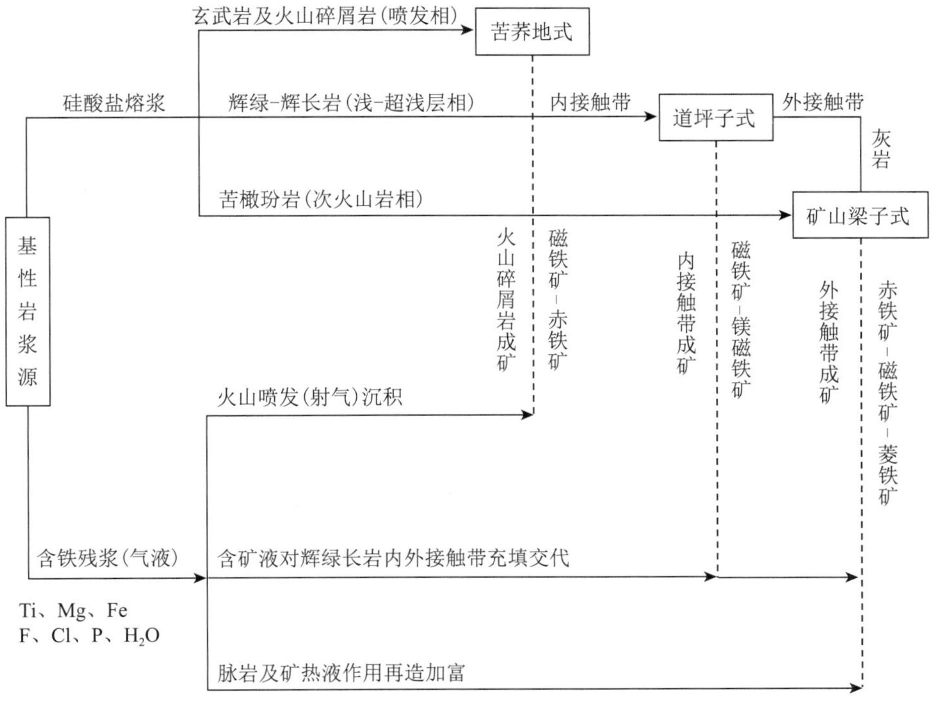

图 2-50　华力西期火山-次火山岩成矿模式示意图

（据四川省矿产资源潜力评价项目组，2013）

四、四川省铁矿资源预测

四川省矿产资源潜力评价项目组（2013）把全省主要铁矿按陆相火山岩型、岩浆型、沉积变质型、海相沉积型、矽卡岩型等类型，归纳为攀枝花式岩浆型钒钛磁铁矿、满银沟式沉积变质型铁矿、石龙式海相火山变质型铁矿、矿山梁子式陆相火山岩型铁矿、凤山营式沉积变质型菱铁矿、泸沽式接触交代型铁矿、南江李子垭式接触交代型铁矿、华弹式沉积型铁矿、碧鸡山式沉积型铁矿等9个矿产预测类型，划分了10个预测工作区，开展了资源储量定量预测。现将该成果引述于下

1. 四川省铁矿预测资源总量

四川省铁矿9个矿床式之已探明资源储量、预测资源储量和资源总量见表2-26。

表2-26　四川省铁矿按矿床式预测资源储量和资源总量汇总表

矿床式	已探明资源储量（矿石量）/10^4 t	预测资源储量（矿石量）/10^4 t			资源总量（矿石量）/10^4 t
		500 m以浅	1000 m以浅	2000 m以浅	
攀枝花式	1007852.00	359985.00	884939.00	1901244.00	2909096.00
李子垭式	4565.00	4779.00	8578.00	8578.00	13143.00
泸沽式	2641.00	2194.00	4928.00	5594.00	8235.00
矿山梁子式	6476.48	1791.56	6038.89	8517.04	14993.52
碧鸡山式	8301.50		5068.67	5401.81	13703.31
华弹式	13640.00		14176.77	16356.13	29996.13
凤山营式	2904.30	5177.20	5177.20	5177.20	8081.50
满银沟式	9748.00	5293.00	6277.00	6277.00	16025.00
石龙式	30116.00	24931.55	26618.46	61463.99	64475.59
总计	10591398.80	404151.31	961801.99	2018618.17	3077758.00

（据四川省矿产资源潜力评价项目组，2013）

2. 四川省铁矿预测工作区资源总量

四川省铁矿五种铁矿类型按10个工作区预测结果见表2-27。

表2-27　四川省铁矿预测工作区预测资源储量矿产类型统计表

预测区编号	预测工作区名称	预测资源储量（矿石量）/10^3 t					合计
		陆相火山岩型	岩浆型	沉积变质型	海相沉积型	矽卡岩型	
5101201001	攀枝花-西昌		19012440				19012440
5101301001	石龙预测工作区			614639.9			614639.9
5101203001	李子垭预测工作区					85780	85780
5101401001	矿山梁子预测工作区	85170.4					85170.4
5101302001	满银沟预测工作区			62770			62770
5101202001	泸沽预测工作区					55940	55940
5101303001	凤山营预测工作区			51772			51772
5101101001	华弹预测工作区				163651.3		163651.3
5101102001	碧鸡山预测工作区				45061.5		45061.5
5101102002	龙门山预测工作区				8956.6		8956.6
合计		85170.4	19012440	729181.9	217669.4	141720	20186181.69

（据四川省矿产资源潜力评价项目组，2013，有补充）

3. 四川省铁矿预测深度资源总量

四川省铁矿类型按赋存不同深度预测资源总量见表 2-28。

表 2-28　四川省铁矿矿产预测类型资源总量汇总表

矿产预测类型	已探明资源储量（矿石量）/10^3 t	预测资源储量（矿石量）/10^3 t			资源总量（矿石量）/10^3 t
		500m 以浅	1000m 以浅	2000m 以浅	
岩浆型	10078520.00	3599850.00	8849390.00	19012440.00	29090960.00
矽卡岩型	72060.00	69730.00	135060.00	141720.00	213780.00
陆相火山岩型	64764.80	17915.60	60388.90	85170.40	149935.20
海相沉积型	219415.00		192454.40	217669.40	437084.40
沉积变质型	156639.00	354017.50	380726.60	729181.90	885820.90
总计	10591398.80	4041513.10	9618019.90	20186181.69	30777580.00

（据四川省矿产资源评价项目组，2013，有补充）

五、四川省铁矿资源找矿方向

四川省铁矿最主要的五种铁矿类型九个矿床式经过近年来潜力评价成矿报告研究成果，圈定出 116 个最小预测区，其中 A 类 30 个，B 类 39 个，C 类 47 个。据此可以大致作为今后铁矿找矿方向。铁矿二级及最小预测区分布图见图 2-51。

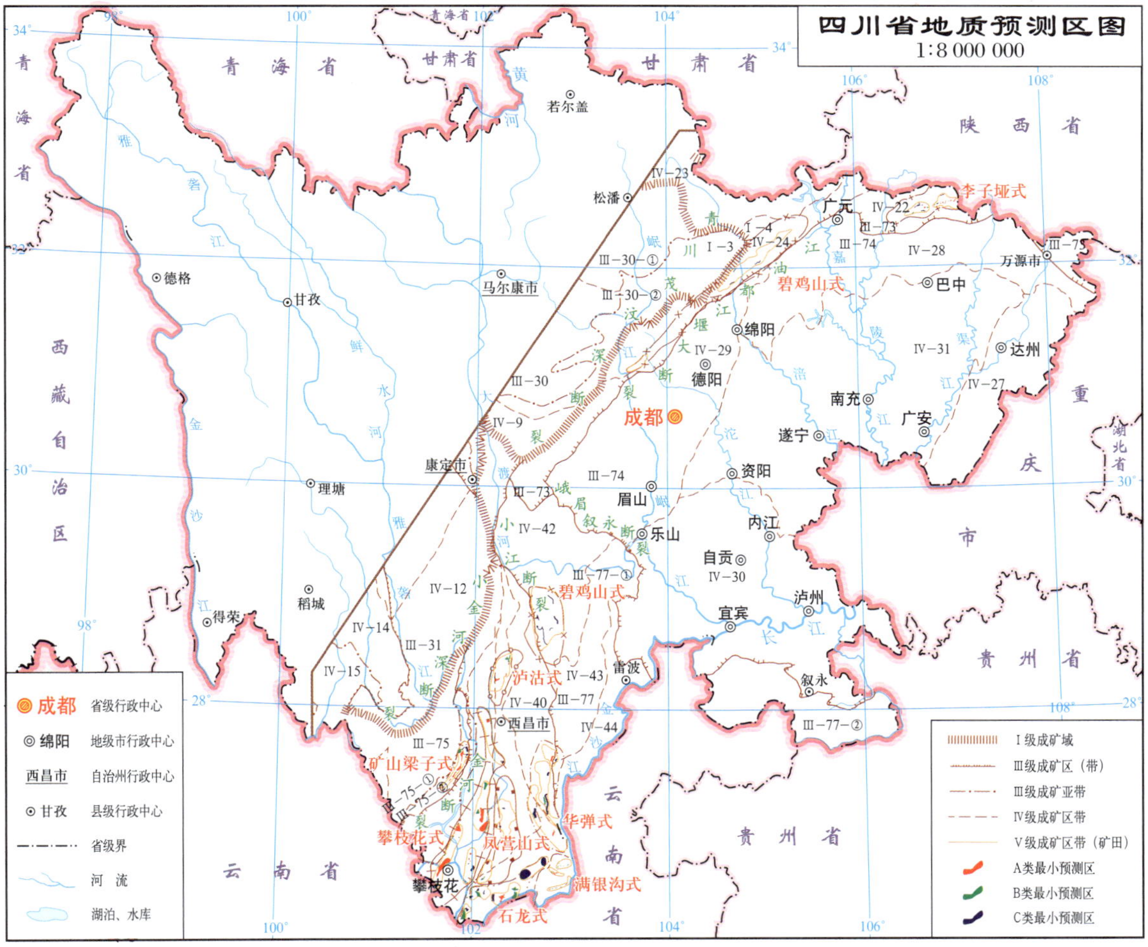

图 2-51　四川省铁矿二级及最小预测区分布示意图

（据四川省矿产资源潜力评价项目组，2013，修编）

1. 攀枝花钒钛磁铁矿床

圈出铁矿最小预测区19个，其中A类5个，B类7个，C类7个。最小预测区分布见前图2-51，划分依据见表2-29（据四川省矿产资源潜力评价项目组，2013）。

表2-29 攀枝花式钒钛磁铁矿最小预测区圈定依据及级别划分表

编号	名称	预测区级别	主要圈定依据
1	蜂子岩	C	二叠纪辉长岩中，地表具矿化。航磁呈等轴状，ΔT_{max}（nT）150
2	太和	A	二叠纪基性-超基性岩，勘探。主要矿体长160 m，宽340~700 m，厚116~197 m，埋深0~540 m；航磁呈椭圆状，ΔT_{max}（nT）700；地磁呈等轴状，ΔZ_{max}（nT）13000
3	大向坪	C	二叠纪基性-超基性岩中，地表具钒钛磁铁矿矿化，位于M54航磁负磁场中，ΔT_{max}（nT）-50。重力异常中心
4	巴洞	B	二叠纪基性-超基性岩中，详查。矿体长543 m，宽106~300 m，厚18.53 m，埋深8~280 m；航磁呈等轴状ΔT_{max}（nT）250；地磁呈条带状，ΔZ_{max}（nT）5000
5	棕树湾	C	基性-超基性岩体，航磁呈等轴状ΔT_{max}（nT）250；地磁呈条带状，ΔZ_{max}（nT）5000
6	白马	A	初勘。为已知矿体深部延展。航磁呈等轴状，ΔT_{max}（nT）250；地磁呈条带状，ΔZ_{max}（nT）10000
7	新街	B	普查。岩体长1150 m，宽460~530 m，厚8~33 m，埋深150~600 m；航磁呈鼻状小突起，ΔT_{max}（nT）20，地磁呈条带状，ΔZ_{max}（nT）7000
8	麻陇	C	普查。岩体地表具矿化。位于M77航磁负磁场背景上小突起，ΔT_{max}（nT）50
9	黑谷田	B	航磁小突起ΔT_{max}（nT）150。矿体（层）数：6个；厚度5~10 m；形态：层状、似层状
10	务本	B	详查。二叠纪期辉长岩中，岩体规模中等。有较好矿化。航磁呈椭圆状，ΔT_{max}（nT）400，地磁呈条带状，ΔZ_{max}（nT）2000
11	攀枝花	A	详勘。二叠纪辉长岩体中，长15 km，延深850 m，厚60~500 m，向下未见变薄趋势。航磁呈椭圆状，ΔT_{max}（nT）600，地磁呈条带状，ΔZ_{max}（nT）10000
12	萝卜地	B	二叠纪辉长岩体有钒钛磁铁矿矿化，局部富集为矿体。航磁呈等轴状，ΔT_{max}（nT）400
13	一碗水	A	详查。二叠纪辉长岩中钒钛磁铁矿，正长岩掩盖，航磁（M99）。地磁异常均较好
14	德胜村东①	A	详查。红格南矿区断层下推隐伏矿体及航磁、地磁异常（M109）
15	白沙坡	B	红格矿区外围，航磁呈椭圆状，ΔT_{max}（nT）300；地磁呈椭圆状，ΔZ_{max}（nT）1200
16	彭家梁子	B	普查。航磁呈椭圆状，ΔT_{max}（nT）300；地磁呈条带状，ΔZ_{max}（nT）9000
17	新桥	C	航磁呈椭圆状，ΔT_{max}（nT）50
18	普隆	C	普查。岩体长800 m，厚25 m；位于M108-2航磁南北向正负异常梯度带，ΔT_{max}（nT）150
19	半山	C	普查。岩体长355 m，厚17 m；位于M124航磁负磁场中小突起，ΔT_{max}（nT）30

注：①为红格矿区深部和外围。（据四川省矿产资源潜力评价项目组，2013，补充）

2. 泸沽铁矿床

圈定铁矿山-大顶山等6个最小预测区，其中A级2个、B级2个、C级2个。最小预测区分布见图2-51，划分依据见表2-30。

表 2-30 冕宁泸沽式磁铁矿最小预测区圈定依据及级别划分表

编号	名称	预测区级别	主要圈定依据
1	铁矿山-大顶山	A	位于泸沽花岗岩体南侧；详查。位于铁矿山、大顶山南部，包括铁矿山、大顶山矿区以及二者之间的盐井沟
2	拉克	A	位于泸沽花岗岩体东侧；详勘。位于拉克铁矿区东部（包括矿区的北、中、南三个矿段及以东地区）
3	登相营-朝王坪	B	普查。包括朝王坪小型矿床以及九盘营、石梯子、基打古、登相营北、登相营南5个矿化点所在区及东部矿体可能延深的部位
4	巴古脚莫-瓦洛莫	B	根据地磁异常，专家修定
5	龙王潭	C	普查。根据地磁异常，专家修定
6	特西	C	根据地磁异常，老专家修定。参照龙王潭参数确定

（据四川省矿产资源潜力评价项目组，2013，补充）

3. 南江县李子垭铁矿床

圈定最小预测区21个，其中A类8个，B类6个，C类10个。最小预测区分布见图2-51，最小预测区划分见表2-31。

表 2-31 南江县李子垭式磁铁矿最小预测区圈定依据及级别划分表

编号	名称	类别	主要圈定依据
1	李子垭	A	航磁异常（M23）+闪长岩体+矽卡岩化带+矿体+地磁异常
2	宪家湾	A	航磁异常（M164）+闪长岩体+矽卡岩化带+矿体+地磁异常
3	玉石崖	B	闪长岩体+矽卡岩化带+矿体+地磁异常
4	贾家寨	A	闪长岩体+矽卡岩化带+矿体+地磁异常
5	上两	B	闪长岩体+矽卡岩化带+矿体+地磁异常
6	杜家梁	B	闪长岩体+矽卡岩化带+地磁异常
7	上两东	C	航磁异常（M31）+闪长岩体+矽卡岩化
8	水马门	A	航磁异常（M157-2、4）+闪长岩体+矽卡岩化带+矿体+地磁异常
9	牡丹园	B	航磁异常（M157-2、4）+闪长岩体+矿体+地磁异常
10	水马门南	C	航磁异常（M34-1、2、3）+闪长岩体+矽卡岩化带
11	红山-草坝场	A	航磁异常（M163）+闪长岩体+矽卡岩化带+矿体+地磁异常
12	土墙坪	A	航磁异常（M163）+闪长岩体+矽卡岩化带+矿体+地磁异常
13	马家垭	B	闪长岩体+矽卡岩化带+矿体+地磁异常
14	五铜包-汪家湾	A	航磁异常（M4）+角闪辉长岩体+矽卡岩化带+矿体+地磁异常
15	黄马寨	A	航磁异常（M4）+角闪辉长岩体+矽卡岩化带+矿体+地磁异常
16	合儿山	B	航磁异常（M35-3）+闪长岩体+矽卡岩化带+矿体+地磁异常
17	姚家沟	C	航磁异常（M35-4）+矽卡岩化带
18	金场坝	C	航磁异常（M371）+矿体
19	郭家寨	C	航磁异常（M36）+闪长岩体+矽卡岩化带
20	金场坝东	C	航磁异常（M156）+闪长岩体+矽卡岩化带
21	玉泉	C	航磁异常（M22）+闪长辉长岩体+矽卡岩化带

（据四川省矿产资源潜力评价项目组，2013，补充）

4. 盐源县矿山梁子铁矿床

圈定最小预测区12个，其中A类5个，B类1个，C类6个。最小预测区分布见图2-51，最小预测区划分见表2-32。

表 2-32　盐源县矿山梁子式铁矿最小预测区圈定依据及级别划分表

编号	名称	预测区级别	主要圈定依据
1	黄草坪北	C	普查。于辉绿辉长岩体东侧岩体与震旦系灯影组白云岩接触带、断裂带，叠加 M122 地磁异常。异常强度 1000~7000 nT，有负异常相伴
2	黄草坪-草坪子	C	普查。于辉绿辉长岩体顶盖及东侧与震旦系、寒武系白云岩（大理岩）接触带，叠加 M101-106、M121 地磁异常，有②号（黄草坪东）、③号（黄草坪西）、⑩号（草坪子）铁矿点分布。磁异常强度 1000~7500 nT（M101-106）及 500~1000 nT（M121）
3	南天沟	C	于辉绿辉长岩体与寒武系白云质灰岩接触带及橄榄岩体分布地段有 M13、M14、M15 地磁异常叠加，异常强度 500~1000 nT
4	大板厂-糖房沟	C	普查。于辉绿辉长岩体西侧岩体与石炭系、志留系或震旦系、寒武系灰岩-大理岩接触带及外接触带有①号（大板厂东）、④号（大板厂南）、⑤号（糖房沟）铁矿点分布。部分地段叠加 M10 地磁异常，异常强度 500~1000 nT
5	园山包-马道子	B	普查。于园山包-马道子上二叠统峨眉山玄武岩组下段火岩凝灰岩、凝灰角砾岩，石炭系硅质岩断裂带叠加 M4 地磁异常，有⑥号（园山包）、⑧号（马道子）铁矿点分布，磁异常强度 1000~2000 nT
6	矿山梁子	A	详勘。于矿山梁子破火山口晚二叠世次火山岩、火山碎屑岩等及火山断裂构造发育。埋深 0~280 m。地段叠加 M1-6 地磁异常，有⑨号（矿山梁子）中型铁矿床分布。地磁异常强度 500~10000 nT 或以上，有负异常相伴
7	苦荞地-烂纸厂	A	勘探。于上二叠统峨眉山玄武岩组下段火山碎屑岩及西富沟断层（F_3）西盘，叠 M2、M36、M29 地磁异常；有 18 号（苦荞地）、18-1 号（烂纸厂北）、18-2 号（烂纸厂中）、18-3 号（烂纸厂南）小型铁矿床分布。磁异常强度 1000~7000 nT（M2）及 500~2000 nT（M36、M29）
8	寨子梁子-大杉树	A	于寨子梁子 βe^1 与 Lm 灰岩的断层带（F_3）有 12 号（寨子梁子）铁矿点分布；于大杉树辉绿辉长岩体中及岩体与 Lm 灰岩接触带有 M31 地磁异常叠加及 19 号（大杉树）小型铁矿床分布。磁异常强度 1000~1500 nT（高值点 3000~5000 nT）
9	麦地沟-大小沟	A	详查。于 βe^1 火山碎屑岩、βe^1 与 Lm 灰岩、Lm 灰岩断裂带叠加 M45、M40、M41、M42 地磁异常。有 14 号（大沟）、15 号（小沟）小型铁矿床和 13 号（麦地沟）铁矿点分布。磁异常强度 500~1200 nT，最高可达 10000 nT
10	干沟	A	普查。于 βe^1 玄武岩与 Ly、Lm 灰岩、及 Lm 灰岩断裂带叠加牛 M1~牛 M3 地磁异常，有 16 号小型铁矿床分布。磁异常强度 500~2000 nT，最高可达 10000 nT
11	和坪子羊坡	C	普查。于和坪子辉绿辉长岩体北东段北西侧岩体与志留系大理岩断层带叠加 M1 地磁异常，有 17 号（和坪子羊坡）铁矿点分布。磁异常强度 500~2000 nT
12	和坪子羊坡南	C	于河坪子辉绿辉长岩体南西段岩体中心二辉辉石岩内外构造裂隙带叠加 M11 地磁异常（与航磁 69 号异常中心重叠），有磁铁矿化体分布。地磁异常强度 1000~2000 nT

（据四川省矿产资源潜力评价项目组，2013，补充）

5. 宁南华弹铁矿床

圈定最小预测区 8 个，全为 C 类预测区。最小预测区分布见图 2-51，划分依据见表 2-33。

表 2-33　宁南华弹式铁矿最小预测区圈定依据及级别划分表

编号	预测区名称	类别	主要圈定依据
1	宁南华弹	C	初探。产于中奥陶统巧家组的一套灰岩层中。上层厚 2.06 m，下层厚 2.15 m，延长 3280 m
2	宁南县骑门	C	概查。有矿化。宁南县俱乐骑门矿体厚 1 m。团宝山矿体延长 1400 m，厚度 0.23~0.6 m
3	丝丝罗老达-后山	C	中奥陶统巧家组中见赤铁矿点（化）
4	宁南棋树坪	C	普查。矿体长 2000 m，厚 1.68 m；形状：层状

编号	预测区名称	类别	主要圈定依据
5	宁南县俱乐	C	概查。矿体厚 2~3 m
6	布拖县包谷坪	C	中奥陶统巧家组中见赤铁矿点（化）
7	布拖县菠萝乡	C	概查。有矿化，含矿层位，矿厚 0.5~1.75 m
8	布拖县拖觉乡	C	概查。有矿化，已知矿体延长达 3800 m，平均厚 0.6~0.7 m，最大厚度 4 m

（据四川省矿产资源潜力评价项目组，2013，补充）

6. 越西碧鸡山铁矿床

圈定最小预测区 9 个，全为 C 类预测区。最小预测区分布见图 2-51，划分依据见表 2-34。

表 2-34　越西碧鸡山铁矿最小预测区圈定依据及级别划分表

编号	名称	类别	主要划分依据
1	敏子洛木	C	详查。离古陆较近，沉积海盆封闭较好，岩相古地理条件对铁矿生成有利。构造为短轴向斜，保存较好
2	甘洛海棠	C	概查。矿点；含矿地质体中泥盆统砂质灰岩间
3	越西切罗木	C	初查。小型矿床；含矿地质体中泥盆统底部细粒石英砂岩及泥质砂岩中
4	甘洛色达	C	初查。矿点；含矿地质体中泥盆统灰岩、砂质灰岩、石英砂岩
5	越西拉基宝珠	C	概查。小型矿床；含矿地质体中泥盆统砂灰岩层中
6	越西碧鸡山	C	初勘。含矿地质体中泥盆含铁砂岩组成的地层中。中型矿床
7	江油老君山	C	详查。含矿地质体中、上泥盆统砂页岩及泥质白云质灰岩。区内有 2 处小型矿床
8	江油观务山	C	详查。含矿地质体中、上泥盆统砂页岩及泥质白云质灰岩。区内有 3 处小型矿床
9	江油赵家沟	C	普查。小型矿床；含矿地质体?

（据四川省矿产资源潜力评价项目组，2013，补充）

7. 会理县石龙铁矿床

圈定最小预测区 13 个，其中 A 类 1 个，B 类 3 个，C 类 9 个。最小预测区分布见图 2-51，划分依据见表 2-35。

表 2-35　会理县石龙式铁矿最小预测区圈定依据及级别划分表

编号	最小预测区	预测区级别	主要圈定依据
1	石龙	B	详查。含矿建造规模大，M162 航磁次级异常上
2	李家坟	C	地表中生代红层掩盖。钻孔证实，地下为会理群河口组拉拉变质杂岩
3	小黑菁西	C	普查。含矿建造规模中等。小黑箐外围
4	小黑菁	B	详勘。含矿建造规模中等。M172 航磁异常中部
5	小黑菁北	C	普查。含矿建造规模小。M164 航磁异常边部
6	锅厂	C	普查。含矿建造规模中等。M165-M166 航磁异常之间
7	新铺子	B	勘探。含矿建造规模大。M173-M175 航磁异常之间
8	白岩子	C	详查。含矿建造规模大，矿点、矿化点多
9	红岩	C	详查。含矿建造规模大。航磁化极好
10	鹦歌咀(红泥坡)	A	详查。含矿建造规模大。矿点、矿化点多
11	香炉山	C	详查。含矿建造规模大。矿点、矿化点多。航磁化好
12	M114 东	C	M114 航磁异常巨大，强度高，形态规则。邻区构造发育，含矿建造规模大，矿化较强。推断为铁矿和含铁岩石引起。附近有鹦歌嘴、兰麦冲等铁矿点
13	M114 西	C	M114 航磁异常巨大，强度高，形态规则。邻区构造发育，含矿建造规模大，矿化较强。推断为铁矿和含铁岩石引起。附近有鹦歌嘴、兰麦冲等铁矿点

（据四川省矿产资源潜力评价项目组，2013，补充）

8. 会东县满银沟铁矿床

圈定最小预测区24个，其中A类4个，B类16个，C类4个。最小预测区分布见图2-51，划分依据见表2-36。

表2-36 满银沟式铁矿最小预测区圈定依据及级别划分表

编号	名称	类别	工作程度	主要圈定依据
1	小田老包	B	踏勘	千枚岩-碳酸盐岩建造。矿点
2	猴爬崖	B	踏勘	千枚岩-碳酸盐岩建造。矿点
3	陈家屋基	B	踏勘	千枚岩-碳酸盐岩建造。矿点
4	牛棚子	B	踏勘	千枚岩-碳酸盐岩建造。矿点
5	大坪子	B	踏勘	千枚岩-碳酸盐岩建造。矿点
6	肖水井	B	踏勘	千枚岩-碳酸盐岩建造。矿点
7	赵家梁子	B	踏勘	千枚岩-碳酸盐岩建造。矿点
8	石家梁子	B	踏勘	千枚岩-碳酸盐岩建造。矿点
9	红崖子	B	踏勘	千枚岩-碳酸盐岩建造。矿点
10	大坟山	C	踏勘	千枚岩-碳酸盐岩建造。矿化点
11	梨树坪	C	踏勘	千枚岩-碳酸盐岩建造。矿化点
12	双水井	A	勘探	会理群通安组第四段千枚岩-碳酸盐岩建造。矿化规模大
13	杨家村	A	详勘	会理群通安组第四段千枚岩-碳酸盐岩建造。矿化规模大
14	满银沟	A	详勘	会理群通安组第四段千枚岩-碳酸盐岩建造。矿化规模大
15	丰家沟	B	普查	会理群通安组第四段千枚岩-碳酸盐岩建造。矿化规模中等
16	桥山沟	B	踏勘	会理群通安组第四段千枚岩-碳酸盐岩建造。矿化规模小
17	雷打牛	A	普查	会理群通安组第四段千枚岩-碳酸盐岩建造。矿化规模中等
18	沙子厂	B	踏勘	会理群通安组第四段千枚岩-碳酸盐岩建造。矿化规模中等
19	老新山	B	踏勘	会理群通安组第四段千枚岩-碳酸盐岩建造。矿化规模中等
20	小沙湾	B	踏勘	会理群通安组第四段千枚岩-碳酸盐岩建造。矿化规模中等
21	下马窑	B	踏勘	会理群通安组第四段千枚岩-碳酸盐岩建造。矿化规模小
22	下新厂	B	踏勘	会理群通安组第四段千枚岩-碳酸盐岩建造。矿化规模小
23	大堆口	C	踏勘	会理群通安组第四段千枚岩-碳酸盐岩建造。矿化规模中等
24	后山沟	C	踏勘	会理群通安组第四段千枚岩-碳酸盐岩建造。矿化规模中等

（据四川省矿产资源潜力评价项目组，2013，修编）

9. 凤山营铁矿床

圈定最小预测区4个，其中B类1个，C类3个。最小预测区分布见图2-51，划分依据见表2-37。

表2-37 凤山营式菱铁矿最小预测区圈定依据及级别划分表

编号	名称	预测区级别	主要圈定依据
1	马鞍山	B	含矿建造为前震旦系会理群凤山营组第一段白云质灰岩。凤山营矿区经详查，是本类型中成矿条件最佳者
2	凤山营	C	含矿建造；预测资源储量在勘查区深部及外围。矿体长180~280 m，厚25~85 m，延深290~700 m，凤山营曾经详查
3	兴隆	C	含矿建造；预测资源储量在勘查区深部及外围，矿体长200 m，宽2.8~15 m
4	大富村	C	含矿建造；预测资源储量在勘查区深部及外围，工作程度差

第三章 钛 矿

第一节 概 述

钛矿是四川省优势矿产之一，主要以钒钛磁铁矿伴生元素出现，独立的钛矿床（点）仅2处。截至2017年底，基础资源储量占全国83.93%，处于绝对优势地位。

全省发现有钛矿（包括伴生）矿产地共41处，其中超大型矿床5处，大型矿床5处，中型矿床6处，小型矿床2处，其余为矿点（23处）。按成因类型共划分出一级分类2类、二级分类3类、三级分类3类（表3-1）。

表3-1 四川省钛矿成因类型划分表

二级分类	三级分类	三级亚类	成矿时期	矿石类型	矿产地/处	典型矿床和代表性矿床
岩浆作用矿床	岩浆型矿床	基性岩浆型	华力西期	钒钛磁铁矿	13	太和、白马、攀枝花
		基性-超基性岩浆型	华力西期	钒钛磁铁矿	20	红格、中干沟
		超基性岩浆型	晋宁期	钛磁铁矿	2	椿树坪
		碱性岩浆型	晋宁期	钛磁铁矿	3	朱家坡
变质作用矿床	受变质型矿床	火山沉积-变质型		钒钛磁铁矿	1	阴坝子
				金红石	1	干沟
沉积作用矿床	砂矿型矿床			钛铁矿	1	希扎曲

全省钛矿主要分布在攀西地区和大巴山地区，钒钛磁铁矿集中分布在攀西和巴中市境内，独立钛矿物分布在会东和理塘县（图3-1）。

四川钛矿达到勘探程度者6个，详查10个，普查10个，预查15个。四川与钒钛磁铁矿共生的钛矿随铁矿勘查一并勘查，工作程度较高；其他类型矿床（点）少，除会东干沟金红石矿床达详查外，其余矿点勘查程度不高。

第二节 岩浆作用矿床

岩浆作用矿床为四川省主要的钛矿类型，已发现矿产地38处，其中超大型4处、大型5处、中型6处、小型2处、矿点21处（表3-2），探获资源储量77803.658×10^4 t，其占四川省钛矿探明资源总量的91.65%。按照成因类型可分为岩浆型矿床和火山沉积-变质型矿床及砂矿型三类。

一、岩浆型矿床

岩浆型钛矿为四川省重要的钛矿资源，其探明资源总量77803.658×10^4 t，占钛矿探明资源储量的91.65%。岩浆型钛矿床主要分布在攀西地区，次为米仓山地区的旺苍、南江等地；其中，攀西地区钛矿与该区的钒钛磁铁矿一同勘查评价，工作程度相对较高。已发现的矿床（点）数量、规模及勘查程度见表3-2。其矿产地质特征见铁矿部分所述，本处不再重述。

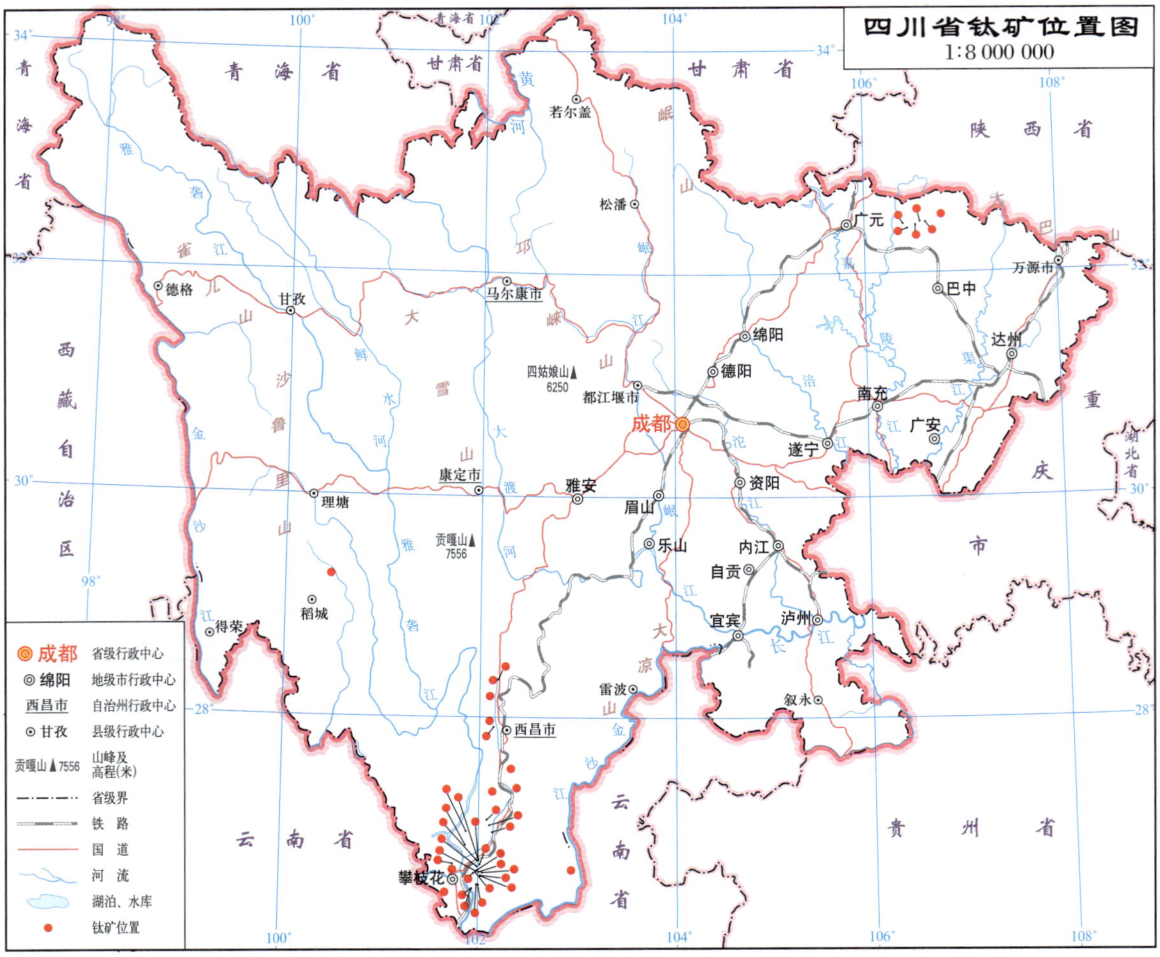

图 3-1　四川省钛矿分布图

表 3-2　岩浆型钛矿床资源储量统计表

二级分类	三级成因亚类		矿产地名称	规模	勘查程度	TiO$_2$ 品位/%	TiO$_2$ 资源储量/(10^4 t)	利用情况	共伴生矿产
岩浆型钛矿床	基性岩浆型	华力西期	冕宁杨秀钒钛磁铁矿	小型	普查	5.68	41.9		Fe、V
			冕宁半边山钒钛磁铁矿	矿点	预查				Fe
			冕宁杨河钒钛磁铁矿	矿点	预查	4.55			Fe、V
			西昌峰子崖钒钛磁铁矿	中型	普查	6.93	171.74		Fe、V
			西昌太和钒钛磁铁矿	超大型	勘探	11.76	6383.54	已利用	Fe、V
			德昌大象坪钒钛磁铁矿	矿点	普查	1.17			Fe
			德昌铜厂钒钛磁铁矿	矿点	普查				Fe
			米易棕树湾钒钛磁铁矿	矿点	预查	3.03～6.75	456.00		Fe
			米易白马钒钛磁铁矿	超大型	勘探	6.01～8.37	10739.86		Fe、V
			盐边一碗水钒钛磁铁矿	矿点	普查	9.5	213.60		Fe、V
			攀枝花务本钒钛磁铁矿	矿点	普查	5.86	2007.60		Fe、V
			攀枝花钒钛磁铁矿	超大型	勘探	10.52～12.29	8666.84	已利用	Fe、V
			攀枝花萝卜地钒钛磁铁矿	矿点	预查	10.49	15.10		Fe

续表

二级分类	三级成因亚类		矿产地名称	规模	勘查程度	TiO_2 品位/%	TiO_2 资源储量/(10^4 t)	利用情况	共伴生矿产
岩浆型钛矿床	基性-超基性岩浆型	华力西期	德昌巴硐钒钛磁铁矿	小型	详查	7.99	93.17		Fe、V
			会理白草钒钛磁铁矿	大型	详查	11.80	1533.76	已利用	Fe、V
			会理秀水河钒钛磁铁矿	大型	详查	11.11	560.81		Fe、V
			米易新街钒钛磁铁矿	中型	详查	9.53	182.43		Fe、V
			米易麻陇钒钛磁铁矿	矿点	预查				Fe
			米易中梁子-黑谷田钒钛磁铁矿	矿点	预查	14.07	0.018		Fe、V
			米易潘家田钒钛磁铁矿	大型	勘探	10.86	2212.12		Fe、V
			米易安宁村钒钛磁铁矿	大型	勘探	9.29	921.51		Fe、V
			攀枝花红格半山钒钛磁铁矿	矿点	预查				Fe
			攀枝花德胜东村钒钛磁铁矿	矿点	预查				Fe
			攀枝花中干沟钒钛磁铁矿	大型	详查	12.14	1934.80		Fe、V
			攀枝花湾子田钒钛磁铁矿	中型	详查	12.28	621.00		Fe、V
		华力西期	盐边彭家梁子钒钛磁铁矿	矿点	预查				Fe
			盐边红格钒钛磁铁矿	超大型	勘探	10.56~11.06	39213.30		Fe、V
			盐边白沙坡钒钛磁铁矿	矿点	预查	9.53	1208.50		Fe
			攀枝花新桥钒钛磁铁矿	矿点	预查				Fe
			攀枝花西区飞机湾钒钛磁铁矿	矿点	普查				Fe
			盐边中梁子钒钛磁铁矿	中型	普查	14.07	175.80		Fe、V
			会理马鞍山钒钛磁铁矿	中型	详查	14.24	190.00		Fe、V
			盐边普隆钒钛磁铁矿	矿点	预查	10.08	154.00		Fe
	超基性岩浆型	晋宁期	旺苍椿树坪钒钛磁铁矿	中型	详查	1.81~1.97	106.26		Fe、V
			南江江家塘钒钛磁铁矿	矿点	预查	0.47~2.59			Fe、V
	碱性岩浆型		旺苍回家沟钛磁铁矿	矿点	预查				Fe
			旺苍朱家坡钒钛磁铁矿	矿点	普查	1.5~3.45			Fe、V
			旺苍天地堡钛磁铁矿	矿点	普查	2.8~9.2			Fe
总计			38处				77803.658		
			矿床规模：超大型4处，大型5处，中型6处，小型2处，矿点21处 勘查程度：勘探6个，详查8个，普查10个，预查14个						

二、火山沉积-变质型钛矿床——会东干红沟金红石矿床

火山沉积-变质型钛矿床已知有会东县干红沟金红石矿床及旺苍阴坝子钒钛磁铁矿点。

干红沟金红石矿区位于会东县城88°方向，直距约36.5 km，属会东县新山乡所辖。矿区有会东-小街-新山公路通过，交通方便。阴坝子钒钛磁铁矿点位于川北米仓山旺苍地区。

1. 以往工作程度

1）1978年四川省地质局航调队进行1∶5万小街幅区调时，发现干红沟金红石矿，认为矿床规模巨大，属火山沉积变质型金红石矿床。

2）1979~1980年对干红沟金红石矿床进行普查评价，估算级TiO_2资源储量1205×10^4 t，认为远景在3000×10^4 t以上。

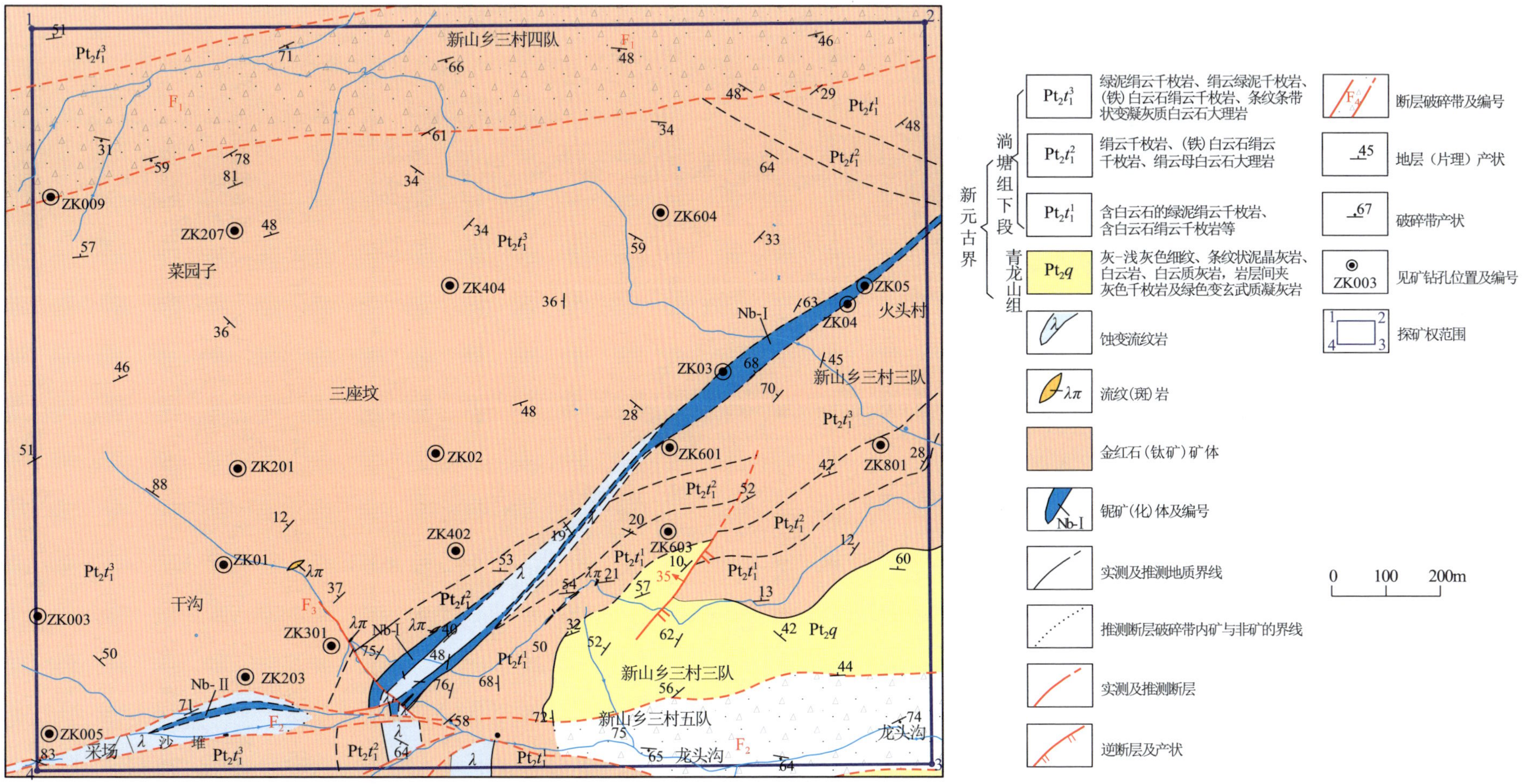

图3-2 四川省会东县干红沟金红石矿区地质图

(据四川省地质矿产勘查开发局四〇四队，2011)

3）1983年四川省地质矿产局中心实验室对干红沟金红石矿床做了选矿试验。原矿含 TiO_2 5.06%，TFe 16.4%，用浮选法获半成品金红石精矿，含 TiO_2 46%，回收率23.63%，由于试验设备不足，未配合进行其他选矿方法试验。

4）1995年5月至1996年2月、1996年6月至1997年8月，四川省地质矿产局四〇四队先后对干红沟金红石矿区开展1：5000探矿权范围、1：2000地形地质草测；选择长300 m，宽200 m的金红石矿及稀有稀土矿（化）段，施工了3条探槽及1条坑道对矿体进行揭露；开展了地质编录、采样测试，对矿区地质特征、金红石、稀土矿石质量概略评价。

5）2010年3月四川环宇矿业有限责任公司委托四川省地质矿产勘查开发局四〇四队对该矿开展详细普查评价，于2011年2月提交《四川省会东县干红沟金红石矿详查地质报告》。

2. 成矿地质背景

会东县干红沟金红石矿床地处康滇地轴中段之东川断拱北缘，新山向斜西段，干沟断裂北侧。含矿地层为中元古界会理群淌塘组下段变质火山岩系，由玄武质凝灰岩、斜长流纹岩透镜体，底部为条纹带状凝灰质白云石大理岩。

3. 矿体地质特征

矿床处于新山向斜中，金红石矿层赋存于玄武质凝灰岩中，顺层产出延伸稳定，具全岩矿化特征，地层即为矿体（图3-2）。

矿体呈厚层状，产状与地层一致，延伸稳定，出露0.985～1.385 km，控制最大厚度558.68 m，长1.66 km，矿化均匀，矿石呈变余凝灰、鳞片变晶、鳞片粒状变晶结构；平行、定向、条纹-细纹及变余气孔构造。矿石成分除金红石外，主要为绢云母，次为石英、铁白云石，少至微量黄铁矿、磷灰石、电气石、绿帘石、白铁石、方铅矿等，偶见独居石、锆石。金红石单晶呈自形-半自形粒状，少数他形粒状，时见膝状双晶。粒径0.0025～0.08 mm，一般0.005～0.02 mm。矿石品位（TiO_2）：地表1.10%～9.13%，平均3.36%；深部坑道1.34%～5.922%，平均3.20%；深部钻孔1.00%～8.53%，平均3.31%；详查区矿体平均3.30%，P2-P4线品位较富，平均3.77%。矿段平均3.37%。概算 TiO_2 332资源储量 1466.31×10^4 t，333资源储量 3177.57×10^4 t，334资源储量 2001.91×10^4 t，合计 6645.79×10^4 t。

第三节　沉积作用矿床

沉积作用矿床仅发现有矿点1处，分布在甘孜州地区，按其成因类型进一步划分为砂矿型钛矿床。

理塘希扎曲钛铁矿砂矿点位于理塘县格木乡格木二队南约8 km的希扎曲，海拔4140 m，有小路相通，交通不便。砂矿处在冬措印支期花岗闪长岩体内，矿点南东侧有北东向的也隆断裂通过，西部有北西走向的小正断层（图3-3）。

钛铁矿砂矿来源于花岗闪长岩，富集于Ⅰ级阶地及河漫滩中。

Ⅰ级阶地：高出河漫滩1.5～2 m，由含砾砂层堆积组成。砾石占1%左右，呈半滚圆状（少数为次棱角状）。主要由花岗闪长岩、花岗细晶岩组成，少量砂岩及板岩。砂层为长石、石英及云母等组成，含较多的钛铁矿，为主要含矿层。

钛铁矿沿希扎曲两岸的河漫滩富集，由北西至南东见3个含矿区（块段）总面积为0.124 km^2。

Ⅰ块段：分布在希扎曲北段的西岸。长约850 m，宽30～140 m，面积42500 m^2。钛铁矿最高含量35.835 kg/m^3，最低11.7 kg/m^3，平均21.787 kg/m^3。锆石最高含量0.818 kg/m^3，最低0.598 kg/m^3，平均0.7 kg/m^3。

Ⅱ块段：分布在希扎曲中段的南西岸。长约350 m，宽20～70 m，面积14000 m^2。钛铁矿最高含量66.673 kg/m^3，最低13.7 kg/m^3，平均35.646 kg/m^3。锆石含量0.532 kg/m^3。锡石含量0.2105 kg/m^3。

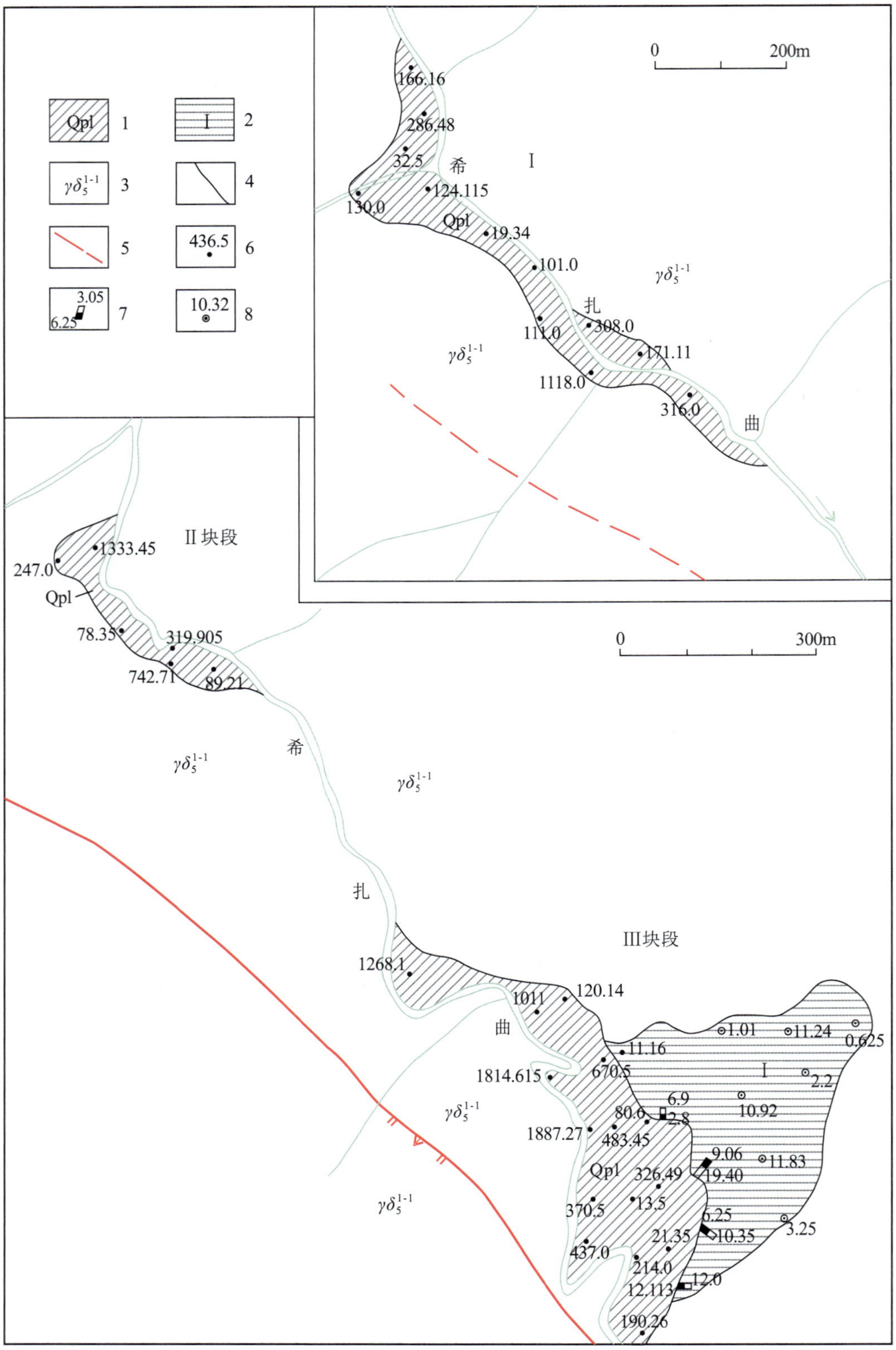

图 3-3　理塘县格木乡希扎曲钛铁矿砂矿点含量分布平面图

（据四川省地质矿产局，1984）

1—河漫滩；2—Ⅰ级阶地区；3—花岗闪长岩；4—推测地质界线；5—实测及推测界限；6—河漫滩重砂取样点及含量（g/0.02 m³）；7—Ⅰ级阶地取样槽及含量（g/0.02 m³）；8—Ⅰ级阶地重砂取样点及含量（g/0.02 m³）

Ⅲ块段：分布于希扎曲南段的东岸，长约750 m，宽70~200 m，面积约67500 m^2。钛铁矿最高含量45.551 kg/m^3，最低含量10.7 kg/m^3，平均27.56 kg/m^3。锆石最高含量1.001 kg/m^3，最低0.676 kg/m^3，平均0.838 kg/m^3。

资源储量估算结果：钛铁矿1083.775 t，锆石8.466 t，锡石0.222 t。

第四节　成矿规律及资源预测

四川钛矿产出形式有以下几种：一是以华力西期攀枝花式红格式钒钛磁铁矿中的共生组分出现；二是以晋宁期超基性岩中的钒钛磁铁矿中的共生组分出现；三是晋宁期碱性岩中的钒钛磁铁矿中的共生组分出现；四是元古宇火山-沉积变质型金红石矿出现；五是河流冲积型砂矿产出。

时间分布规律：基性-超基性岩浆分异型钛矿成矿时期主要为华力西期，次为晋宁期，随着时间的推移钛逐渐富集，显示大器晚成特征。

区域分布特征：主要分布在攀西陆内裂谷和米仓山-南大巴山前陆逆冲推覆带基性-超基性岩浆分异型钛矿床，规模和钒钛磁铁矿床规模呈正相关，即岩体规模大，则矿床规模亦大，反之则小。

成矿模式见钒钛磁铁矿的攀枝花式和红格式，二者成矿特征可以对比，区域成矿模式相同。

第四章 钒 矿

钒矿是四川省优势矿产之一，有矿产地44处，其中超大型矿床3处，大型矿床2处，中型矿床8处，小型矿床8处，其余为矿点。集中分布在攀西地区和广元-巴中市地区（图4-1；表4-1）。全省钒矿累计查明钒矿资源储量（V_2O_5）2239.005×10^4 t，保有资源储量2178.685×10^4 t，钒矿基础储量占查明资源储量的比例为37.83%，占全国35.72%，居第一位。

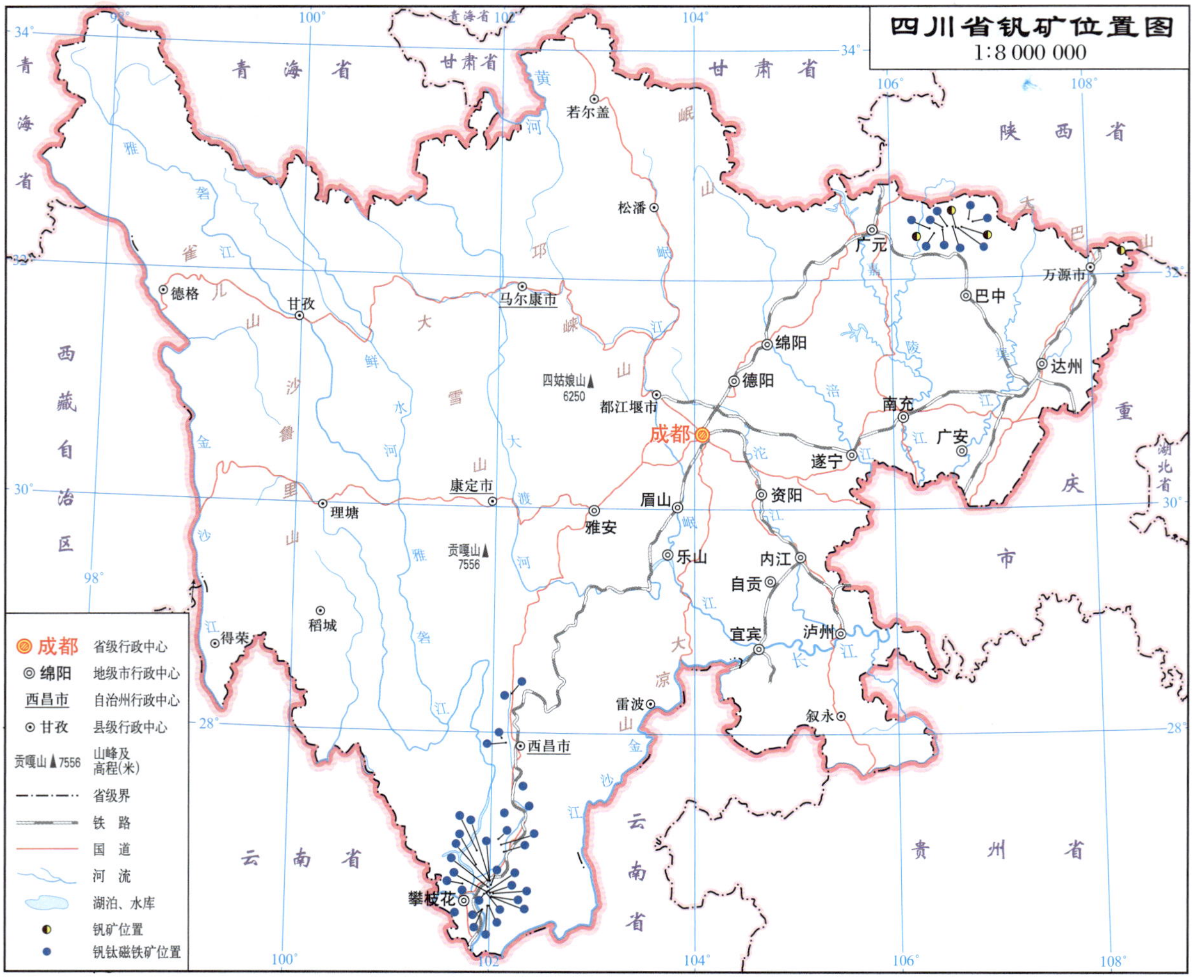

图4-1 四川省钒矿分布图

（据四川省矿产资源潜力评价项目组，2013，修编）

四川省在钒钛磁铁矿中伴生的钒矿随铁、钛矿一并勘查，工作程度较高；其他类型钒矿较少，仅万源蒲家坝钒矿床作过普查。钒矿矿产地达到勘探程度者6个，详查9个，普查15个，预查14个。

四川钒矿按二级成因类型划分成岩浆作用矿床、变质作用矿床及沉积作用矿床三类（表4-2）。

表 4-1　四川省钒矿床（点）一览表

三级分类	三级成因亚类		矿产地名称	矿床规模	勘查程度	V_2O_5 品位/%	V_2O_5 金属资源储量/(10^4 t)	利用情况	共伴生矿产
岩浆型	基性岩浆型	华力西期	冕宁杨秀钒钛磁铁矿	小型	普查	0.077	0.2987		Fe、Ti
			冕宁半边山钒钛磁铁矿	矿点	预查				Fe
			冕宁杨河钒钛磁铁矿	矿点	预查	0.36			Fe、Ti
			西昌峰子崖钒钛磁铁矿	中型	普查	0.152	4.737		Fe、Ti
			西昌太和钒钛磁铁矿	超大型	勘探	0.2365	233.1994	已利用	Fe、Ti
			德昌大象坪钒钛磁铁矿	矿点	普查				Fe
			德昌铜厂钒钛磁铁矿	矿点	普查				Fe
			米易棕树湾钒钛磁铁矿	矿点	预查				Fe
			米易白马钒钛磁铁矿	超大型	勘探	0.19	728.9824		Fe、Ti
			米易一碗水钒钛磁铁矿	矿点	普查	0.18	0.0004		Fe、Ti
			攀枝花务本钒钛磁铁矿	矿点	普查	0.065~1.105			Fe、Ti
			攀枝花钒钛磁铁矿	大型	勘探	0.1~0.31	239.0704	已利用	Fe、Ti
			攀枝花萝卜地钒钛磁铁矿	矿点	预查				Fe
	基性-超基性岩浆型		德昌巴硐钒钛磁铁矿	小型	详查	0.20	2.2892		Fe、Ti
			会理白草钒钛磁铁矿	中型	详查	0.10	62.3119	已利用	Fe、Ti
			会理秀水河钒钛磁铁矿	小型	详查	0.25	3.9649		Fe、Ti
			米易新街钒钛磁铁矿	中型	详查	0.34	12.44		Fe、Ti
			米易麻陇钒钛磁铁矿	矿点	预查				Fe
			米易中梁子-黑谷田钒钛磁铁矿	矿点	预查	0.32	0.0004		Fe、Ti
			米易潘家田钒钛磁铁矿	大型	勘探	0.24	105.7514		Fe、Ti
			米易安宁村钒钛磁铁矿	中型	勘探	0.19	37.44		Fe、Ti
			攀枝花红格半山钒钛磁铁矿	矿点	预查				Fe
			攀枝花德胜东村钒钛磁铁矿	矿点	预查				Fe
			盐边中干沟钒钛磁铁矿	中型	详查	0.25	51.1007		Fe、Ti
			盐边湾子田钒钛磁铁矿	中型	详查	0.24	18.4084		Fe、Ti
			盐边彭家梁子钒钛磁铁矿	矿点	预查				Fe
			盐边红格钒钛磁铁矿	超大型	勘探	0.24~0.25	851.9499		Fe、Ti
			盐边白沙坡钒钛磁铁矿	矿点	预查				Fe
			攀枝花新桥钒钛磁铁矿	矿点	预查				Fe
			攀枝花攀枝花西区飞机湾钒钛磁铁矿	矿点	普查				Fe
			盐边中梁子钒钛磁铁矿	中型	普查	0.32	11.05		Fe、Ti
			会理马鞍山钒钛磁铁矿	小型	详查	0.25	5.0		Fe、Ti
			盐边普隆钒钛磁铁矿	矿点	预查				Fe
	超基性岩浆型	晋宁期	旺苍椿树坪钒钛磁铁矿	小型	详查	0.11~0.15	6.88		Fe、Ti
			南江江家塘钒钛磁铁矿	矿点	预查	0.02~0.10			Fe、Ti
	碱性岩浆型		旺苍朱家坡钒钛磁铁矿	矿点	普查				Fe、Ti
	总计		36处				2374.8751		
			矿床规模：超大型3处，大型2处，中型7处，小型5处，矿点19处 勘查程度：勘探6个，详查8个，普查9个，预查13个						

续表

三级分类	三级成因亚类		矿产地名称	矿床规模	勘查程度	V_2O_5 品位/%	V_2O_5 金属资源储量/(10^4 t)	利用情况	共伴生矿产
受变质型	火山-沉积变质型		旺苍阴坝子钒钛磁铁矿	矿点	详查	0.03			
	沉积变质型	晋宁期	旺苍大营河坝钒矿	小型	普查	2.6~3.40	6.16		晶质石墨
			旺苍大河坝钒矿	小型	普查	0.48	1.04		
			旺苍蜡烛河钒矿	矿点	普查	0.58	0.44		
			南江尖山	矿点	普查	0.024			
			南江坪河乡钒矿	小型	普查	0.57	2.96		
			万源蒲家坝隔档溪钒矿	中型	普查	0.71~0.75	42.83		
							53.43		
			矿床规模：中型1处，小型3处，矿点3处 勘查程度：详查1个，普查6个						
化学沉积型	海相化学沉积型		旺苍菜子沟钒矿	矿点	预查	0.45~1.08			
总计			44个				2428.3651		
			矿床规模：超大型3处，大型2处，中型8处，小型8处，矿点23处 工作程度：勘探6个，详查9个，普查15个，预查14个						

表4-2　四川省钒矿成因类型划分表

二级分类	三级分类	三级成因亚类分类	成矿时期	矿产地/处	矿石类型	典型矿床和代表性矿床
岩浆作用矿床	岩浆型	基性岩浆型	华力西期	13	钒钛磁铁矿	太和、白马、攀枝花
		基性-超基性岩浆型	华力西期	20	钒钛磁铁矿	红格、潘家田
		超基性岩浆型	晋宁期	2	钒钛磁铁矿	椿树坪
		碱性岩浆型	晋宁期	1	钒钛磁铁矿	朱家坡
变质作用矿床	变质型	火山沉积-变质型	元古宙	1	钒钛磁铁矿	阴坝子
		沉积变质型	元古宙	6	钒矿	蒲家坝
					钒矿	旺苍大河坝
沉积作用矿床	化学沉积型	海相化学沉积型	晚二叠世	1	钒矿	菜子沟

第一节　岩浆作用矿床

岩浆作用形成的矿床已发现矿产地36处，其中，超大型矿床3处，大型矿床2处，中型矿床7处，小型矿床5处，矿点19处。主要分布在攀西地区，少数分布在川东北米仓山地区，为岩浆型钒矿床。

该类矿床为四川省重要的钒矿资源，占钛矿探明资源储量的97.80%。岩浆型钒矿床主要分布在攀西地区，与该区钒钛磁铁矿一同勘查评价，其矿产地质特征如钒钛磁铁矿所述，本处不再重述。

第二节 变质作用矿床

变质作用形成的矿床处于米仓山-南大巴山前陆逆冲-推覆带中。含矿岩系为上震旦统—下寒武统碳质板岩和中元古界火地垭群麻窝子组大理岩夹碳质片岩、石墨片岩。分布于万源、南江和旺苍县境内。有中型矿床1处、小型矿床3处、矿点3处。

万源蒲家坝隔档溪中型钒矿床（2101）：矿区居米仓山-南大巴山前陆逆冲-推覆带。含矿岩系跨上震旦统灯影组上亚段及下寒武统鲁家坪组下亚段两个层位。总厚度72~110 m，露头宽达40~100 m，于万源蒲家坝一带沿北西—南东向延伸约5 km，共有12个矿层，彼此垂距一般2~11 m，其中产于灯影组者7层（Ⅰ~Ⅶ矿层），产于鲁家坪组下亚段者5层（Ⅷ~Ⅻ矿层），主矿层为灯影组与鲁家坪组界面附近的Ⅶ、Ⅷ矿层。

鲁家坪组下亚段含矿层：为灰黑色薄-中厚层硅质板岩、粉砂岩，夹泥质白云岩透镜体，厚118.67~182.79 m，下部含矿5层（Ⅷ~Ⅻ），单层厚1~6 m，主矿层（Ⅷ矿层）厚6~9 m。

灯影组上亚段含矿层：上部为黑色薄层硅质岩，夹碳质板岩及白云岩、毒重石透镜体，普遍含磷矿结核，近顶部碳质板岩中含卵石形重晶石、粘土质结核，厚18.21~27.22 m。含矿3层（Ⅴ~Ⅶ矿层），其中Ⅶ矿层为主矿层，厚4~7 m，其余两层厚1~3 m；中部呈灰黑色薄-中厚层硅质岩、白云质硅质岩夹少量碳质板岩及白云岩、毒重石透镜体。厚18.45~20.68 m。含矿3层（Ⅱ~Ⅳ矿层），单矿层厚1~2.9 m；下部为浅灰-灰黑色薄至中厚层含碳硅质岩、碳质硅质岩，含黄铁矿泥质硅质岩及少量炭质板岩。局部夹碳质白云岩透镜体及含粉砂质泥质硅质岩。厚6.87~12.83 m，含矿1层（Ⅰ矿层），厚1~2 m。

矿体呈层状、似层状及透镜状产出，由碳质板岩、硅质碳质板岩、碳质粉砂岩和硅质岩等组成。单矿层厚1.12~9.31 m，走向延伸538~1913 m，倾斜延深50~400 m。除Ⅳ~Ⅺ矿层为单一钒矿层外，其余Ⅰ~Ⅲ为钒钼矿层，Ⅶ矿层属单一钼矿层。

钒矿主要赋存于云母及粘土矿物中。除此尚可见黄钾铁钒、砷硫钒铜矿、钒钙铀矿、钒钙榴石等含钒矿物。矿石呈泥质、隐晶、显微粒状及显微鳞片变晶等结构；微条纹、微层纹构造。矿石品位：V_2O_5 0.55%~0.90%，Mo 0.02%~0.038%，最高0.072%。钒的富集与磷和有机质关系密切，含量与矿体中碳质、石英、黄铁矿正相关，并随矿厚度的增大而增高。

除上述外，在米仓山-南大巴山前陆逆冲-推覆带，中元古界火地垭群麻窝子组第五段碳酸盐岩中夹含钒晶质石墨片岩，含V_2O_5 0.48%~3.4%，已知小型矿床3处，矿点2处，分布在旺苍和南江两县，它们是旺苍大营河坝钒矿床（1958）、大河乡钒矿床（1970）、蜡烛河钒矿点（1971）、南江坪河钒矿床（2083）、南江尖山石墨矿（2079、含矾）。此外，还有火山沉积变质型钒矿点1处（1954）。

第三节 沉积作用钒矿床

沉积作用形成的钒矿矿产地仅有矿点1处，位于旺苍县双河乡菜子沟，含矿岩系为晚二叠世煤系地层所夹铝土页岩。厚0.8~2.5 m，含V 0.45%~1.08%，Mo 0.03%~0.155%。

第四节 成矿规律

岩浆型钒矿主要与华力西期和晋宁期基性-超基性岩、碱性岩型钒钛磁铁矿有关，成伴生组分出现，分布于攀西陆内裂谷带和米仓山-大巴山前陆逆冲带中。

沉积及沉积变质钒矿主要受地层、岩相及古地理环境控制，简要归纳如下：

1）钒矿（化）均沿稳定地块（四川台凹）边缘分布。

2）有意义的含矿层位为上震旦统顶部至下寒武统底部晚二叠世的一套黑色碳硅质碎屑岩、硅质岩，并以富含磷、黄铁矿、有机质为特征。

3）震旦纪、寒武纪钒矿在区域上处于鄂湘黔上震旦统（陡山沱组—灯影组）含磷远硅质建造的边缘，区域分布局限。

4）钒与钼、磷、铀、黄铁矿共生或伴生，V_2O_5含量随含矿岩系厚度增大而升高，且与碳质、黄铁矿、石英的含量正相关。

5）从已知钒矿床（点）的分布及含矿岩系建造特征可知，成矿物质除部分来自古陆风化剥蚀外，主要与远海底火山活动有关；其有利的沉积环境应是海水较深，弱酸性-弱碱性的滞留还原带。

成矿模式见钒钛磁铁矿的攀枝花式和红格式，二者成矿特征相同，可以对比。

第五章　锰　　矿

第一节　概　　况

四川省锰矿地质调查始于1940年前，20世纪50年代中期开始系统勘查工作，总体勘查工作程度不高。四川省锰矿分布较为局限，且较集中分布在川北平武、川西南汉源、峨边、洪雅及盐边等县（图4-1）。其中松潘、平武及青川为高磷高铁贫锰矿；黑水县为低磷中铁高硅贫锰矿；万源为高磷低铁贫锰矿；汉源、金口河、大白岩及盐边双龙场为优质富锰矿；荥经大、小矿山为热液型低磷高铁富锰矿。

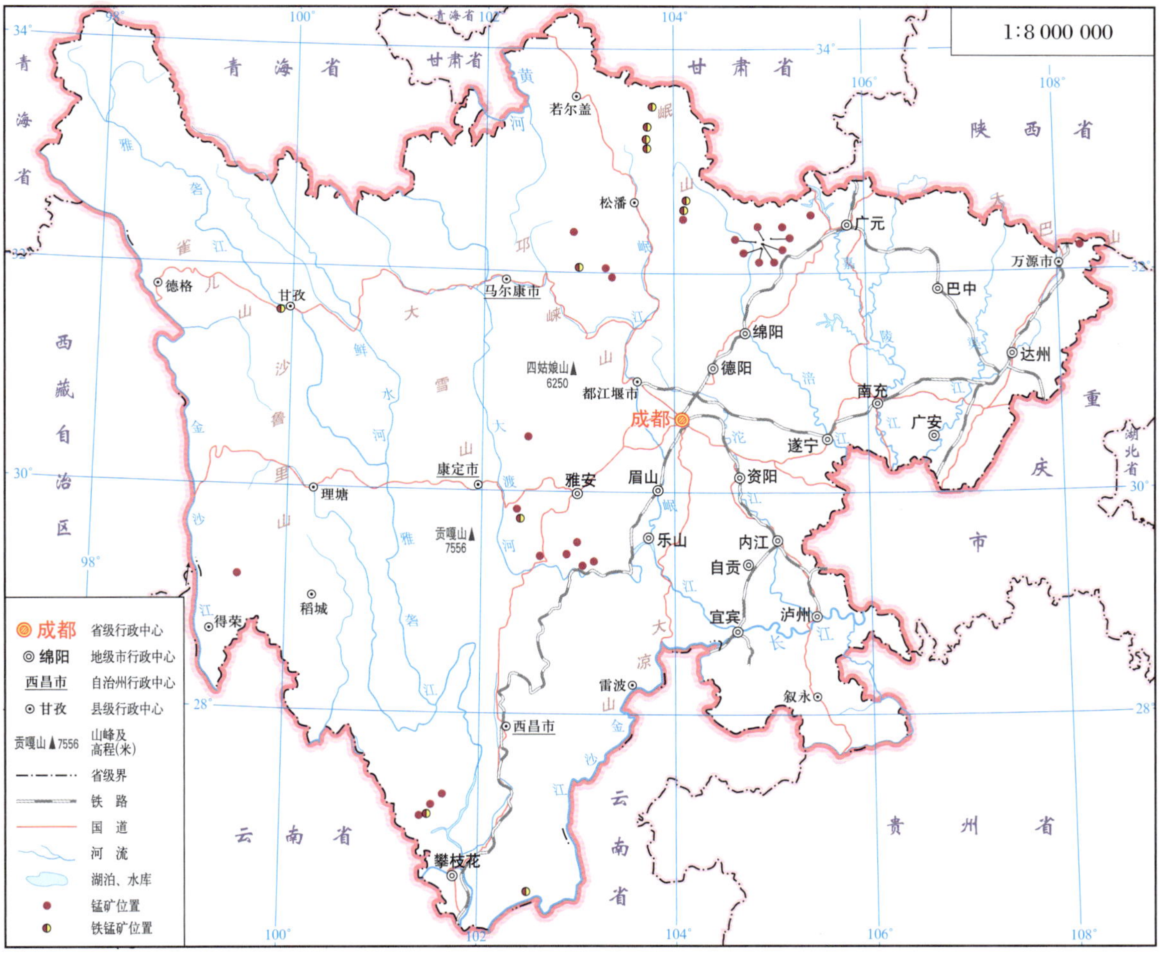

图5-1　四川省锰矿矿产分布图

目前全省已发现锰矿矿产地41处，其中大型矿床1处、中型矿床6处、小型矿床16处、矿点18处，进入统计的锰矿区累计查明资源储量3372.47×10^4 t，保有资源储量3191.58×10^4 t，在全国排第七位，进入统计的基础资源储量占资源储量的比例仅为6.37%，总体上锰矿资源不丰富。矿产地中达到勘探程度者3处，详查3处，普查14处，预查7处，其余为踏勘（表5-1，表5-2）。

表 5-1　四川省锰矿类型、资源储量统计表

三级成因分类	三级成因亚类	矿产地名称	规模	勘查程度	品位/%	资源储量/10^4 t	利用情况	共伴生组分	矿床式	备注
岩浆热液型矿床		荥经大矿山	矿点	普查	20.48~50.66	12.1	停采	Fe	大矿山式	低磷高铁富锰矿
		荥经小矿山	矿点	普查	31.38	0.55	停采	Fe		
生物化学沉积型矿床	海相生物化学沉积型矿床	木里黄泥巴	中型	普查	24.42	209.91			黄泥巴式	低磷低铁锰矿式
		会东大石棚	矿点	踏勘	8.61~12.24				轿顶山式	优质富锰矿
		盐边择木龙	矿点	踏勘	36.55	18.728				
		盐边盐水河	小型	普查	10.47~31.68	21.3566				
		盐边仙人洞	矿点	踏勘	23.28					
		盐边东巴湾	矿点	预查	40.0	5.0				
		荥经光头山	矿点	普查	6.81		已利用			
		汉源轿顶山尖山子	小型	勘探	31.85	128.1	已利用			
		乐山金口河大瓦山	小型	详查	27.42	47.5	已利用			
		洪雅刘坪大岗	中型	预查	14.11~38.12	253.05				普通锰矿
		乐山金口河大白岩	中型	预查	25.40	425.32			大白岩式	
		万源大竹河	小型	详查	12.53~18.58	133.5			高燕式	高磷低铁贫锰矿
		宝兴猫子湾	小型	普查						
受变质型矿床	沉积变质型矿床	德格垭珠弄	矿点	踏勘	11.47~28.99			Fe		
		德格獐龙沟	矿点	踏勘	1.72~15.22			Fe		
		得荣吉冲	矿点	踏勘	0.03~27.10			Fe		
		甘孜日阿嘎	矿点	踏勘	2.90~28.16			Fe		
		乡城正斗嘎若	矿点	踏勘	17.32			Fe		
		黑水卡尔寺	小型	预查		150.61			虎牙式	低磷低铁高硅贫锰矿
		黑水德石沟	中型	普查	18.73~19.76	249.54				
		黑水德思窝	矿点	踏勘	10.98~26.83					
		黑水徐古	小型	普查	17.53	75.0			虎牙式	低磷低铁高硅贫锰矿
		黑水瓦钵梁子	小型	普查	21.12	44.51			虎牙式	低磷低铁高硅贫锰矿
		九寨沟八郎沟	矿点	踏勘	0.86~22.72			Fe		高磷高铁贫锰矿

续表

三级成因分类	三级成因亚类	矿产地名称	规模	勘查程度	品位/%	资源储量/10^4 t	利用情况	共伴生组分	矿床式	备注
受变质型矿床	沉积变质型矿床	九寨沟达基寺	矿点	踏勘	15.22			Fe	虎牙式石坎式	高磷高铁贫锰矿
		九寨沟简步塘北	矿点	踏勘	20.70			Fe		
		九寨沟简步塘南	矿点	踏勘	1.80					
		松潘四望堡	小型	详查	19.50	125.0		Fe		
		平武虎牙（含大平、老队部、火烧桥）	大型	详查-勘探	18.27～25.08	2658.88	老队部、火烧桥已利用	Fe		
		平武三尖石	小型	普查	15.44	28.0				
		平武平溪	中型	预查	31.47～36.36	230.68	已利用			
		平武高庄坝	小型	普查	16.22	23.19			石坎式	
		平武马家山	小型	普查	28.79	137.8	已利用			
		平武陶坪山	中型	预查	26.91～30.66	401.89				
		平武石坎	小型	普查	28.81	97.0	已利用			
		平武筒竹垭	小型	勘探	19.67	76.8	已利用			
		青川董家沟	小型	普查	21.0	49.50				
		青川东河口	矿点	踏勘	21.51					
		青川马公	小型	预查	23.48～36.01	69.74				
总计		41 处				5673.25416				
		矿床规模：大型 1 处，中型 6 处，小型 16 处，矿点 18 处 勘探程度：勘探 3 个，详查 3 个，普查 14 个，预查 7 个，踏勘 14 个								

表 5-2　四川省锰矿类型、规模、勘查程度、资源储量统计表

三级成因分类	三级成因亚类	矿床数量	矿床规模				产地数量百分比/%	勘查程度										资源储量/10^4 t	资源储量百分比/%	备注
			大型	中型	小型	矿点		勘探	百分比/%	详查	百分比/%	普查	百分比/%	预查	百分比/%	踏勘	百分比/%			
岩浆热液型矿床		2				2	100					2	100					12.65		
合计		2				2	100					2						12.65	0.22	
受变质型矿床	沉积变质矿床	26	1	3	11	11	100	2	7.7	1	3.8	8	30.77	4	15.38	11	42.31	4418.14		
合计		26	1	3	11	11	100	2	7.7	1	3.8	8	30.77	4	15.38	11	42.31	4418.14	77.88	
生物化学沉积型矿床	海相生物化学沉积矿床	13		3	5	5	100	1	8.33	2	16.67	4	25.0	3	25.0	3	25.0	1242.46		
合计		13		3	5	5	100	1	8.33	2	26.67	4	25.0	3	25.0	3	25.0	1242.46	21.90	
总计		41	1	6	16	18		3		3		14		7		14		5673.25	100	

四川省锰矿产地分布相对集中，具有成带集中产出的特征。锰矿探获资源储量主要集中分布于川北地区，约占全省总资源储量的80.87%。川西南地区的盐边、汉源、金口河等地锰矿质量好，是四川省锰矿开发利用最早的地区。

四川锰矿以碳酸锰矿为主，贫矿多富矿少，高磷铁锰矿很有远景，但尚难利用。现已基本查明能利用的锰矿主要产于中、上奥陶统碳酸盐岩中（汉源轿顶山式），其特点是品位高（含锰27.4%~31.85%），含磷低，但规模小，是省内主要开采利用对象。尚难利用的锰矿是产于下三叠统碎屑岩中（平武虎牙式）的铁锰矿，这类矿床规模较大，单个矿床资源储量多在200×10^4~1000×10^4 t间，矿石品位贫（含锰18%~22%），菱锰矿常与含铁30%、含锰8%~10%的铁锰矿紧密共生，含磷在0.6%~1%之间，很难选矿脱磷。四川锰矿成矿时代、类型的特点十分明显，早三叠世沉积变质型锰矿占查明资源储量的58.72%，二叠纪沉积型锰矿占查明资源储量的3.70%，中奥陶世海相沉积锰矿占查明资源储量的0.79%，晚奥陶世轿顶山式海相沉积型锰矿占查明资源储量的7.56%，早寒武世石坎式沉积变质型锰矿占查明资源储量的19.15%，早震旦世高燕式海相沉积型锰矿占查明资源储量的2.35%，中元古代海相沉积锰矿占查明资源储量的7.50%。

四川省锰矿成矿时代比较集中。与全国相比，三叠纪为四川省内主要成锰期；前寒武纪四川锰矿探获资源储量一般规模明显偏小，多为地方小规模开采；泥盆纪之前（中元古代—早古生代奥陶纪）四川与全国锰矿总体成矿时代基本相同，分布广、品位富；泥盆纪、石炭纪、二叠纪是国内主要形成锰矿的时期（尤其是泥盆纪形成了超过亿吨级的锰矿床），但四川很少形成锰矿。与全国锰矿形成时代进行比较，从前寒武纪到三叠纪省内锰矿均有产出。全国前寒武纪锰矿的质量好、矿床规模比较大。但前寒武纪锰矿所占比例与全国比较明显偏小，缺少新元古代南华纪的锰矿，中元古代虽有锰矿产出，但比例极小。四川缺少石炭纪、泥盆纪的锰矿，而全国这两个时期锰矿比例达42.23%。全国锰矿最晚至第四纪，且资源储量占14.24%，而四川省到目前为止尚未发现三叠纪之后的锰矿床，成锰结束时间比全国早。

四川省三叠纪锰矿探获资源储量占全省锰矿资源储量58.72%，明显比较集中，而全国此时期锰矿比例仅为8.63%，显然三叠纪为四川省最为重要的成锰时期，并且有别于国内其他地区。

从探获锰矿床规模看，全国锰矿床中广西下雷探获资源储量超过1×10^8 t，成矿时间为泥盆纪；而四川省已知锰矿床规模最大的为虎牙锰矿，成矿时代为早三叠世，属大型锰矿床。

按成因类型对四川省锰矿类型进行划分，共划分出一级2类、二级3类、三级3类，根据所处构造单元、成矿时代、分布地区以及成矿母岩的不同，进一步细分为6个矿床式，各成因类型特征见表5-3。

表5-3 四川省锰矿类型及其主要类型特征对比表

三级成因分类	三级成因亚类	三级构造单元	赋矿层特征	矿体特征	矿石矿物特征	矿石结构构造特征	矿石品位Mn/%	共伴生元素	代表性矿床	规模
岩浆热液型矿床		康滇基底断隆	矿体围岩主要为上震旦统灯影组白云岩，次为下奥陶统底部砂砾岩	透镜状、细脉状	硬锰矿-赤铁矿-石英-碳酸盐组合、铁矿石-石英组合	致密块状、角砾状、放射状、皮壳状	Mn一般>30，S 0~0.05，P 0.005~0.05	Fe	荥经大矿山	矿点
生物化学沉积矿床	海相生物化学沉积矿床	米仓山-南大巴山前陆逆冲推覆带	顶板为灯影组黑色板岩、泥质白云岩，底板为黑色页岩，间夹锰磷条带	似层状、层状	菱锰矿、硬锰矿，次为软锰矿及少量褐锰矿	粒状、微粒-细粒及少量隐晶结构，块状构造	氧化矿，平均Mn 18.58，原生矿12.53，P 1.31~1.49，高磷低铁贫锰矿		万源大竹河	小型

续表

三级成因分类	三级成因亚类	三级构造单元	赋矿层特征	矿体特征	矿石矿物特征	矿石结构构造特征	矿石品位 Mn/%	共伴生元素	代表性矿床	规模
生物化学沉积矿床	海相生物化学沉积矿床	峨眉-昭觉断陷带的泸定-峨边凹陷	中元古界峨边群枷担桥组第一段中部，顶板黑色碳硅质板岩，底板黑色大理岩	层状、似层状	软锰矿、硬锰矿及菱（铁）锰矿三类，以软锰矿为主	土状、隐晶，不等粒结构，条纹、条带、葡萄状、蜂窝状构造	Mn 10.08~28.86，P 0.11~0.13，SiO_2 15.04~43.24，TFe 6.61~11.55		峨边金口河大白岩	中型
			中奥陶统巧家组，上奥陶统五峰组中锰矿，最具规模	层状、似层状、凸镜状	含钴菱锰矿-锰方解石-锰白云石-石英组合，菱锰矿-锰方解石-锰白云石、赤（磁）铁矿-石英组合	隐晶质，鲕状、不等粒、镶嵌等结构，条带状、环带状、结核状构造	Mn 一般 25~31.0，优质富锰矿	Co、Ni	汉源轿顶山	中型、小型，矿点
		雅江残余盆地	上二叠统卡翁沟组上段，顶板灰色硅质板岩，底板灰褐色夹灰白色含锰硅质板岩	层状、似层状	菱锰矿、蔷薇辉石、锰方解石、锰白云石	自形粒状、半自形粒状、填隙交代等结构。块状、条带状、层纹状等构造	Mn 最低 10.17，最高 39.77，平均 20.42，普通锰矿		木里黄泥巴	中型、矿点
受变质型矿床	沉积变质型矿床	松潘边缘海盆地	下三叠统菠茨沟组下段泥质岩、泥灰岩，含锰灰岩及铁锰矿	层状、似层状、凸镜状	菱锰矿-磁铁矿-石英-方解石、菱锰矿-赤铁矿、磁铁矿-石英-方解石组合	鳞片变晶、镶嵌结构，条带状、层状、块状构造	菱锰矿 Mn 20~29，铁锰矿 Mn 20~32，属高磷高铁贫锰矿	Fe	虎牙、四望堡	大型、中型、小型，矿点
		龙门山基底逆推带北段的断陷盆地	下寒武统邱家河组碳硅质板岩夹灰岩及铁锰矿凸镜体	层状、凸镜状	菱锰矿-锰方解石-石英，氧化锰-褐铁矿-石英组	细-微粒结构，致密块状构造	原生矿 Mn 一般 10~17，氧化矿 Mn 13~23，P 0.14~0.25，SiO_2 35~45，属高磷高铁贫锰矿	Fe	平溪马家山	中型、小型，矿点

第二节　沉积作用矿床

沉积作用形成的锰矿床在四川主要为生物化学沉积型，也是四川省主要的锰矿类型之一，已发现矿产地 13 处，其中中型矿床 3 处，小型矿床 5 处，矿点 5 处，探获资源储量 1242.46×10^4 t（表 5-2）。该类锰矿在空间上分布很不均匀，主要分布范围集中于扬子陆块及边缘，少数分布于雅江残余盆地。沉积作用锰矿床在四川仅划分出生物化学沉积型矿床一类。

锰矿赋存于滨海-浅海相碎屑岩-碳酸盐岩建造内，成矿时代主要有震旦纪、奥陶纪及晚二叠世，前者主要分布川东北，含矿岩系为上震旦统陡山沱组；中者分布于川西南地区，含矿岩系为上奥陶统五峰组及中奥陶统巧家组，少数为峨边群，后者分布于西部木里地区。

一、中元古界峨边群锰矿

中元古界峨边群锰矿产地1处，为乐山金口河大白岩：矿体赋存于中元古界峨边群枷担桥组第一段中部，距下伏烂包坪组顶界91.50 m，直接底板为黑色大理岩，顶板为黑色碳硅质板岩；矿体呈层状、似层状展布于凉水沟向斜两翼，共发现8个矿体，位于矿区中部和东部，其中多工程控制矿体3个，单工程控制矿体5个。矿体长200~1800 m，厚0.3~5.26 m，含Mn 10%~34.8%.

1. 主矿体特征

Ⅰ号矿体分布于矿区东部蚂蝗沟北侧，控制垂深100 m。矿体呈层状，总体走向70°，倾向160°，倾角80°，长950 m，厚0.95~1.32 m，平均厚1.11 m，含Mn 11.92%~23.34%，平均15.55%，TFe 6.61%，P 0.11%，SiO_2 43.24%，为普通锰矿石。

Ⅱ号矿体分布于矿区东部蚂蝗沟北侧，工程控制垂深100 m。矿体呈层状，矿体中部夹深灰色碳质板岩和黄灰色钙质板岩条带或透镜体，使矿体由单层变为复层结构。矿体总体走向70°，倾向160°，倾角80°，长1970 m，厚1.12~3.87 m，平均1.77 m，含Mn 13.18%~30.23%，平均23.83%，TFe 9.74%，P 0.12%，SiO_2 32.34%，为普通锰矿石。

Ⅲ号矿体分布于矿区东部蚂蝗沟北侧，控制垂深100 m。矿体似层状为主，受小褶曲影响，局部呈不规则状，矿体总体走向75°，倾向165°，倾角80°，长1300 m，厚0.85~5.26 m，平均3.24 m，含Mn 20.64%~31.36%，平均26.86%，TFe 11.55%，P 0.13%，SiO_2 27.22%~15.04%，为普通锰矿石。

2. 矿石特征

（1）矿石矿物组分

锰矿石矿物为软锰矿、硬锰矿及菱（铁）锰矿三类，以软锰矿为主；脉石矿物有石英、玉髓、褐铁矿、白云石、水云母等。

（2）矿石结构、构造

矿石为土状结构、隐晶质结构、不规则粒状结构等；条带状、条纹状、葡萄状、蜂窝状、角砾状构造等。

（3）矿石化学成分

矿体平均含Mn 10.08%~28.86%，含P 0.11%~0.13%，含SiO_2 15.04%~43.24%，TFe 6.61%~11.55%，总体来讲，矿石的有害元素P含量高，当Mn含量高时则TFe、SiO_2含量低，相反，当Mn含量低，则TFe、SiO_2含量则高。

该矿工作程度为预查，资源储量估算结果333资源储量为73.22×10^4 t，334_1资源储量为352.10×10^4 t，合计425.32×10^4 t，为一中型锰矿床。

二、震旦纪锰矿

震旦纪锰矿有产地2处，小型和矿点各1处，前者为详查，后者为踏勘。前者分布在万源一带，大地构造位置在扬子陆块北缘的镇巴-城口前陆盆地（断陷盆地）坳陷成锰盆地，滨海-浅海陆棚环境，含矿地层为陡山沱组，其顶部为泥质锰质白云岩和碳质页岩夹锰质岩建造；含矿层位岩性组合，即陡山沱组磷锰矿含矿层，主要岩性为泥质白云岩、磷块岩和菱锰矿层、黑色碳质页岩；矿石矿物为钙菱锰矿、锰方解石、锰白云石、菱锰矿，地表氧化有软锰矿、硬锰矿。

万源大竹河锰矿床

万源大竹河锰矿床位于万源县城北东28 km，属大竹河镇所辖。矿床东11 km至大竹河与城口-万源公路相接，西20 km至官渡与国道210线和襄渝铁路相通，交通较方便。

（1）地层

1）矿区处于扬子板块北缘与秦岭造山带接合部位，地层属扬子地层区。上南华统南沱组（Nh_2n）仅出露上段。下部以一套陆缘碎屑为主，夹少量火山碎屑的混合碎屑岩；厚度大于710 m，上部为灰绿色、紫红色中厚层至厚层细至中粒长石、石英砂岩，厚160~273.2 m。

2）下震旦统陡山沱组下段（Z_1d^1）下部细砂岩、粉砂岩及中厚层状长石砂岩夹页岩；上部砂质页岩、粉砂岩互层。厚34.71~103.5 m。上段（Z_1d^2）为区内的锰矿含矿部位，下部为水云母页岩夹薄层粉砂岩，近顶部有不稳定白云岩分布；上部为含黄铁矿黑色页岩夹碳质页岩、黑色含钙泥质页岩，局部碳质富集，近矿部位偶夹透镜状含锰白云质灰岩；顶部为菱锰矿层，厚21.7~79.41 m。

3）上震旦统灯影组（Z_2d）可分为三个岩性段。第一岩性段为锰矿层顶板，为含锰泥质白云岩或含锰白云岩夹锰质白云岩，厚17.9~89.2 m；第二岩性段为中厚-厚层状白云质灰岩夹薄层泥晶灰岩，厚88.4~778.3 m；第三岩性段为硅质岩与白云岩互层，厚62.7~167.7 m。

4）下寒武统（ϵ_2）由下而上有水井沱组（ϵ_2s）、石牌组（ϵ_2sh）、天河组（ϵ_2t）、石龙洞组（ϵ_2sl），以灰岩为主，次为砂岩、页岩，厚368~1953 m。

（2）构造

地处扬子板块北缘米仓山-大巴山台缘拗陷，北西走向断裂发育。计有大巴山深大断裂、镇巴大断裂、钟亭断裂、田坝坡向斜等。该向斜控制了大竹河锰矿床及磷矿展布。

（3）矿体特征

锰矿体（层）赋存于下震旦统陡山沱组上段之顶部，共圈出7个矿体（图5-2）。

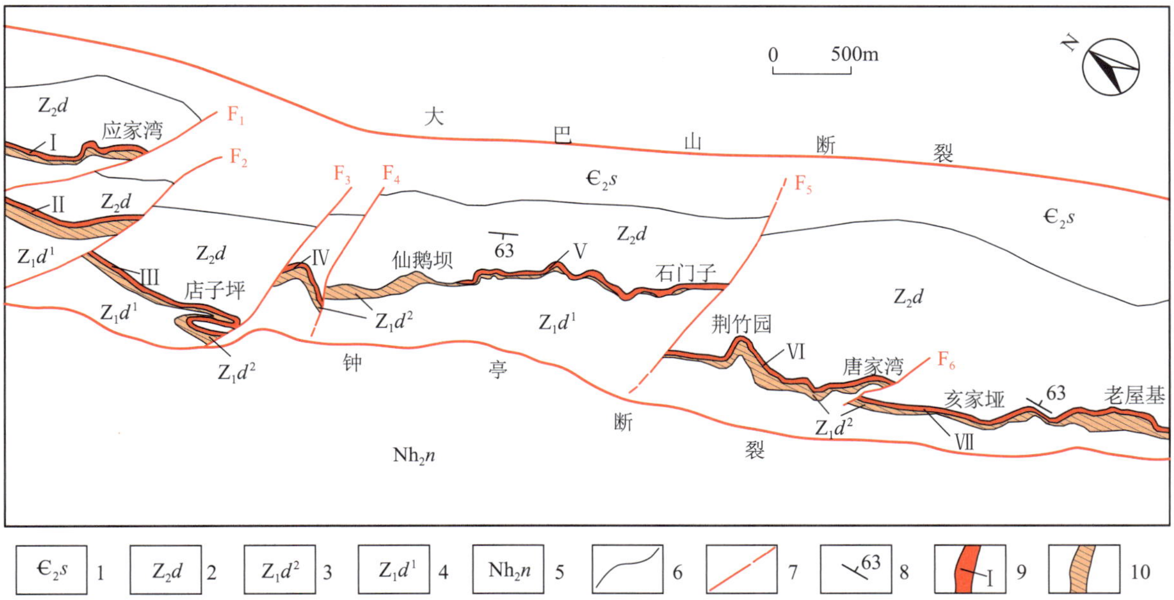

图5-2 万源市大竹河锰矿床地质略图

（据四川省冶金地质勘查院，2008，修编）

1—下寒武统水井沱组；2—上震旦统灯影组；3—下震旦统陡山沱组上段；4—下震旦统陡山沱组下段；5—上南华统南沱组；6—地质界线；7—实测、推测断层及编号；8—产状；9—锰矿体及编号；10—含锰层位

矿体总体呈层状、似层状产出，产状与围岩产状一致，矿体与围岩的界线清楚，并随地层褶曲而变化，总体走向北西，并被成矿后的近东西向之横向断层将含矿地层、矿体错切；倾角37°~85°。矿层剖面结构主要为单锰矿层结构，仅局部夹1~5 cm的含锰页岩条带。

1）V号矿体为矿床的主矿体，位于仙鹅坝-石门子一带，海拔756~930 m，沿走向两端分别被F_4、F_5断层错切；地表出露长约1630 m，控制长度1370 m；总体走向140°，倾向南西，倾角24°~85°。经地表探槽和深部坑道、钻孔控制，矿体呈层状、似层状产出，厚度0.33~1.96 m、平均0.84 m；矿石主要有益元素Mn品位10.54%~41.48%，平均23.18%。其中氧化锰矿Mn品位18.25%~41.48%，平均24.17%；原生矿Mn品位10.54%~21.42%，平均19.49%。主要有害元素P为0.34%~4.54%，平均1.34%；TFe为0.45%~8.84%，平均1.43%，SiO_2为7.95%~40.28%，平均

15.51%。Mn/Fe 值为 16.2，P/Mn 值为 0.058；矿石碱度（CaO+MgO）/（Al_2O_3+SiO_2），原生矿为 0.84~3.66，氧化矿为 0.05~0.95，可见原生锰矿石属低铁高磷碱性矿石。矿体主要为单锰矿层结构，局部地段有薄层含锰页岩夹石层。地表、探槽为氧化锰矿或半氧化锰矿，氧化深度 1~5 m，坑道内均为原生碳酸锰矿石。矿体与围岩界限清楚，顶板为含锰白云岩（局部为含锰白云岩夹页岩），底板为碳质页岩或黑色页岩。

2）Ⅰ号矿体分布于矿区的西北角应家湾至火石梁一带，海拔 730~854 m，南东被成矿后的横断层 F_1 错切，出露长约 1630 m，控制长 440 m，控制斜深约 120 m，倾向 32°~70°，倾角 56°~81°；厚度 0.60~1.32 m、平均 0.82 m；矿石 Mn 品位 12.95%~31.88%，平均 22.77%；有害杂质 P 为 0.202%~4.435%，平均 1.247%；TFe 为 0.84%~2.58，平均 1.50%；SiO_2 为 9.84%~51.85%，平均 31.15%。氧化主要在地表，深度浅，一般不超过 5 m，深部为原生矿石。

3）Ⅱ号矿体位于Ⅰ号矿体之南，分布于松树梁-亮垭子一带，海拔 527~590 m，沿走向两端被 F_1、F_2 断层错切，呈似层状产出，倾向 211°~311°，倾角 30°~65°；工程控制矿体长 200 m，厚度 0.97~1.24 m，平均 1.10 m；Mn 品位 20.11%~35.71%，平均 26.31%；P 为 0.239%~1.713%，平均 1.132%；TFe 为 1.15%~1.53%，平均 1.27%；SiO_2 为 17.09%~22.31%，平均 18.91%。

4）Ⅲ号矿体出露于店子坪-张家湾一带，沿走向两端被 F_2、F_3 断层错切，海拔 590~750 m，呈似层状产出，倾向 211°~311°，倾角 41°~85°；出露长度约 1000 m，经地表探槽、深部坑道控制长度 491 m，厚度 0.38~1.25 m，平均 0.84 m；Mn 品位 14.92%~28.61%，平均 20.95%；TFe 为 0.39%~2.73%，平均 0.94%；SiO_2 为 4.17%~26.04%，平均 10.45%；有害元素 P 为 0.387%~3.935%，平均 1.599%。

5）Ⅳ号矿体出露于黄金坝一带，倾向南西，倾角 40°~87°，控制长 415 m，厚度 0.51~1.20 m，平均 0.89 m；Mn 品位 12.54%~20.25%，平均 16.34%；P 为 0.27%~2.22%，平均 1.255%；TFe 为 0.72%~8.50%，平均 3.41%；SiO_2 为 20.82%~39.04%，平均 27.89%。

6）Ⅵ号矿体出露于荆竹园-唐家湾一带，总体走向 135°，倾向 48°~252°，倾角 31°~70°，沿走向被 F_5、F_6 断层错切，经地表探槽及深部坑道控制长 1328 m，厚度 0.55~1.25 m，平均 0.72 m；Mn 品位 20.12%~37.74%，平均 29.94%；P 为 0.70%~2.929%，平均 2.082%；TFe 为 0.94~5.44%，平均 2.71%；SiO_2 为 6.24~34.64%，平均 19.60%。

7）Ⅶ号矿体分布于 F_6 断层之南东的亥家垭至老屋基一带，海拔 594~960 m，经探槽、坑道控制，出露长度约 1880 m，控制长度 1586 m，总体走向 135°，倾向北东，倾角 31°~71°，厚度 0.40~2.22 m，平均 0.97 m，Mn 品位 11.69%~34.53%，平均 20.22%；有害元素 P 为 0.30%~8.328%，平均 4.085%；TFe 为 0.63%~9.22%，平均 1.73%；SiO_2 为 9.26%~48.05%，平均 25.05%。地表多为氧化锰矿石，但深度小于 5 m，深部为原生碳酸锰矿石。

（4）矿石化学成分

矿石化学成分：Mn 最低 10.54%，最高 41.48%，平均 21.51%；TFe 最低 0.39%，最高 8.84%；有害元素 P 含量最低 0.202%，最高 8.328%；SiO_2 最低 4.17%，最高 51.85%；烧失量最低 4.21%，最高 34.66%；CaO 最低 4.85%，最高 27.60%；MnO 最低 0.49%，最高 9.46；Al_2O_3 最低 0.32%，最高 9.55%。据基本分析统计，Mn 品位 10%~15%的占 14.6%，15%~20%的占 31.3%，20%~25%的占 31.2%，>25%的占 22.9%，属普通锰矿。矿石的主要有害物质 P，主要以胶磷矿赋存于含锰白云岩或少量赋存于含锰碳质页岩或黑色页岩中，一般矿石中 P 含量为 0.3%~3.0%，其次，P 的赋存状态还有细分散状的磷灰石；顶板中的 P 普遍高于矿体底板中 P 的含量，夹石中 P 含量普遍高于矿石中 P 的含量。

（5）矿物组分

原生矿石的矿物成分主要有锰白云石 65%、菱锰矿 13.73%、锰方解石 5%~10%，地表氧化矿石的矿物成分为硬锰矿、软锰矿。脉石矿物主要有石英、高岭石、方解石、白云石、玉髓、磷灰石、海绿石、粘土矿物及少量碳质（有机碳）、黄铁矿等。原生锰矿石通过物相分析，碳酸锰类 98.32%~

99.5%、氧化锰类（锰矿、软锰矿）0.37%~1.29%、硅酸锰 0.08%~0.39%，碳酸锰类矿物岩矿鉴定包括菱锰矿、钙菱锰矿、锰方解石、锰白云石。

（6）矿石结构构造

矿石结构主要为自形、半自形粒状结构（粒径一般 0.01~0.1 mm）和砂粒变余结构，次为球粒结构（粒径 0.1~1 mm）、豆粒结构、鲕粒结构，偶见胶状结构、微粒结构、粉晶结构、隐晶质结构。总体锰矿层位稳定、层理发育，自上而下碳酸锰矿粒度有变化，并多次反复、韵律变化频繁。下部的韵律层极薄仅 1~10 mm，常见的韵律组合以粉屑-叠层石、粉屑-球粒-叠层石等为主；中部较厚达 20~100 mm，以鲕粒-叠层石、鲕粒-豆粒等为主；上部多为 10~20 mm，以球粒-叠层石等为主。原生矿石主要为块状结构、条带状构造，层状、纹层状、叠层状、条纹状构造次之，氧化矿石一般为皮壳状构造、蜂窝状及土状构造。矿石中有大量的藻类等遗迹及有机质（有机碳）分布，藻类遗体是锰矿层的重要组成部分，这些特征与矿床之南东的城口县高燕、大渡溪锰矿矿层结构特征具有相似之处（赵东旭，1994；王尧等，1999），锰矿石的形成均与藻类等生物作用有密切的关系，属藻类成因。

（7）矿石类型

矿区地表矿石氧化程度高，但其氧化深度小于 5 m。矿石的自然类型主要为原生碳酸锰矿石，仅地表有少量的氧化锰矿石。工业类型为冶金用锰矿石。根据基本分析统计，P/Mn 值 0.009~0.650，属高磷矿石；从（$CaO+MgO$）/（$Al_2O_3+SiO_2$）（碱度）值看，氧化矿碱度 0.03~1.17，一般 0.1~0.7，原生矿碱度 0.84~3.48，其中碱度>1.2 的占 86%，可见主要属碱性矿石；Mn/Fe 值为 1.48~72.89，比值<6 的仅占 7.9%，属低铁矿石。多项分析资料计算矿石碱度为 2.72，大于 1.2，为碱性矿石。可见，矿床锰矿石属高磷低铁碱性碳酸锰矿石。

（8）矿石加工技术性能

大竹河锰矿区所属的巴山锰矿带的锰矿石，被工业利用已有超过 20 年的历史。与大竹河锰矿石类型极为相似的城口地区（高燕、上山坪、大渡溪、修齐）锰矿石早已被工业利用。

1）2007 年中国地质科学院矿产综合利用研究所，对采自Ⅴ号矿体的碳酸锰矿石进行氧化焙烧试验。分别对直径-5 mm、-20 mm 和直径约 100 mm 粒度的样品进行了氧化焙烧试验。在粒度为-5 mm、焙烧温度 1100℃、焙烧时间 2h 条件下，锰矿石烧失率平均为 33.00%，焙砂中的锰含量平均为 27.60%，锰回收率平均为 97.31%，焙砂中磷含量平均为 0.63%，磷残存率平均为 93.2781%。粒度为-20 mm、焙烧温度 1150℃、焙烧时间 3h 条件下，锰矿石烧失率平均为 33.75%，焙砂中锰含量平均为 27.73%，锰回收率平均为 96.70%，焙砂中磷含量平均为 0.63%，磷残存率平均为 93.27%。100 mm 样品在 1100℃焙烧 3h 后，烧失率最高，为 36.45%；焙砂中锰含量也最高，可达到 34.21%。试验结果表明，该矿经氧化焙烧后可显著提高焙砂锰品位，但磷的脱除率较低，不能达到有效除磷的目的。

2）大竹河锰矿东侧的重庆高燕锰矿初勘时曾经对碳酸锰矿石作了小型和半工业“二步法”冶炼试验，试验结果见表 5-4。

表 5-4 高燕锰矿冶炼试验结果表（%）

矿石及其产品名称	Mn	P	SiO_2	TFe	C	P/Mn	锰回收率	脱磷率
原矿石	21.15	0.211	21.86	1.95		0.0098		
富锰渣	29.22	0.038	37.80	0.58		0.0013	94.10	87.74
高磷生铁	34.12	5.61	[Si] 0.77	52.91	3.37			
硅锰 17	68.82	0.156	[Si] 18.14		1.50		64.67	
硅锰 20	69.46	0.194	[Si] 20.17		0.89		59.92	

试验结论如下：①对含铁仅为 2%左右的高磷贫锰矿利用高炉冶炼，可冶炼出合格的富锰渣，而

无需搭配铁屑和高铁锰矿。②城口锰矿冶炼富锰渣，采用矿石自然碱度，渣型适宜，流动性能良好；锰回收率、高炉利用系数、焦比等项目技术经济指标均达到国内较高水平。③该富锰渣具高硅低磷的特点，适宜冶炼锰硅合金，在冶炼过程中不加或少加硅石和石灰石，也无需萤石调渣。炉渣流动性能良好，渣铁分离比较彻底，没有出现翻渣和其他异常现象。④对含磷较高的矿石单独冶炼也能达到良好的降磷效果，并能冶炼出合格的锰硅合金。⑤高燕低铁贫锰矿石高炉-电炉“二步法”冶炼锰硅合金在技术上是可行的，在经济上也是比较合理的，该矿具有工业利用价值。

3）高磷锰矿还做过了高磷锰矿浸取除磷实验。2007年，重庆大学以城口高磷锰矿为原料，采用硫酸浸出方式，开展了浸出工艺条件的详细实验研究。在浸出的后期，通过改变矿浆的pH，使得其中的铝、铁发生絮凝，并与溶液中的磷酸根发生作用。得到的结果显示，随着溶液pH的增大，其中磷的含量逐渐下降，当pH=7时，浸出浆中磷的去除率可以达到99%以上，而对锰的影响却不是很大。综上所述，通过火法、湿法对碳酸锰矿石的加工试验和近些年来与矿区相邻的城口锰矿冶炼工业的技术发展表明，无论采用高炉冶炼法，还是采用硫酸浸取法对本矿区的低品位碳酸锰矿中的锰都可以有效富集，并具有程度不等的脱磷效果，能够提供冶金用锰的合格产品。

（9）找矿标志

1）直接找矿标志：矿层、矿体地表露头，区内锰矿锰帽一般较清楚；锰矿转石在重力作用下常分散于近矿的残积、坡积及第四系沉积物中，这些锰矿块即为近矿的良好找矿标志。

2）间接找矿标志：①区内锰矿与磷矿赋存层位相同，有时共生，故磷块岩或含磷矿条带的地表露头，可以作为锰的找矿标志。②地层岩性：锰矿赋存于黑色碳质页岩与碳酸盐岩的过渡部位；锰矿下部为黑色页岩，其黑色带可作为找矿标志；锰矿上部为含锰白云岩，其颜色为赭色，地表多表现明显，可作为标志；白云岩之上为白云质灰岩夹有硅质条带，可以作为标志之一。③地貌特征：锰矿上部为白云岩、白云质灰岩，常形成比较陡的地貌；而锰矿的下部为碳质页岩，相对易于风化，锰矿常常产出于陡崖的底部附近。

3）化探异常标志：已知锰矿床（点）均位于Mn元素异常的高值异常带或附近，Mn等元素的综合异常对锰矿的指示作用较锰单元素好。

三、奥陶纪锰矿

奥陶纪锰矿矿产地共8处，其中中型矿床1处，小型矿床3处，余者为矿点；达勘探程度者1处，详查1处，普查2处，预查2处，踏勘2处。锰矿主要分布在汉源轿顶山-峨边金口河及盐边国胜地区。锰矿体主要由碳酸锰组成，呈层状、透镜状赋存于中奥陶统巧家组、上奥陶统临湘组、五峰组。以五峰组中锰矿最具工业意义，巧家组锰矿次之。

中奥陶世锰矿有产地4处，其中小型矿床1处，主要分布在盐边国胜一带。晚奥陶世为四川省富锰矿的主要成矿时代，其中中型矿床1处，小型矿床2处，集中分布在汉源轿顶山-洪雅一带，主要产于上奥陶统五峰组内。

1. 盐边县盐水河锰矿床

矿床位于国胜背斜北西翼，由下奥陶统紫红色砂页岩、中奥陶统巧家组泥质灰岩及下志留统笔石页岩构成倾向北北西，倾角24°~34°之单斜层（图5-3）。含矿岩系中奥陶统巧家组，厚13.73~65.98 m。

锰矿赋存于巧家组中上部，呈大小不等透镜状、似层状产出。产状与围岩一致。上含矿层有矿体7个，单矿长30~320 m，平均厚0.33~0.78 m，延深20~180 m，Mn平均13.82%~27.72%；下含矿层有矿体5个，单矿长20~300 m，厚度平均0.2~0.84 m，延深15~400 m，Mn平均10.04%~31.6%。

矿石以碳酸锰为主，占矿石总量95%左右。矿物成分主要为菱锰矿，次为锰方解石、锰白云石、蔷薇辉石、黄铁矿、磁铁矿、菱铁矿等。呈细-粗晶结构，偶见豆状、鲕状、次文象、隐晶等结构；似块状、条带状、层状构造为主，次有同心圆状、花斑状、团块状构造。地表氧化带为氧化矿，以软锰矿、硬锰矿为主，在倾斜方向上延深1~5 m，即为碳酸锰所代替。

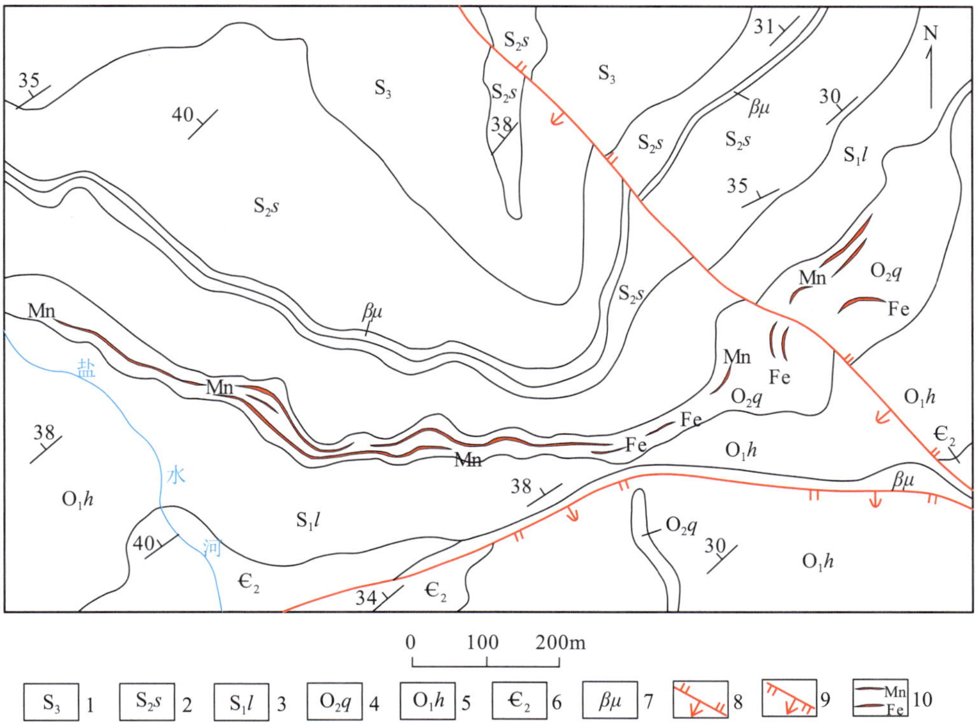

图 5-3　盐边县盐水河锰矿床地质图

（据四川省地质矿产局一〇六队，1986）

1—上志留统；2—中志留统石门坎组；3—下志留统龙马溪组；4—中奥陶统巧家组；5—下奥陶统红石崖组；6—下寒武统；7—辉绿岩；8—逆断层；9—正断层；10—锰矿体、铁矿体

矿石主要化学成分：Mn 10.04%～31.68%，TFe 0.15%～2.91%，SiO_2 6.32%～30.33%，P_2O_5 0.06%～0.0953%，S 0.0067%～0.029%，Mn/Fe 19.24～69.80，P/Mn 0.00103～0.00263，（CaO+MgO）/（SiO_2+Al_2O_3）0.31%～6.28%。

2. 汉源轿顶山锰矿床

汉源轿顶山锰矿矿区位于汉源县北偏东，直距 22 km，距成（都）昆（明）铁路乌斯河站22 km，有公路相通。该矿床是“优质富锰矿”，为四川省重要的锰矿石生产基地。

轿顶山锰矿处于不对称盆形南北向轿顶山向斜中。向斜北端为尖山子矿体，东翼为羊角岭矿床，西翼为梯子岩矿体。3 个矿体中尖山子为主要矿体。锰矿石资源储量占总资源储量的 73%，进行了勘探，羊角岭、梯子岩矿体规模小，进行了普查、详查工作。

其发现史如下：

1954 年 7 月，西南地质局五〇六队（队长马汝琪，技术负责人张云湘）在汉源团宝山地区进行普查找矿，根据团宝山找矿工作的经验，派何晴光去附近轿顶山找矿。何晴光在志留系黑色砂、页岩与奥陶系间发现了黑色矿石，即采取标本带回马烈乡临时工作站。鉴定是锰矿，由此发现了轿顶山锰矿。

1958 年，因急需锰矿石，群众在矿区开采锰矿。雅安专署要求查清轿顶山锰矿资源。1958 年 11 月，雅安专区第一地质队（队长陈启鸿，技术负责人周信国）派杨鲁、任爱光到轿顶山锰矿区开展普查工作。

1959 年 7 月，雅安专区第一地质队对轿顶山锰矿进行勘探。圈定了尖山子、羊角岭、梯子岩 3 个矿体。1960 年 2 月提交了《汉源县轿顶山锰矿地质勘探报告》。1962 年 3 月经四川省储委审查，批准锰矿石资源储量 192×10^4 t，其中工业资源储量 160×10^4 t。

1959 年 7～11 月，雅安专区第一地质队在对轿顶山锰矿进行勘探的同时，对含锰页岩曾取样做光谱、化学分析，钴含量为0.4%~0.86%，已达工业品位，从而发现了钴矿。

1962年，根据四川省地质局指示，一〇六队（队长王醒民，技术负责人周信国）对汉源轿顶山钴锰矿中的钴矿进行勘探。1965年6月，一〇六队提交了《六〇一矿区钴锰矿床资源储量报告书》，报告由朱理顺、傅德明、植起汉、王考文等编写。1974年6月，经四川省地质局审查，批准钴金属资源储量5465 t，其中工业资源储量5149 t；伴生镍金属资源储量3597 t。

1970年，四川省冶金厅组建了汉源锰矿，矿山设计规模年产锰矿石5×10^4 t。1971~1991年底，开采锰矿石49×10^4 t，累计利税3915万元。轿顶山锰矿的开发利用，缓解了四川省钢铁生产急需锰矿资源的紧张局面，现已闭坑。开采锰矿时连带采出的钴矿，目前堆置存放，尚未利用。

（1）矿区地质

矿区位于康滇断隆北端东侧，泸定-峨边凹陷盆地中。轿顶山向斜为不对称的盆形短轴向斜，轴向NW338°，南北长约5 km，东西宽2~2.7 km，核部由二叠系灰岩组成，翼部依次为志留系、奥陶系、寒武系等地层（图5-4）。

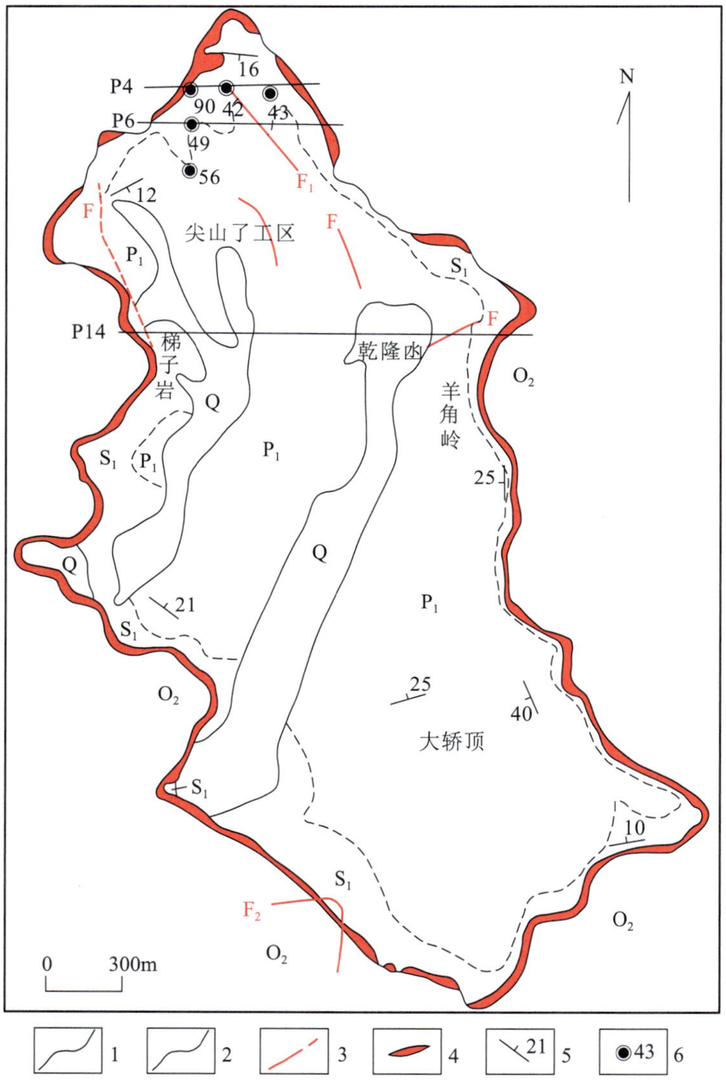

图5-4 汉源轿顶山锰（钴）矿区地质平面图

（据四川省地质局一〇六队，1965，修编）

Q—第四系；P_1—下二叠统；S_1—下志留统；O_2—中奥陶统。

1—推测地质界线；2—断层；3—地质界线；4—锰（钴）矿层；5—地层产状；6—钻孔及编号

含矿地层为上奥陶统。《四川省区域地质志》（四川省地质矿产局，1991）把本区奥陶纪地层从上向下划分为五峰组、临湘组、宝塔组，其中五峰组和临湘组为奥陶系最上部地层；《四川省岩石地层》（四川省地质矿产局，1997）合并统称为宝塔组（$O_{2-3}b$）。根据矿区资料，本书沿用《四川省区域地质志》（四川省地质矿产局，1991）的地层划分方案。

含锰矿岩系上奥陶统五峰组（O_3w），为一套海湾-潟湖相生物-化学沉积建造。由黑色碳质水云母页岩、白云质页岩及碳酸盐岩等组成，厚0~17 m。锰矿呈层状、似层状及透镜状产于五峰组下部或底部，受岩相及藻礁控制。主要矿物成分为菱锰矿、黑锰矿，次有锰方解石、锰白云石、羟锰矿、褐锰矿、水锰矿等。局部见赤铁矿、穆磁铁矿、针铁矿、黄铁矿及沥青铀矿等。具微晶、微粒、鲕状、豆状隐晶质及偏胶状等结构；条带状、叠层状、结核状、皮壳状等构造。品位 Mn 13.31%~31.8%，大于25%的富矿居多。剖面如下：

上覆层：下志留统龙马溪组底部钴矿层。由深灰-灰黑色石英砂岩及灰黑色碳质页岩组成，称砂岩型或碳质页岩型钴矿层　　厚0.13~3.06 m，一般0.35~1.00 m

------------------平行不整合------------------

O_3w 五峰组

④灰至深灰色中厚层状含锰灰岩、称灰岩型钴矿层。可相变为结晶灰岩，致密状灰岩或砂质灰岩，化石丰富　　厚0.1~1.58 m

③褐红色球粒状结构、块状构造含钴菱锰矿，称上菱锰矿型钴矿层　　厚0.1~2.27 m

②上部黑色碳质水云母页岩，富含黄铁矿；下部灰绿色白云质页岩，夹条带状团块状菱锰矿，称夹层页岩型钴矿层　　厚0~0.85 m

①褐红色、玫瑰色泥灰质菱锰矿、含钴。底部夹磁-赤铁矿条带或团块，局部含黄铁矿，称下菱锰矿型钴矿层　　厚0.1~1.46 m

------------------平行不整合------------------

下伏层：临湘组灰绿色条带状泥灰岩，下部为褐色致密状泥灰岩。均含钴，称泥灰岩型钴矿层，可相变为绿色钙质页岩　　厚0.05~1.41 m

（2）矿床地质特征

1）矿体规模、形态、产状：锰矿赋存于五峰组下部，即剖面中1、3层，当其间的页岩夹层尖灭时则合并为一层。共有锰矿体7个。Ⅰ号矿为主矿体，呈似层状产出，东西长约1000 m，宽600 m，有上、下两个矿层，平均厚1.50 m；其余为长25~100 m之小透镜体，且多由一层矿组成（图5-5）。

2）矿石物质成分、结构构造：矿石矿物以菱锰矿（占50%~90%）和锰方解石（10%~40%）为主，次为硬锰矿，少许黑锰矿、方锰矿、磁-赤铁矿。脉石矿物有方解石、磷绿泥石及石英、重晶石等。伴生矿物有黄铁矿、方铅矿、闪锌矿等。具隐晶质不等粒镶嵌、鲕状、竹叶状、偏胶状结构；块状、条带状、环带状和结核状等构造。

3）矿石品位：Mn 8.06%~50.91%，平均品位31.85%；TFe 0.41%~4.15%，一般品位1.00%~2.10%；SiO_2 3.38%~22.92%，平均品位9.68%；CaO 10.60%；MgO 2.77%；S 0.49%~1.52%；P 0.017%~0.185%，伴生Co 0.067%，Ni 0.046%。锰矿石分富矿（含Mn>25%，占76%）、中矿（含Mn 15%~25%，占14%）和贫矿（含Mn 8%~15%，占10%）3个品级。各品级矿石情况见表5-5。

表5-5　锰矿石品级情况表

锰品位/%	锰平均品位/%	P/%		S/%		SO_2/%		备注
		一般	平均	一般	平均	一般	平均	
>25	34.35	0.03~0.15	0.049	0.49~1.52	0.95	3.38~13.26	7.23	
15~25	21.81	0.026~0.185	0.063		0.46	8.97~16.17	13.51	
8~15	11.96	0.017~0.156	0.064		1.43	8.96~22.92	15.22	
平均	31.85	0.017~0.185	0.052	0.49~1.52	0.88	3.38~22.92	9.68	

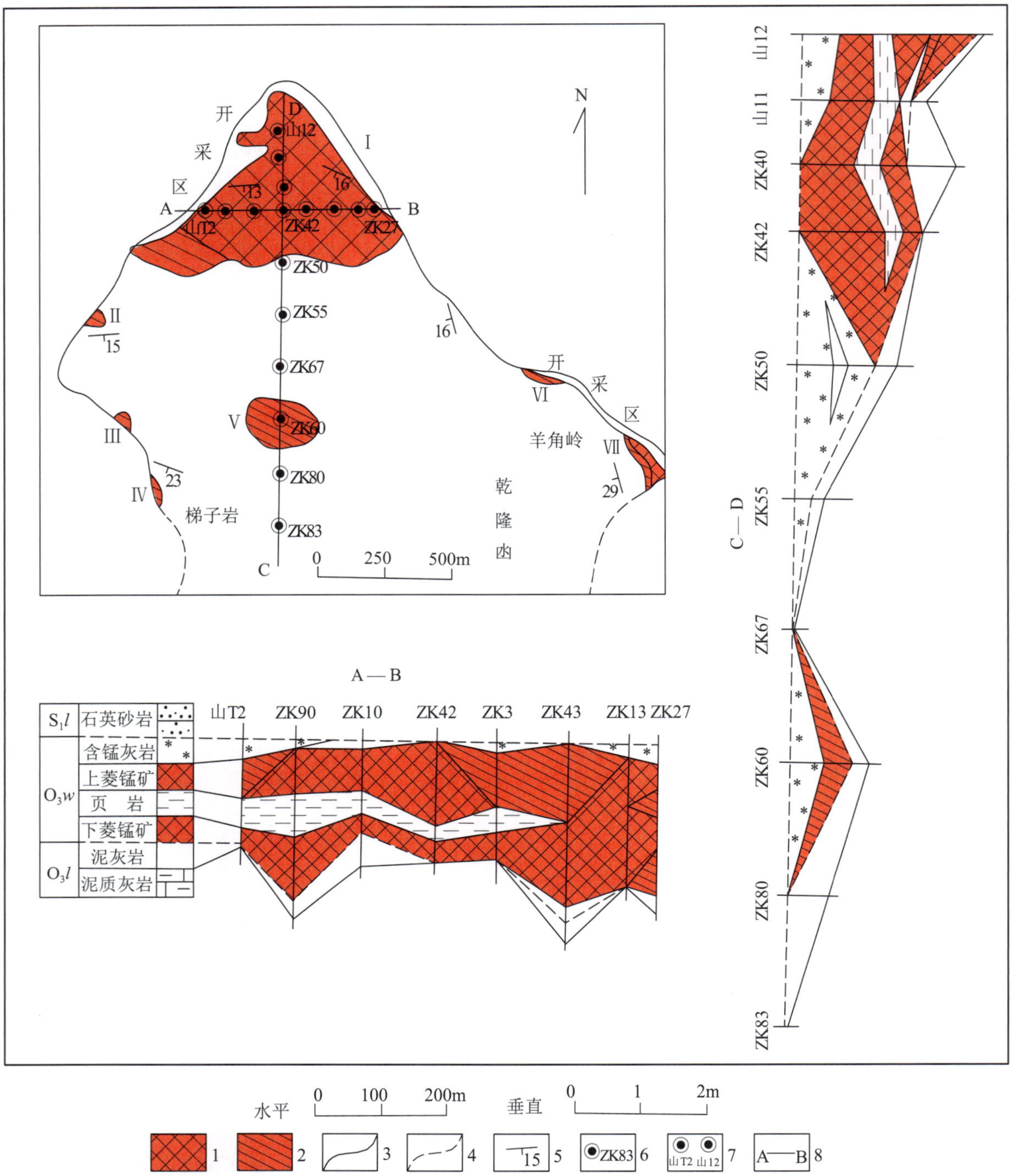

图 5-5　汉源县轿顶山锰矿床矿体平面分布图

（据四川省地质矿产局，1990）

S_1l—下志留统龙马溪组；O_3w—上奥陶统五峰组；O_3l—上奥陶统临湘组。

1—矿体含锰>25%；2—矿石含锰 8%～25%；3—地质界线；4—推测地质界线；5—地层产状；

6—钻孔及编号；7—坑道（山 T2）、浅井（山 12）及编号；8—剖面位置及编号

锰矿石中普遍含铁，一般 1%～5%，平均锰铁比为 8，锰矿石属酸性矿石，一般（$SiO_2+Al_2O_3$）/（CaO+MgO）为 0.39～2.63，平均为 1.16。若在冶炼前进行配矿，可得到造渣组分适当而不必增加溶剂，锰矿石品位在水平方向上变化不大，垂直方向变化较大。多数工程中皆可见底部，为贫锰矿石（Mn 5%～15%），中部为优质菱锰矿，顶部有时可见无工业价值的含锰砂岩。此外矿体变薄或尖灭部位品位变贫。矿层层位稳定，一般分为上下两层矿，中间被一厚度不超过 0.5 m 的页岩（局部灰岩）

所隔。夹层稳定，成分简单易选。钴在此页岩中富集，品位高，另在锰矿上部的页岩、灰岩中富集成矿，并伴生有 Ni。矿区（尖山子）累计探明资源储量 128.1×10^4 t，截至 2011 年底保有资源储量 3.6×10^4 t。获伴生钴金属 33.01 t，其中 Ⅰ 号矿体伴生金属钴资源储量 22.1 t。

（3）开采技术条件

矿床位于高山区，矿体产状平缓，矿体顶板为中粒石英砂岩或灰岩，为弱透水层，底板是灰岩，工程地质条件良好。矿区充水主要为大气降水，但排泄快。最大涌水量 1915 m^3/d，水文地质条件简单。矿区供水不足，需从 2 km 外的响水河取水。该河供水量为 5479 m^3/d，基本可满足需要。由于矿体相距较远，只能分段开采。

尖山子矿段：露采为 B 级资源储量块段，位于矿区北部顶端，东、北、西三面为断层切割的陡崖，废石排放方便。剥离系数 0.54~9.54，平均 4.31。坑采部分为 C1、C2 级资源储量块段，可用平硐或竖井开采，中段间距 50 m。

羊角岭矿只宜坑采；梯子岩矿段只宜坑道边采边探。

3. 乐山市大瓦山锰矿

大瓦山锰矿位于乐山市金口河区西北，距乐（山）西（昌）公路约 20 km；距成（都）昆（明）铁路金口河站约 6 km，均有公路相通。其北西 16 km 为轿顶山锰矿。

（1）矿区地质

矿区位于康滇断隆北段东侧，泸定-峨边凹陷盆地中，含矿地层为上奥陶统五峰组（图 5-6）。

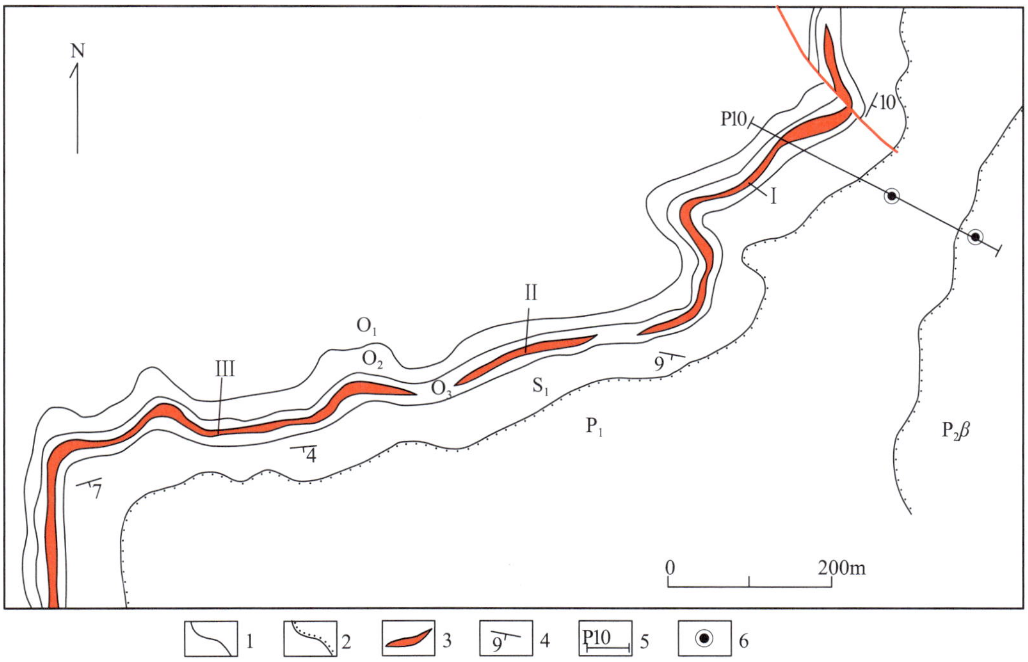

图 5-6 乐山市大瓦山锰矿地质简图

（据四川省冶金地质勘查局六〇九队，1989，修编）

$P_2\beta$—上二叠统峨眉山玄武岩；P_1—下二叠统；S_1—下志留统；O_3—上奥陶统；O_2—中奥陶统；O_1—下奥陶统。

1—地质界线；2—地层假整合界限；3—锰矿体编号；4—地层产状；5—剖面位置及编号；6—钻孔

矿区出露地层有下奥陶统巧家组，中奥陶统十字铺组、宝塔组，上奥陶统五峰组和二叠系茅口组、峨眉山玄武岩组。

五峰组为含矿层，厚 3.9~17.5 m，由上而下可分为 3 层：①深灰-灰黑色，薄层-中厚层状碳硅质白云岩、硅质灰岩及页岩，局部夹不等粒含黄铁矿石英粉砂岩透镜体，厚 1.8~8 m。②浅灰-灰色薄层-页片状泥碳质硅质白云岩或页岩，局部层间见黄铁矿结核，呈串珠状顺层分布。该层为矿体直接顶板，厚0.2~3 m。③锰矿层：上部为浅灰色钙菱锰矿、锰方解石和含锰灰岩；中部为鲜绿色、黑褐色和玫瑰红色的方锰矿、黑锰矿、菱锰矿和钙锰矿；下部为浅灰-灰色锰白云石和含锰泥质白云岩，厚0.4~6.5 m。

矿区为一走向北东，倾向南东为单斜构造，倾角4°~6°。在矿区北段发现一条小断层，将矿层错动4 m，对矿体影响不大。

矿区见峨眉山玄武岩，厚达510 m，构成大瓦山主峰，且有多期喷发特征。

（2）矿床地质特征

1）矿体规模、形态、产状：含锰矿层出露长1480 m。经地表系统揭露圈定矿体3个。呈似层状、层状产出，层位稳定，产状与围岩一致（图5-7）。矿体内夹多层厚1~2 cm的页岩，局部夹厚0.2~0.4 m含锰泥质白云岩等夹石。矿体具波状起伏、尖灭再现特征。Ⅰ号矿体和Ⅱ号矿体间隔44 m，Ⅱ与Ⅲ号矿体间隔50 m，各矿体规模见表5-6。总之，矿体形态单一，层位稳定，连续性好，含矿系数0.92。矿层倾角平缓，一般2°~11°。

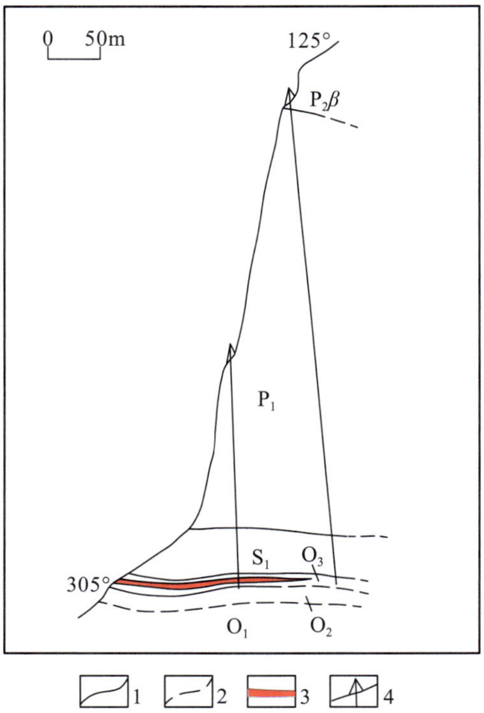

图5-7 乐山市大瓦山锰矿床P10勘探线剖面图

（据冶金工业部西南地质勘查局六〇九队，1989）

$P_2\beta$—上二叠统峨眉山玄武岩；P_1—下二叠统；O_3—上奥陶统；O_2—中奥陶统；O_1—下奥陶统。

1—实测地质界线；2—推测地质界线；3—锰矿体；4—钻孔

2）矿石物质成分及结构、构造：矿石矿物以菱锰矿为主，次为钙菱锰矿、锰白云石、方锰矿、黑锰矿和少量镁锰方解石、钡钙锰矿、羟锰矿、水锰矿、褐锰矿、赤铁矿、针铁矿、磁铁矿；脉石矿物主要为白云石、方解石，次为绿泥石、粘土矿物及少量硅质、重晶石和沥青等。矿石具藻鲕、藻凝块、藻团块、豆状、放射状和隐微晶、粉晶结构；不规则条带斑块、层纹状、叠层状、皮壳状和角砾状构造。矿石自然类型为氧化-碳酸锰矿石。按工业品级分为贫矿石（Mn 15%~25%）、富锰矿石（Mn≥25%）。按矿物组合可分为：黑锰矿-方锰矿-菱锰矿石：以菱锰矿为主，为富锰矿石，产于矿体中部，Mn 22%~52.19%。锰方解石-钙菱锰矿石：为贫锰矿石，主要分布于矿体上部，Mn 10%~24.17%（表5-6）。

表 5-6　大瓦山锰矿体规模及矿石品位

矿体编号	规模/m			矿石含 Mn/%
	长度	宽度	厚度	
Ⅰ	390	24~144	1.84	地表 24~30，地下 20~21
Ⅱ	200	50~70	1.12	地表平均 28.9
Ⅲ	498	50~100	1.53	地表平均 32.76

3）矿石质量与资源储量：矿区矿石平均品位含 Mn 27.42%，Fe 含量不高，伴生 Ni 0.039%，Co 0.011%，不具综合利用价值，有害杂质 S 0.07%~0.23%，Pb 0.004%~0.076%，Zn 0.001%~0.078%，均较低。矿体向深部碱度明显增大，Mn 含量有所下降，厚度有变薄趋势。矿体主要化学成分见表 5-7。大瓦山锰矿石属低磷优质的自熔性-碱性矿石。经详细普查，探明资源储量 47.5×10^4 t，截至 2010 年底保有资源储量 47.3×10^4 t。

表 5-7　大瓦山锰矿石主要化学成分含量

矿体号	有益、有害组分含量（%）及比值					造渣组分含量/%				碱度	矿石类型
	Mn	TFe	P	P/Mn	Mn/Fe	SiO_2	CaO	MgO	Al_2O_3		
Ⅰ	29.96	6.43	0.088	0.003	4.02	9.33	9.50	3.95	3.35	1.52	碱性
Ⅱ	28.90	4.96	0.080	0.003	5.36	9.40	6.73	3.16	3.50	1.27	碱性
Ⅲ	32.76	5.34	0.102	0.003	6.14	11.92	3.76	1.81	5.00	0.43	碱性

（据冶金工业部西南地质勘查局六〇九队，1989）

（3）矿床发现与勘查史

1985 年，冶金工业部西南地质勘探公司六〇九队陈富全普查组，在开展汉源-洪雅-泸定地区 1：1万地质找矿过程中发现了大瓦山锰矿。

1986 年六〇九队成立分队，对矿区开展详查。到 1989 年共完成 1：2000 地质测量 1.5 km^2，探槽 1770 m^3，坑探 129 m，钻探 3936 m，总计投入地勘费 119.2 万元，于 1989 年 7 月提交了《四川省金口河区大瓦山锰矿详查地质报告》。

通过详查和研究工作，证实大瓦山锰矿床，矿体形态简单，矿化连续性好，属于“小而富”的“优质”锰矿床。1990 年 1 月经四川省储委审查以川储决字（90）10 号决议审查批准该报告为详查地质报告，批准资源储量 47.5×10^4 t，该矿可供地方小规模开采利用。

（4）开采技术条件

矿区为石灰岩地区，海拔 2000~3200 m，地形陡峻，切割强烈，相对高差达 2500 m，对大气降水排泄十分有利。矿区内无常年性溪流，溶洞水不发育，水文地质条件简单。

矿体顶底板围岩为页片状-薄层状泥质硅质白云质硅质岩。岩石坚硬，节理裂隙不发育，厚 5 m，是相对隔水层；其上为厚 30~40 m 的硅质页岩、硅质岩，抗压强度为 1064 kg/cm^2。矿体底板为中厚层微晶灰岩，致密坚硬，节理裂隙不发育，抗压强度 660 kg/cm^2。

矿石块度 10 cm 的占 30.75%，10~20 cm 的占 18.08%，>20 cm 的占 51.19%。松散系数为 1.67，安息角 30°~40°，平均 38.14°。

矿体产状稳定，倾角平缓，适宜坑采。用平窿溜井开拓，简单空场法开采即可。

（5）矿床开采利用情况

该矿床由乐山市金口河锰矿开采，截至 1991 年底已采矿石 7.9×10^4 t，产值 1600 万元，获利 805 万元，上缴税金 165 万元。现已停采。

四、晚二叠世锰矿

四川省在晚二叠世地层中发现锰矿，经 2011~2014 年的预查、普查，以木里县黄泥巴锰矿床为代表，介绍于下。已发现中型矿床1处，小型矿床1处。

黄泥巴锰矿床位于木里县城北北西340°方向、直线距离约10 km，矿床中心点地理坐标：东经101°14′25″，北纬28°04′39″。矿区有乡村公路约17 km至李子坪乡，李子坪乡沿省道217线至木里县城约20 km，木里县城约120 km公路到西昌市，与（北）京-昆（明）铁路西昌站、京昆高速（G5）公路、国道108线相连，交通比较方便。

1. 矿区地质

（1）地层

本区地层属华南地层大区巴颜喀拉地层区的玉树-中甸地层分区木里小区，区内出露有奥陶系、志留系、泥盆系、石炭系、二叠系、三叠系及第四系（图5-8）。

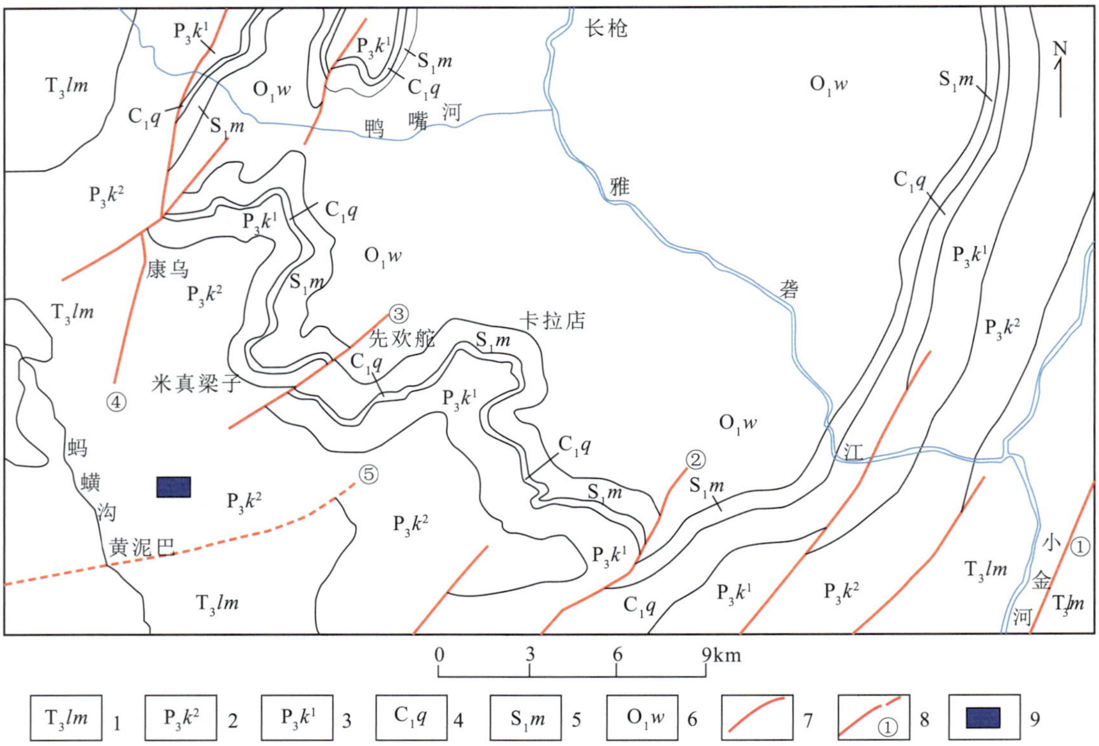

图5-8　木里地区区域地质略图

（修编自1：200000金矿幅区域地质图，1974，修编）

1—上三叠统喇嘛垭组；2—上二叠统卡翁沟组上段；3—上二叠统卡翁沟组下段；4—下石炭统邛依组；5—下志留统米黑组；6—下奥陶统瓦厂组；7—地质界线；8—实测、推测断层及编号；9—锰矿床

1）瓦厂组（O_1w）由一套浅海相碎屑岩组成。下部以灰黑色绢云母千枚岩、碳质绢云母千枚岩为主，次为粉砂质绢云千枚岩夹方解绿泥绢云千枚岩，普遍含碳质；中部以灰色-灰黑色绢云千枚岩为主，次为粉砂质绢云千枚岩夹灰色细粒石英砂岩；上部为深灰色、绢云千枚岩粉砂质绢云千枚岩、浅灰色细粒石英砂岩、深灰色炭硅质板岩。该组厚度550~690 m，与上覆志留系为不整合接触。

2）米黑组（S_1m）为一套浅海-半深海相富含碳、硅质的碎屑岩夹碳酸盐岩，主要岩性为灰色-深灰色硅质板岩、碳硅质板岩，夹绢云千枚岩、变粉砂岩，厚度224~320 m，与下伏瓦厂组、上覆石炭系均为不整合接触。

3）邛依组（C_1q）为一套浅海陆棚相碳酸盐岩夹硅泥质碎屑岩，岩性以灰色-深灰色厚层至块状角砾状大理岩、细-微晶大理岩（局部有深灰色硅质团块及薄层硅质条带）为主，夹有薄层灰色细粒变砂岩、绢云千枚岩透镜体，厚度265~300 m，与上覆二叠系、下伏志留系均为不整合接触。

4）卡翁沟组（P_3k）为一套浅海-次深海陆棚相碎屑岩夹碳酸盐岩，岩性主要为板岩，少量变砂岩和结晶灰岩等，根据岩性可分为上、下两段。卡翁沟组下段（P_3k^1）：岩性以灰-深灰色粉砂质绢云千枚岩为主，次为粉砂质板岩、绢云石英千枚岩、板状千枚岩，夹变细粒长石石英砂岩、角砾状大理岩、细-粉晶大理岩，米真梁子一带夹层以角砾状大理岩、细-粉晶大理岩为主，向南、向北夹层以砂岩居多。底为变含砾砂岩，厚度约 740 m，与下伏石炭系为不整合接触。卡翁沟组上段（P_3k^2）：岩性变化大，厚度相对稳定，620~894 m，根据岩性可大致划分为上、中、下三个亚段。下亚段（P_3k^{2-1}）岩性为深灰色硅质板岩、黄绿色板岩、灰绿色砂质板岩、灰绿色粉砂质板岩、浅灰黄色板岩，夹有少量灰黄色薄层变细砂岩、中细粒变长石石英砂岩和粉砂岩，局部有结晶灰岩、角砾状灰岩；下部近底部为黄绿色板岩，从颜色上可以与下段区分；上部板岩部分含碳较高、颜色较深，后期遭受的硅化较强，板岩多为硅质板岩。中亚段（P_3k^{2-2}）岩性为浅灰色块状结晶灰岩（大理岩）、灰色块状角砾状交界灰岩，夹有薄层浅黄灰色板岩。上亚段（P_3k^{2-3}）岩性以灰色硅质板岩、灰绿色砂质板岩、灰黄色板岩为主，夹有浅灰色块状角砾状结晶灰岩、深灰色结晶灰岩。下段为含锰地层，下亚段为锰矿的含矿地段，岩石含锰较高，尤其锰矿层上下部位的近矿围岩。

5）喇嘛垭组（T_3lm）该组平行不整合于卡翁沟组之上，厚大于 970 m。岩性以灰色变细粒长石石英砂岩、变粉砂岩、砂质板岩为主，夹粉砂质绢云千枚岩、碳质绢云千枚岩。变含砾细-中粒长石石英砂岩。原岩为含砾砂岩、细砂岩、粉砂岩、粉砂质泥岩、含碳质泥岩，沉积环境为海陆交互-滨海。

（2）构造

锦屏山断裂：为上扬子陆块与西藏-三江造山系的交汇断裂，长度大于 90 km，可分为北段、中段、南段，矿区东部为南段。该段走向北东 15°~30°，倾向东，倾角 70°~80°，沿断层有挤压破碎带，片理化明显，节理发育。向南与小金河断裂相接，是上扬子陆块西部的边界分界断裂。

长枪短轴背斜：展布于白碉、长枪、马老一带，轴向 NW340°，南北向长约 36 km，东西向宽约 31 km，为一短轴背斜，南倾没于白碉、药普一带，北在卡拉乡、韭菜坪一带倾没。核部最老为下奥陶统，下志留统、中上石炭统、二叠系组成两翼，倾角 40°~50°。与江浪穹窿、踏卡穹窿组成加里东期的岛状隆起带。北北东次一级褶皱叠加其上，加之断裂破坏，使其边部形态复杂、呈花边状。其西翼次级褶皱发育。

康乌断层：北起喇嘛西巴附近，经小经堂，于康乌南消失于二叠系中，全长约 18 km，走向北东 15°，倾向东，倾角 50°。

保古断层：出露长度约 6 km，北东—南西向延伸，产状倾向 150°，倾角 78°，破碎带宽度 40~60 m。该断裂的次级断层 F_1、F_2对黄泥巴锰矿床的矿带、矿体有一定的破坏。

斯洛沟向斜：位于矿区南西侧，处于长枪背斜之南西翼，从西侧苦巴沟延至蚂蟥沟一带，长约 28 km，槽部地层为喇嘛垭组，两翼地层为卡翁沟组，总体走向北北西—南东东，北翼倾向 110°~240°、倾角 43°~63°，南翼倾向 310°~26°、倾角 38°~65°，东段轴面产状倾向 132°、倾角 87°。黄泥巴锰矿即位于该向斜东段之北翼。该向斜两翼次级褶皱发育，如位于斯洛沟向斜东段北翼的大湾子次级背斜，保古断层东的地带，长约 6 km，北西翼倾向 290°、倾角 28°，南东翼倾向 130°、倾角 48°，轴面倾向 302°、倾角 11°。

（3）变质作用

因遭受后期的区域变质作用（主要）、动力变质作用（次要），区内岩石普遍具浅变质特征，主要表现为碎屑岩类的千枚岩、板岩及绿片岩化及碳酸盐岩类的重结晶等，属低绿片岩相，岩石组合为千枚岩、板岩、片岩及结晶灰岩（或大理岩化灰岩）等。变质作用形成的新矿物主要有绢云母、绿泥石和蔷薇辉石等。

2. 矿体地质

（1）矿体特征

矿区内在下二叠统上段地层中圈出了Ⅰ、Ⅱ号 2 个锰矿带（图 5-9），Ⅰ号锰矿带出露标高较低，Ⅱ号锰矿带出露标高较高，总体上构成北高南低的单斜构造。Ⅰ、Ⅱ号锰矿带属同一含矿层位，具有较好的对应关系，两矿带之间受地形影响，矿体已被剥蚀。通过初步普查工作，发现的 2 个锰矿带中已圈出了 5 个锰矿体。

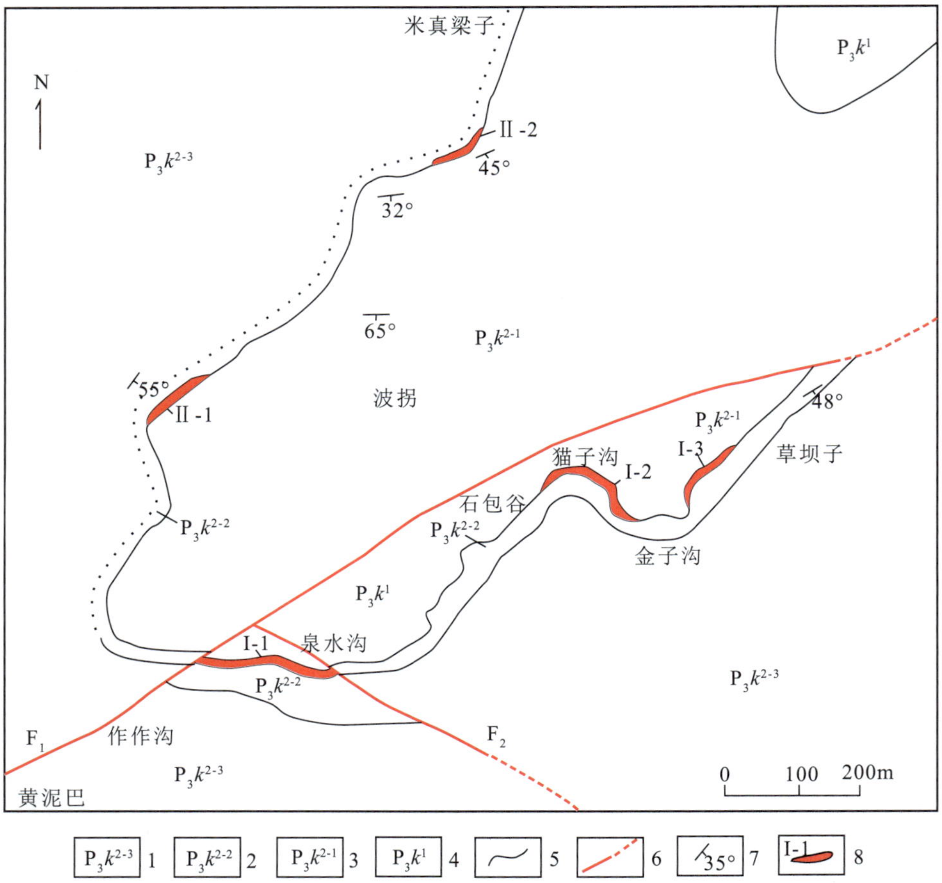

图 5-9　木里县黄泥巴锰矿床地质略图

（据四川省冶金地质勘查局成都地质调查所，2014，修编）

1—卡翁沟组上段上亚段；2—卡翁沟组上段中亚段；3—卡翁沟组上段下亚段；4—卡翁沟组下段；5—实测、推测地质界线；6—实测、推测断层及编号；7—产状；8—锰矿体及编号

1）Ⅰ-1 矿体为矿床的主矿体，位于矿区南西，出露于作作沟、泉水沟地段（图 5-9）。经地表探槽、浅部坑道、深部少量钻探控制，总体呈层状、似层状产出，但沿矿体走向西侧被 F_1 断层错段、东侧被 F_2 断层错断。矿体出露标高 3030~3280 m，呈近东西向层状展布，总体走向 97°，倾向 145°~185°，倾角变化大（19°~56°）。地表矿体长度约 580 m，控制矿体最大斜深约 119 m（图 5-10）；厚度 1.68~14.58 m，平均 4.50 m；矿石 Mn 含量 11.09%~39.77%，平均 21.17%。有害杂质磷含量低，P 含量 0.021%~0.076%，平均 0.028%；TFe 为 1.01%~3.93%，平均 1.94%；SiO_2 为 36.58%~70.94%，平均 56.99%。P/Mn 值 0.0008~0.0041，平均 0.0013，属低磷锰矿石；Mn/Fe 值 4.2~35.52，平均 10.9，属中铁、低铁锰矿石。地表锰矿石多已经氧化成氧化锰矿石，经钻孔以及坑道验证深部为原生锰矿。矿体顶板为灰色硅质板岩，底板为灰黑色夹灰白色含锰（矿化）硅质板岩。

2）Ⅰ-2 矿体位于矿区东南部，Ⅰ-1 矿体北东方向，出露于石包谷、猫子沟南、金子沟西的地段（图 5-9）。经地表探槽工程控制，矿体总体呈层状、似层状产出，出露标高 3375~3560 m，呈近北西—南东向展布（受出露地段地形影响），总体走向 114°，倾向 156°~197°，倾角变化大（23°~65°）。地表工程控制矿体长度约 520 m，厚度 1.95~17.72 m，平均 3.66 m；Mn 含量 10.16%~37.35%，平均 20.44%。有害杂质磷含量低，P 含量 0.014%~0.110%，平均 0.039%；TFe 为 0.59%~5.39%，平均 1.93%；SiO_2 为 27.41%~74.53%，平均 52.01%。P/Mn 值 0.0010~0.0046，平均

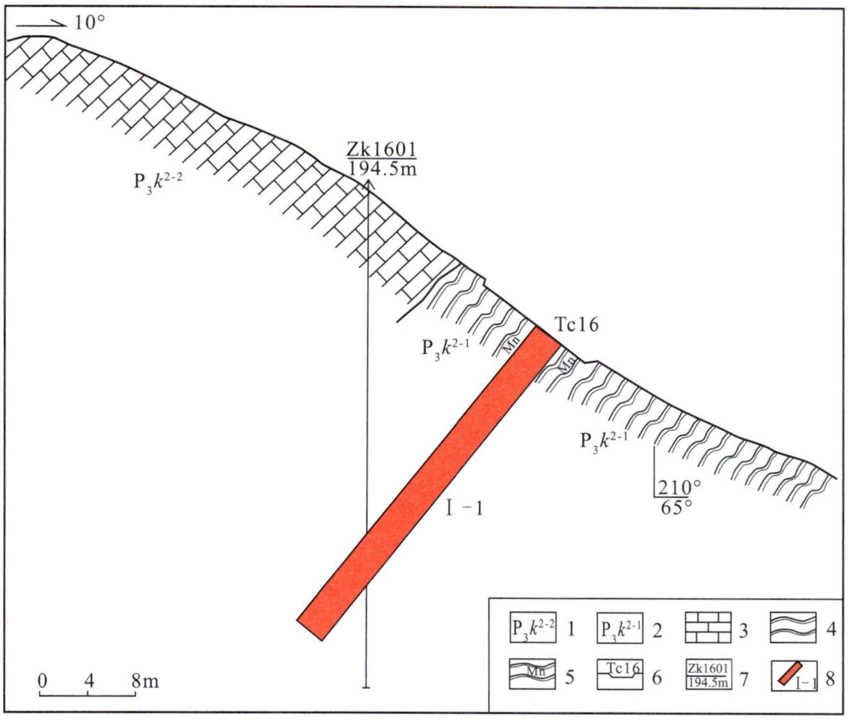

图 5-10 木里县黄泥巴锰矿床 16 号勘查线剖面图

（据四川省冶金地质勘查局成都地质调查所，2014，修编）

1—上二叠统卡翁沟组上段中亚段；2—上二叠统卡翁沟组上段下亚段；3—灰岩；4—板岩；5—含锰板岩；6—探槽及编号；7—钻孔编号及进尺；8—锰矿体及编号

0.0019，属低磷锰矿石；Mn/Fe 值 3.22~36.15，平均 10.6，属中铁、低铁锰矿石。

3）Ⅰ-3 矿体位于矿区南东部，Ⅰ-2 矿体之东侧，出露于金子沟-草坝子地段（图 5-9），经地表探槽、少量浅部坑道等工程控制，总体呈层状、似层状产出。出露标高 3260~3520 m，呈近南西—北东向展布，总体走向 36°，倾向 122°~172°，倾角变化大，20°~47°。矿体长度约 720 m，厚度 2.09~6.39 m，平均 4.35 m；矿体 Mn 含量 10.17%~34.08%，平均 18.22%。有害杂质 P 含量 0.026%~0.033%，平均 0.030%；TFe 为 0.79% ~ 4.01%，平均 2.13%；SiO_2 为 18.04% ~ 32.24%，平均 25.14%。

4）Ⅱ-1 矿体分布在矿区西部，位于Ⅰ-1 矿体的北侧，出露于波拐之西，呈似层状、透镜状产出。总体走向 48°，倾向 165°~242°，倾角 28°~53°（变化大）。地表工程控制矿体长度约 230 m，厚度 1.80~5.96 m，平均 3.65 m；矿体 Mn 含量 10.32%~28.67%，平均 19.33%。地表氧化较强，主体为氧化锰矿石。

5）Ⅱ-2 矿体分布于矿区北部，出露于卡拉烧香梁子南侧，呈似层状、透镜状产出。总体走向 53°，倾向 148°~186°，倾角 21°~67°（变化大）。地表工程控制矿体长度约 450 m，厚度 1.35~5.82 m，平均 3.15 m；Mn 含量 10.17%~34.01%，平均 20.41%。地表氧化强，主要为氧化锰矿。

（2）矿石化学成分

矿石主要有益组分 Mn 最低 10.17%，最高 39.77%，平均 20.42%。TFe 最低 0.59%，最高 5.39%，平均 1.97%；有害元素 P 含量最低 0.014%，最高 0.110%，平均 0.031%；SiO_2 最低 18.04%，最高 74.53%，平均 49.56%。据基本分析结果统计，Mn 含量≥25%者仅占 25.66%，属普通锰矿。

根据坑道、钻孔内的少量样品分析，烧失量（Loss）2.96%~23.70%，CaO 为 0.11%~1.42%，MgO 为 0.15%~3.57%，Al_2O_3 为 0.025%~1.72%，SiO_2 为 12.51%~46.77%（表 5-8）。

根据组合样品分析结果，矿石中除主要有益元素为 Mn 外，尚伴生有 Co、Ni、Cu 等，但均未达到可利用含量要求。

光谱分析结果（表 5-8）表明，锰矿石中可利用的有益元素主要为 Mn。与黎彤等（1990）值比较，岩、矿石中微量元素 Sr、V、Ni 等含量低；Cu 在锰矿及近矿围岩部分含量比较高，个别是黎彤值的近 9 倍；Pb 仅在近矿围岩中部分含量比黎彤值高，但富集程度低；Ba 含量总体较低，仅在近矿围岩有富集现象；B 在该区域可能含量普遍较高，锰矿及围岩均有不同程度的富集，是黎彤值的 1.3 ~61 倍；Co 在锰矿、近矿围岩均有富集现象，是黎彤值的 1.68~3.45 倍。

表 5-8　黄泥巴锰矿矿（岩）石光谱分析结果表

样号	分析项目及含量（10^{-6}，*为10^{-9}，**为10^{-2}）																				备注
	Cu	Pb	Zn	Ni	Co	Li	Mo	As	Sb	Bi	Hg*	Sr	Ba	V	Zr	Hf	Be	B	Sn	Mn**	
H1	18.0	7.98	28.2	6.12	1.49	6.46	0.21	0.64	0.21	0.098	33.8	6.80	152	37.4	28.5	1.08	0.61	16.5	1.50	0.048	板岩
H2	48.8	8.62	43.8	28.4	6.92	21.7	0.27	0.47	0.23	0.16	30.8	12.7	218	25.1	208	1.00	0.53	21.0	1.34	0.136	板岩
H3	59.0	7.96	109	34.4	14.6	82.4	0.27	0.34	0.20	0.28	22.2	39.1	362	122	208	5.50	1.48	68.4	1.99	0.026	板岩
H4	206	22.6	346	16.6	9.86	3.06	0.34	6.57	0.18	0.31	61.8	196	17.2	23.2	26.5	0.86	0.32	5.04	0.47	0.216	板岩
H5	39.9	9.78	24.6	23.0	10.8	7.53	1.04	0.82	0.18	0.080	23.8	35.6	120	41.3	21.2	0.74	0.28	7.74	1.30	0.808	板岩
H6	16.0	7.56	17.8	44.6	1.86	1.99	1.24	2.47	0.60	0.032	24.6	55.0	30.6	28.2	7.00	0.28	0.098	2.21	0.52	5.59	含锰板岩
H7	97.6	39.8	51.8	73.2	86.3	15.6	26.2	14.4	0.41	0.68	25.4	160	440	76.9	92.7	2.80	0.62	28.1	1.64	6.80	含锰板岩
H8	5.64	9.42	21.9	25.3	53.2	6.89	3.76	29.0	2.94	0.12	26.8	140	92.0	48.5	15.1	0.52	0.24	2.55	0.49	6.83	含锰板岩
H9	68.4	14.5	73.6	160	11.3	4.03	1.70	97.2	5.18	0.11	30.4	101	110	37.5	14.1	0.59	0.39	3.90	0.61	10.38	锰矿
H10	556	14.8	77.6	141	42.1	2.79	6.96	13.8	36.0	0.21	27.2	30.4	69.8	57.1	11.9	0.53	0.95	796	0.61	43.83	锰矿
H11	16.4	11.8	58.4	49.5	19.8	2.10	1.44	3.30	9.68	0.077	54.0	20.6	38.1	28.9	7.60	0.27	0.60	4.18	0.61	19.68	锰矿
H12	28.0	15.0	124.0	270	77.5	34.1	9.00	10.7	5.96	0.078	39.2	48.3	184	136	28.2	0.70	0.72	572	0.66	40.36	锰矿
H13	8.00	11.8	40.6	36.0	16.8	5.29	1.54	3.30	4.12	0.15	38.1	86.8	67.9	55.0	9.70	0.40	0.63	4.69	0.58	29.24	锰矿

（据西南冶金地质测试中心分析，2014）

（3）矿物组分

根据岩矿鉴定，锰矿矿石矿物主要为菱锰矿（50%~60%），其次蔷薇辉石、锰方解石、锰白云石等（15%~25%），地表有硬锰矿、软锰矿。脉石矿物以石英、长石、方解石及泥质为主，少量云母、褐铁矿（黄铁矿）、绿泥石等，因遭受后期热液叠加、局部石英含量高根据矿石化学物相分析（表 5-9），原生锰矿主要以碳酸锰为主，其分布率 68.71%~98.44%，其次为氧化锰、水（褐）锰矿和硅酸锰。地表氧化锰矿主要以氧化锰为主，分布率 55.47%~83.23%，水（褐）锰矿分布率 15.32%~40.91%，碳酸锰仅占 1.45%~3.62%，可见锰矿石地表氧化强。

表 5-9　锰矿石物相分析结果表（%）

样号		碳酸盐锰	氧化锰	水（褐）锰矿	硅酸锰	合计
Mn1（原生）	含量	25.22	0.13	0.04	0.23	25.62
	分布率	98.44	0.51	0.15	0.90	100.00
Mn2（原生）	含量	34.08	0.56	0.56	2.12	37.32
	分布率	91.32	1.50	1.50	5.68	100.00
Mn3（氧化）	含量	0.44	25.16	4.63		30.32
	分布率	1.45	83.23	15.32		100.00
Mn4（氧化）	含量	0.69	10.59	7.81		19.09
	分布率	3.62	55.47	40.91		100.00
Mn5（原生）	含量	18.52	1.39	5.71		26.62
	分布率	72.29	5.42	22.29		100
Mn6（原生）	含量	15.92	1.25	6.00		23.17
	分布率	68.71	5.39	25.90		100

经X射线衍射分析（表5-10），黑色氧化矿石中矿石矿物主要是斜方软锰矿，少量含菱锰矿等；黑白相间花斑状氧化锰矿石中的黄白色、灰白色氧化物基本是石英粉末（脉石矿物），还有少量伊利石、绿泥石、斜长石等。

表5-10　锰矿物粉晶XRD物相定性、半定量分析结果表

	石英	菱锰矿	三斜锰辉石	斜方软锰矿	菱铁矿	方解石	伊利石	绿泥石	斜长石	非晶及其他
黑色氧化锰	75	—	—	12	—	—	2	—	—	10
黑色氧化锰	75	3	—	5	—	—	—	5	—	10
黑色氧化锰	80	0	0	15	—	0	0	—	0	5
黑色锰矿物	68	15	—	8	—	—	2	2	3	2
黄白色氧化物	99	0	0	0	—	0	0	—	0	1
灰白色氧化物	98	—	—	—	—	—	—	—	—	2
灰白色锰矿物	70	20	0	—	—	—	—	—	7	3
灰白色锰矿物	60	15	—	—	15	—	5	2	1	2
灰黄色锰矿物	50	40	—	—	0	—	1	8	—	1
玫瑰红色锰矿物	25	40	20	—	—	1	0	2	0	5
玫瑰红色锰矿物	74	10	8	—	—	0	0	—	—	5

灰白色、灰黄色条带状、纹层状锰矿石中锰矿物基本全为菱锰矿，玫瑰红色锰矿物中大部分为菱锰矿，少量三斜锰辉石等；脉石矿物有菱铁矿、方解石、伊利石、绿泥石、钾长石、斜长石等。

（4）矿石结构构造

矿石结构以自形粒晶结构、半自形晶结构为主，其次为填隙结构、交代结构、残余结构等。

原生锰矿石构造有块状、条带状、层纹状、斑块状构造；氧化锰矿石具网脉状、海绵状、蜂窝状、钟乳状构造。

（5）矿石类型

矿床锰矿石自然类型深部为原生矿，地表为氧化矿；以组成矿石的主要矿石矿物划分为以碳酸锰矿石为主，少量硅酸锰矿石。

锰矿工业类型为冶金用锰矿石。根据基本分析统计，矿石P/Mn值0.0006~0.0053，属低磷锰矿石；Mn/Fe值为3.22~36.26，比值为3~6者占17%、>6者占83%，可见主要属低铁锰矿石，少部分为中铁锰矿石；SiO_2为18.04%~74.53%，平均49.56%。根据表5-8的分析结果计算，（CaO+MgO）/（Al_2O_3+SiO_2）（碱度）值为0.003~0.27，属酸性矿石。总的来看，黄泥巴矿床锰矿石属低磷低铁高硅酸性碳酸锰矿石。

（6）矿体围岩及蚀变

矿体直接顶板主要为灰色、浅灰色硅质板岩，其上围岩为灰岩（大多大理岩化）。矿体底板为薄层状灰黑色夹灰白色含锰（矿化）硅质板岩，局部含碳较高、含碳硅质板岩。

围岩蚀变比较强烈，主要有碳酸盐化、硅化、褐铁矿化、黄铁矿化、绿泥石化、绢云母化等；其中硅化表现得很强，分布较广，初步推断可能与该区遭受后期变质作用有关。这也可能是导致锰矿石SiO_2整体含量高的原因。

3. 矿床成因

本区位于四川省西部，上扬子板块（地台）西侧的三江造山带内，大地构造分区为松潘-甘孜造山带雅江残余盆地（三级）之江浪-长枪变质核杂岩带（四级）。成矿区带属巴颜喀拉-松潘成矿省（Ⅱ），南巴颜喀拉-雅江Li-Be-Au-Cu-Zn-水晶成矿带（Ⅲ-31），九龙断块Cu-Zn-Au-Ag-Li-Be-Mn成矿带（Ⅳ-12）。

宏观上看，锰矿产于上扬子板块西部与松潘-甘孜造山带东南部之结合部位。从演化阶段上看，雅江残余盆地奥陶纪至石炭纪为大洋裂陷时期，含锰矿的二叠系形成于大洋扩张时期，三叠纪为大洋封闭、衰亡时期；侏罗纪开始区内进入碰撞造山时期、逆冲-滑脱时期，之后进入新构造运动时期。

根据已有资料分析，成矿物质来源可能有两种：一是东部川滇古陆风化剥蚀的产物，二是远源海底火山喷发（喷气）从深部带上来的锰，其依据为：①川滇古陆长期隆起遭受着剧烈的物理、化学风化剥蚀，为区内提供了大量的陆屑碎屑物，可能也带来了陆源锰质。②根据微量元素分析结果表（表5-10）计算，黄泥巴锰矿床 Co/Ni 为 0.27~2.10，近矿岩石 Co/Ni>1，由此推测，卡翁沟组中的锰质很可能有来自川西地区的火山活动。尤其是华力西晚期的基性火山活动事件，可能为区域内海水带来大量海源锰质，并被强大的洋流带到盆地边缘沉积。

综上所述，黄泥巴锰矿产于晚二叠世，含矿地层为上二叠统卡翁沟组下段下亚段上部，含矿岩性为含锰硅质板岩、含锰碳质硅质板岩，严格受地层层位控制，锰矿体随地层一起褶皱、变形。根据岩石组合特征、矿石物质成分、矿石结构构造、围岩特征等，说明为浅海相沉积碳酸锰矿床，并经历的区域变质作用，笔者认为矿床成因类型可暂归为海相沉积型矿床。

4. 找矿标志

（1）直接标志

地表可见锰矿露头，或锰矿转石或灰黑色锰矿石的风化、林滤堆积物（锰帽）等。

（2）间接标志

1）地层岩性标志：上二叠统卡翁沟组上段为含锰地层，矿体的顶、底板岩石为含锰硅质板岩，地表岩石氧化后的颜色具有明显特征，据此在此带附近有找锰矿的可能。锰矿体的上部有一套薄层碳酸盐岩，在该区可作为间接找矿的标志。

2）地球化学异常标志：区内 1：5 万化探异常中，已知锰矿床、锰矿点均有 Mn 元素的异常，总体看含锰地层分布于 Mn 元素的异常范围比较吻合，该区 Mn 元素异常对锰矿的指示作用较好。

第三节　沉积变质型锰矿

沉积变质型锰矿为四川省主要的锰矿类型之一，共有矿产地 26 处，其中大型矿床 1 处、中型矿床 3 处、小型矿床 11 处，其余为矿点。达勘探程度者 1 个、详查 2 个、普查 8 个、预查 4 个，余者为踏勘。

该矿床类型可分为虎牙式和石坎式（即传统称平溪式）两个矿床式，前者分布在平武、松潘、黑水、九寨沟一带。大地构造位置在扬子陆块西北缘的松潘边缘海盆地，主要分布在虎牙海槽及黑水海槽，含矿地层为下三叠统菠茨沟组，位于碳酸盐岩向碎屑岩过渡的部位。后者主要分布在平武、青川一带，大地构造位置在扬子陆块北缘的龙门山-大巴山台缘凹陷、乔庄与江油断裂间的局限断陷盆地内，含矿地层为下寒武统邱家河组，位于碳酸盐向碎屑岩过渡的部位。

一、平武石坎式锰矿床

平武石坎式锰矿在四川已发现矿产地 9 处，其中中型矿床 2 处，小型矿床 6 处，矿点 1 处，达勘探程度者 1 个，普查 4 个，预查 3 个，踏勘 1 个。共求获资源储量 1086.60×10^4 t，扣除 3341 后仅 384.29×10^4 t，保有资源储量 375.586×10^4 t。

马家山锰矿

（1）矿床地质特征

马家山锰矿矿床位于轿子顶背斜南东翼，被龙门山断裂的次级 F_3、F_4 破坏。出露主要地层有震旦系木座组、蜈蚣口组、水晶组，寒武系邱家河组、油房组（图 5-11）。

邱家河组（ϵ_2q）按岩石组合和含锰矿特征，分为上、中、下三组：

上部为含锰碎屑岩层：为粉砂岩、粉砂质板岩、含碳粉砂质板岩、含锰粉砂质板岩，含锰粉砂岩夹白云岩、硅质白云岩扁豆体，硅质岩和含碳硅质岩层。

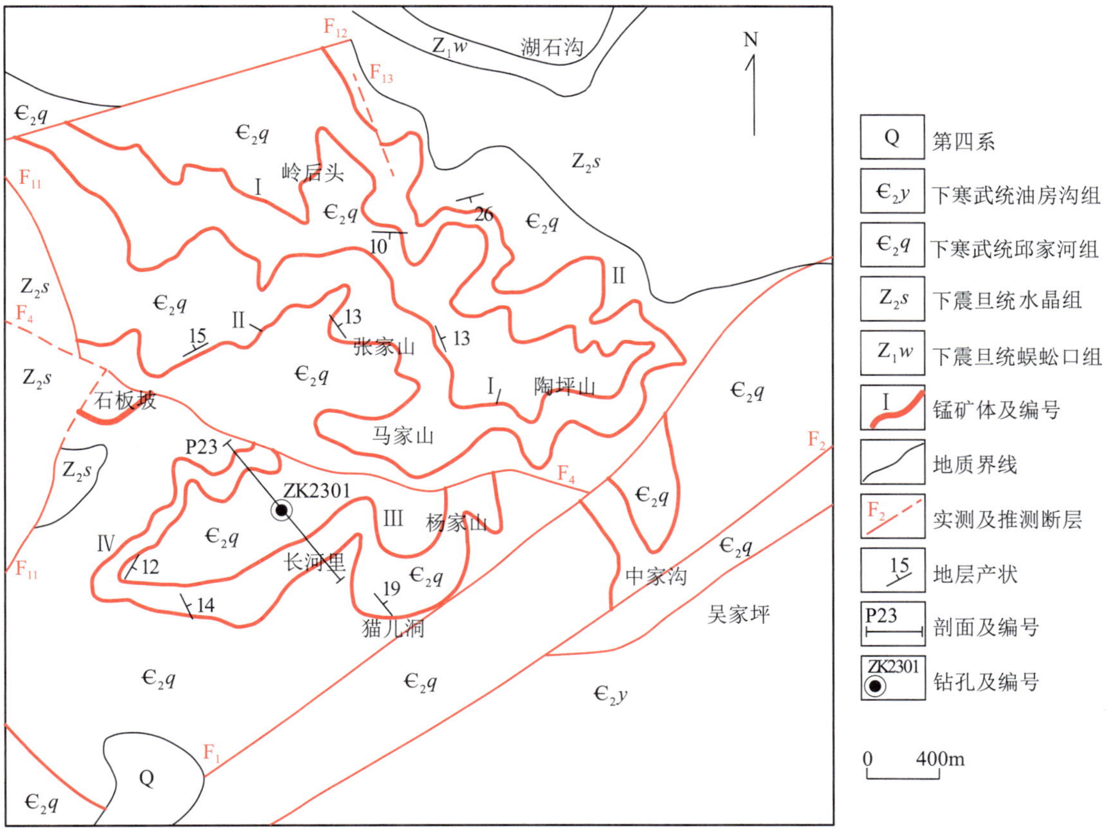

图 5-11　平武石坎式锰矿马家山矿区地质图

（据四川省冶金地质勘查局六〇四队，1975，修编）

中部为硅质岩、含炭硅质岩，局部地方为碳硅质板岩层。

下部为厚层块状硅质岩、含碳硅质岩、碳硅质板岩，含锰粉砂质板岩及含锰粉砂岩组成。

含锰岩层位于有碎屑岩相和硅质岩相之间的过渡部位。

（2）矿体特征

共圈出锰矿体 4 个，另于南东侧和西侧有不成规模的零星矿（化）体出露。

Ⅰ号矿体：从陶坪山至龙王包向北西大致沿山脊两侧呈近圈闭状产出，于北西角被 F_{12} 错断，出露标高 1260～1595 m。呈北西—南东向展布，倾向北东，局部倾向北西，倾角 4°～21°。矿体长约 3500 m，宽 200～1000 m，厚 0.84～2.60 m，平均厚 1.63 m；Mn 含量 2.13%～31.84%，平均 28.15%；Mn/Fe 值 4～9，P/Mn 值 0.002～0.054。TC1、PD3、TC2 地段 Mn 含量 29.91%～30.07%，平均 30%。Mn/Fe 值 6，P/Mn 值 0.004，为优质富锰矿，其余地段为普通锰矿。

Ⅱ号矿体：沿张家山至吴家山一带山脊大致平行于Ⅰ号矿体之下呈半圈闭状出露，西端被 F_{11} 错断，北端被 F_{13} 错断，北西角被 F_{12} 错断，出露标高 1200～1565 m。呈南东—北西向层状分布，倾向北东，倾角 10°～28°。矿体长约 4800 m，厚 1.3～2.54 m，平均 1.90 m；Mn 含量为 19.66%～34.49%，平均 26.91%；P/Mn 值为 0.003～0.024，为普通锰矿。

Ⅲ号矿体：分布于长河里以北的 F_3 和 F_4 断层之间，南东和北西侧分别被 F_3、F_4 错断，出露标高 1190～1330 m。矿体绕山脊呈似层状展布，倾向北东，倾角 14°～32°。矿体长约 900 m，厚 1.40～2.91 m，平均厚 2.35 m；钻孔控制最大斜深约 350 m。Mn 含量 28.45%～33.26%，平均 30.26%；P/Mn 值为 0.006。为普通锰矿。

Ⅳ号矿体：平行于Ⅲ号矿体以南的 F_3 和 F_4 之间展布，南东和北西分别被 F_3 和 F_4 错断，出露标高 1145～1280 m。矿体呈南东—北西向似层状产出，倾向北东，倾角 6°～35°。矿体长约 950 m，厚 1.86

~2.70 m，平均厚2.33 m；Mn含量26.54%~33.08%，平均30.66%。其中TC29-TC30矿段平均Mn含量为30.16%~30.56%，Mn/Fe值为5，P/Mn值为0.004，属优质富锰矿，其余为普通锰矿。

（3）矿石特征

马家山锰矿因地表氧化（风化）作用，使地表锰矿石氧化富集，锰品位比原生矿高，局部可达优质（富）锰矿。矿石类型主要为条带（纹）状含粉砂质板岩硬锰矿软锰矿矿石和块状含石英脉硬锰矿软锰矿矿石，前者基本顺层产出，后者见于含锰层中穿切层理的断层裂隙构造中。按氧化程度分为氧化锰矿石和原生菱锰矿石、工业类型为普通锰矿石，少量富锰矿石。

矿石矿物以软锰矿、硬锰矿为主，尚见水锰矿、褐锰矿，偶见残留菱锰矿；脉石矿物有方解石、石英、褐铁矿等。

矿石结构以粒状结晶结构为主，隐晶质结构次之；矿石构造以条（纹）带状为主，次为脉状、团块状、致密块状。

矿石主要有益成分为Mn，品位11.45%~31.44%，平均28.99%。当锰矿体形成后经后期风化淋滤等次生变化，锰矿体得到进一步富集，局部伴生钴，但品位低。

有害元素P最低0.11%，最高1.51%，平均0.24%；SiO_2最低6.14%，最高42.33%，平均27.43%。

经普查求获优质富锰矿石4.94×10^4 t，普通锰矿石132.86×10^4 t。已经开发。

二、平武虎牙式锰矿床

虎牙式锰矿在四川共发现矿产地12处，其中大型矿床1处、中型矿床1处，小型矿床4处，余者为矿点；达勘探程度者1处、详查3处、普查4处、预查1处，余者为踏勘，共求获资源储量3331.54×10^4 t，扣除预查资源储量外仅3180.93×10^4 t，其中低磷低铁高硅贫锰矿资源储量为519.66×10^4 t；高磷高铁贫锰矿资源储量为2811.88×10^4 t。现仅虎牙锰矿区、四望堡和德石沟锰矿简述于后。

1. 平武虎牙铁锰矿床

虎牙铁锰矿床位于平武县西北之小河乡境内，县城至小河乡110 km，有公路相通；小河乡至矿区10 km，有小路。

虎牙锰矿床包括火烧桥、老队部和大坪3个矿段，面积61 km^2（图5-12）。

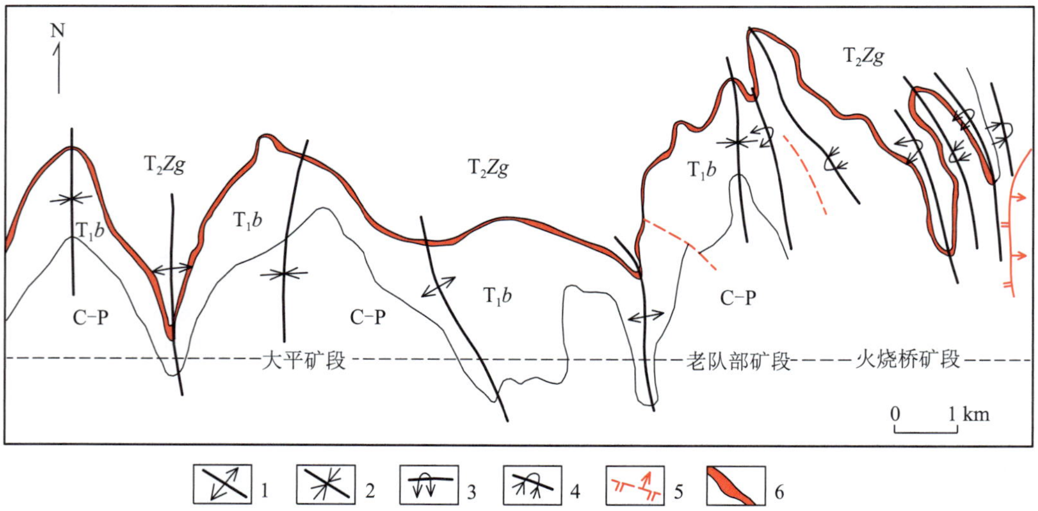

图5-12 平武县虎牙铁锰矿床矿区地质简图

（修编自四川省地质局一〇一队，1961）

T_2Zg—中三叠统扎尕山群；T_1b—下三叠统菠茨沟组；C-P—石炭系—二叠系。

1—背斜轴；2—向斜轴；3—倒转背斜轴；4—倒转向斜轴；5—断层；6—矿层

（1）矿区地质

矿区位于区域性虎牙倒转向斜之北翼，该向斜东起叶塘，西到蛇岗，长35 km，轴向东西向，轴面南倾，倾角10°～30°。向斜北翼叠加数个次级褶皱。矿区东部多为轴向北北西向，轴面南倾之紧密复式倒转、平卧褶皱；矿区西部为轴向近南北的宽缓褶皱。

矿区构造以柔性变形为主，断裂不发育，断层少且规模小。仅矿区东端F_1断层较大，延长>2 km，近南北向展布，断面东倾，倾角50°～60°，为一逆断层，该断层破坏了东端地层系统，使矿层在此缺失。

矿区出露地层主要为三叠系，层序如下：

②中三叠统杂谷脑组（T_2z）：黑色片岩、千枚岩夹薄层灰岩	厚度>200 m
①下三叠统菠茨沟组（T_1b）	
T_1b^7：灰色钙质绢云母千枚岩夹薄层结晶灰岩，含磁铁矿或菱铁矿晶体	厚100～180 m
T_1b^6：灰色、浅灰色薄层至厚层状结晶灰岩	厚22～130 m
T_1b^5：深灰色薄层状结晶灰岩夹黑色碳质绢云母片岩	厚10～210 m
T_1b^4：浅灰色至灰白色厚层状结晶灰岩	厚30～230 m
T_1b^3：薄层状结晶灰岩夹灰色、深灰色钙质片岩或绢云母片岩，底部含绿泥石大理岩	厚24～130 m
T_1b^2：含矿层，由磁铁矿、赤铁矿、菱锰矿、铁锰矿、绿泥石片岩、条带状磁铁矿和含锰灰岩、片岩组成	厚6～16 m
T_1b^1：浅灰色绢云母石英片岩夹薄层结晶灰岩，顶部有绿泥石片岩，片岩和灰岩中均含菱铁矿和黄铁矿晶粒	厚度>200 m

（2）矿床地质特征

含矿层固定产于下三叠统菠茨沟组（T_1b^2）中，由磁铁矿、赤铁矿、铁锰矿、菱锰矿、含铁锰或不含铁锰质的绿泥石千枚岩、灰岩及薄层大理岩组成。各种组分在纵向和横向上交替相变，变化频繁，出露总长度达31.2 km，厚6～16 m不等，在虎牙一带含矿层可分为上、中、下三个亚层（图5-13），中亚层铁锰矿及菱锰矿较为稳定，厚度品位较佳，为工业利用的主要对象。

虎牙铁锰矿床为一多矿种复合矿床，计有铁矿、铁锰矿及菱锰矿三种类型。矿体多呈透镜状、似层状或层状，工业矿体呈多层状集中于中含矿亚层，产状与地层一致。其中铁矿层长800～10500 m，厚0.5～3.15 m，菱锰矿长250～2250 m，厚0.1～0.2 m，水平宽40～150 m；铁锰矿层长6000～9350 m，矿层在走向上有分岔复合现象，产状与岩层一致，倾角35°～72°，一般45°～50°。

各类矿石组构特征及品位列于表5-11。

表5-11　平武县虎牙铁锰矿床矿石特征简表

矿石类型	金属矿物含量/%	脉石矿物含量/%	结构构造	品位/%
铁矿	磁铁矿 10～70 赤铁矿 25～45 菱铁矿 0～10	绢云母 5～30 石英 5～20 绿泥石 5～20	细至中粒鳞片变晶结构； 条带状、千枚状构造	TFe 32～45 S 0.02～0.07 P 0.6～1.6
菱锰矿	菱锰矿 30～80 磁铁矿少量	石英 5～30 方解石 15 蔷薇辉石、重晶石、 绢云母均小于5	鳞片变晶结构、 致密镶嵌结构；块状、 条带状、层状构造	Mn 20～29 S 0.23 P 0.11～0.3
铁锰矿	菱锰矿 33～55 磁铁矿 15 赤铁矿±15	石英 5～30 方解石 10～15	微至细粒镶嵌变晶结构； 致密块状、层状构造	TFe 0.1～22.77 Mn 0.22～34.72， 一般20～32

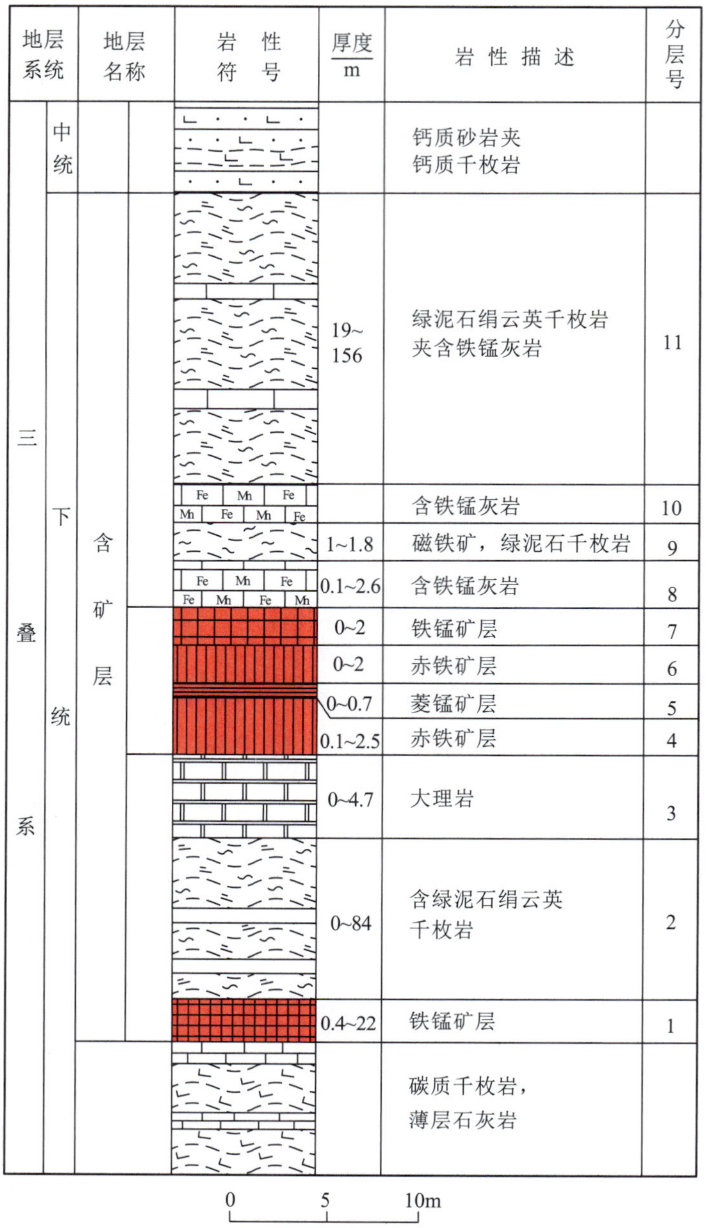

图 5-13　平武县虎牙式铁锰矿床含矿层柱状图

（据四川省地质矿产局，1990）

经勘探（大坪）、详勘（老队部）和详查（火烧桥），共求获资源储量 2658.88×10^4 t，属大型锰矿床。

2. 松潘县四望堡铁锰矿床

四望堡铁锰矿矿区位于松潘县城 NE87°，直距 48 km，矿区南直距 5 km 为虎牙锰矿火烧桥矿段。矿区面积 15 km^2，铁锰矿层东西向延长达 14 km（图 5-14）。

（1）矿区地质

矿区与成矿有关的地层为下三叠统菠茨沟组（T_1b），由上而下共分七层。

T_1b^7：浅灰色、薄至厚层状结晶灰岩，夹浅黄色菱铁矿质砂状板岩　　厚 170~520 m

T_1b^6：深灰-灰黑色，中层至厚层状结晶灰岩，含黄铁矿　　厚 163~326 m

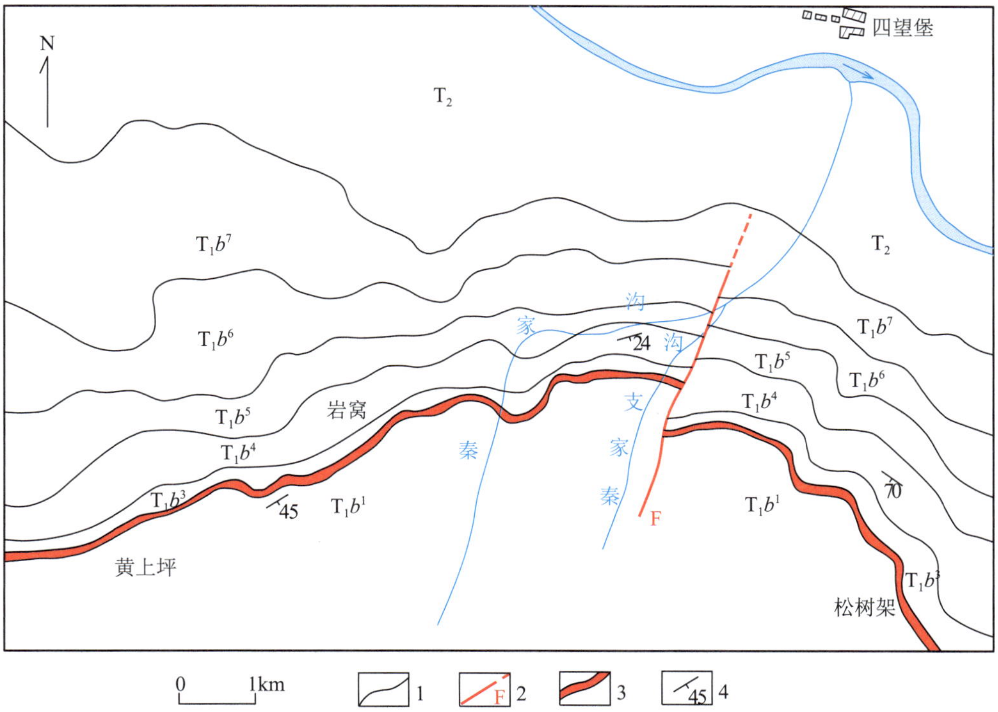

图 5-14 松潘县四望堡铁锰矿床矿区地质图

（据四川省地质局，1960）

T_2—中三叠统；T_1b—下三叠统菠茨沟组。1—地质界线；2—实测及推测断层；3—矿体；4—产状

T_1b^5：	暗灰-黑色，碳质绢云母千枚岩和片岩，含黄铁矿	厚 97.3～103 m
T_1b^4：	灰白色，厚层状结晶灰岩	厚 79～280 m
T_1b^3：	浅灰色、薄层状、条带状灰岩，含黄铁矿	厚 42～47 m
T_1b^2：	含矿层	厚 7～12 m
T_1b^1：	浅灰色-暗灰色，钙质绢云母千枚岩和石英片岩，间夹碳质云母片岩或千枚岩	厚 300 m

矿区呈一单斜构造。地层自南东向北西明显呈一弧形展布。东段岩层走向北西，西段岩层走向北东。倾向南西或南东，倾角变化大（28°～90°），一般 45°～60°。矿区断裂构造不发育，仅在秦家支沟见一小型正断层。岩层的扇形挠曲发育，节理、片理和劈理也较发育。

（2）矿床地质特征

矿区铁锰矿层（T_1b^2）层位稳定。主要由铁矿、锰矿、绢云母绿泥石片岩、大理岩和灰岩等组成，厚 7～12 m，由上而下可分为 9 层。

⑨薄层结晶灰岩

⑧绿泥石片岩、钙质片岩、铁锰质片岩、灰岩、砂质片岩和大理等。岩性互为递变关系。

⑦铁矿层：磁铁矿、赤铁矿和磁铁矿-赤铁矿，三者为过渡关系，厚 0～1.8 m。

⑥锰矿或铁锰矿层，厚 0～1.8 m。

⑤铁锰质片岩、灰岩、绿泥石片岩、砂质片岩等。

④磁铁矿层，厚 0～1.4 m。

③绿泥石片岩、铁锰质片岩或灰岩、砂质片岩等相互交替出现。

②锰矿或含锰灰岩透镜体。

①铁锰质片岩、绿泥石片岩、砂质片岩和钙质片岩等。

锰矿主要赋存于第6层中，其上下均为铁矿层。第2层中之锰矿体一般不具工业意义。

1）矿体规模、形态、产状：锰矿体和铁矿体多呈透镜状或扁豆状产出。矿区内共圈出5个工业矿体。矿体长150~2250 m，一般厚0.4~0.5 m（表5-12）。在含矿层中，矿体呈弧形展布，断续产出。产状与围岩一致。东段矿体向南西倾斜，倾角42°~70°；西段矿体向南东倾斜，倾角50°~58°。

表5-12　松潘县四望堡铁锰矿体规模和形态

矿体编号	矿体长度/m	矿体厚度/m	品位/%		矿石类型	矿体形态
			Mn	TFe		
1	300	0.96	10.14	8.91	菱锰矿石	透镜状
2	150	0.69	13.55	18.07	铁锰矿石	透镜状
3	250	0.68	15.23	11.61	铁锰矿石	透镜状
4	650	0.51	22.13	10.49	菱锰矿及铁锰矿石	透镜状
5	2250	0.92	16.74	10.53	菱锰矿及铁锰矿石	扁豆状

2）矿石物质组分与结构构造：矿石类型有氧化矿石、碳酸锰（菱锰矿）矿石和磁铁矿-菱锰矿矿石。氧化锰矿石：主要菱锰矿风化淋滤后形成的分散状氧化锰的水化物（85%），次为石英（10%）、软锰矿、黝锰矿（<5%），和少量绿泥石、酸性斜长石等组成。矿石呈胶状细脉状或小透镜体产出。具胶状、脉状或条带状构造。碳酸锰矿石：主要矿物为菱锰矿（95%），次为氧化锰，少许石英、绿泥石、酸性斜长石、黑云母、碳质；微量矿物有锰铝榴石和黄铜矿，局部见团块状蔷薇辉石。矿物粒径一般为0.008~0.08 mm，他形粒状变晶结构，条带状、致密块状构造。磁铁矿-菱锰矿矿石：主要矿物为菱锰矿、磁铁矿，次为锰铝榴石，少量黑云母、斜长石等。矿石具层纹状、层状构造。

3）矿石质量与资源储量矿石平均品位：Mn 19.54%、TFe 10%左右；有害杂质P 0.25%~0.35%，平均0.31%；S 0.001%~0.2%，平均0.18%；造渣组分SiO_2 25%~30%，Al_2O_3 4%~6%，MgO 0.6%~1.5%，CaO 3%~5%。矿石中（$SiO_2+Al_2O_3$）>（CaO+MgO），P含量远超出允许范围。TFe含量增高，P含量也显著增高。本区矿石属高磷低硫的酸性锰矿石。矿区累计探明资源储量125×10^4 t。

（3）矿床发现和勘查史

1956年，冶金工业部地质局川鄂分局六〇六队发现四望堡铁锰矿床，开展了一定的工作，提交了地质普查报告。

1959年，四川省地质局松坪地质队作了矿区地质检查评价。

1960年，四川省地质局松坪队以槽探为主对该矿进行详查，同年10月提交了《四川省松潘县四望堡铁锰矿床详查地质报告》，1962年3月，经四川省地质局224号决议书，批准为普查评价（初查），批准资源储量125×10^4 t。认为锰是铁的共生矿产，建议近期不宜进一步工作。

（4）矿床开采技术条件

矿区属于高原高山区，地形陡峻，沟谷深切。矿体出露标高：最低1900 m，最高3580 m。主矿体走向长2250 m，宽200~400 m，厚0.8~1.1 m，宜于地下坑采。

3. 黑水县德石沟锰矿床

矿区位于黑水县芦花乡境内，黑水县城西南3 km，有林区公路相通。

（1）矿区地质

矿区包括三支沟、聂引、下口和三基龙等矿段，其中三支沟矿体已完成详查，下口矿段已完成普查，面积6 km^2（图5-15）。

矿床受控于紧密的复式褶皱。在矿区已查明由北向南平行排列的有神仙洞背斜、三支沟向斜、老

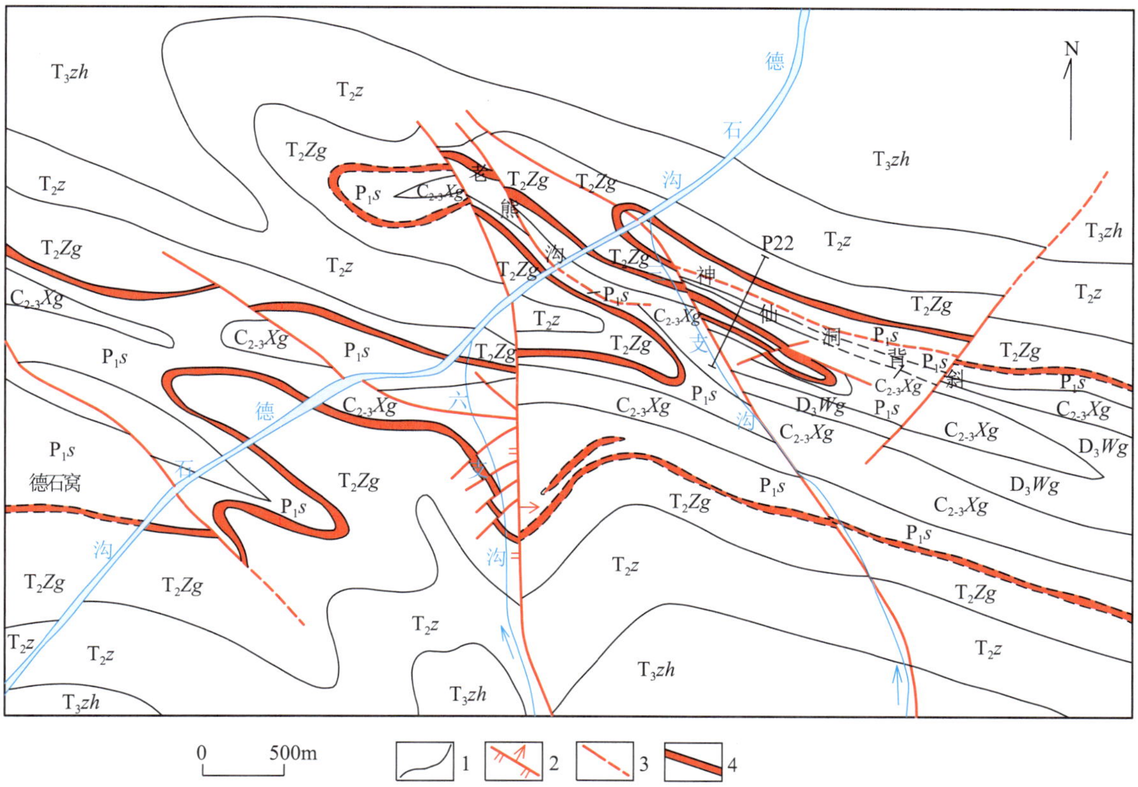

图 5-15　黑水县德石沟锰矿床地质图

（据四川省冶金地质勘查局水文队，1993）

T_3zh—上三叠统侏倭组；T_2z—中三叠统杂谷脑组；T_2Zg—中三叠统扎尕山群；T_1b—下三叠统菠茨沟组；

P_1s—下二叠统三道桥组；$C_{2-3}Xg$—中上石炭统西沟群；D_3Wg—上泥盆统危关群。

1—地质界线；2—实测逆断层；3—性质不明断层；4—矿体

熊沟背斜、聂引向斜和下口背斜等。轴线近东西，一般为 270°~290°，轴面南倾，倾角 65°~85°。

断裂构造亦较发育，以挤压性断层为主，对矿层起破坏错移作用。

矿区出露地层自下而上有上泥盆统危关群（D_3Wg）、中上石炭统西沟群（$C_{2-3}Xg$）、下二叠统三道桥组（P_1s）、下三叠统菠茨沟组（T_1b）、中三叠统扎尕山群（T_2Zg）、杂谷脑组（T_2z）和上三叠统侏倭组（T_3zh）等（图 5-15）。各地层间均有较明显沉积间断，呈假整合接触。含矿地层扎尕山群（T_2Zg）为含锰岩系上部层位，以含钙质石英砂岩为主。菠茨沟组（T_1b）主要为浅海陆棚沉积的钙质粉砂岩-钙泥质岩类，经区域为质形成低绿片岩相千枚岩、变质粉砂岩和结晶灰岩等，根据岩性特征可分为 3 层，自上而下为：

T_2Zg 扎尕山群

------------整合------------

菠茨沟组（T_1b）

③上部灰白色钙质粉砂岩和绢云母千枚岩或绿泥石千枚岩，下部紫红色含锰砂岩、绿灰色含锰绿泥石千枚岩。　　厚 2.4~60.3 m。

②主要赋锰层，分 6 个小层，自上而下为

f. 绿泥石千枚岩、磁铁绿泥石岩，夹条纹状薄层肉色锰矿　　厚 7.4~34.5 m

e. 墨绿色绿泥磁铁岩，夹条带状锰矿和磁性铁锰矿，为矿层顶板　　厚 0.3 m

d. 肉红色条纹-条带状锰矿，变化大为次矿层　　厚 0~0.48 m

c. 含锰粉砂层，夹条纹状钙菱锰矿　　厚 0.5~0.74 m

b. 肉红色薄层状锰矿夹千枚岩、粉砂岩薄层，为主要含矿层和评价的主要对象　0.5~2.9 m

a. 绿泥岩、绿泥石千枚岩、磁铁绿泥岩夹豆荚状锰矿、含锰砂岩，底部见角砾状黑锰矿　厚0.5~0.8 m

①下部为褐绿色铁锰矿层，沿走向局部相变为具一定规模的浅红色锰矿，底部为含锰粉砂岩或含锰绿泥岩上部以绿泥石为主，夹薄层肉红色锰质条带　厚3.8~54.2 m

------------平行不整合------------

P_1s 三道桥组

（2）矿床地质特征

德石沟锰矿赋存于菠茨组第二层底部，有工业矿体一层，蜿蜒于“指状”背向斜褶皱的两翼，与褶皱同步延伸。三支沟矿段和下口矿段分别位于德石沟东西两侧，按矿层所在部位和延伸情况，各矿段各分为4个矿体和8个矿块。三支沟矿段矿体由北而南分布于神仙洞背斜北翼（Ⅰ矿体）、三支沟向斜北翼（Ⅱ矿体）和南翼（Ⅲ矿体）、老熊沟背斜北翼（Ⅳ矿体）；下口矿段矿体分布于下口背斜北翼（Ⅲ、Ⅳ矿体）和南翼（Ⅴ、Ⅵ矿体）。

1）矿体规模、形态、产状：矿体走向控制长度500~1318 m（单个矿段长204~698 m），最大倾向宽度270 m，平均厚度1.21~1.29 m（表5-13）。矿体由块状-条带状碳酸锰、硅酸锰矿夹薄层至极薄层含锰粉砂岩、千枚岩组成。矿体呈层状产出，延伸稳定，产状与围岩一致，总体走向北西西—南东东，倾向南西，倾角60°~75°；三支沟矿段的Ⅰ号矿体倾向北东；Ⅱ、Ⅲ矿体倾向南西，局部倾向北东，倾角较缓；下口矿段矿体倾向南东或南西，倾角变化大。矿体出露标高2370~3878 m，矿体厚度较稳定，向深部有变厚的趋势。矿体内夹石为含锰粉砂岩及千枚岩，厚度一般小于0.2 m，最大0.52 m；夹石规模小，连续性差。矿体厚度与含锰岩系厚度呈正比。

表5-13　黑水县德石沟锰矿床矿体矿体规模统计表

矿段	矿体号	矿段号	走向长/m	倾向宽/m	矿体厚度/m	矿体产状/(°)
三支沟	Ⅰ	Ⅰ-1	668	76~98	1.32	33∠64
	Ⅱ	Ⅱ-1	204	70~144	1.38	205∠72
		Ⅱ-2	620	100~228	1.26	215∠72
		Ⅱ-3	390	98~100	0.89	46∠42
	Ⅲ	Ⅲ-4	282	122~176	1.63	211∠83
		Ⅲ-5	520	80~240	1.25	195∠85
		Ⅲ-6	420	90~100	1.35	38∠30
下口	Ⅳ	Ⅳ-1	692	171~203	1.02	141∠70
		Ⅳ-2	500	72~102	1.36	205∠64
	Ⅲ	Ⅲ-1	170	100~112	1.96	278∠29
		Ⅲ-3	698	177~270	1.14	243∠68
	Ⅴ	Ⅴ-4	668	88~195	1.37	171∠77
		Ⅴ-5	447	200~215	1.07	167∠62
	Ⅵ	Ⅵ1-2	340	167~255	1.26	250∠26
		Ⅵ2-1	632	170~247	1.18	141∠62
		Ⅵ2-2	346	179~263	0.74	194∠33

2）矿石物质成分与结构构造：矿石自然类型以原生硅酸锰-碳酸锰矿石为主，氧化-未氧化混合矿石量少且分布零星，仅在地表浅部（5~10 m）和断裂发育处局部出现。锰矿石矿物由菱锰矿-钙菱锰矿-锰方解石等碳酸锰矿物（55%）、锰铝榴石、蔷薇辉石、硅酸锰矿物（21.5%）及少量褐锰矿、硬锰矿等氧化锰矿（0.5%）组成，脉石矿物由绢云母、石英、绿泥石等组成，矿石具显微他形-自形粒状变晶结构、交代残余、交代嵌晶结构；块状、层纹状和条带状构造。矿石含Mn 10.37%~34.12%，一般15%~25%，平均19.58%，变化幅度不大。TFe 4.15%~5.99%，P 0.043%~0.092%，SiO_2 23.93%~42.84%，CaO 3.43%~6.11%，MgO 1.72%~2.95%，Al_2O_3 8.90%~10.99%，烧失量10.5%~16.22%。此外矿石含伴生组分Co 0.015%~0.024%，可综合回收利用。

3）矿石质量与资源储量：矿石主要成分Mn 18.73%~19.76%，TFe 4.93%，P 0.055%，SiO_2 31.91%，CaO 4.77%，P/Mn 0.0029，Mn/Fe 4.02，碱度0.15~0.29。属低磷低铁高硅酸性锰矿石。伴生Co品位0.023%，资源储量1062 t。经详查、普查，德石沟锰矿共求获资源储量249.54×10^4 t，属中型锰矿床。经省储委审查批准下口矿段为普查，批准基础储量6.41×10^4 t，资源量58.9×10^4 t，西南勘局批准三支沟为普查，批准资源储量184.24×10^4 t。两矿段共计资源储量为249.54×10^4 t。

（3）矿床发现和勘查史

1960年阿坝州地质局对黑水县四美沟、瓦钵梁子铁矿及铁锰矿点进行矿点检查，提交了矿点检查报告。

1984年，四川省区域地质调查队提交了1：20万龙日坝幅区调报告，厘定了黑水地区含锰地层为中三叠统扎尕山群。

1985年冶金部西南地质勘查公司水文工程队对黑水地区瓦钵梁子-四美沟中三叠统扎尕山群开展锰矿概查，共发现铁、锰矿点16处，同年冶金部西南地质勘查公司科研所开展了“黑水地区低磷锰矿含锰岩系岩相古地理及成矿预测”科研工作，于1986年提交了报告。提出“在距古陆或古岛较远的浅海陆棚的滞流盆地中，在一定的沉积相内，是低磷锰矿形成的有利地带，并与钙质来源的多源性密切相关”。据此预测三基龙地段为“五级成矿田”，其中一级预测区——德石窝至3646高地，即三支沟矿段，已得到证实。

1986~1988年冶金部西南地质勘查局水文工程队对德石沟锰矿聂引矿段和三支沟矿段开展普查，经选冶试验，属难选矿石；经手选可获得含锰25%左右的直接入炉富矿或生产硅锰合金。

1989~1993年该水文队完成了德石沟锰矿和下口矿段普查和三支沟矿段详查，于1993年提交了《四川省黑水县德石沟锰矿下口矿段普查地质报告》。11月提交了《四川省黑水县德石沟锰矿三支沟矿段详查地质报告》。经省储委审查批准为普查地质报告。

（4）开采技术条件

矿床位于高原高山深切割区，矿体出露海拔标高2300~3600 m。矿区内坡度>70°山区约占30%，其余山地坡度30°~50°。矿体层位稳定，倾角陡，一般65°~85°。主矿体直接顶板为含锰粉砂岩夹含绿泥石千枚岩，底板为含锰粉砂岩和含锰绿泥石岩，岩石较坚硬，适于地下坑采。

矿区水文地质简单。受水面积14 km^2，德石沟横穿矿区，雨季最大流量57.3 m^3/s，枯水期为1.06 m^3/s。地表径流畅通，排泄良好。地下水水质为重碳酸盐钙镁水，无腐蚀性。

矿区锰矿石属微细粒低磷高硅酸性普通贫锰矿石，属难选矿石。试验证明，选择合理的选矿方法和流程时，技术指标尚好，能获得四级锰精矿。

混合矿石试样3件经省冶金研究所试验，将矿石磨至-200目占55%~65%，磁选结果精矿含锰分为25.97%、26.68%、26.99%，回收率分别为75.09%、70.12%和70.30%，产率分别为61.42%、49.22%和52.40%。

原生矿试样2件，经中南冶金地质勘探公司研究所试验，经湿式强磁选结果，精矿含锰为25.77%，回收率82.45%，产率67.5%；干-湿式强磁选结果：精矿含锰25.14%，回收率80.21%，产率68.23%。对采自德石沟矿床浅部混合矿石试样进行可冶性试验，生产出符合国标的硅锰合金。

建议在开发该矿时采用手选-弱磁选-电炉冶炼硅锰合金工艺流程，可适用于地方小规模开发利用，含Co 0.72%，可综合回收利用，如今后扩大规模，采用重介质选矿-弱磁选-电炉冶炼硅锰合金工艺流程，可能获得成功。

（5）矿床开发利用情况

1991年黑水县德石沟电站和阿坝州华西电冶厂合资建立矿山对该进行试生产，截至1992年底共生产出300余吨符合GB 4008-83的Mn60Si17牌号的硅锰合金。产品成本为2200元/t，市场价为2500元/t，经济效益明显。

第四节　热液型锰矿床

此类锰矿四川省仅发现2处，均产于荥经县三合乡境内，且为矿点。现以荥经县大矿山铁锰矿点为例简述于后。

荥经县大矿山铁锰矿位于荥经县三合乡大矿山，矿区西约3 km，有野牛山煤矿公路，交通不便。

矿体赋存上震旦统灯影组下段白云岩裂隙构造破碎带中。铁锰矿共生或伴生，锰矿一般产于铁矿顶板或赋存于铁矿中。

共圈定锰矿体6个，单矿体长分别为110 m、55 m、48 m、56 m、38 m、60 m；厚分别为0.69 m、1.0 m、1.3 m、0.24 m、1.05 m、0.85 m，呈透镜状产出。

锰矿石以硬锰矿为主，次为赤铁矿，少许磁铁矿；脉石有方解石和石英。致密状、少数角砾状、放射状、皮壳状、块状构造。含Mn 20.48%~50.66%，一般>30%，SiO_2 0.081%~7.4%，S、P均低。

1957年，四川省地质局大渡河队进行检查，于11月提交简测报告。

1960年，雅安专区第一地质队进行初查，于7月提交荥经大小矿山铁锰矿点评价报告。提交表内锰矿资源储量12.1×10^4 t。

该矿曾民采，由于山高谷深，交通不便，现已停采。

第五节　锰矿成矿规律及资源预测、找矿方向

四川省锰矿以沉积型锰矿及沉积变质型锰矿为主，热液型锰矿仅为矿点且数量少，分布局限。故本节简单归纳前两种类型成矿规律。

一、沉积型锰矿成矿规律（以轿顶山式为例）

1. 地层、岩性对锰矿的控制

轿顶山锰矿赋存于上奥陶统五峰组下部，形成于海进旋回的早-中期。矿体严格受层位控制，与地层厚度、岩性密切相关。在轿顶山-大瓦山一带，五峰组厚4~6 m，岩性组合复杂，有利于锰矿沉积，形成轿顶山、大瓦山优质锰矿。矿区外围及金阳、大矿山、二郎山一带，含矿层厚度一般<2 m，为单一的砂岩或白云岩夹页岩组合，含矿性差，Mn一般<5%，汉源石板沟、洪雅老矿山及泸定、峨边等地五峰组厚0~20 m，天全厚达75 m，变化较大，为白云岩、硅质岩组合，白云岩夹页岩组合，含矿性差，均难以构成工业矿体。

2. 岩相古地理环境的控制

汉源轿顶山晚奥陶世五峰期处在康滇古陆与成都隆起之间的海湾环境，工业锰矿体形成于开阔台地相边缘浅水盆地内，定位于浅水区及深水区过渡地带，且常有水下隆起相伴。在汉源-峨边地区，五峰期岩相古地理特征见图5-16，不同环境中锰矿的规模、质量见表5-14。

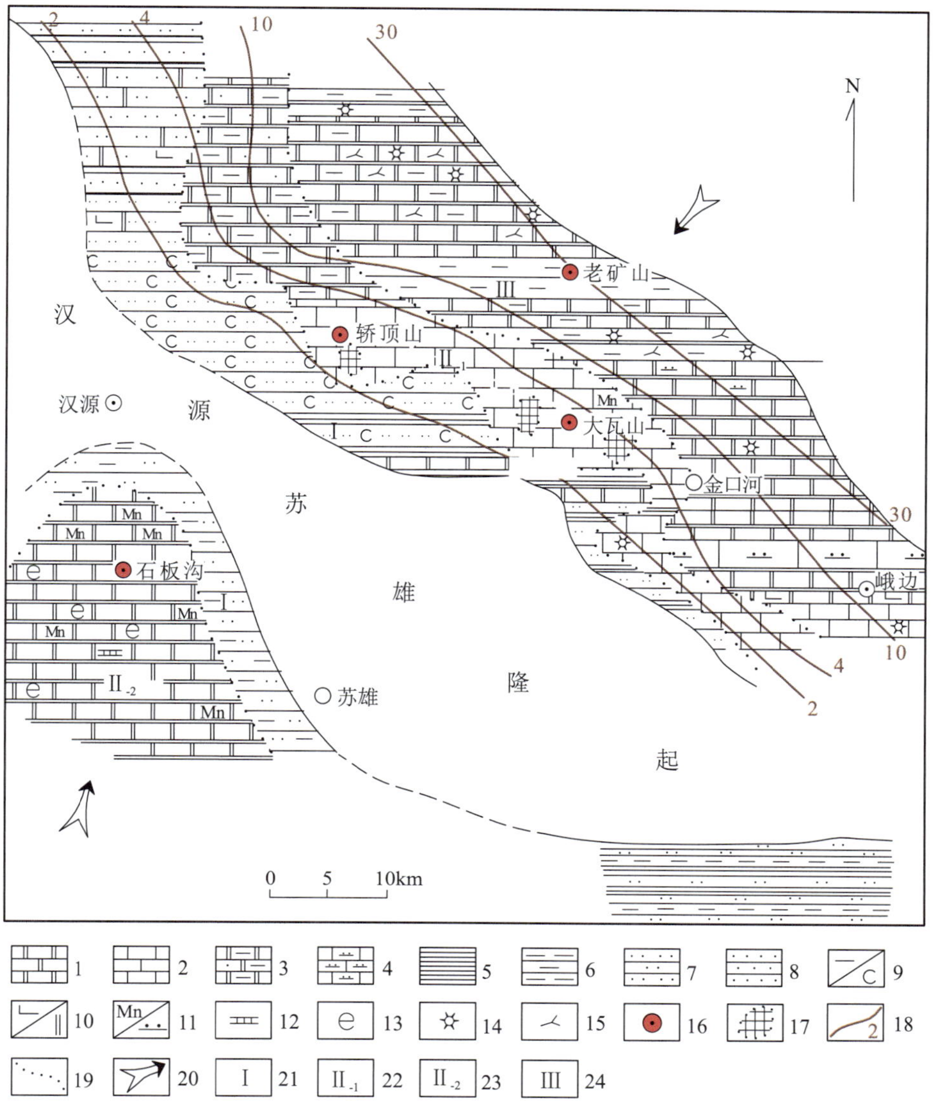

图 5-16　汉源县-峨边县地区晚奥陶世五峰期岩相古地理略图

（据四川省冶金地质勘查局六〇九队，1987）

1—白云岩；2—灰岩；3—泥、砂质白云岩；4—硅质岩；5—页岩；6—泥岩；7—粉砂岩；8—细-粗砂岩；9—泥、碳质；10—钙质/白云质；11—锰/硅质；12—藻屑；13—生物碎屑；14—放射虫；15—海绵骨针；16—锰矿床及锰矿（化）点；17—水下隆起；18—地层等厚线（m）；19—相界线；20—海侵方向；21—滨岸砂岩-泥炭质砂页岩岩相；22—台地相；23—海湾高能浅湾相；24—深水盆地相

表 5-14　沉积环境与锰矿体规模、质量关系

沉积环境		深水盆地	浅水台地（台盆亚相）		潟湖
矿区名称		老矿山	轿顶山	大瓦山	石板沟
矿体规模	矿体个数	2	7	2	1
	长度/m	148～174	25～1000	506～663	160
	宽度/m		25～600	100～300	
	厚度/m	0.47～1.52	0.47～1.88	0.4～6.48	2.97
矿物化学组分/%	Mn	1.31	31.88	27.16	19.91
	TFe	10.89	1.80	6.51	6.24
	SiO_2	26.08	9.68	11.16	35.39
	P	0.104	0.052	0.094	0.5
	Mn/Fe	1.23	17.71	4.17	31.19
	P/Mn	0.0087	0.0016	0.0035	0.0251

3. 藻类控矿

经冶金地质勘查局六〇九队研究，轿顶山式锰矿床藻类相当丰富（图 5-17）。实际上，轿顶山及大瓦山锰矿由藻礁群组成。礁体即为矿体。藻礁体主要是点礁和小环礁，点礁直径 20 m 至数百米不等，组成礁体的岩石主要是菱锰矿、锰白云石和含锰灰岩、岩（矿）石中含有大量藻类。以蓝绿藻为主，有附枝藻、葍万藻、放射线藻等；小环礁呈环形分布，最大者大于 600 m×1000 m。轿顶山尖山子属此。其生物特征与点礁相似，且以礁内湖相沉积物中钴、镍的高含量为特征（表 5-15）。

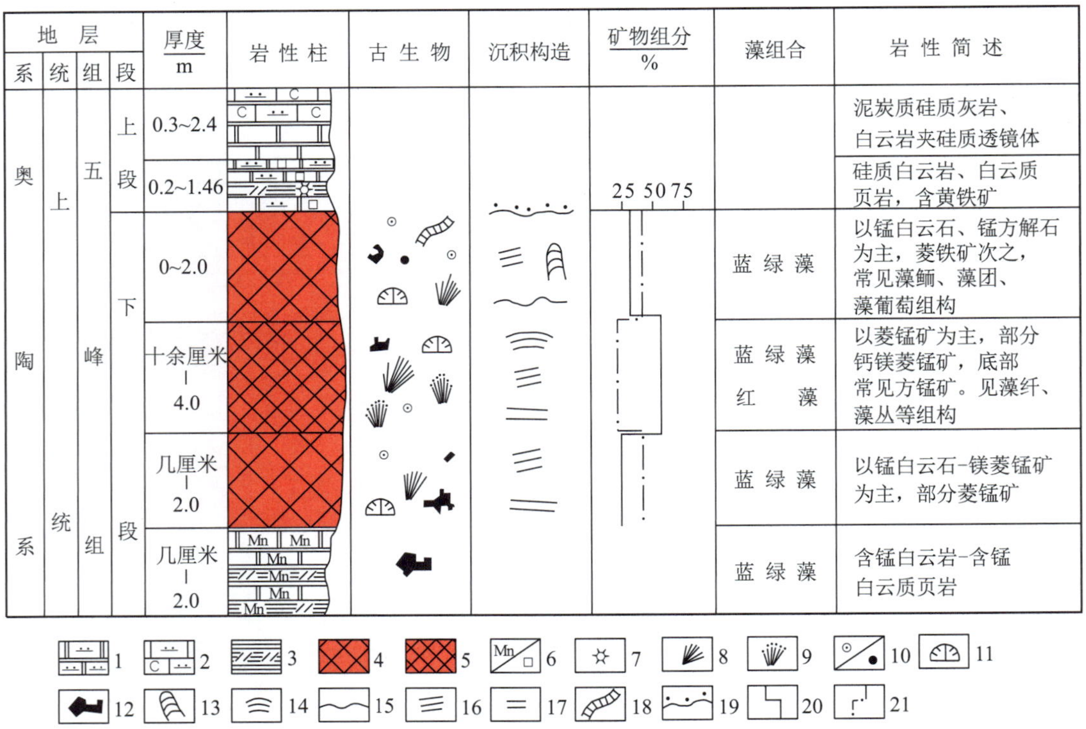

图 5-17　乐山市大瓦山锰矿床矿体综合柱状图

（据四川省冶金地质勘查局六〇九队，1987）

1—硅质白云岩；2—泥炭质硅质灰岩；3—白云质页岩；4—贫锰矿；5—富锰矿；6—锰质/黄铁矿；7—放射虫；8—放射状藻；9—藻丛；10—藻鲕/藻团；11—藻葡萄；12—藻凝块；13—指状叠层石；14—纹层藻；15—条纹、波纹层理；16—斑块构造；17—层状构造；18—破碎皮壳；19—冲刷面；20—菱锰矿含量曲线；21—钙镁菱锰矿含量曲线

表 5-15　藻礁各微相化学成分一览表

矿区	藻礁微相	化学成分/%										Mn/Fe	P/Mn	Ni/Co
		Mn	TFe	SiO_2	CaO	MgO	Al_2O_3	CO_2	CO	P	Ni			
轿顶山	礁核礁翼	31.88	1.80	9.98	10.60	2.77	1.43	23.50	0.061	0.056	0.046	17.7	0.0016	0.69
	礁内潟湖	8.81	6.72	33.35	3.75	6.89	27.41	7.75	0.399	0.070	0.142	1.31	0.008	0.36
大瓦山	礁核	16.46	7.94	6.71	20.16	4.93	2.85		0.0082	0.098	0.008	2.07	0.006	0.98
	礁前	19.15	18.77	11.46	3.65	2.79	6.20			0.159		1.75	0.0044	
	礁内藻坪	32.24	2.40	3.23	13.24	3.62	1.07	25.74	0.006	0.059	0.013	13.43	0.0018	2.17
	礁底滩	8.25	32.02	8.22	1.87	6.17	3.21	21.45		0.07		0.26	0.0085	

不同组构的藻类控制着矿石中锰含量的变化。藻席、藻毯所构成的锰矿石含锰较高，多为富矿；呈包壳状生长的藻类所构成的矿石含锰较低，多为贫矿。

4. 关于矿质来源的讨论

从古地理分析，古陆风化剥蚀为锰矿富集提供了物质来源。冶金地质勘查局六〇九队研究，锰质还来自海盆底部的火山喷发，甚至可能是锰质的主要提供者。主要依据是：①洪雅老矿山含矿岩系中见有火山凝灰岩夹层。②大瓦山矿体底板临湘组发现含火山碎屑的磁铁石英岩透镜体。③含矿岩系中Co、Ni含量较高，在地层剖面上Ni/Co比例呈韵律性变化，具远程火山来源特征。

5. 成矿机理及成矿模式讨论

晚奥陶世五峰期，由于远火山活动的影响，大大丰富了海水中Mn的浓度。据区域资料，五峰组Mn丰度值达0.20%~6.40%，在轿顶山、大瓦山浅水盆地中，由于水体较浅及轻微的振荡，适于蓝绿藻等藻类大量繁殖，形成层状礁（小环礁）和点礁、蓝绿藻的生长过程中能很快移殖到碳酸盐沉积物顶面，形成薄薄的藻毯、藻席，并在光合作用下捕集和粘结海水中的Mn质而沉淀。尔后，新的藻毯、藻席又继续生成……如此反复的结果，遂富集形成层纹状、条带等状锰矿石。同时，由于藻类及菌类的生长和死亡，也可造成沉积环境的改变而导致Mn质沉积。总之，对锰矿的形成来说，藻类的活动起了重要作用。因而一旦环境改变，或因海水加深而不利用光合作用的进行；或过于近岸海水振荡较剧，砂泥质增多而不利于藻类繁殖时，虽海水中仍富含Mn质亦难以富集成矿，而只能形成一套锰含量较高的岩石组合。

根据以上粗浅讨论，轿顶山式锰矿成矿模式可简要地表示见图5-18。

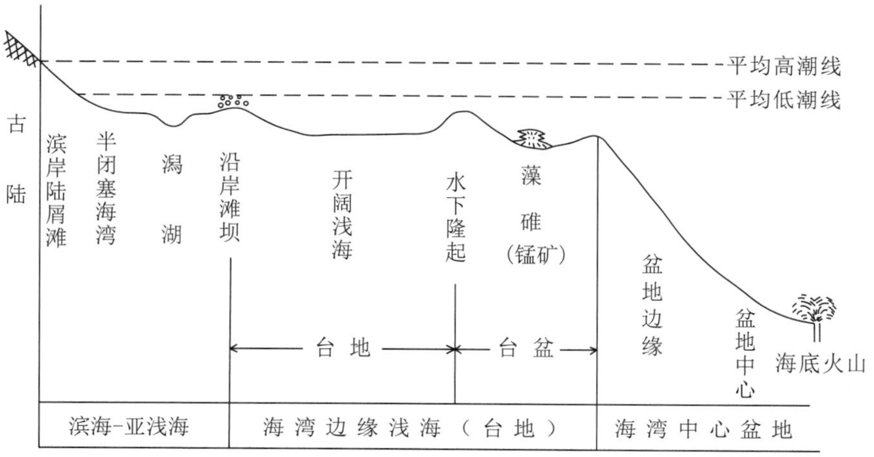

图5-18 汉源县轿顶山式锰矿床成矿模式图
（据四川省地质矿产局，1990）

二、沉积变质型锰矿成矿规律

沉积变质型锰矿均集中分布于槽区茂汶-丹巴地背斜北东端，有下寒武统邱家河组（石坎式）和下三叠统菠茨沟组上段（虎牙式）两个含矿层位。

早寒武世邱家河期平武一带为潮下低能海湾，属弱氧化还原环境。由于海水滞流，沉积了一套暗色岩系，由碳质板岩-含铁锰矿层-含碳碳酸盐岩组成三个大的韵律层，原生锰矿物为铁硅质菱锰矿，风化后成铁锰矿。含矿岩系中有V、Mo、Ni、U、Co等化探异常分布。这些元素的富集，主要与有机质和厌氧菌类的活动有关，其物源主要来自东侧古陆剥蚀区。显然，特定的沉积环境造就了这一颇具意义的含矿建造。早三叠世含（铁）锰岩系为菠茨沟组下部的一套非稳定型复理石-次稳定型碳酸盐岩建造。主要铁锰矿床（点）分布在摩天岭地背斜与巴颜喀拉冒地槽接壤处。其矿石品位与含矿岩系厚度成正相关。受岩相古地理环境控制。铁锰矿的成矿作用可分为：古陆风化剥蚀；搬运、沉积及成岩过程中铁锰质的迁移、富集三个阶段。成矿模式见图 5-19，图 5-20。

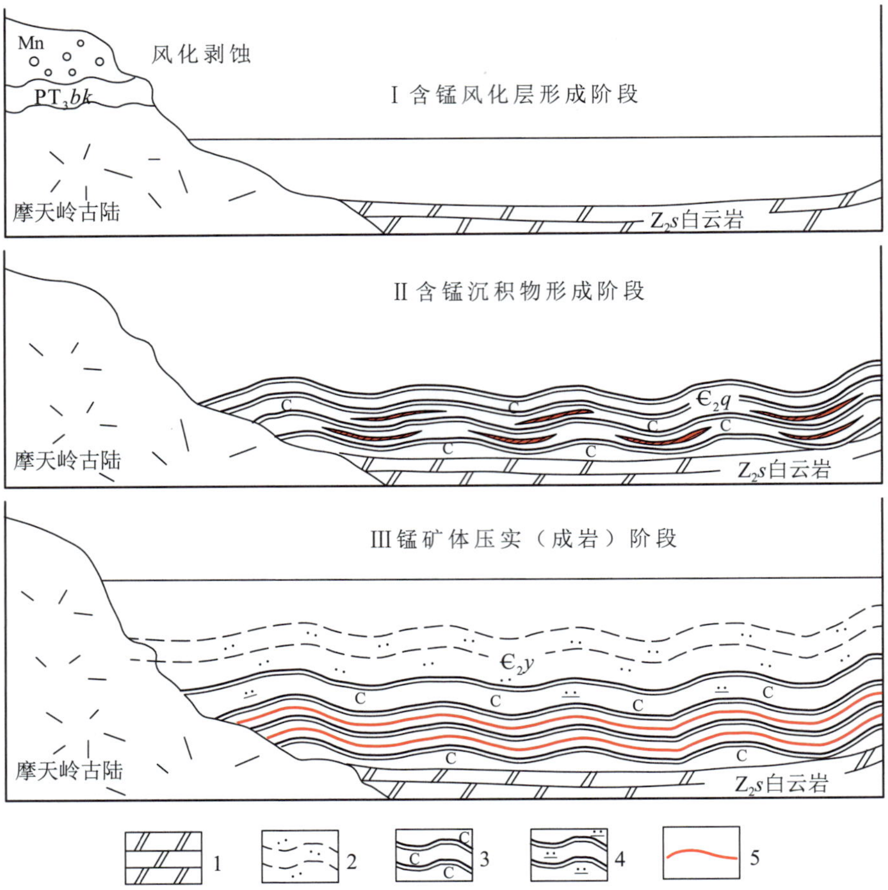

图 5-19　平武县石坎式锰矿床马家山矿床成矿模式图

（据四川省冶金地质勘查局六〇四队，2012）

$Є_2q$—下寒武统邱家河组；$Є_2y$—下寒武统油房沟组；Z_2s—上震旦统水晶组。

1—白云岩；2—千枚岩；3—碳质板岩；4—硅质板岩；5—锰矿体

该类锰矿的富集规律及成矿特征与沉积型锰矿有许多共同之处。只是到了印支晚期，随着特提斯海槽的回返，含矿岩系遭受强烈褶皱变质而已。在绿片岩相-低角闪岩相及石墨（碳质）存在的条件下，赤铁矿可生成磁铁矿或菱铁矿，锰矿物则基本保留了原来面目。

三、四川省锰矿成矿区带

四川省锰矿成矿区带划分主要依据锰矿在区域上与锰矿成矿作用有关的各类矿化信息，以及区域成矿的地质构造环境，以全省成矿区带划分方案为基础，根据锰矿相对集中程度，进一步划分出 10 个Ⅴ级区（图 5-21；表 5-16），参考矿产资源潜力评价命名及成矿密集区（简称矿产集中区）的概念，本书把Ⅴ级区称为矿产集中区。

1. 松潘小河-平武虎牙锰矿矿产集中区

该Ⅴ级区位于四川省平武县、松潘县范围内，为虎牙式锰矿的主要集中分布区。成矿总体受龙门山断裂、雪山断裂、摩天岭古陆控制，含矿地层为下三叠统菠茨沟组，主要岩性为绿泥石片岩、含铁、锰质片岩、硅化千枚岩、薄层灰岩或大理岩，从含矿地段看，锰矿、铁锰矿、铁矿即产于碳酸盐岩向碎屑岩建造过渡的部位中。区内已发现大坪、老队部、火烧桥、磨河坝、三尖石、四望堡、西沟、黄龙寺、大草地等矿床、矿点和二宝山、长槽、青羊包、三道坪等矿化点。

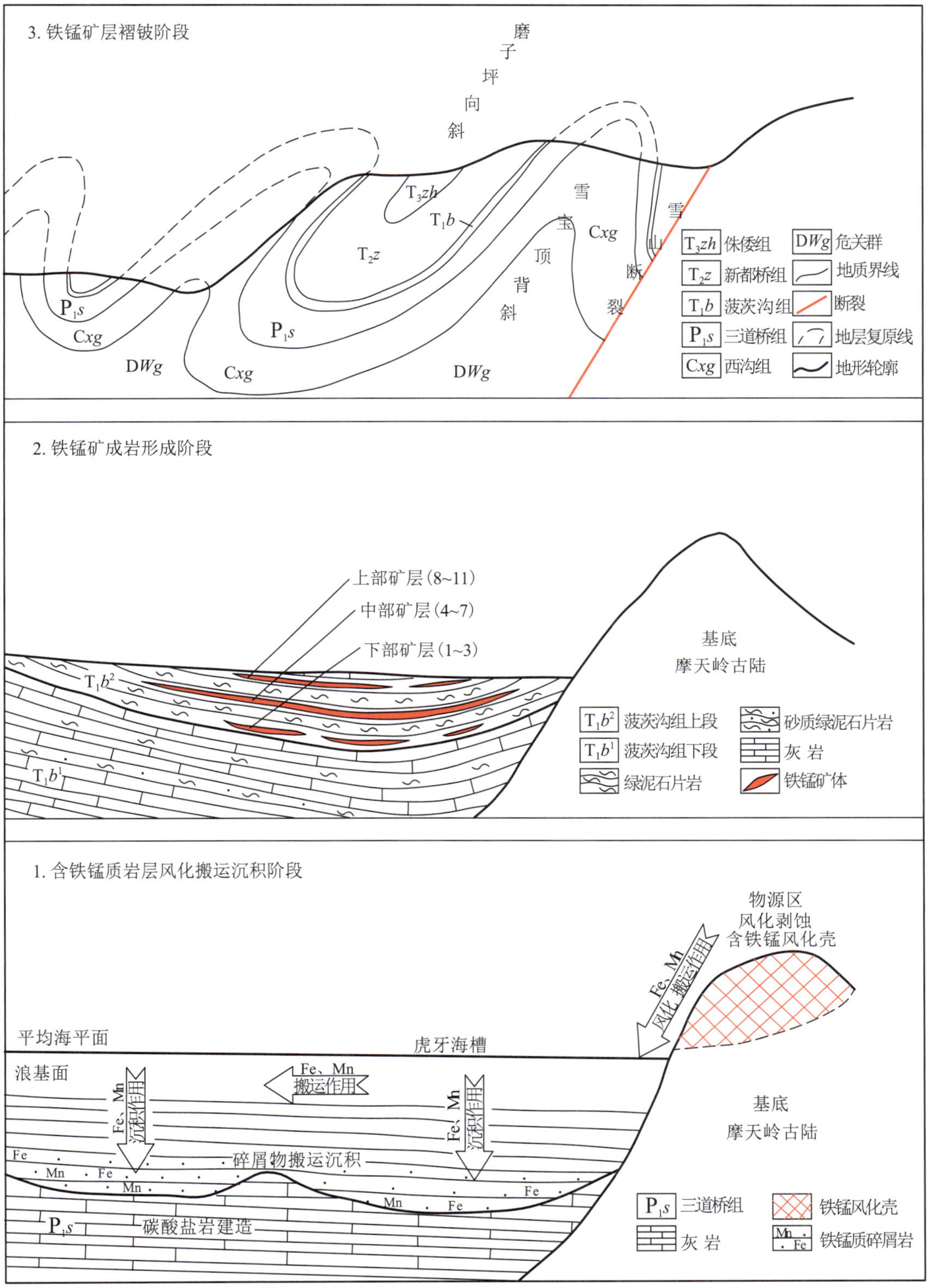

图 5-20　平武县虎牙式锰矿床成矿模式图
（据四川省冶金地质勘查局六〇四队，2011）

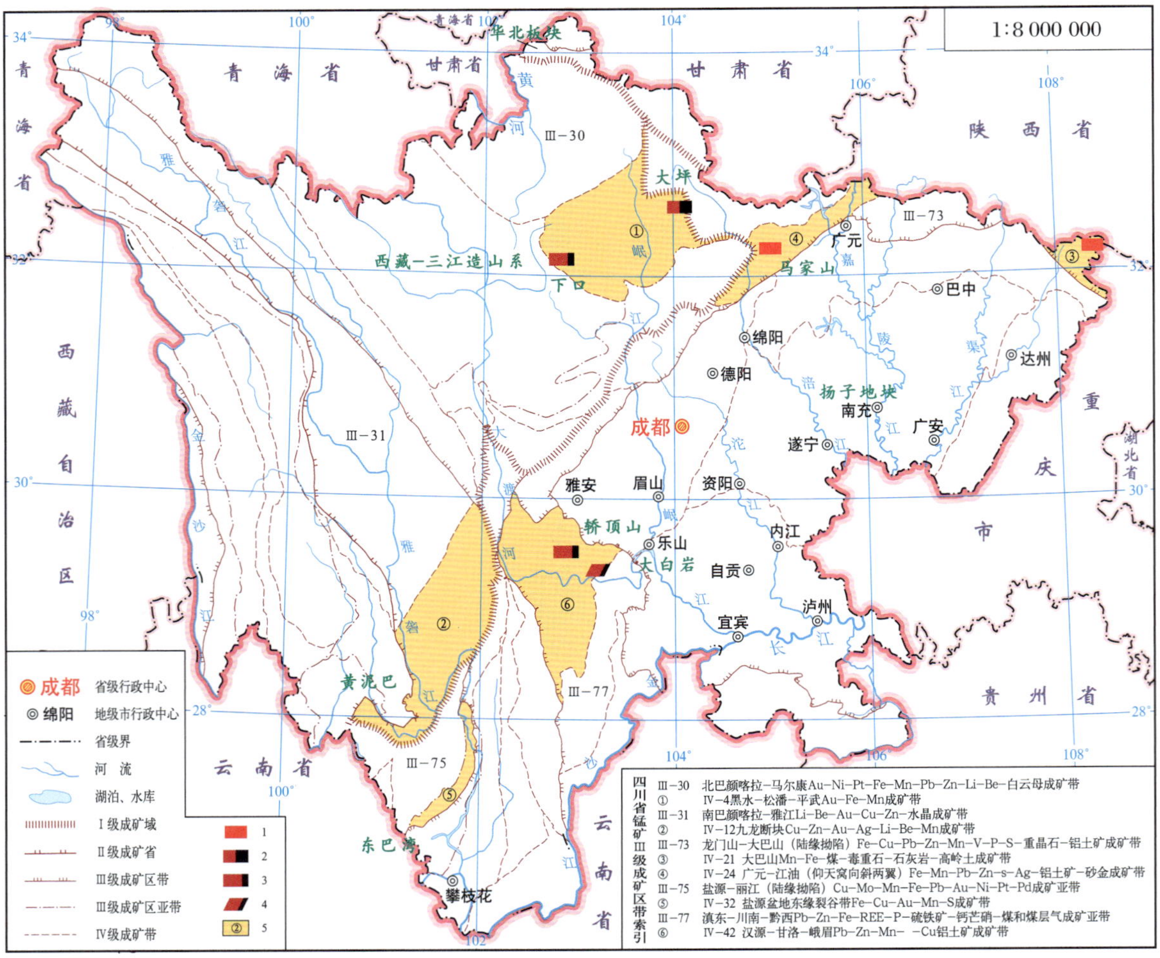

图 5-21　四川省锰矿成矿区带划分图

（据杨先光等，2016）

1—沉积型锰矿；2—沉积（变质）型铁锰矿；3—沉积型锰（钴）矿；4—沉积变质型锰矿；

5—锰矿Ⅳ级成矿亚带分布范围及索引编号

表 5-16　四川省锰矿Ⅲ-Ⅴ级成矿（区）带表

Ⅲ级（成矿带或亚带）	Ⅳ级	Ⅴ级	矿床式
Ⅲ-30-①松潘-平武 Au-Fe-Mn 成矿亚带	Ⅳ-4 黑水-松潘-平武 Au-Fe-Mn 成矿亚带	松潘小河-平武虎牙锰矿矿产集中区	虎牙式
		黑水锰矿矿产集中区	
		漳腊-漳扎锰矿矿产集中区	
Ⅲ-31 南巴颜喀拉-雅江 Li-Be-Au-Cu-Zn 水晶成矿带	Ⅳ-12 九龙断块 Cu-Zn-Au-Ag-Li-Be-Mn 成矿亚带	木里长枪锰矿矿产集中区	黄泥巴式
Ⅲ-73 龙门山-大巴山（陆缘拗陷）Fe-Cu-Pb-Zn-Mn-V-P-S-重晶石-铝土矿成矿带	Ⅳ-21 大巴山 Mn-Fe-煤-毒重石-石灰岩-高岭土成矿亚带	田坝-大竹河锰矿矿产集中区	大竹河式
	Ⅳ-24 广元-江油（仰天窝向斜两翼）Fe-Mn-Pb-Zn-S-Ag-铝土矿-砂金成矿亚带	平武-朝天锰矿矿产集中区	石坎式
		茂县-北川锰矿矿产集中区	

续表

Ⅲ级（成矿带或亚带）	Ⅳ级	Ⅴ级	矿床式
Ⅲ-75-①盐源-丽江（陆缘拗陷）Cu-Mo-Mn-Fe-Pb-Au-Ni-Pt-Pd成矿亚带	Ⅳ-32 盐源盆地东缘裂谷带 Fe-Cu-Au-Mn-S成矿亚带	择木龙-国胜锰矿矿产集中区	东巴湾式
Ⅲ-77-①滇东-川南-黔西 Pb-Zn-Fe-REE-磷-硫铁矿-钙芒硝-煤和煤层气成矿亚带	Ⅳ-42 汉源-甘洛-峨眉 Pb-Zn-Mn-P-Cu铝土矿成矿亚带	泸定-荥经锰矿矿产集中区	轿顶山式
		汉源-金口河锰矿矿产集中区	

2. 黑水锰矿矿产集中区

该Ⅴ级区位于黑水县南部，为虎牙式锰矿的分布区之一。大地构造位于扬子板块北西缘龙门山古岛链北西侧，成矿受瓦钵梁子背斜控制。含矿建造为下三叠统浅海相碳酸盐岩-碎屑建造，含锰岩系为下三叠统菠茨沟组上段绿泥片岩、绿泥千枚岩、薄层灰岩（大理岩）。该区发现有下口、三支沟、徐古、瓦钵梁子等中小型矿床。

3. 漳腊-漳扎锰矿矿产集中区

该Ⅴ级区位于松潘县、九寨沟县范围内，为虎牙式锰矿的另一个分布区。锰矿的形成受断裂控制，并被断裂的后期活动破坏；含锰岩系为下三叠统菠茨沟组上段，岩性为绿泥片岩、绿泥千枚岩、薄层灰岩（大理岩）等。在松潘县发现有箭安塘南、葫芦沟等矿点，香蜡台、箭安塘北矿化点；九寨沟县西部有隆康矿点、达基寺矿化点，但总体上勘查工作程度均比较低。

4. 木里黄泥巴锰矿矿产集中区

该Ⅴ级区位于四川省木里县范围内，近期发现有黄泥巴锰矿床。该区大地构造位置属扬子陆块之西的巴颜喀拉地块南部。含矿地层为上二叠统卡翁沟组上段，为一套浅海-半深海碎屑岩夹少量碳酸盐建造，含矿岩性为含锰硅质板岩夹碳酸盐岩。已知矿床、矿点均分布于长枪背斜西部地段。

5. 田坝-大竹河锰矿矿产集中区

该Ⅴ级区位于万源市大竹河镇境内，为大竹河式锰矿分布区。大地构造位置地处扬子板块北缘，大巴山台缘拗陷带，受大巴山大断裂控制（断陷盆地）。区域上属扬子地台北缘巴山锰矿带东矿带，被动大陆边缘陆棚浅海相沉积型锰矿。含锰岩系为下震旦统陡山沱组，锰矿赋存于顶部的碎屑岩向碳酸盐岩过渡的地段内，系碎屑岩-碳酸盐岩建造。已发现大竹河、田坝等小型矿床。

6. 平武-朝天锰矿矿产集中区

该Ⅴ级区位于四川省北部平武县、青川县范围内，为石坎式锰矿分布区。大地构造位置地处扬子板块北缘，龙门山-大巴山台缘拗陷带。含锰岩系为下寒武统邱家河组，系碳硅质岩建造，岩性主要为黑色、灰色碳硅质板岩、粉砂岩、硅质岩、白云岩等，为浅海-半深海沉积锰矿。区内已有石坎、马家山、高庄坝、平溪、简竹垭、马公、石坝、东河口及董家沟等矿床点。

7. 茂县-北川锰矿矿产集中区

该成矿区跨茂县和北川县，为龙门山成锰沉积盆地南段，与北东部的平武-朝天锰矿成矿区相邻，为石坎式锰矿分布区。大地构造位置属龙门山被动陆缘被断裂围限的构造断块，断裂控制了沉积盆地形态，也控制了锰矿的分布范围。含矿层邱家河组为碳硅质板岩、碳酸盐岩建造，由含锰碳硅质板岩、碳酸盐岩、硅质岩等组成。已知有茂县黄水沟、北川县云龙等矿点、矿化点。

8. 择木龙-国胜锰矿矿产集中区

该成矿区位于盐源-盐边成锰沉积盆地，为东巴湾式海相沉积型锰矿分布区。大地构造位置处于上扬子板块（地台）西南缘，盐源-丽江被动大陆边缘（基底逆推带）北段盐源台缘拗陷带内，金河-箐河大断裂控制沉积盆地形态及锰矿的分布，锰矿产于中奥陶统巧家组中，岩性以燧石条带灰岩、瘤状灰岩、白云质灰岩为主，为碳酸盐建造。已知矿点、矿化点沿含矿构造带成带集中分布，已发现有盐边县东巴湾、盐水河、盐源县庄子沟等锰矿床，以及择木龙、水银厂、仙人洞等矿点、矿化点。

9. 汉源–金口河锰矿矿产集中区

该成矿区位于汉源–甘洛–峨眉三级成矿带（Ⅳ–42）东部，为轿顶山式锰矿集中分布区。该区大地构造位置属上扬子陆块凉山–威宁–昭通碳酸盐岩台地峨眉–凉山盖层褶冲带，泸定–峨边成锰盆地东部。含矿地层为上奥陶统五峰组，岩性为灰岩、生物碎屑结晶灰岩、泥灰岩等，断裂交汇部位控制锰矿分布，已经发现轿顶山、大瓦山、大岗等锰矿床，以及若干矿点。

10. 泸定–荥经锰矿矿产集中区

该成矿区位于Ⅳ–42 汉源–甘洛–峨眉三级成矿带西部，轿顶山锰矿床北西，泸定–峨边成锰盆地西北部，泸定–甘洛断裂控制该区锰矿的展布。其成矿地质条件与东部的轿顶山锰矿相似，含矿地层为上奥陶统五峰组碳酸盐岩建造。

四、成矿预测

四川省矿产资源潜力评价对四川省锰矿划分了虎牙式、石坎式、轿顶山式、高燕式 4 个矿床式，圈定了 40 个最小预测区，预测锰矿资源储量 243814.4（矿石）$\times 10^3$ t（表 5–17）。需要说明的是，本次由于诸多资源储量无法核实，直接引用推深 1000 m、2000 m 的预测资源数据，可信度有限，预测资源储量仅供参考。

表 5–17　四川省锰矿最小预测区资源储量估算结果表

序号	矿床式	预测类型	最小预测区名称	预测资源储量/(矿石$\times 10^3$ t)
1	虎牙式	沉积变质型	大坪	34678.2
2			老队部–火烧桥	21374.1
3			大草地	5249.6
4			磨河坝	14111.2
5			三尖石	23126.3
6			二宝山–三道坪	4323.5
7			四望堡–西沟	22730.4
8			黄龙寺	4837.3
9			下口	23306.3
10			三支沟–四美沟	15895.6
11			徐古北	5225.8
12			徐古	5435.5
13			瓦钵梁子	13769.3
14			姑俄夸	5561.4
15			隆康	4493.2
16			达基寺	837.6
17			箭安塘	1310.9
18			葫芦沟	2427.1
19			香蜡台	985.5
20	石坎式		马家山	4977.2
21			高庄坝–石坎	5369.2
22			平溪–马公	8037.3
23			石坝–东河口	5950.0
24			董家沟	1725.1

续表

序号	矿床式	预测类型	最小预测区名称	预测资源储量/(矿石×10^3 t)
25	轿顶山式	海相沉积型	轿顶山	0
26			大瓦山	113.8
27			拉 尔	184.0
28			刘坪大岗	898.2
29			老汞山	109.8
30			刘坪大岗西	93.1
31			刘坪大岗北	37.9
32			石板沟	415.1
33			窝子卡摩	492.0
34			老矿山	182.8
35			门坎山	142.2
36			红槽坪	222.7
37			大火地	177.3
38	高燕式		田坝	3255.7
39			大竹河	1209.8
40			菊花坪	542.4
合计				243814.4

五、找矿方向

据锰矿床产出特征及主要控矿因素，结合已知矿产地分布情况，初步认为较有希望的找矿有利地段见表5-18。

表5-18 锰矿矿产找矿方向简表

找矿方向	矿种及类型		找矿有利部位	
	矿种	类型	大地构造位置	地层层位
九寨沟-松潘-黑水-平武	铁锰矿	沉积变质型	松潘边缘海盆地	下三叠统菠茨沟组杂色多陆屑内源异地含碳酸盐岩建造
广元-青川-平武-北川			龙门山基底逆冲带北段断陷盆	上寒武统含锰碎屑岩、含锰硅质板岩
万源	锰矿	沉积型	米仓山-南大巴山前陆逆冲推覆带	灯影组黑色板岩、泥质白云岩（顶板），底板为黑色页岩夹锰磷条带
汉源-峨边			峨眉-昭觉断陷盆地的泸定-峨边凹陷	中元古界峨边群碳硅质板岩、黑色大理岩
				中-上奥陶统巧家组、五峰组泥岩、碳酸盐岩
盐边-东巴湾			盐源-丽江-金平台缘坳陷金河-箐河陆棚东南缘	中奥陶统巧家组中上部泥质灰岩
木里			巴颜喀拉地块雅江残余盆地长枪穹窿	上二叠统卡翁沟组上段碎屑岩夹少量碳酸盐岩
甘孜、德格-得荣		沉积变质型	甘孜-理塘、义敦岛弧带、中咱碳酸盐台地	上三叠统曲嘎寺组大理岩、硅质岩、砂板岩

六、开发利用简况

据四川省矿产资源年报（2015），全省从事锰矿矿山企业 14 个，其中大型 1 处、中型 2 处、小型 8 处、小矿（相当于本文矿点）3 个；从业人员 303 人，年产矿量 $3.55×10^4$ t（实际采矿能力 $3.55×10^4$ t），创造工业产值 3780 万元。全省锰矿床（区）开发利用情况见表 5-19。

表 5-19　四川省已利用锰矿矿床统计表

<table>
<tr><th>序号</th><th colspan="2">矿床名称</th><th>矿种</th><th>工作程度</th><th>规模</th><th>工作时间</th><th>保有资源储量/(10^4 t)</th><th>备注</th></tr>
<tr><td>1</td><td colspan="2">简竹垭</td><td>锰</td><td>勘探</td><td>小型</td><td>1958~1961</td><td>76.52</td><td rowspan="4">石坎式</td></tr>
<tr><td>2</td><td colspan="2">平溪</td><td>锰</td><td>预查-普查</td><td>中型</td><td>1958~1961、2005</td><td>230.68</td></tr>
<tr><td>3</td><td colspan="2">马家山</td><td>锰</td><td>普查</td><td>小型</td><td>1958~1975</td><td>137.8</td></tr>
<tr><td>4</td><td colspan="2">石坎</td><td>锰</td><td>普查</td><td>小型</td><td>1958~1975</td><td>97.0</td></tr>
<tr><td rowspan="2">5</td><td rowspan="2">虎牙</td><td>老队部</td><td>锰</td><td>勘探</td><td rowspan="2">中型</td><td>1955~1999</td><td>558.0</td><td rowspan="4">虎牙式</td></tr>
<tr><td>火烧桥</td><td>锰</td><td>详查</td><td>1955~2008</td><td>504.1</td></tr>
<tr><td rowspan="2">6</td><td rowspan="2">德石沟</td><td rowspan="2">三支沟</td><td>锰</td><td rowspan="2">普查</td><td rowspan="2">小型</td><td rowspan="2">1984~1993</td><td rowspan="2">65.3</td></tr>
<tr><td>钴</td></tr>
<tr><td>7</td><td colspan="2">大瓦山</td><td>锰</td><td>详查</td><td>小型</td><td>1985~1989</td><td>47.39</td><td rowspan="2">轿顶山式</td></tr>
<tr><td>8</td><td colspan="2">轿顶山</td><td>锰</td><td>勘探</td><td>小型</td><td>1954~1965</td><td>3.6</td></tr>
</table>

第六章　铬　　矿

第一节　概　　况

铬矿是四川省急缺矿种。四川省曾成立专业铬矿队（现一〇八队前身），在全省范围内找铬。截至 2017 年底，已知矿产地 5 处，其中，小型矿床 1 处，矿点 4 处，另有矿化点 3 处，分布于白玉、德格、理塘、得荣、米易等地（图 6-1；表6-1，表 6-2），矿化岩体有华力西期（得荣徐麦矿点）和印支期（白玉叶青-洛绒矿点）超基性岩体。徐麦超基性岩体呈北东—南西向不规则长条状展布，属镁质超基性岩，铬铁矿呈凸镜状、条带状、团块状和串珠状集中于岩体中部，矿体一般长仅 1~5 m，厚 0.3~0.5 m，估算铬铁矿资源储量 0.4436×10[4] t；伊柯-洛绒铬铁矿经省储委批准 D 级资源储量 0.5×10[4] t（表 6-3）。

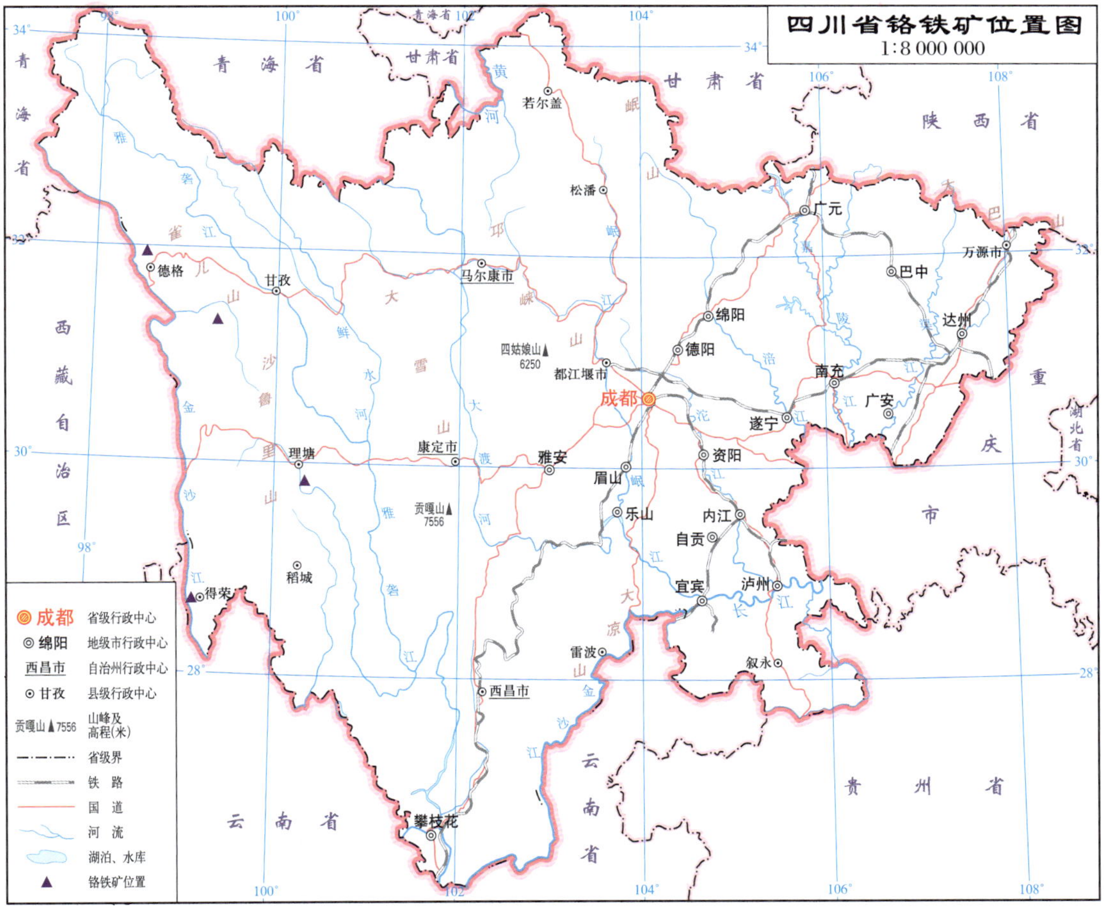

图 6-1　四川省铬铁矿矿产分布图

另外 1959 年，四川省地质局一〇四队发现在四川省凉山州米易县大槽超基性岩体，于同年至 1961 年，对岩体边缘相带开展铜、镍普查工作，并投入钻探等重型山地工程，探获镍、铜、氧化镍等的储量，尚未探获铬矿，认为矿体规模较小，品位低，不具工业价值。随后在1972~1989年四川省地质局第一区测队、冶金部西南冶金地质勘查公司科研所、冶金部西南地质勘查局六〇一大队，在该地区分布开展了与寻找铬矿有关的地质工作，均取得了一定的认识。1990~1991年冶金西南地质勘查局六〇一大队，在前人工作基础上，对该地区开展普查工作，投入了实际工作量：1∶2000地质草测6.4 km^2，槽探16733 m^3，浅井27.3 m^3，坑探79.8 m，刻槽样234件，单矿物分析12件，压矿鉴定样448件。当时依据《矿产工业要求参考手册》（1986）第33页参考北京放马峪铬铁矿的 Cr_2O_3 边界品位4.5%，最低工业品位5%，，最小可采厚度0.5 m，夹石剔除厚度≥2 m的工业指标，对5个主要矿体计算储量，于1992年5月编制提交《四川省米易大槽铬铁矿区普查报告》，经过冶金部西南地质局〔1995〕地字22号文统一批准普查报告，批准表内D+E铬铁矿石储量 12.31×10^4 t，其中D级储量 7.77×10^4 t。指出矿床规模小，矿石品位低，目前尚难利用，待做耐火材料试验成功后，方可进一步勘查和开发。报告资料和储量可做远景规划和边探边采的依据。本次经过多方面查证，该矿体分布于“大槽-阿布郎当岩体”内，由于铜镍矿品位尚可，因此在镍矿、铜矿章节做了介绍。而铬矿当时圈定矿体的最低工业品位（参照北京放马峪铬矿的5%）已经不适应最新的《矿产资源工业要求手册》（2010）的最低工业品位低12%的标准，而且在前期工作中该矿并没有上“储量表”，因此，暂不作为铬矿处理。

表6-1　四川省铬矿矿床（点）简表

序号	矿产地名称	矿种	勘查程度	规模
1	德格上色坝	铬	普查	矿点
2	白玉伊柯-洛绒	铬	普查	小型
3	得荣徐麦	铬	详查	矿点
4	理塘俄夏贡	铬	踏勘	矿点
5	米易大槽	铬镍铜	普查	矿点

表6-2　四川省铬矿矿床（点）一览表

编号	矿床名称	主矿种	勘查程度	矿床规模	平均品位/%	开发状况	备注
24	德格上色坝	铬	普查	矿点	30		
76	白玉伊柯-洛绒	铬	普查	小型	41.55	已开发	
181	得荣徐麦	铬	详查	矿点	30.88~54.74		
245	理塘俄夏贡	铬	踏勘	矿点	15.29		
1193	米易大槽	铬	普查	矿点	9.21		

表6-3　四川省铬铁矿资源储量统计表

矿产地名称	Cr_2O_3/%	规模	资源储量/10^4 t			备注
			基础资源储量	资源储量	资源储量	
徐麦	30.88~54.73	矿点		0.4436	0.4436	估算
洛城-伊柯	41.55	小型		0.5000	0.5000	资源储量简表，2011
大槽	9.21	矿点		7.77	7.77	估算
合计				8.7136	8.7136	

在扬子陆块西缘龙门山-攀西地区见有晋宁期含铬镁质超基性岩体（群），主要有圣堂沟岩群、石棉岩体、阿七岩体及菜园子岩群等，但规模更小。特别重要的是攀西钒钛磁铁矿普遍含铬，Cr_2O_3 含量0.3%~3%，仅红格矿床获伴生铬（Cr_2O_3）676×10^4 t。

四川省铬铁矿开发主要集中在20世纪90年代中期，全为民采，未建立正式矿山，开采对象主要为伊柯块状铬铁矿，已开采完。石棉铬铁矿为开采石棉过程中顺便回收的铬铁矿，攀枝花伴生铬能否在冶炼过程中回收，可进行试验，其余地方铬铁矿因规模小，加之山高，交通不便，尚未开发。

铬铁矿与镁质超基性岩关系密切，铬的富集和超基性岩体岩石类型、化学成分、分异程度有关。含矿岩体沿区域大断裂分布，主要成岩（成矿）时代为晋宁期、华力西期—印支期。

四川省基性-超基性岩成群成带产出，分带特征明显，主要沿地台西缘及三江造山带分布。

由西至东可划分出金沙江基性-超基性岩带、德格-乡城基性-超基性岩带、甘孜-理塘基性-超基性岩带、道孚基性-超基性岩带、攀西基性-超基性岩带。其中道孚岩带主要以浅成相苦橄岩为主，未见铬铁矿外，其余各带均以深成相为主，且有铬矿化。

第二节　蛇绿混杂岩带中铬铁矿

该类铬铁矿均产于结合带的蛇绿混杂岩带中，赋矿围岩多为纯橄岩、斜辉辉橄岩。铬铁矿体常呈浸染状和致密块状产出，形状多为毛条状、瘤状、透镜状、扁豆状、似脉状。矿体地表一般长 1.4~10 m，厚 0.37~0.74 m，最长 35 m，厚 2.81 m。具中粗粒-半自形他形结构、斑状压碎结构，致密块状、条带浸染状构造。矿石矿物为铬尖晶石，脉石矿物主要为绿泥石、蛇纹石等。Cr_2O_3 10%~43.32%，Cr/Fe 值 0.8~3.33，多为冶金级铬铁矿，浸染状矿石为耐火级铬铁矿。

该类铬铁矿主要沿里甫-日雨断裂及其以西的断裂分布，形成巴塘-徐麦岩带，已发现超基性岩体 176 个，其中达到铬矿矿化点程度的有 2 个，占 1.14%。超基性岩以高镁、低铁、低碱、低铝、低钛为特征，镁铁比值 8.18~11.04，属阿尔卑斯型镁质超基性岩。徐麦岩体 $\sum$REE 为 $3.3\times10^{-6}\sim15\times10^{-6}$，轻稀土略富集，具正铕异常，稀土分布模式同科尔曼所列蛇绿岩中变质橄榄岩的模式曲线相似，具有稍高的 $\sum$REE 含量。

一、金沙江蛇绿混杂岩带中的铬铁矿

产于金沙江蛇绿混杂岩带中的铬铁矿，有矿点 1 处，矿化点 1 处。矿点为徐麦铬铁矿，矿化点为白玉那笋山，规模较小，不具工业价值。

得荣县徐麦铬铁矿处于金沙江基性-超基性岩带南段，徐麦超基性岩中，位于得荣县城西 20 km 之徐麦乡。徐麦岩体侵位于金沙江复背斜核部，在空间上受金沙江深断裂之次一级徐麦河断裂控制，围岩为金沙江蛇绿岩套中的凝灰岩、凝灰角砾岩、玄武岩夹薄层千枚岩、砂板岩、斜长角闪岩、结晶灰岩等。含矿岩体为徐麦超基性岩体，其长 9.16 km，最宽 1050 m，最窄 80 m，平均宽 378 m，面积 3.9 km^2。其平面形态，北宽南窄不规则的长条状，呈北东—南西展布，为一扭转的单斜岩体（图 6-2）。主要岩石类型由纯橄岩（φ_1）、辉橄岩（φ_2）、斜辉辉橄岩（φ_2^1）、斜辉橄榄岩（φ_3^1）及斜辉辉石岩（φ_5^1）组成。岩石蚀变强烈，多已全蛇纹石化和绢石化，有些地段可见碳酸盐化和滑石化。蛇纹石为纤维蛇纹石、叶蛇纹石和胶蛇纹石。Mg/Fe 值 7~12，一般为 9 左右，属不含长石的镁质超基性岩体。形成时代为华力西期。

地表发现铬铁矿 46 处，多分布在岩体膨大部位或由宽变窄的转弯部位，其构造位置主要分布在岩体中段转折部位的西侧，即东、西矿段，岩体北段和南段矿体小而分散。东西矿带矿点多而密集，沿走向呈带性明显，西矿带断续长 800 余米，东矿带断续长 500 m。矿带虽长，但无矿间隔较大。矿体规模一般不大，地表延伸一般 1~5 m，少数大于 10 m，矿厚度多在 0.03~0.1 m，个别大于 1 m。延深一般多为 3 m，个别延深达 10 m。矿体多为条带状、透镜状、扁豆状、似脉状、少数为团块状、瘤状、不规则状等产出。矿体与围岩接触关系可分为两种：块状、瘤状及条带状，和围岩多为迅变及截然清楚的接触关系；浸染状矿石多为渐变接触关系。矿石多具中-细粒半自形-他形粒状结构，粗粒半自形-他形粒状结构、中-细粒自形结构；均匀浸染、条带状构造、致密块状构造、斑杂状构造、团块状、似环带状构造。金属矿物主要为铬尖晶石，其含量：块状矿石大于 80%，稠密浸染状 50%~80%，中等浸染 30%~50%。微量矿物有针镍矿、镍黄铁矿和星点状磁铁矿。这些矿物多生长在块状矿石中，浸染状矿石不含金属硫化物，脉石矿物主要有蛇纹石化橄榄石和绢石化斜方辉石及蛇纹石，少量透辉石，有时有碳酸盐和绿泥石。

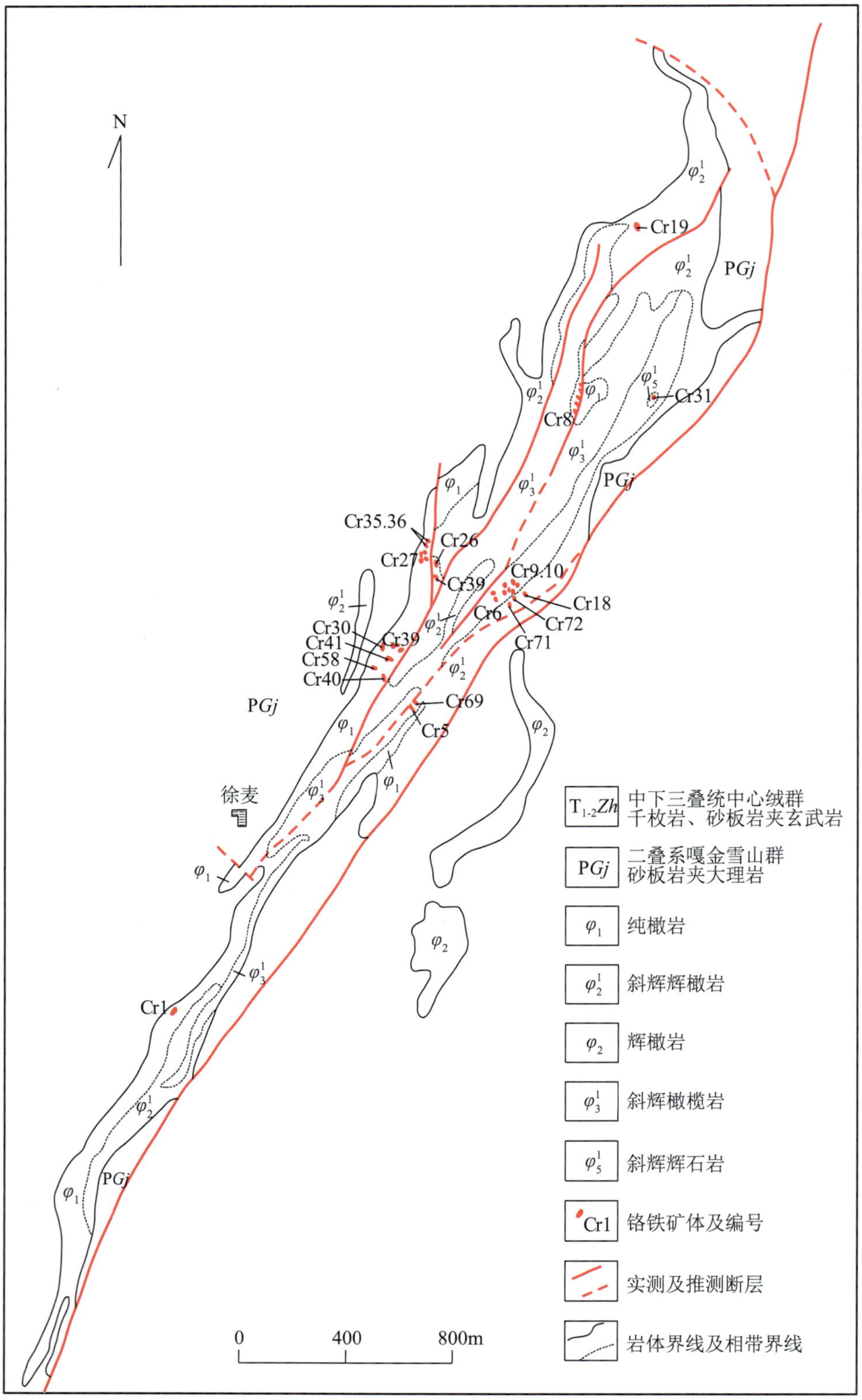

图 6-2　得荣县徐麦含铬超基性岩体地质示意图

（据四川省地质局一〇八队，1975）

铬尖晶石的化学成分属铝铬铁矿，个别为铬铁矿和富铁铬铁矿。求获铬铁矿资源储量 0.4438×10^4 t，估算蛇纹石远景资源储量 10.145×10^8 t，可与磷矿一起烧制钙镁磷肥。

二、甘孜–理塘蛇绿混杂岩带中的铬铁矿

该岩带北起邓柯，向南经甘孜、新龙、理塘至木里，长约 600 km，带内已发现超基性岩体 183 个，除少数属华力西期外，绝大多数侵位于上三叠统中。贫镁、高铁和高钙，镁铁比例小于 3，为铁质和富铁质超基性岩。据稀土分析，具有板内稳定区结晶堆积岩特点。目前仅发现铬铁矿点 1 处，即理塘俄夏贡铬铁矿点。

理塘俄夏贡铬铁矿位于理塘县奔戈乡南约 7 km，交通方便，构造上处于热纳背斜东翼，夏也断裂通过矿化点。出露地层为上三叠统曲嘎寺组橄榄玄武岩，次为黝帘石片岩、斜长角闪岩、绿泥阳起片岩夹少量凝灰岩、变质砂岩、板岩及结晶灰岩透镜体，构成北东倾向的单斜构造。

超基性岩体沿夏也断裂侵入于曲嘎寺组地层中，已发现岩体 6 个，分布在长 10 余千米、宽 3.5 km 范围内，岩体规模较小，含矿岩体长约 500 m，宽 320 m，地表形态似蟹状。含矿部位为岩体南西的岩枝上，岩石已强烈蚀变为蛇纹岩、岩体总体向北西倾斜，倾角 30°~50°（图 6-3）。

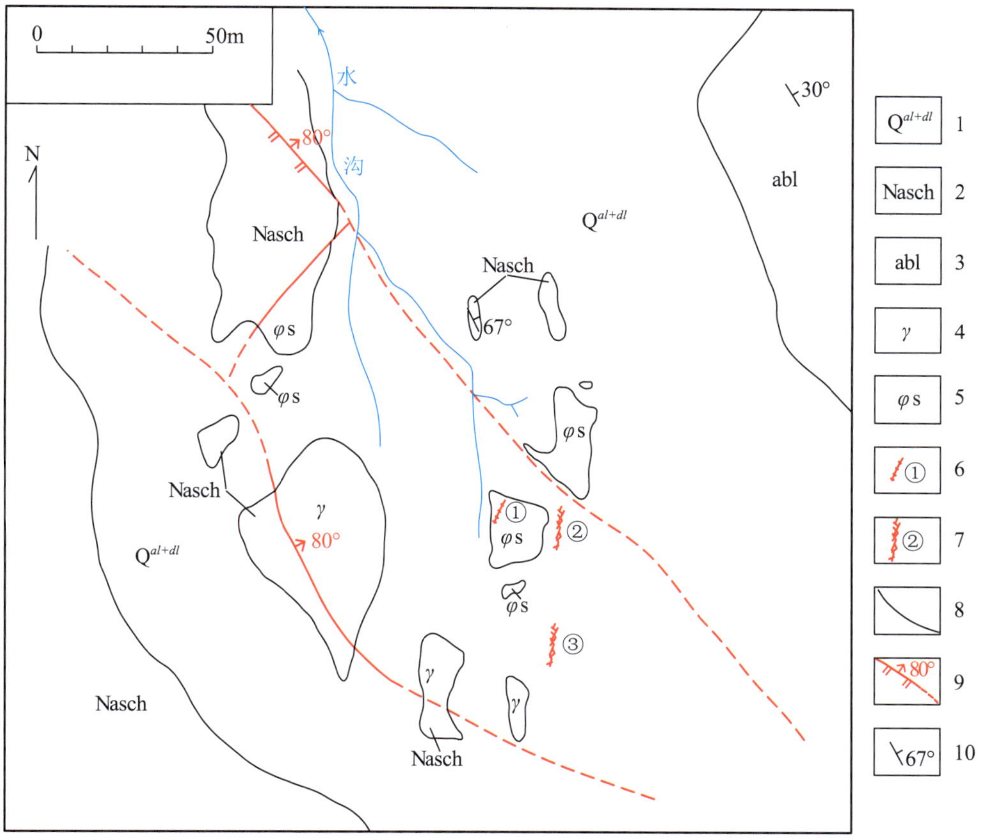

图 6-3　理塘县奔戈乡俄下贡铬铁矿化点平面地质图

（据四川省地质矿产局区调队，1984）

1—坡积层及残积层；2—钠长阳起片岩；3—斜长角闪岩；4—云英岩化压碎花岗岩；5—蛇纹岩；6—浸染状条带状铬铁矿及编号；7—条带状铬铁矿转石区及编号；8—地质界线；9—实测及推测断层；10—地层产状

矿体赋存于蛇纹岩中，Ⅰ号矿 321 体长 20 m，厚 0.12~0.2 m，呈北北东向延伸，倾向 250°~300°，倾角 62°~77°。铬铁矿呈条带状、浸染状产出，呈自形–半自形粒状结构，条带状构造。伴生矿物有磁铁矿、镍黄铁矿、黄铜矿。捡块样化学分析 Cr_2O_3 15.26%、NiO 0.31%。Ⅱ号转石区断续出露长约 14 m，Ⅲ号转石区长约 12 m，矿石呈稠密浸染状，捡块样化学分析 Cr_2O_3 9.94%~16.65%，Ni 0.014%~0.21%。

第三节　义敦-沙鲁里山岛弧昌台-乡城弧间裂谷盆地中铬铁矿

产于义敦-沙鲁里山岛弧昌台-乡城弧间裂谷盆地中的铬铁矿，位于德格-乡城断裂两则，北起德格忍庆隆，南至乡城下洼，已发现超基性岩体206个（其中具铬矿化者4个，占1.94%），分布面积19.52 km^2，岩体长度多在100~500 m，洛绒岩体最长11.54 km，镁铁比值5~12，平均8.37，属贫钙、铝和低铝、贫碱-弱碱质的镁质和镁铁质基性岩。形成时代为印支期—燕山期。

一、白玉伊柯-洛绒铬铁矿

白玉伊柯-洛绒铬铁矿处于德格-乡城基性-超基性岩带北段。位于白玉县安孜乡，有简易公路相通，交通较为方便。

1967年一〇八队开展1：20万铬矿普查时发现叶青洛绒岩体及其中的部分铬铁矿矿点。1970~1978年对叶青洛绒岩体进行普查评价。为了查明两个含铬超基性岩体的含矿远景，在其外围进行了1：10万地质草测，岩体内进行了1：1万至1：5000地形地质简测和磁测；洛绒岩体主要含矿地段进行了1：2000地形地质测量。对主要含矿地段除进行系统槽井坑探揭露外，还对主要矿体和含矿段——伊柯洛绒用100~2400 m间距的钻探剖面控制了中深部含矿性；对规模较大的9号矿群用20×15 m的网度进行了控制，同时进行各种采加化鉴定工作。通过以上工作，基本查明了岩体地质特征和成矿条件，求获D级铬铁矿资源储量12895 t。省储委批准0.5×10^4 t。叶青主要矿点用大面积剥土、浅井、坑道进行了浅部控制。

1. 岩体地质特征

（1）伊柯-洛绒超基性岩体

伊柯-洛绒超基性岩体侵位于德格-乡城大断裂西侧的三叠系曲嘎寺图姆沟组地层组成的洛绒-伊柯复式背斜中，沿320°方向延伸。长11.5 km，宽8~440 m，面积2 km^2。倾向北东，局部倾向南西，倾角60°~85°，沿倾向呈波状弯曲，岩体两侧有较多的小岩枝构成“入”字型构造。岩枝与主岩体的交汇处，岩体膨大。由南而北，共有达柯、伊柯、洛城三个分枝膨大部位，分别称为达柯、伊柯、洛城岩段（图6-4）。

伊柯岩段为洛城岩体南段的“入”字型分枝膨大地段，长1000 m，宽440 m，延深小于200 m。呈岩盆状相向倾斜，西侧倾向北东，倾角60°左右，东侧倾向南西，倾角70°左右，中部有长约430 m、宽140 m的千枚岩和单辉橄榄岩-辉长岩杂岩顶盖。根据0线钻孔资料，岩体在深部变窄产状变陡，倾角85°左右，岩体形态呈漏斗状。

达柯岩段位于达柯河南坡，岩体倾向北东，北东侧岩枝向北北西延伸，向南西倾斜，岩体宽20~100 m，在分枝膨大处宽150 m，属有分枝的单斜岩体。

洛城岩段位于岩体北段，倾向南西，倾角80°左右，宽20~80 m。岩体上盘有数条小岩枝和平行岩体。岩枝长100~1000 m，宽30 m左右，向南东延伸，倾向北东，倾角80°左右，小岩体长100~200 m，倾向北东，倾角80°左右，这些小岩体、岩枝与主岩体构成“入”字型，属有多条岩枝的单斜岩体。

主要岩石类型为斜辉辉橄岩（φ_2^1）、斜辉橄榄岩（φ_3^1）、铁菱镁滑石岩（φ_{hc}）和单辉橄榄岩（φ_3^3）组成，边缘有少量蛇纹透闪岩和蛇纹岩。

岩石镁铁比值9.0~10.9，属不含长石的镁质超基性岩体。

岩石侵入时期为印支期—燕山期。

（2）叶青岩体

岩体侵位于叶青背斜轴部。走向315°左右，长4500 m，宽140~380 m，北段倾向北东，倾角48°左右，南段倾向南西，倾角45°~80°。在横剖面透视图上岩体呈“牛轭状”，上部倾向北东，下部倾向南西（图6-5）。主要岩石类型为含辉纯橄岩（φ_2^1）、斜辉辉橄榄（φ_1^2）、斜辉橄榄岩（φ_1^3）、铁菱

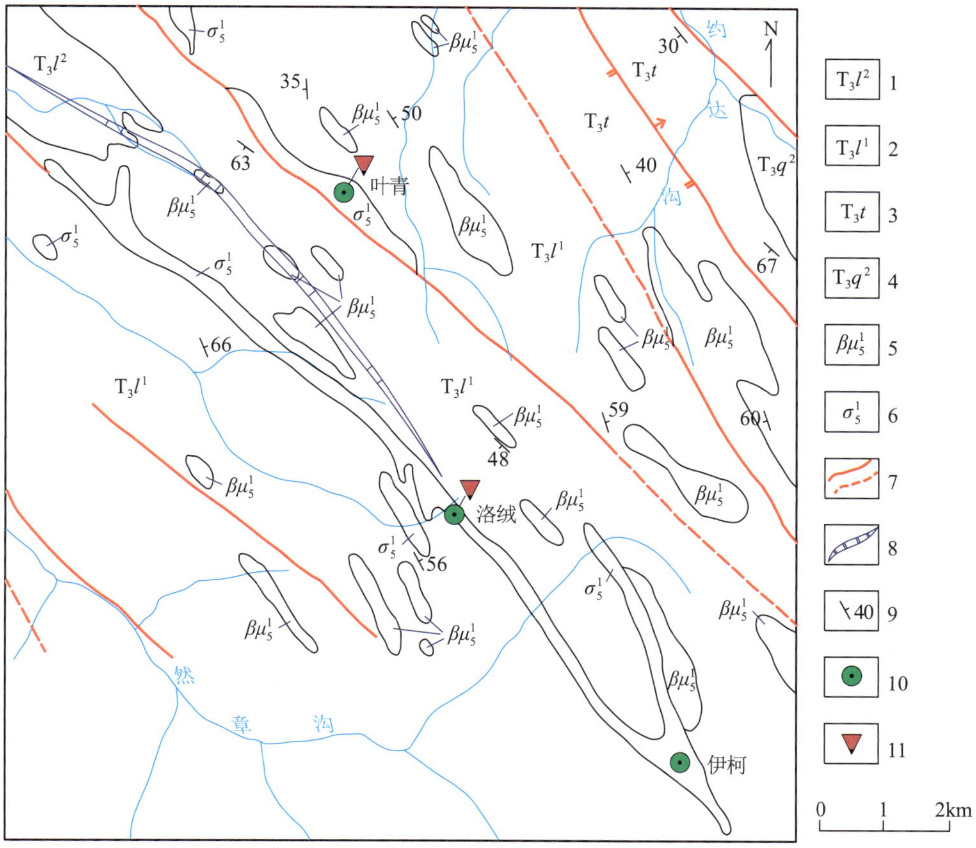

图 6-4　白玉县赠科乡叶青-洛绒一带地质平面图

（据四川省地质局一〇八队，1979）

1—上三叠统拉纳山组中段；2—上三叠统拉纳山组下段；3—上三叠统图姆沟组；4—上山叠统曲嘎寺组上段；5—印支期辉绿岩；6—印支期斜辉辉橄岩；7—实测及推测断层；8—洛绒向斜；9—地层产状；10—铬铁矿点；11—蛇纹岩、橄榄岩矿点

镁滑石岩（φ_{hc}）等组成。Mg/Fe 值 6.2~11.1，跨越镁质和铁质超基性岩，总体属镁质超基性岩。

2. 铬铁矿地质特征

共发现 34 处，其中叶青岩体 18 处，洛绒岩体 16 个铬铁矿体群，按其产出部位和矿体地质特征，归纳为三类：①岩体内的块状铬铁矿体；②岩体中的浸染状铬铁矿；③岩体围岩中的铬铁矿。

（1）岩体内部的块状铬铁矿

主要见于伊柯岩段 8、9、12 号矿群和 10、11、13 号矿体及洛绒岩段 1 号矿体。这些矿体比较集中分布于伊柯岩段南北两端，岩体膨大部位的中部和西部或由宽变窄地段，相当于单斜岩体的中下部，仅 11、1 号矿体位于岩体上部。矿体在岩体中分段集中，呈群产出，在平面上呈雁行左列或右列，在剖面上呈叠瓦状排列（图 6-6）。矿体长 1.4~10.0 m，厚 0.37~0.74 m，最长 40 m，最厚 2.81 m，矿体延深 1~8 m，个别延深 20 m。呈透镜状、脉状和复合脉状产出。近矿围岩为铁菱镁滑石岩和斜辉辉橄岩，接触关系清楚，二者之间常有几至 10 余厘米的绿泥石外壳。矿石矿物以铬铁矿为主，次有镍黄铁矿、黄铁矿；脉石矿物为绿泥石、蛇纹石等。呈中粗粒半自形或他行结构、块状构造，少数具瘤状构造。Cr_2O_3 30.99%~44.26%，铬铁比值 2.67~3.72。

（2）产于岩体内浸染状铬铁矿

主要见于叶青岩体中，洛绒岩体中仅见 3 处，多以透镜状、细脉状产出。由多个铬尖石条带组成，单个长 0.5~3.7 m，厚几厘米至 0.5 m，最大的 18 号矿体位于叶青岩体南段膨大部位的中部，由 1 个地表矿体和 7 个隐伏矿体组成，长 15.5 m，厚 0.2~2 m，推测斜深 3.8 m，倾向 250°~267°，倾

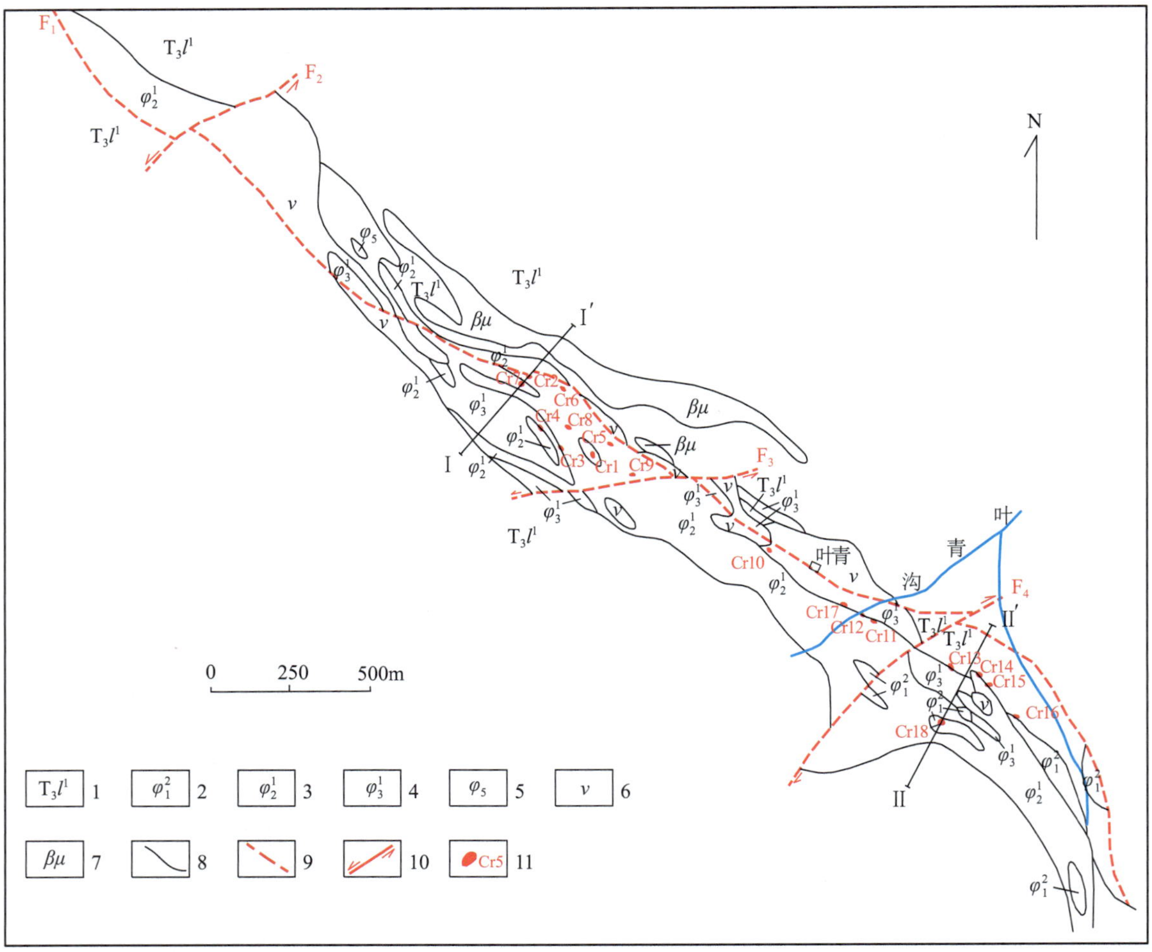

图 6-5　白玉县赠科乡叶青超基性岩体平面地质图

（据四川省地质局一〇八队，1979）

1—拉纳山组结晶灰岩、钙质千枚岩、变质砂岩；2—含灰纯橄岩；3—斜辉辉橄岩；4—斜辉橄榄岩；5—辉石岩；6—辉长岩；7—辉绿岩；8—地质界线；9—推测界限；10—推测平移断层；11—铬铁矿及编号

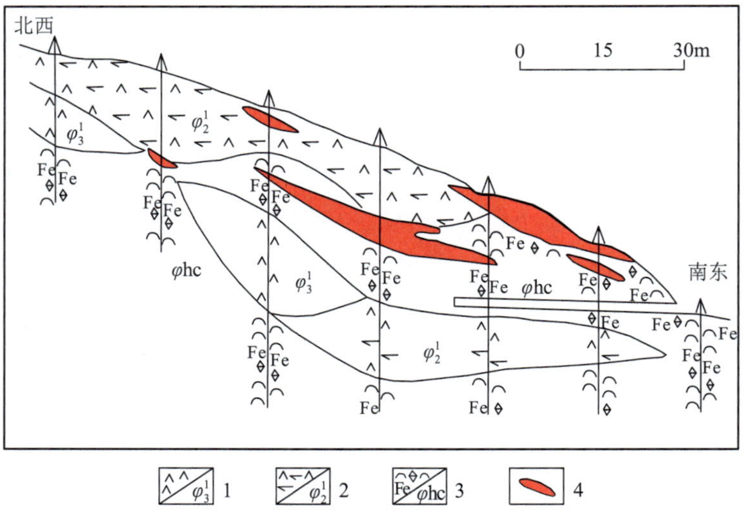

图 6-6　白玉叶青-洛绒铬铁矿区 Cr9 矿群纵剖面示意图

（据四川省地质矿产局，1990）

1—斜辉橄榄岩；2—斜辉辉橄岩；3—铁菱镁滑石矿；4—块状铬铁矿体

角 70°左右。其余矿体极小，为矿化。矿石具中细粒自形-半自形晶结构、中细粒半自形结构。主要由铬尖晶石组成，脉石矿物为绿泥石和蛇纹石。Cr_2O_3含量 10%~16%，稠密浸染状矿石 20%~25%。铬铁值 0.55~1.58，一般 0.8~1.20。

（3）产于岩体围岩中铬铁矿体

主要见于洛绒岩段南西侧及达柯岩段 6、16 号矿体和 2、3、4 号矿化点，矿体产于主岩体与岩枝间的蚀变灰岩和次闪石化、绿泥石化辉绿岩中。矿体长几十厘米至 2.2 m，最长 50 m，厚几厘米至 0.4 m，最厚 0.3~2.5 m。呈透镜状、脉状及条带状产出（图 6-7）。矿石矿物主要为铬铁矿，脉石矿物由绿泥石、方解石、白云石等组成。品位：Cr_2O_3 15.75%~34.54%，Cr/Fe 值 1.22~1.67，以高 FeO 为特征。

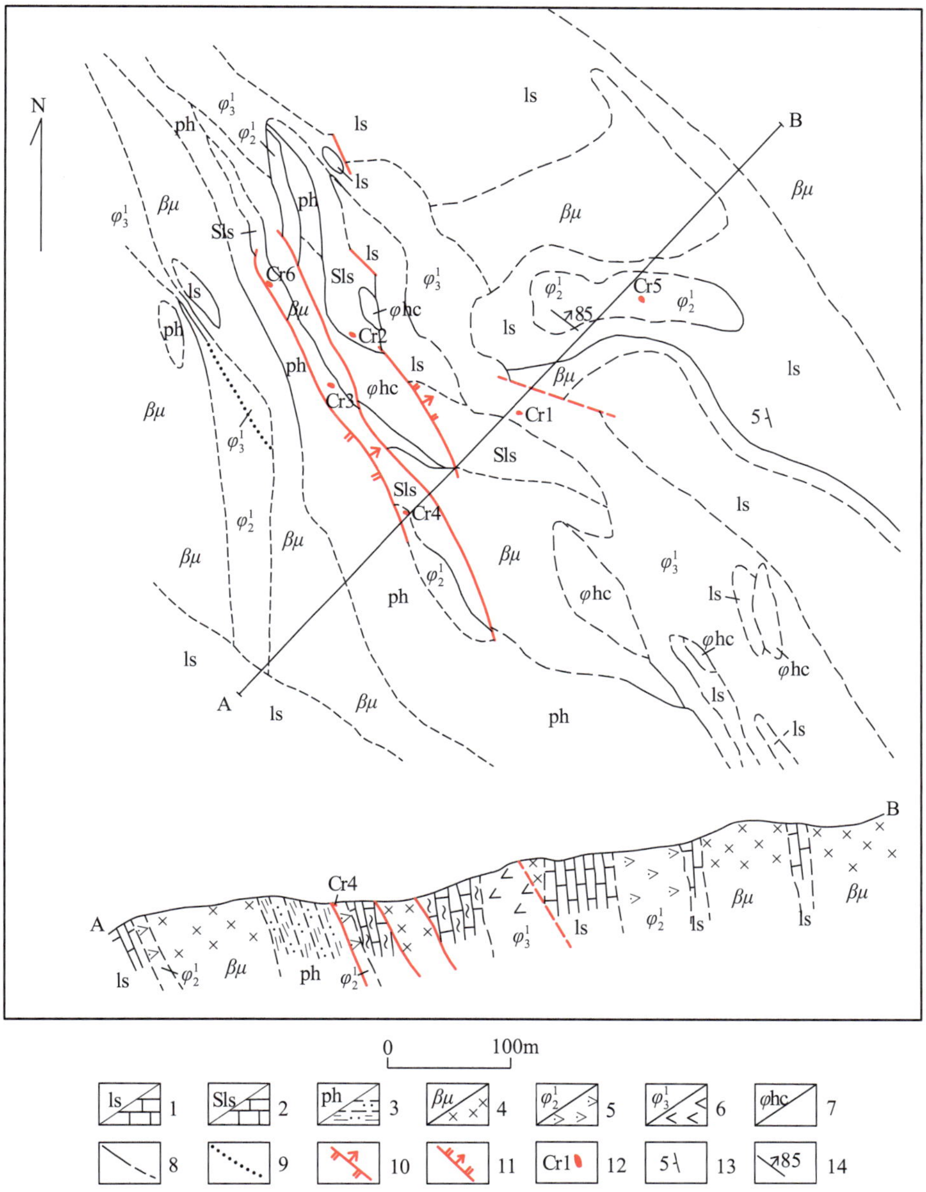

图 6-7 白玉县赠科乡洛绒超基性岩体平剖图

（据四川省地质局一〇八队，1979）

1—灰色-灰黑色石灰岩；2—蚀变灰岩；3—绢云英千枚岩；4—基性岩（辉绿岩）；5—滑石-碳酸盐化斜辉辉橄岩；6—弱蛇纹石化斜辉橄榄岩；7—蛇纹岩及铁菱镁滑石岩；8—实测及推测地质界线；9—相变地质界线；10—逆断层；11—正断层；12—铬铁矿体及编号；13—地层产状；14—岩体与围岩接触产状

二、德格上色坝铬铁矿点

位于德格县卡松渡乡，德格-乡城基性-超基性岩带北端。

1964 年四川省地质局一〇八队发现该矿点，1965 年开展普查评价，进行了 1：2000 地形地质草测，找到瘤状铬铁矿 1 处，矿化 1 处，并进行了较系统的工程揭露。于 1965 年 12 月提交了《四川省德格上色坝超基性岩体初步普查地质报告》。

1. 岩体地质特征

岩体侵位于上三叠统喇嘛垭组灰岩、片岩和钙质板岩中，呈 310°~320°方向延伸，倾向北东，倾角 50°~60°（图 6-8）。由 3 个岩体组成，一号岩体长 1100 m，平均宽 40 m，二号岩体长 1700 m，平均宽 170 m，三号岩体长 1400 m，平均宽 150 m。主要为斜辉辉橄岩，见斜辉橄榄岩及少量含辉纯橄岩、橄辉岩、辉石等，岩石普遍全蛇纹石化，局部滑石化和绿泥石化。

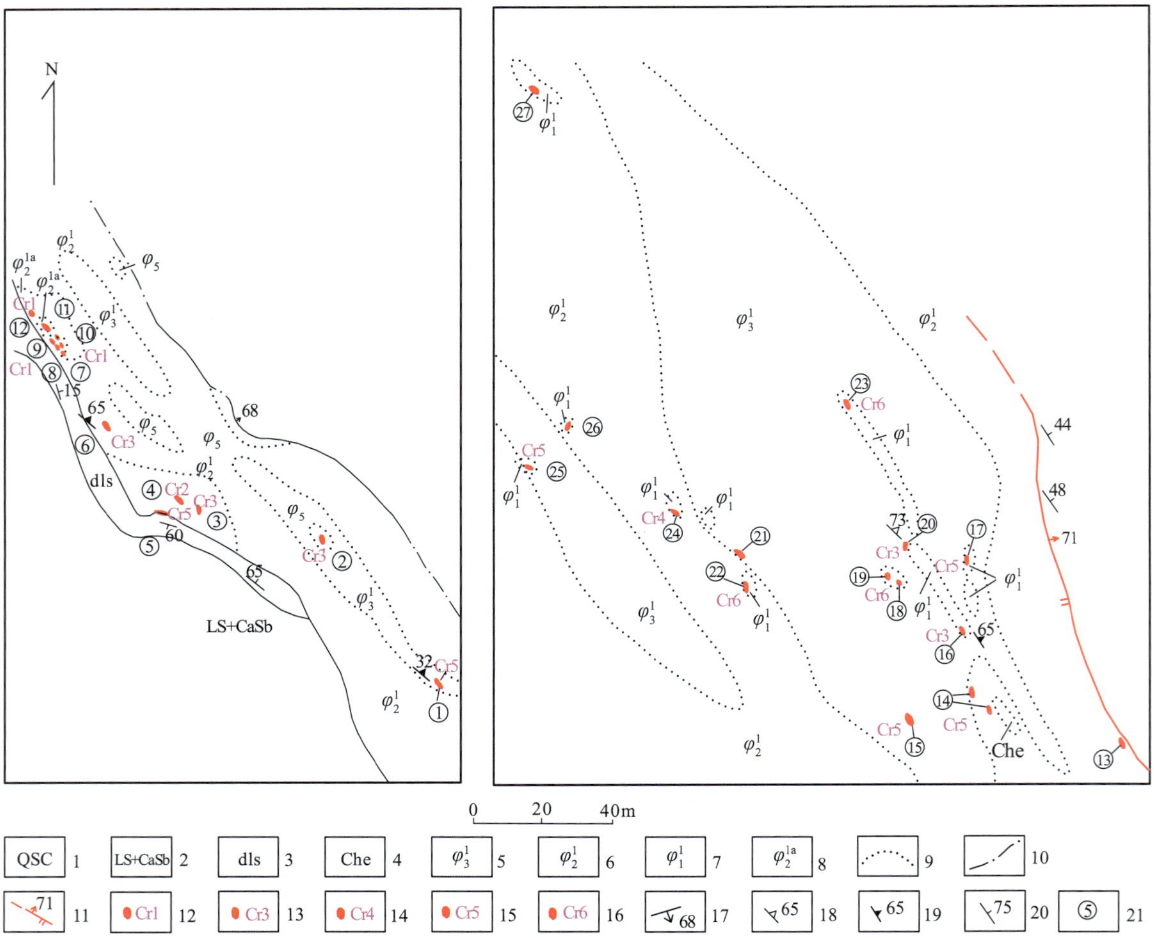

图 6-8　德格县哈松多乡上色坝超基性岩体及铬矿（化）体平面地质图

（据四川省地质局一〇八队，1966）

1—绢云母石英片岩；2—灰岩夹钙质板岩；3—白云质灰岩；4—绿泥石岩；5—斜辉橄榄岩；6—斜辉辉橄岩；7—纯橄榄岩；8—碳酸盐化斜辉辉橄岩；9—相带界限；10—实测及推测界限；11—实测及推测断层；12—致密块状铬铁矿；13—中等浸染状铬铁矿；14—稀疏浸染状铬铁矿；15—星散浸染状铬铁矿；16—矿化基性岩；17—岩体边界产状；18—铬矿体产状；19—纯橄榄岩产状；20—岩层产状；21—矿（化）体编号

2. 铬铁矿地质特征

（1）脉状（瘤状）铬铁矿

分布于岩体南东段下盘向上 4. 2 m，呈北西—南东向延伸，长 230 m 左右。由大小不等的铬铁矿脉组成矿化带，最长 7 m，宽 0.4 m，最小长 1 m，宽 0.2 m，一般长 2 m，宽 0.4 m，主要由铬尖晶石组成，脉石矿物由滑石、蛇纹石。Cr_2O_3 30%。Cr/Fe 值 2.5 左右。

（2）浸染状铬铁矿

分布于 2 号岩体膨大部位之上盘内侧。出露宽 4 m，延长不清。目估铬尖晶石含量 10%以下，已磁铁矿化，在镜下可见残留铬尖石核心。

第四节　康滇基底断隆带石棉-攀西地区古岛弧中的铬铁矿

石棉县石棉南北岩体铬铁矿化点。矿化点系开采石棉过程中发现并顺便回收，铬铁矿赋存于晋宁期镁质超基性岩中，包括两个矿区，南矿区（苏家山-大洪山）位于县城之南，北矿区（宋家坪-广元堡）位于县城南东。雅（安）攀（枝花）高速公路在两矿区边部通过，交通方便。

北岩体长 4750 m，宽 100~990 m，平均宽 600 m，面积 3 km^2，呈北东—南西向延伸，北东段倾向南东，上盘倾角 45°~49°，下盘 53°~88°，南西段倾向北西，上盘倾角 37°~74°，下盘倾角 41°~64°，平面上呈长条楔状。

南岩体长 2300 m，宽 220~860 m，平均宽 620 m，面积 1.2 km^2，呈 30°~210°方向延伸，倾向南东，平面上呈扁豆状。

主要岩石类型为全蛇纹石化斜辉辉橄岩（φ_1^2）、斜辉橄榄岩（φ_1^3）、二辉橄榄岩（φ_2^3）及少量辉石岩（φ_5）和纯橄榄岩（φ_1）异离体。Mg/Fe 值>8，最高 12.22，一般 10~11，属镁质超基性岩（详见非金属石棉矿床）。

在采棉平台中发现 7 处铬铁矿，其中南岩体 4 处，北岩体 3 处，矿体长 1~3 m，个别大于 6 m，最大单个矿体长 1.25 m，宽 0.53 m，延深 1.17 m。

矿体主要为囊状、透镜状、团块状和不规则状，产于斜辉辉橄岩（φ_1^2）、斜辉橄榄岩（φ_1^3）和纯橄岩（φ_1）异离体中，与围岩界线清楚。矿石类型以致密块状为主，个别为中等-稠密浸染状，半自形-他形晶结构、中-粗粒结构。Cr_2O_3 36.47%~43.73%，$Cr_2O_3/FeO=2.7\sim3.29$，属冶金级铬铁矿。

攀西地区的铬铁矿，除钒钛磁铁矿中的伴生铬铁矿外，独立矿产地米易大槽铬镍铜矿点，经过普查，估算铬铁矿资源量，D 级 7.77×10^4 t，平均品位 Cr_2O_3 9.21%；E 级 4.54×10^4 t。D+E 级 12.31×10^4 t，平均品位 Cr_2O_3 9.11%。

第五节　成矿规律及资源预测

一、成矿规律

四川铬铁矿产出形式有以下几种：一是以攀枝花式钒钛磁铁矿中的伴生组分出现；二是石棉晋宁期镁质超基性岩中的铬矿化；三是大洋裂谷带蛇绿岩带中的铬铁矿（徐麦、俄夏贡等）；四是岛弧弧间裂谷盆地带印支期—燕山期镁质超基性岩中铬铁矿（上色坝、洛绒-伊柯）。无论以什么形式产出，其母岩均受深大断裂带控制。铬矿化的优劣取决于岩体的类型、母岩岩浆中铬的含量和分异程度。

时间分布规律：晋宁期为铬矿化，华力西和印支燕山期为铬矿点。即随时间推移铬逐渐富集，略显大器晚成特点。

地域分布特点：地台区为铬矿化及伴生铬，甘孜-理塘断裂带以西铬逐渐富集而成浸染状-致密块状铬铁矿而成为矿点。

岩体类型：铬铁矿赋存于镁质超基性岩中，而伴生铬则赋存于基性-超基性杂岩体中的钒钛磁铁矿中。

二、资源潜力评价

四川省铬矿资源匮乏，尚未发现工业矿床。一般认为，纯橄榄岩-斜辉辉橄岩-斜辉橄榄岩型岩体最有利于含铬；铬的分布越不均匀，具富集成矿的可能性越大；强烈深源分异基础上的多种分异作用的结合是铬富集的重要条件。四川省岩体 Cr_2O_3概率分布特征表明，川西南地区岩体类型虽然较为有利，但岩石中的 Cr_2O_3众数值（Mo）和算术平均值（$\bar{X}$）较含大中型矿床的岩体均低一倍，标准差（δ）也低（表6-4），加之岩体分异作用不强，分异方式单一，只能形成一些零星的铬矿化

表 6-4　镁质超基性岩体 Cr_2O_3概率分布特征表

地区	岩体名称	样品数	Mo	X	δ	Cr	μ_3^3	Cs	$tcs^{0.05}$	含矿性
已知铬矿区	西藏含铬岩体	68	0.45	0.64	0.32	50.0	0.0420	1.40	±0.63	大中型矿床
	罗布莎	24	0.65	0.73	0.30	41.2	0.0100	0.37	±1.00	大型矿床
川西	徐麦	105	0.70	0.77	0.33	42.8	0.0162	0.045	±0.48	矿点
川西南	红岩-西坪	57	0.30	0.42	0.28	69.7	0.0250	1.10	±0.65	零星矿化
	石棉	55	0.25	0.35	0.18	51.4	0.0104	1.78	±0.60	零星矿化
	兴隆-菜子园	29	0.35	0.35	0.12	34.4	0.0021	-1.21	±0.0097	零星矿化

注：Mo 为众数；X 为均值；δ 为标准差；Cr 为变异系数；μ_3^3 为弘三阶中心距；Cs 为偏奇系数；$tcs^{0.05}$为置信度。

（据四川省地质矿产局，1990）

四川省地质局一〇八地质队对已发现的超基性岩体全部进行了搜山找矿，对已发现的铬铁矿（含浸染状、条带状）均进行了大面积的剥土和大比例尺素描，并用浅井、坑道或钻探等手段进行了系统控制；对岩体及外围开展了 1：5000 至 1：1 万地形地质测量及磁法测量；对铬铁矿而言已达到详查评价要求，远景已基本完全控制，但所获资源储量甚少。通过多年工作对四川西部造山带含铬岩体及铬铁矿产出特征已经基本查清，但由于除个别岩体见单一的重力分异外，一般岩体分异程度较差，故铬铁矿于岩体内分布虽广，但多稀疏分散，仅个别构成矿点；另一方面超基性岩体规模小，岩石类型单一，分异不明显，多呈单斜产出，也制约了铬的富集。

需要指出的是攀枝花、白马、太和、红格四大钒钛磁铁矿中伴生 Cr_2O_3的工业矿石 917.93×10^4 t，低品位矿石 1138.15×10^4 t，若工业利用能以解决，无疑将成为四川铬的主要来源。

第七章　结　束　语

早在110多年前的1906年，鲁迅先生就与顾琅合作编写了《中国矿产志》并由上海普及出版社公开出版。该部书籍在第十章部分对四川省矿产进行了系统地阐述，其中叙述金属矿产83处，非金属矿产52处。而后，1990年四川省地质矿产局，组织编写了《四川省区域矿产总结》，其中的《黑色金属分册》主要记叙了铁、锰、钒、钛、铬矿等矿产，该资料中记录矿产地1025处，其中有记录的矿山118处。黑色金属大部分为四川省的优势矿种，但是由于时代久远或当时技术条件限制，目前还没有一部全面叙述省内黑色金属矿产和分布规律的现代专业志书，因此本次作为《中国矿产地质志》的阶段性成果，四川省率先出版了该本书，虽然本书经过多次专家审查，但由于作者学识水平等诸多因素限制，难免存在谬误，敬请批评指正。

一、主要成果

1. 对全省黑色金属矿产进行了全面清理

四川省黑色金属矿产有铁、锰、钛、钒、铬等，其中重点矿产是铁、钛、钒，次要矿产为锰，一般矿产为铬。截至2017年底已列入全省矿产资源的黑色金属矿产地584处，其中大型矿床27处、中型矿床60处、小型矿床157处、矿点340处。铁矿资源位居全国第二，钛、钒资源均位居全国第一，在当今世界有着举足轻重的地位，锰矿资源位居全国第七，铬矿资源匮乏，居全国第五，但与钒钛磁铁矿伴生的铬矿资源丰富。

2. 比较系统地总结了矿产时空分布规律

四川省黑色金属矿产除锰矿外，其他矿产基本和铁矿共伴生，其中铁矿时间上分布与构造演化密切相关。在时间上，以地质构造演化为基础，划分为元古宙、古生代、中新生代三个成矿旋回，四个成矿阶段，对各成矿旋回和成矿阶段成矿规律进行了初步总结。在空间上，黑色金属矿产地理分布主要集中在攀西、川东北、阿坝、甘孜州地区，其中铁矿主要分布在攀西、川东北、川南地区；钒矿和钛矿主要分布在攀西、川东北地区，与铁矿相伴生，锰矿分布在青川、松潘、平武、汉源地区，铬铁矿较少，仅在西南三江地区出现；同时根据成矿地质构造背景、成矿作用、成矿机制和控矿因素等，划分了铁矿和锰矿的成矿区带。

3. 提出了四川黑色金属矿产勘查开发的方向

四川省黑色金属矿产资源较丰富，许多矿产已得到不同程度开发利用，形成了开采及加工生产体系，矿产品销售总收入342.85亿元。其中，矿产品销售收入排前三位的市州是攀枝花、宜宾和凉山州；其中黑色金属的铁矿销售排名前十，尤其是煤、铁共占总收入的近三分之二。

四川省既是西部产业枢纽，也是西部经济贸易中心。为实现省“十二五”规划提出的“全面推动成渝经济区发展，加快‘一极、一轴、一区块’建设，加快推进川南经济区建设，推动自泸内宜一体化发展，建设川南资源综合利用示范区，推动攀西经济区快速发展，构建重要战略资源集约开发和转化基地”的经济跨越式发展目标，地质工作也将从资源型为主逐渐转向资源型和环境型并重，积极融入区域经济发展，围绕经济社会发展需求，向农业、环境、旅游、规划、城市建设等领域延伸和拓展，为全省经济建设提供重要的基础地质资料。

二、存在问题

1）该报告资料大多数来源于四川各地勘单位的矿区普查、勘探报告、1∶20万、1∶5万区域矿产地质调查资料，由于完成于不同时期、不同精度，工作质量差别较大，故矿产地叙述详略不同。

2）攀枝花式、红格式岩浆型铁矿和矿山梁子陆相火山岩型铁矿的成因联系。它们均分布在扬子克拉通西缘峨眉山火成岩省，均形成于晚二叠世，前者是超镁铁质岩浆侵入活动的产物，后者是峨眉山玄武岩浆喷出活动有关。二者的成因联系、有待进一步研究。

3）四川省铁矿资源丰富、伴生有用组分多，综合利用率低，华弹铁矿的鲕状绿泥石“核”的分离未解决致使其仍为现阶段的“呆”矿。

4）黑色金属矿产资源的开发利用现状叙欠全面。

主要参考文献及资料

“八二〇”协作组. 1986. 四川西昌地区“八二〇”矿成矿规律初步研究报告(1973). 中国地质科学院矿床地质研究所文集(18), 2.

地球科学大辞典编辑委员会. 2006. 地球科学大辞典. 北京：地质出版社.

矿产资源工业要求手册编委会. 2010. 矿产资源工业要求手册. 北京：地质出版社.

攀枝花地质综合研究队，四川地矿局106队，成都地质学院. 1986. 攀枝花-西昌地区钒钛磁铁矿成矿规律与预测研究(1981). 中国地质科学院矿床地质研究所文集(18), 1.

四川省地质矿产局. 1990. 四川省区域矿产总结(第二册黑色金属).

四川省地质矿产局. 1991. 四川省区域地质志. 北京：地质出版社.

四川省地质矿产局. 1997. 四川省岩石地层. 武汉：中国地质大学出版社.

四川省地质调查院. 2009. 四川省康滇地轴地区铁矿勘查部署研究.

四川省矿产资源潜力评价项目组. 2013. 四川省矿产资源潜力评价成果报告.

四川省煤田地质局一三七队. 2012. 四川省米易县白马钒钛磁铁矿区及及坪-夏家坪矿段深部及外围普查简报.

四川省冶金地质勘察院. 2013. 四川省西昌市太和矿区钒钛磁铁矿深部及外围普查报告

中华人民共和国地质矿产行业标准. 2003. DZ/T 0200-2002，铁、锰、铬矿地质勘查规范.

蔡学林，竺国强，张伯南等. 1980. 西南地区前寒武纪构造演化与铁矿分布. 四川地质学报，(1)：28~43.

陈裕生. 2007. 中国主要成矿区(带)成矿地质特征及矿床成矿谱系. 北京：地质出版社.

陈毓川，王登红，徐志刚等. 2006. 对中国成矿体系的初步探讨. 矿床地质，(02)：155~163.

陈毓川，王登红，朱裕生等. 2007. 中国成矿体系与区域成矿评价. 北京：地质出版社.

陈毓川，王登红. 2010a. 重要矿产和区域成矿规律研究技术要求. 北京：地质出版社.

陈毓川，王登红. 2010b. 重要矿产预测类型划分方案. 北京：地质出版社.

陈智梁，陈世瑜. 1987. 扬子地块西缘地质构造演化. 重庆：重庆出版社.

仇定茂. 1985. 论四川会理“石龙式”铁矿的成因及形成机理. 中国地质科学院成都地质矿产研究所文集(6), 13.

从柏林. 1988. 攀西裂谷的形成与演化. 北京：科学出版社.

戴恒贵. 1997. 康滇地区昆阳群和会理群地层、构造及找矿靶区研究. 云南地质，(01)：1~39.

旦贵兵，田中保，杨大宏. 2004. 四川盐源磨耳哥地区铁多金属矿找矿前景分析. 四川地质学报，(03)：129~133.

段成龙. 2003. 试论攀枝花式铁矿的成因问题. 四川冶金，(03)：1~5, 25.

范元建，李作华，李兴等. 2012. 四川省冕宁县泸沽矿区锡异常及找矿远景. 现代矿业，27(01)：50~53, 57.

耿元生，杨崇辉，王新社等. 2008. 扬子地台西缘变质基底演化. 北京：地质出版社.

韩承宗. 1984. 四川西昌阿七基性-超基性岩体地质、地球化学特征及成岩成矿机理. 矿物岩石，(01)：79~88, 114.

贺节明. 1983. 西昌-滇中地区碱质交代岩及其成岩成矿特征. 中国地质科学院文集(1981), 2

侯立玮，戴丙春，俞如龙等. 1994. 四川西部义敦岛弧碰撞造山与主要成矿系列. 北京：地质出版社.

胡朝云，胡世华. 2015. 四川省铁矿成矿规律. 北京：科学出版社.

胡正刚，曾良奎，马世宁等. 1998. 四川省志・地质志. 成都：四川科学技术出版社.

华曙光，刘新会. 2004. 秦岭板块金矿床类型与金成色. 黄金地质，(4)：41~44.

黄邦强. 1979. “满银沟运动”及两会地区紫红色含铁岩系的层位. 成都地质学学报，(04)：21~27.

江满容，张均，曾令高. 2010. 从矿石组构学特征探讨四川盐源矿山梁子铁矿床成因. 矿床地质，29(S1)：79~80.

李福东，修泽雷，高栋丞等. 1982. 从磁铁矿特征论铜厂铁矿床的成因——前寒武纪一个特殊的铁矿类型. 中国地质科学院西安地质矿产研究所文集(5), 19.

李厚民，陈毓川，李立兴等. 2012. 中国铁矿成矿规律. 北京：地质出版社.

李厚民，王登红，李立兴等. 2012. 中国铁矿成矿规律及重点矿产集中区资源潜力分析. 中国地质. 3(39)：559~580.

李怀坤，张传林，姚春彦等. 2013. 扬子西缘中元古宇沉积地层锆石 U-Pb 年龄值及 Hf 同位素组成. 中国科学：地球科学，43(08)：1287~1298+1~24.

李立主. 1992. 西昌-滇中地区大、中型内生矿床分布规律及预测. 四川地质学报，(02)：124~130.

李兴振，江新胜，孙志明等. 2002. 西南三江地区碰撞造山过程. 北京：科学出版社.

李兴振，刘文均，王义昭等. 1999. 西南三江地区特提斯构造演化与成矿(总论). 北京：地质出版社.

李莹. 2010. 攀西地区力马河镁铁-超镁铁质岩体的岩石学和地球化学研究. 中国地质大学(北京).

刘肇昌，李凡友，钟康惠等. 1995. 扬子地台西缘及邻区裂谷(陷)构造与金属成矿. 有色金属矿产与勘查，(02)：70~76.

刘肇昌. 1994. 元古宙会理-东川坳拉槽与川滇铜铁成矿带. 矿床地质，(S1)：23~25.

骆华宝，王永基，胡达骧等. 2009. 我国铁矿资源状况. 地质论评，55(06)：885~891.

骆耀南. 1998. 龙门山-锦屏山陆内造山带. 成都：四川科学技术出版社.

马玉孝，刘家铎，王洪峰. 2001. 攀枝花地质. 成都：四川科学技术出版社.

牟传龙，林仕良，余谦. 2003. 四川会理—会东及邻区中元古界昆阳群沉积特征及演化. 沉积与特提斯地质，(01)：44~51.
宁奇生，李永森，刘兰笙等. 1980. 论成矿建造与构造-建造-成矿带. 中国地质科学院地质研究所文集，(00)：13~27.
潘桂棠，陈智梁，李兴振等. 1999. 东特提斯地质构造形成演化. 北京：地质出版社.
潘桂棠，徐强，侯增谦等. 2003. 西南“三江”多岛弧造山过程成矿系统与资源评价. 北京：科学出版社.
潘杏南，赵济湘，张选阳等. 1987. 康滇构造与裂谷作用. 重庆：重庆出版社.
邱家骧，林景仟. 1991. 岩石化学. 北京：地质出版社.
沈保丰. 2010. 太行山等地区邯邢式铁矿成矿规律和找矿方向. 华北地质科学研究所文集.
沈发奎. 1982. 攀枝花-西昌地区层状岩体的生成条件、成岩、成矿机理初步分析——以米易白马岩体为例. 四川地质学报，3(02)：85~86.
孙启祯. 1993. 论我国铁矿边缘成矿. 地质与勘探，(08)：13~18.
孙腾. 2012. 四川平川铁矿成矿规律研究. 中国地质大学(武汉).
唐若龙. 1982. 西昌-凉山地区的层块构造与成岩、成矿、地震的关系. 四川地质学报，3(02)：48~50.
田竞亚，胡秀蓉. 1986. 攀枝花(式)铁矿成矿机理与生成环境初探. 地球科学，(06)：638~644.
田喜朴，丁绍良. 2013. 南江县李子垭磁铁矿床成矿地质条件及找矿前景探讨. 地球. 7.
王登红，陈毓川. 2001. 与海相火山作用有关的铁-铜-铅-锌矿床成矿系列类型及成因初探. 矿床地质,(02)：112~118.
王登红，李华芹，屈文俊等. 2014. 全国成岩成矿年代谱系. 北京：地质出版社.
王登红，张长青，王永磊等. 2013. 泛北部湾桂、琼铁铜锡铅锌金矿典型矿床研究. 重庆：重庆出版社
王茜. 四川省攀西地区钒钛磁铁矿. 北京：科学出版社.
王全伟，王康明，阚泽忠等. 2008. 川西地区花岗岩及其成矿系列. 北京：地质出版社.
王显锋，张兴润. 2008. 四川铁矿床主要成因类型及找矿方向. 四川地质学报，28(04)：287~289+304.
王尧，戴永定，陈孟莪等. 1999. 重庆城口锰矿床的地质特征及其成因的再认识. 地质科学，(4)：451~462.
王子正，范文玉，高建华等. 2012. 攀西铁矿成矿带地质矿产特征及找矿方向. 沉积与特提斯地质，32(01)：97~105.
吴根耀. 1986. 天宝山组地层问题初议. 地层学杂志，(03)：161~168.
吴雪红. 2011. 四川华弹鲕状赤铁矿选矿试验研究. 矿产综合利用，(06)：13~16.
肖克炎，娄德波，孙莉等. 2013. 全国重要矿产资源潜力评价模型汇总. 地质学刊，37(03)：341~348.
徐志刚，陈毓川. 2008. 中国成矿区带划分方案. 北京：地质出版社.
许发新，覃顺平，范元健. 2010. 四川冕宁泸沽大顶山磁铁矿床地质特征及成矿条件分析. 现代矿业，26(11)：41~43.
薛步高，朱智华. 1986. 康滇地轴铁矿类型、成矿系列的划分及其特征. 矿床地质，(03)：1~6.
杨峰利，张利松. 2011. 四川省盐源县矿山梁子火山岩型铁矿床成矿地质规律及找矿方向. 中华民居，(10)：51~52.
杨时惠，阙梅英. 1987. 西昌—滇中地区磁铁矿特征及其矿床成因. 重庆：重庆出版社.
杨先光，陈东国，郭萍. 2012. 南江-旺苍李子垭式磁铁矿地质特征与资源潜力. 四川省冶金地质勘查局建局五十年纪念文集，6.
杨应选. 1983. 西昌地区铁矿成矿条件、分布、富集规律及找矿方向. 中国地质科学院文集(1981)，2.
杨应选. 1983. 西昌—滇中地区前寒武系中铁矿成因类型、富集条件及成矿演化模式. 中国地质科学院文集，2.
杨志坚，沈振丰，梁士奎等. 1988. 下扬子地区区域构造特征及其与铁、铜、硫矿产分布关系(研究报告). 中国地质科学院南京地质矿产研究所文集(34)，76.
姚培慧. 1995. 中国锰矿志. 北京：冶金工业出版社.
叶天竺，张智勇，肖庆辉等. 2010. 成矿地质背景研究技术要求. 北京：地质出版社.
尹福光，孙志明，万方等. 2007. 扬子西缘构造演化及其资源效应. 北京：地质出版社.
袁见齐，朱上庆，翟裕生. 2008. 矿床学. 北京：地质出版社.
袁小龙. 2013. 会理县毛菇坝矿区磁异常推断解释研究. 昆明理工大学.
杨先光，李仕荣，杨永鹏，等. 2016. 四川省锰矿成矿规律及资源评价. 北京：科学出版社.
张汉泉，谈方芳，龚丽等. 2013. 宁南赤铁矿磁化焙烧-磁选-反浮选提铁试验. 现代矿业，29(01)：33~37
张建东，胡世华，秦宇龙，胡朝云等. 2015. 四川省地质构造与成矿. 北京：科学出版社
张盛师，梁信之. 1990. 四川省区域矿产总结. 北京：地质出版社.
张贻，沈冰，周家云等. 2011. 四川会理-小关河地区主要矿床类型、成矿规律和找矿评价. 矿物学报，31(S1)：190~191.
张云湘，骆耀南，杨崇喜等. 1988. 攀西裂谷. 北京：地质出版社.
赵一鸣，谭惠静，许振南等. 1983. 闽西南地区马坑式钙矽卡岩型铁矿床. 中国地质科学院矿床地质研究所文集(7)，43.
赵一鸣. 2013. 中国主要富铁矿床类型及地质特征. 矿床地质，32(04)：686~705.
赵东旭. 1994. 早寒武世辛集组磷酸盐豆粒的显微结构和成因意义. 科学通报(中文版)，(4)：451~462.
郑伟，秦毅，左焕成等. 2010. 磁法在攀西地区峨眉山玄武岩铁矿找矿中的应用. 矿床地质，29(S1)：669~670.
朱俊士. 1997. 攀枝花-西昌地区钒钛磁铁矿的选矿特征. 矿冶工程，(01)：22~26.
邹光富，毛英，毛琼等. 2009. 西南三江地区成矿作用、成矿规律及找矿方向. 矿物学报，29(S1)：205~209.
左群超，杨东来，冯艳芳等. 2012. 全国矿产资源潜力评价数据模型数据项下属词规定分册. 北京：地质出版社.
曾祥贵，吕仲坤，闫建梅等. 2006. 四川凉山州富铁矿地质特征与找矿前景分析. 四川地质学报，(02)：79~83.

曾忻耕. 1985. 四川攀枝花-西昌地区的地动力条件与矿床组合. 大自然探索. 3.
Kewidn R, Gddfarb R, Groves D, Garwin S. 2001. The characteristics, origins and geodynamic settings of swpergiant gold metallogenic provinces. Science in China, 43: 1~68.

中国矿产地质志

“十三五”国家重点图书规划　国家出版基金项目

总　志

中国矿产地质志·总志
中国矿产地质志·矿产总志
中国矿产地质志·区带总志
……

全国志

1 **中国矿产地质志·矿产地名录卷(总1)**
6 **中国矿产地质志·典型矿床总述卷(总2)**
8 **中国矿产地质志·钨矿卷(矿1)**
中国矿产地质志·锑矿卷
中国矿产地质志·铜矿卷
中国矿产地质志·铅锌矿卷
中国矿产地质志·锰矿卷
中国矿产地质志·镍矿卷
中国矿产地质志·钼矿卷
中国矿产地质志·金矿卷
中国矿产地质志·银矿卷
中国矿产地质志·铝(土)矿卷
中国矿产地质志·锡矿卷
中国矿产地质志·钒钛铬矿卷
中国矿产地质志·铀矿卷
中国矿产地质志·稀土金属矿卷
中国矿产地质志·稀有金属矿卷
中国矿产地质志·稀散金属矿卷
中国矿产地质志·石墨矿卷
中国矿产地质志·宝玉石矿卷
中国矿产地质志·和田玉矿卷
中国矿产地质志·煤矿卷
中国矿产地质志·煤层气卷
中国矿产地质志·磷矿卷
中国矿产地质志·钾盐矿卷
9 **中国矿产地质志·石灰岩矿卷(矿2)**
中国矿产地质志·膨润土矿卷
中国矿产地质志·硼矿卷
中国矿产地质志·萤石矿卷
中国矿产地质志·重晶石矿卷
中国矿产地质志·硫矿卷
中国矿产地质志·芒硝矿卷
中国矿产地质志·石膏矿卷
中国矿产地质志·蓝晶石族矿卷
中国矿产地质志·化工矿产卷
中国矿产地质志·建材非金属卷
……

省　志

中国矿产地质志·北京卷
中国矿产地质志·天津卷
中国矿产地质志·河北卷
中国矿产地质志·山西卷
中国矿产地质志·内蒙古卷
中国矿产地质志·辽宁卷
中国矿产地质志·吉林卷
中国矿产地质志·黑龙江卷
中国矿产地质志·江苏上海卷
中国矿产地质志·浙江卷
中国矿产地质志·安徽卷
中国矿产地质志·福建卷
3 **中国矿产地质志·江西卷(赣1)**
中国矿产地质志·山东卷
中国矿产地质志·河南卷
中国矿产地质志·湖北卷
中国矿产地质志·湖南卷
中国矿产地质志·广东卷
中国矿产地质志·广西卷
中国矿产地质志·海南卷
中国矿产地质志·重庆卷
中国矿产地质志·四川卷
中国矿产地质志·贵州卷
中国矿产地质志·云南卷
中国矿产地质志·西藏卷
中国矿产地质志·陕西卷
中国矿产地质志·甘肃卷
中国矿产地质志·青海卷
中国矿产地质志·宁夏卷
中国矿产地质志·新疆卷
中国矿产地质志·台湾卷

省级重要矿种(组)志

中国矿产地质志·山东卷·金矿
中国矿产地质志·山东卷·铁矿
7 **中国矿产地质志·河南卷·黑色金属矿产(豫1)**
中国矿产地质志·甘肃卷·金矿
12 **中国矿产地质志·云南卷·贵金属矿产(滇1)**
13 **中国矿产地质志·云南卷·铅锌矿产(滇2)**
17 **中国矿产地质志·四川卷·黑色金属矿产(川1)**
……

区带志

中国矿产地质志·长江中下游卷(带1)
中国矿产地质志·南岭卷
中国矿产地质志·西南三江卷
中国矿产地质志·大兴安岭卷
中国矿产地质志·小兴安岭-张广才岭卷
中国矿产地质志·辽东-吉南卷
中国矿产地质志·冈底斯卷
中国矿产地质志·渤海湾卷
中国矿产地质志·东海卷
中国矿产地质志·黄海卷
中国矿产地质志·南海卷
……

专题志

中国矿产地质志·中国成矿单元划分及其主要成矿单元特征
中国矿产地质志·大型变形构造与重要矿集区(成矿区带)关系
中国矿产地质志·中国前寒武纪成矿体系
中国矿产地质志·中国古生代成矿体系
中国矿产地质志·中国中生代成矿体系
中国矿产地质志·中国新生代成矿体系
中国矿产地质志·中国地球物理场与成矿
中国矿产地质志·中国地球化学场与成矿
中国矿产地质志·区域成矿规律研究历史和趋势
中国矿产地质志·华南洋演化与成矿
中国矿产地质志·小岩体成大矿
……
4 **中国矿产地质志·新疆维吾尔自治区矿床成矿系列图(专1)**
……

科学普及本

2 **中国矿产地质志·建材非金属卷(普及本)(普1)**
10 **中国矿产地质志·化工矿产卷(普及本)(普3)**
11 **中国矿产地质志·铀矿卷(普及本)(普4)**
……
中国矿产地质志·北京矿产地质
中国矿产地质志·天津矿产地质
中国矿产地质志·河北矿产地质
中国矿产地质志·山西矿产地质
中国矿产地质志·内蒙古矿产地质
中国矿产地质志·吉林矿产地质
中国矿产地质志·辽宁矿产地质
中国矿产地质志·黑龙江矿产地质
中国矿产地质志·江苏上海矿产地质
中国矿产地质志·浙江矿产地质
中国矿产地质志·安徽矿产地质
中国矿产地质志·福建矿产地质
中国矿产地质志·江西矿产地质
中国矿产地质志·山东矿产地质
中国矿产地质志·河南矿产地质
中国矿产地质志·湖北矿产地质
中国矿产地质志·湖南矿产地质
中国矿产地质志·广东矿产地质
中国矿产地质志·广西矿产地质
中国矿产地质志·海南矿产地质
16 **中国矿产地质志·重庆矿产地质(普7)**
中国矿产地质志·四川矿产地质
中国矿产地质志·贵州矿产地质
14 **中国矿产地质志·云南矿产地质(普5)**
中国矿产地质志·西藏矿产地质
5 **中国矿产地质志·陕西矿产地质(普2)**
中国矿产地质志·甘肃矿产地质
中国矿产地质志·青海矿产地质
15 **中国矿产地质志·宁夏矿产地质(普6)**
中国矿产地质志·新疆矿产地质
中国矿产地质志·台湾矿产地质
……

注:括号内容代表志书类别及序号,1 2 3
出版顺序。

....为